中红外激光及其应用

康斯坦丁·沃多比亚诺夫　著
关　松　刘彤宇　赵万利　译

ZHONGHONGWAI JIGUANG JIQI YINGYONG

图书在版编目(CIP)数据

中红外激光及其应用 = Laser - based Mid - infrared Sources and Applications / (俄罗斯) 康斯坦丁 • 沃多比亚诺夫 (Konstantin L. Vodopyanov) 著；关松，刘彤宇，赵万利译. -- 天津：天津大学出版社，2024.1

ISBN 978-7-5618-7618-3

Ⅰ. ①中… Ⅱ. ①康… ②关… ③刘… ④赵… Ⅲ. ①激光技术 Ⅳ. ①TN24

中国国家版本馆CIP数据核字(2023)第212038号

出版发行　天津大学出版社
地　　址　天津市卫津路92号天津大学内（邮编:300072）
电　　话　发行部:022-27403647
网　　址　www.tjupress.com.cn
印　　刷　北京盛通印刷股份有限公司
经　　销　全国各地新华书店
开　　本　710mm×1010mm　1/16
印　　张　16.75
字　　数　416千
版　　次　2024年1月第1版
印　　次　2024年1月第1次
定　　价　88.00元

作者简介

康斯坦丁·沃多比亚诺夫(Konstantin L. Vodopyanov)是中佛罗里达大学光学与光子学学院(CREOL)的光学与物理学方向讲席教授及研究教授,是美国光学学会(OSA)、国际光学工程学会(SPIE)、美国物理学会(APS)以及英国物理学会(IOP)的会员。沃多比亚诺夫教授是中红外激光、激光与物质相互作用、非线性光学和激光光谱学领域的世界级专家。他开发了包括超宽带频率梳在内的多种新型激光光源、光学参量设备以及中红外和太赫兹波的产生方法;撰写了相关领域技术论文400多篇,并担任了书籍《固态中红外激光源》(Springer, 2003)的联合编辑。他对非线性效应在中红外和太赫兹波产生过程中的应用、频率梳在光谱上的应用、纳米红外光谱学和激光在生物医学中的应用等研究方向有极大的兴趣。

译者序

作为20世纪最具革命性的科学技术，激光技术凭借着高亮度、高方向性、高单色性、高相干性等优良特性不仅在众多基础领域及应用领域中取得了突破性的研究成果，也对解决关乎国家需求和人民生命健康相关的诸多问题有所助益。

在梅曼发明激光器的同一年，也就是1960年，中红外激光也随之诞生。中红外激光包含被称为“分子指纹”的特征谱线，在红外成像、生物医学、激光雷达、光电探测等方面有着自身独特的应用价值，在科学研究、医疗应用、工业应用等领域做出了不可磨灭的贡献。

本书的英文版是康斯坦丁·沃多比亚诺夫于2020年1月编著，为了更好地推动中红外激光在我国的进一步发展，扩大中红外激光的应用范围，促进我国科技进步和产业发展，译者对英文版原著进行了翻译，力求准确表达原著的意思，并保持其科学性和学术性。

《中红外激光及其应用》一书从中红外激光的定义到产生方式再到应用均进行了系统的介绍，为读者提供了一条清晰的思路，使读者可以对中红外激光有一个更全面、更深层次的了解。本书在定义中波红外的范围（2~20 μm）后，对其产生方式进行了逐一介绍，包括中波红外固态晶体激光器、中波红外光纤激光器、半导体激光器、基于非线性频率变换的中波红外激光、超连续谱和频率梳光源。在本书的最后，阐述了中红外激光在光谱传感与成像、医疗、纳米红外成像和化学制图、中红外的等离子体、红外探测、极端非线性光学和阿秒科学等领域中的应用。

相信《中红外激光及其应用》中文版的问世必将有效地促进我国在激光技术和非线性光学技术等前沿领域的创新发展。同时，也期待本书能够激发更多年轻的科研人员对中红外激光的兴趣，并可以为他们的研究工作提供参考和指导。

本书由关松、刘彤宇、赵万利翻译。在本书的翻译、排版、校对阶段，参与工作的人员还有于快快、丁宇、徐丽伟、李英一、张永宁、闫萌萌、李曼、赵臣、赵雨薇，在此一并表示感谢。恳请各位读者能够对本书的不足之处提出宝贵意见和建议，希望本书能够为中红外激光技术的研究和应用做出积极的贡献。

译者

2023年11月

前言

随着在基础科学、国防、医学、生物学、环境监测等领域中的应用日渐增多，中红外(mid-IR)光子学领域正在迅速扩展。过去的25年间，中红外激光领域取得了长足的进步，从1994年朗讯技术首次开发出量子级联激光器开始，中红外光谱范围内相干光的产生方法如雨后春笋，不断涌现。I. Sorokina与本人合作编写了相关主题的最后一本综合性书籍《固态中红外激光源》。由于该书出版于2003年，Springer出版社和本人都认为其中的内容有必要进行重大更新，需要将众多新技术和应用囊括进来。

本书的主要目标是向读者介绍用于产生中红外相干光的最先进技术，并讨论其最重要的应用。本书汇集了由多个学术团队开发的方法，涵盖了固态物理学、半导体物理学、材料科学、晶体生长、非线性光学和纳米制造等领域，旨在开发一种高效且经济实惠的固态中红外激光光源。

本书对中红外光的定义较为宽泛，即波长在2~20 μm的红外光，考察了光子学的各个领域中多种最先进的红外光产生方法：基于稀土和过渡金属的固态激光器、光纤激光器、半导体激光器(包括亚带内和亚带间级联激光器)、非线性光学频率转换器(包括差频发生器、光参量振荡器和放大器以及拉曼转换器)。本书还讨论了几项新技术，如在微谐振器、波导和微结构光纤中产生“白光”和频率梳。本书在最后一章中概述了中红外最重要的应用领域，如化学传感和成像(包括纳米成像)、医学和国防应用、等离子体学、极端非线性光学、阿秒科学和粒子加速等。对于自由电子激光、CO_2和CO气体激光器、同步辐射和低温铅盐半导体激光器等成熟领域，读者可以在已发表的资料中找到相关内容，本书不再多作介绍。

本书基于本人在重要激光会议上的讲解内容综合而成，这些会议包括激光与光电子学会议(CLEO)和国际光学工程学会(SPIE)光子学西部会议。每一章都自成一体，从阐述方法的基本原理开始，逐渐引导读者对最新的研究成果进行深入讨论。为了加强读者的理解，本人尽自己所能，让讲解内容深入浅出。然而，本书依然需要读者熟悉激光物理的基本概念，例如粒子数反转、Q开关和振荡模式锁定，以及非线性光学中的频率混频和非线性折射等。

本书对学生、学者、研究人员、工程师以及想要了解中红外激光光源的最新技术、主要趋势、当前及未来应用的人员，都应该有所帮助。

感谢 Sergey Vasilyev 博士、Sergey Mirov 教授、Ken Schepler 教授、Stuart Jackson 教授、Gregory Belenky 教授、Leon Shterengas 教授、Jerry Meyer 博士、Igor Vurhaftman 博士、Arkadiy Lyakh 教授和 Jerome Faist 教授对本书各章节的审读及提供的宝贵建议。最后，我要衷心感谢我的妻子 Mila，感谢她积极乐观的态度、一如既往的支持、对本书细致入微的编辑，以及对我占用深夜及周末休息时间写作的理解与支持。

2020 年 1 月
康斯坦丁·沃多比亚诺夫
佛罗里达州奥兰多

目录

1 中波红外光谱范围

1.1 中波红外的定义

红外辐射一直未被发现，直至1800年，一位名为弗里德里希·威廉·赫歇尔（Friedrich Wilhelm Herschel）的音乐家在探索太阳光时发现了太阳红外辐射。赫歇尔出生于德国，因要担任乐队指挥移居英国。到英国不久后，他便迷上了天文学，并最终获得了“皇家天文官”一职。他使用玻璃棱镜将太阳光分散成各种颜色的光，再通过一支带有黑色灯泡的液体温度计（现代微测辐射热计的原型）来吸收辐射。通过实验，赫歇尔得出结论：可见光谱之外一定存在一种不可见的光[1]。

进一步的实验表明，这种不可见辐射属于电磁辐射，其频率低于可见光谱中的红色光。现代科学将红外光谱区域进一步划分为近红外、中波红外和远红外三个区域。

根据《不列颠百科全书》，电磁光谱内“中波红外”（middle infrared、mid-infrared 或 mid-IR）区域波长范围为2.5~50 μm，即频率为6~120 THz或200~4 000 cm^{-1}（单位为波数）①。波数是真空波长 λ 的倒数，单位为 cm^{-1}，也等于光频率与光速的商（v/c）。

“中波红外”的定义在技术文献中有很大差异，具体取决于特定领域。例如，基于探测器的研究领域，根据大气的透射窗口将红外分为如图1-1所示的四个光谱带②：短波红外（SWIR，1~3 μm）、中波红外（MWIR，3~5 μm）、长波红外（LWIR，8~14 μm）和超长波红外（VLWIR，14~30 μm）。

此外，在当前的文献中，将中波红外称为“多太赫兹范围”的例子屡见不鲜，尤其是在文献作者采用光电检测方法进行检测的过程中，会出现数周期的中波红外瞬时状态，这在太赫兹科学中是非常典型的现象。

本书将中波红外范围粗略地定义为2~20 μm。在短波长方面，这样定义可以将固态和光纤激光器、某些类型的微谐振器、非线性光纤和波导基光源等几种光源囊括进来。在长波长方面，20 μm是根据大气透明度设定的、符合实际情况的极限值。

① https://www.britannica.com/science/infrared-radiation

② https://en.wikipedia.org/wiki/Infrared_vision

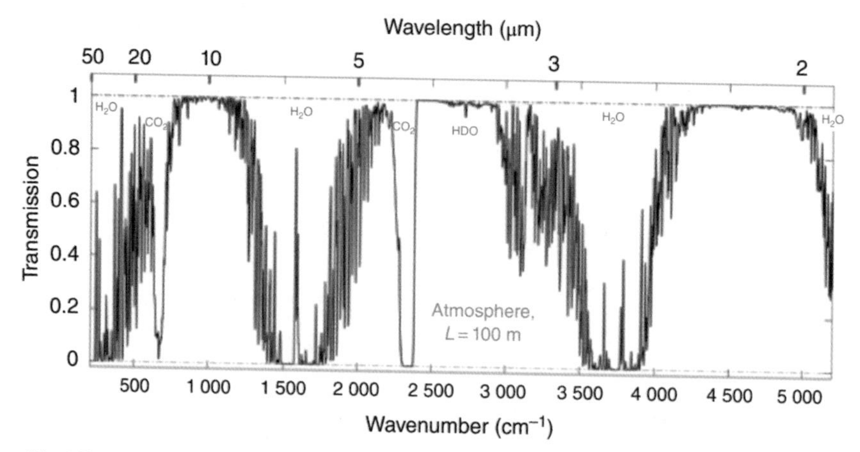

图 1.1 "标准"大气中路径为 100 m 的透射光谱(光谱分辨率 4 cm^{-1})。该图使用 HITRAN 数据库中的数据绘制(选取美国模型、平均纬度、夏季和零海拔)[2]。标签表示了在相应光谱区域中造成透射降低的分子。

热能由原子和分子运动产生,通常以红外辐射的形式向外传递。在温度接近室温的情况下,中波红外区域与热(黑体)辐射的光谱范围发生重叠。根据普朗克定律,人体在 310 K 时发出的红外辐射峰值(单位波长的功率)为 $\lambda\approx9.35$ μm。总体来说,我们的身体每平方厘米发射 52 mW 的中波红外辐射;如图 1.2 所示,基于微测辐射热计的热成像相机可以轻松地检测到辐射。

图 1.2 作者实验室 8~12 μm 的中波红外辐射成像情况。

然而，本书主要介绍相干激光源，受热物体的漫射光与单色类激光束的区别在于后者具有明确的频率和相位。

1.2 世界第二台激光器

有趣的是，继梅曼（Maiman）成功制成世界上第一台红宝石激光器之后，世界上第二台激光器——掺（三价）铀氟化钙（U^{3+}: CaF_2）固态激光器也问世了[3]。1960 年（梅曼制成红宝石激光器的同一年），该激光器由彼得·索罗金（Peter Sorokin）和迈瑞克·斯蒂芬森（Mirek Stevenson）在 IBM 研究实验室开发，工作波长为 λ=2.49 μm。

激光由脉冲闪光灯泵浦，并通过液氦冷却。U^{3+}: CaF_2 的能级图如图 1.3 所示。光谱中的可见光部分经过泵浦造成 U^{3+}向激发态跃迁。泵浦跃迁之后，快速经过非辐射跃迁，进入两个亚稳态激光上能级。粗箭头表示作者观察到的 2.49 μm 激光跃迁。从亚稳态到基态大约 515 cm^{-1} 的位置发生激光振荡。在液氦温度下，这种状态相对于基态至少减少为 $1/10^{10}$。因此，这是四能级固体激光器的首次演示。

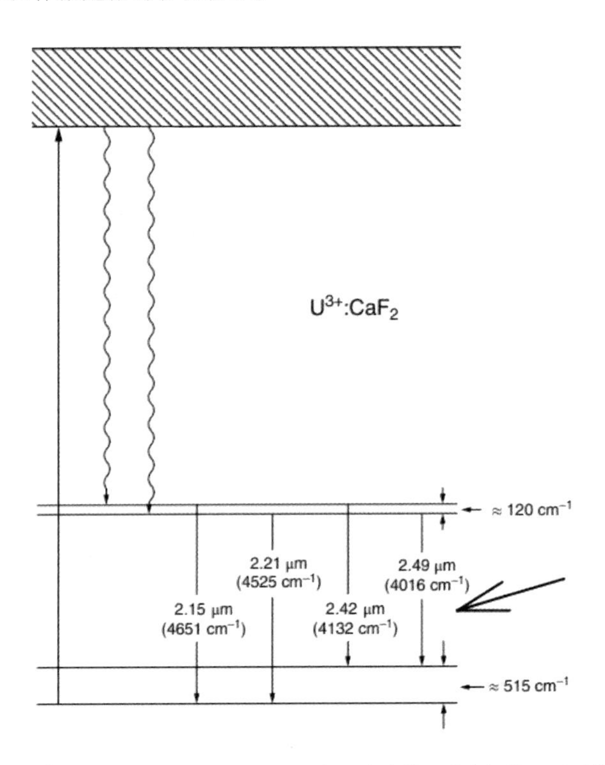

图 1.3 掺（三价）铀氟化钙能级图[3]。蓝光和绿光可见光系统中的泵浦光促使跃迁到激发态。泵浦跃迁之后，快速经过非辐射跃迁，进入两个亚稳态激光上能级。粗箭头表示作者观察到的 2.49 μm 激光跃迁。资料来源：经 APS 许可，转载自参考文献 3。

此外，索罗金和斯蒂芬森在1960年的工作中创造了本书中几个重要的关键词：三价金属阳离子和四能级系统。

1.3 分子的内部振动

由于中波红外频率与大多数分子的最强主频振动频率（严格来说为振-转频率）一致，因此分子在中波红外光谱中具有特征吸收光谱，这一特点通常用于分子结构鉴定。在气相中，分子具有几十种形态各异、锐利、强烈的吸收特征；对称的双原子分子除外，如氮气（N_2）的振动就不具有红外活性。因此，中波红外光谱范围对于化学传感、分子光谱和分子指纹尤为重要。图1.4显示波长介于4.5 μm和5 μm之间时，一氧化碳（CO）分子的振-转吸收带。吸收带通过一系列规则的锐利且极强的吸收峰表达出来。例如，在1 atm（101 325 Pa）的压力下，将红外光调至共振频率，纯CO气体1 mm的路径对入射的中波红外光吸收率可以达到99.5%以上。从理论上来说，这些共振甚至可以为高精度分子钟的时间和频率计量作参考。

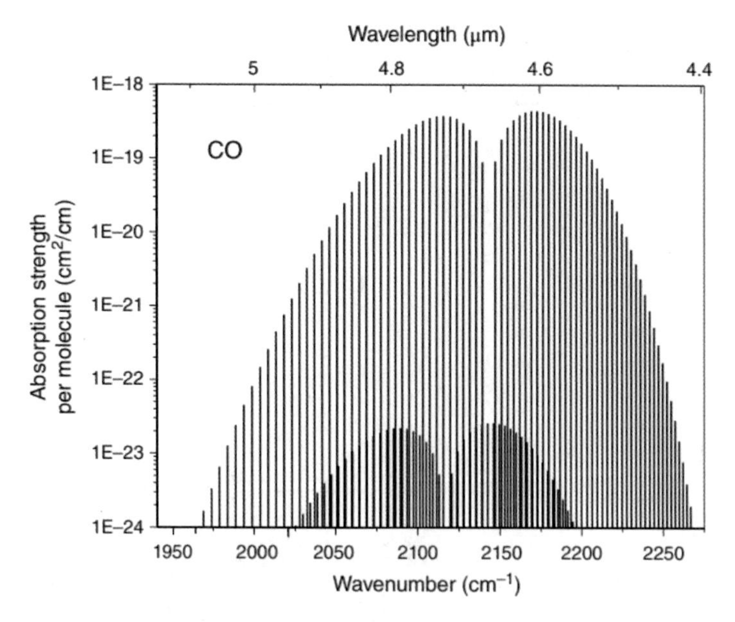

图1.4 4.5~5 μm波长CO分子的振-转吸收带。该图使用HITRAN数据库中的数据绘制[2]。

在中波红外中，固相物质、液相物质、特殊的二维材料（如石墨烯）也都存在振动跃迁特征[4]。

参考文献

1 Herschel, W. (1800). Experiments on the refrangibility of the invisible rays of the sun. Philos. Trans. R. Soc. Lond. 90: 284.

2 Gordon, I.E., Rothman, L.S., Hill, C., Kochanov, R.V., Tan, Y., Bernath, P.F., Birk, M., Boudon, V., Campargue, A., Chance, K.V., Drouin, B.J., Flaud, J.-M., Gamache, R.R., Hodges, J.T., Jacquemart, D., Perevalov, V.I., Perrin, A., Shine, K. P., Smith, M.-A.H., Tennyson, J., Toon, G.C., Tran, H., Tyuterev, V.G., Barbe, A., Császár, A.G., Devi, V.M., Furtenbacher, T., Harrison, J.J., Hartmann, J.-M., Jolly, A., Johnson, T.J., Karman, T., Kleiner, I., Kyuberis, A.A., Loos, J., Lyulin, O.M., Massie, S.T., Mikhailenko, S.N., Moazzen-Ahmadi, N., Müller, H.S.P., Naumenko, O.V., Nikitin, A.V., Polyansky, O.L., Rey, M., Rotger, M., Sharpe, S.W., Sung, K., Starikova, E., Tashkun, S.A., VanderAuwera, J., Wagner, G., Wilzewski, J., Wcisło, P., Yu, S., and Zak, E.J. (2017). The HITRAN 2016 molecular spectroscopic database. J. Quant. Spectrosc. Radiat. Transf. 203: 3.

3 Sorokin, P.P. and Stevenson, M.J. (1960). Stimulated infrared emission from trivalent uranium. Phys. Rev. Lett. 5: 557.

4 Mak, K.F., Ju, L., Wang, F., and Heinz, T.F. (2012). Optical spectroscopy of graphene: from the far infrared to the ultraviolet. Solid State Commun. 152: 1341.

2 中波红外固态晶体激光器

因为需要进行能量转换的步骤最少，中波红外晶体激光器便成为相干光的直接光源。其可以与激光二极管泵浦相结合，高效简单、结构紧凑。激光器采用掺杂活性离子的基质晶体作为增益介质。由于能级分裂，这些活性离子（也称“杂质离子”）与基质晶体掺杂后，成为结晶母体，获得自由离子所不具备的能级特征。对于稀土元素离子，能级分裂主要源于杂质离子的电子自旋与电子轨道角动量之间的相互作用（自旋-轨道相互作用）；而对于过渡金属离子，能级分裂主要源自旋光活性电子与基质晶体电场之间的相互作用（斯塔克效应）。

中波红外晶体激光器最常见的活性介质是基于稀土元素铥（Tm）、钬（Ho）和铒（Er）三价阳离子的钇铝石榴石（$Y_3Al_5O_{12}$ 或 YAG）、氟化钇锂（$LiYF_4$ 或 YLF）、钇钪镓石榴石（$Y_3Sc_2Ga_3O_{12}$ 或 YSGG）或其他基质晶体。此外，掺杂过渡金属（Cr^{2+}、Fe^{2+}）II–VI 锌的硫族化合物晶体（ZnSe、ZnS）或其他硫族化合物（CdSe、CdS、ZnTe 和 CdMnTe）具有极宽的增益带宽，也可作为中波红外激光器的活性介质。

2.1 基于稀土元素掺铥（Tm^{3+}）、掺钬（Ho^{3+}）和掺铒（Er^{3+}）激光器

2.1.1 掺铥激光器

三价铥离子的能级图如图 2.1（a）所示。掺铥晶体激光器可以在两个光谱区域提供调谐操作：通过 $^3F_4$–$^3H_6$ 跃迁产生 1.8~2.2 μm 激光以及通过 $^3H_4$–$^3H_5$ 跃迁产生 2.2~2.4 μm 激光。

乍一看，使用 $^3F_4$–$^3H_6$ 跃迁的激光器属于三能级系统。在此系统中，较低的激光能级是基态。值得一提的是，$^3F_4$ 和 $^3H_6$ 能级都由多个能级组成，这些能级由于晶格电场中的斯塔克效应而分裂，因此较低的激光能级不一定是最低的能级。由于子能级之间迅速发生能量弛豫现象，该系统实际上变成了四能级系统，带来了附加效应，斯塔克能级流形存在部分重叠，激光的上下能级状态之间促使荧光带宽发生扩展，从而导致发射线宽增大。此外，掺铥

激光器(例如 Tm:YAG 和 Tm:YSGG)的特点是声子展宽大。声子(晶体基质离子的振动)在"产生激光"杂质离子(在本例中为铥离子)的位置调制晶体场,从而拓宽能级[1]。这两种效应都允许激光可调谐范围达到数百纳米以上。室温(RT)下 YAG 中 Tm^{3+} 从 $^3F_4$ 态到 $^3H_6$ 基态的荧光光谱如图 2.1(b)所示。

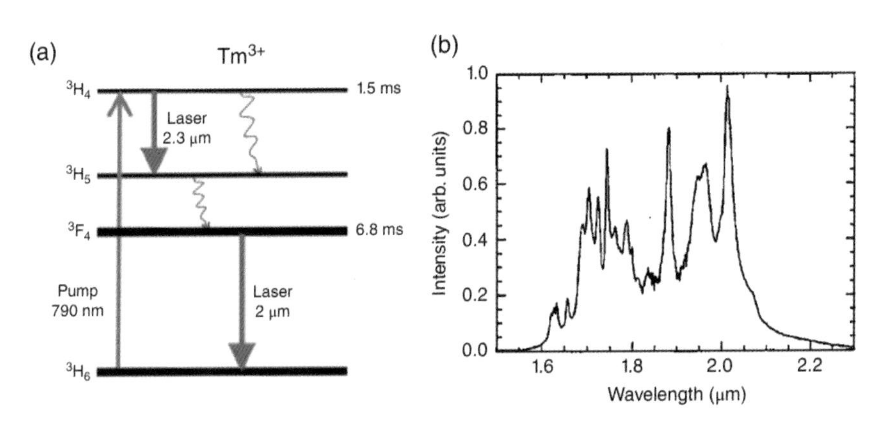

图 2.1 (a)三价铥离子的能级图。波形箭头表示声子辅助非辐射衰变,也显示了上能级状态下激光的寿命。(b)掺铥(Tm^{3+})YAG 激光器 $^3F_4$ 水平的荧光光谱。资料来源:经美国光学学会(OSA)许可,转载自参考文献 1 图 1。

由于具有独特的热学、机械和光学性质,YAG 晶体成为最常用的铥基质材料之一。一般来说,掺铥固态激光器通过市售高功率 AlGaAs 二极管板条在 800 nm 左右泵浦跃迁($^3H_6 \rightarrow {}^3H_4$)。因存在"二合一"的交叉弛豫过程,泵浦量子效率接近两倍。(泵浦量子效率表示每吸收一个泵浦光子发射激光光子的数量。)这种效应的本质(图 2.2)是由于能量间隔 $^3H_4$–$^3F_4$ 和 $^3F_4$–$^3H_6$ 存在偶然接近(发生共振),通过交叉弛豫过程 $^3H_4+{}^3H_6 \rightarrow {}^3F_4+{}^3F_4$ 对 $^3F_4$ 激光上能级进行填充[1]。随着 Tm^{3+} 掺杂浓度的增加,这种交叉弛豫过程的有效性增强;当浓度达到大于 3%(原子百分比)时,便会出现显著效果。例如,有研究表明,在 Tm:YAG 和 Tm:YSGG 中,当 Tm^{3+} 掺杂浓度为 12%时,交叉弛豫过程在 $^3H_4$ 能级衰变中占据主导地位。结果证明,在 Tm:YAG 中,斜率效率高达 59%,远大于仅存在量子数亏损时估值的最大值(39%)[1]。(量子数亏损定义为激光光子能量与泵浦能量之比。)

已有报道称,在 785 nm 激光泵浦下,Tm:YAG 和 Tm:YSGG 可以分别在 1.87~2.16 μm 和 1.85~2.14 μm 范围内实现激光发射连续波(CW)调谐[1]。与之类似,采用不同基质晶体掺杂铥(Tm)——Tm:YALO(Tm:$YAlO_3$)可在 1.93~2.0 μm 范围内调谐激光发射[2]。

因具备使用 800 nm 左右的高效 AlGaAs 二极管或二极管堆作为泵浦源的能力,Tm 中的 $^3F_4$–$^3H_6$ 跃迁对于高功率应用特别有吸引力。有资料证实,一台紧凑型二极管泵浦 Tm:YAG 激光器能够在泵浦功率(805 nm)360 W 的情况下,产生功率为 115 W(波长为

2.01 μm)的连续波[3]。另一台大功率连续波 Tm: YAG 激光器一个线性激光腔内有三根激光棒,激光二极管板条可从侧向进行中心波长为 785 nm 的泵浦,围绕每个激光晶体按照五联对称排列(图 2.3)。在 8 ℃水冷条件下,激光二极管泵浦总功率为 1.3 kW,激光器最大连续输出功率为 267 W(波长为 2.07 μm)。相应的光-光转换效率为 20.7%,斜率效率为 29.8%[4]。

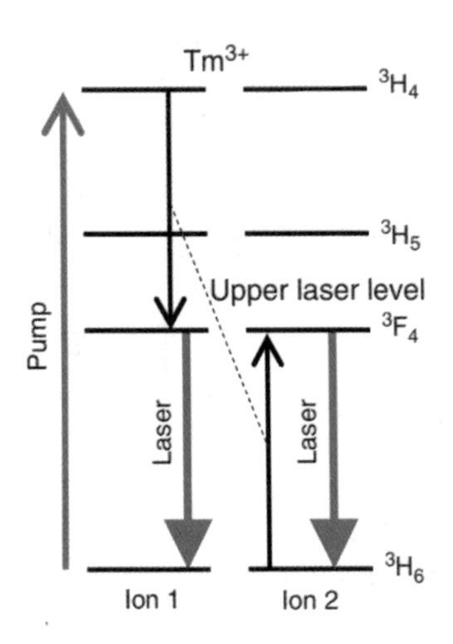

图 2.2　2 μm 掺铥(Tm^{3+})激光器的共振泵浦图。“二合一”交叉弛豫过程有效转移了吸收的全部泵浦能量,将 Tm^{3+}离子激发至 $^3F_4$ 能级。

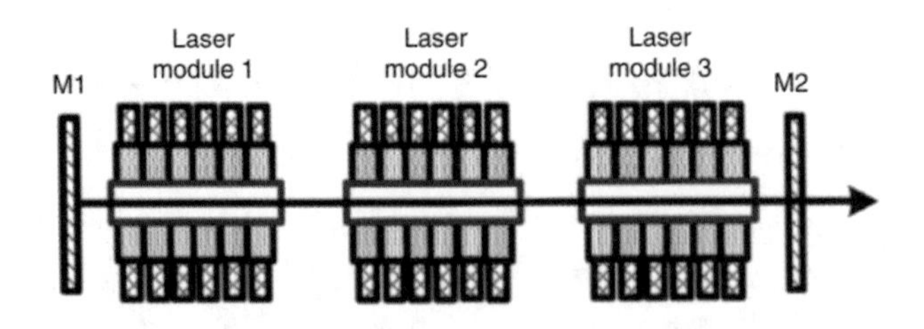

图 2.3　高功率(267 W)Tm: YAG 激光系统,具有含三根激光棒的线性激光谐振腔(波长为 2.07 μm)。激光谐振腔由两块平面镜,即 M1(反射率 R>99.5%)和 2 μm 左右的外耦合镜 M2(透射率 T=5%)组成。每根激光棒直径 4 mm,长 69 mm,铥(Tm)浓度为 3.5%(原子百分比),再通过一组激光二极管板条进行侧泵浦(785 nm)。为了降低热效应以及未泵浦区域中的再吸收损失,将未掺杂的 YAG 端帽粘到激光棒的端面上。来源:经美国光学学会(OSA)许可,转载自参考文献 4 图 1。

在波长 2 μm 附近,长达 11 ms 的荧光寿命对 Tm: YAG 激光器的 Q 开关性能有提升作用,从而提高了能量存储能力[5]。例如,有研究证明,用二极管激光器(吸收的泵浦功率为 53 W)对 Tm: YAG 陶瓷平板激光器进行端泵浦,使用 Q 开关激光器能够产生重复频率为 500 Hz、波长为 2.016 μm、单次脉冲能量为 20.4 mJ、脉冲持续时间为 69 ns 的激光[6]。一般来说，由于 Tm^{3+}的低受激发射截面导致低增益，Q 开关掺铥激光器必须在接近材料损伤阈值的高内腔能量密度（通量）下工作[5]。其原因是在这种低增益介质中达到激光阈值需要的粒子数反转更大；这导致介质中存储的大量能量最终以高能 Q 开关激光脉冲的形式释放出来，从而造成材料的损坏。

2.1.2 掺钬激光器

图 2.4（a）为三价钬的能级图。使用 Ho^{3+}作为活性离子，可以通过 $^5I_7$–$^5I_8$、$^5I_6$–$^5I_7$、$^5I_5$–$^5I_6$ 和 $^5S_2$–$^5F_5$ 跃迁分别获得范围在 1.95~2.15 μm、2.85~3.05 μm、3.94 μm 和 3.2 μm 附近的辐射（该跃迁的相应发射光谱如图 2.4（b）所示）。与掺铥激光器相比，由于掺钬激光器拥有高受激发射截面（高增益），掺钬激光器更适合在 Q 开关模式下工作；此外，与掺铥激光器类似，掺钬激光器上能级 $^5I_7$ 荧光寿命较长（约为 10 ms）。

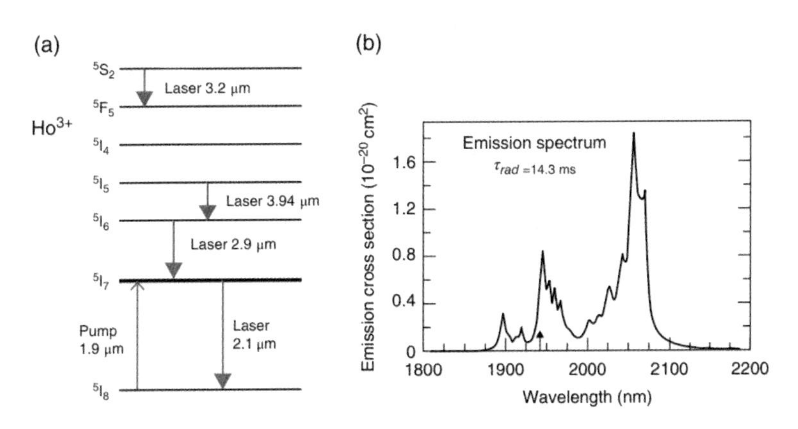

图 2.4 （a）三价钬的能级图。下箭头表示激光跃迁。（b）$LiYF_4$ 基质晶体中的 Ho^{3+}发射光谱（$^5I_7$–$^5I_8$ 跃迁）。来源：经美国电气与电子工程师学会（IEEE）许可，转载自参考文献 7 图 3c。

由于掺钬激光器（至少在高效 AlGaAs 或 InGaAs 激光二极管方面）缺乏合适的二极管泵浦方案，因此掺钬激光晶体通常会与其他离子共同掺杂（敏化）。例如，掺铥（Tm^{3+}）、钬（Ho^{3+}）混合离子的晶体已被证明是 2 μm 区域二极管泵浦激光作用的有效来源，其机制如下：Tm^{3+}可以吸收 AlGaAs 二极管在 780~790 nm 的激光泵浦，并允许 Tm^{3+}在 $^3F_4$ 能级有效布局。通过 Tm^{3+}和 Ho^{3+}之间的偶极-偶极相互作用，这种激发转移到 Ho^{3+}的 $^5I_7$ 能级，Ho^{3+}在 $^5I_7$–$^5I_8$ 跃迁时产生激光作用（波长为 2.1 μm）[8]。

尽管掺铥和掺钬激光器可在相似波长范围内工作（均在 2 μm 附近），但掺钬激光器更有优势（尤其是采取 Q 开关法），原因有以下两点。首先，Ho^{3+}具有更高的受激发射截面，在 Ho：YAG 中 λ=2.09 μm 时，Ho^{3+}受激发射截面 $\sigma=1.2\times10^{-20}$ cm^2；而在 Tm：YAG 中 λ=2.01 μm 时，Tm^{3+}受激发射截面 $\sigma=1.5\times10^{-21}$ cm^2[7, 9]。这（Ho^{3+}的高受激发射截面）使得 Q 开关能够高频反复切换，并让低阈值器件紧凑排列成为可能。此外，由于掺钬激光器在 $\lambda>2\ \mu m$ 时，大气吸收较少，工作波长略长，其更适合在相干多普勒光探测和测距（LIDAR）方面应用（见图 1.1）。

掺钬激光器可由掺铥激光器（包括固态激光器和光纤激光器）直接泵浦。例如，Tm：YLF 的吸收光谱很好地落在市售激光二极管的发射光谱内（792~793 nm），而其在约 1.91 μm 的发射光谱与 Ho：YAG 的吸收光谱一致[9]。参考文献 10 中报道了一种高效的二极管泵浦级联 Tm-Ho 系统（连续波和 Q 开关）。研究人员使用二极管泵浦的 Tm：YLF 激光器的高亮度 1.91 μm 输出，并利用 Ho：YAG 中的 $^5I_7$ 能级进行共振泵浦。掺铥（1.91 μm）和掺钬（2.09 μm）激光器均采用几何端泵浦（图 2.5）。掺铥激光器通过两个激光晶体，使用四个光纤耦合激光二极管作为泵浦源，并分配热负载。通过这种设计，掺铥激光器输出功率达到 36 W，光-光转换效率（二极管到掺铥激光器）达到 32%。二级钬激光器采用 Tm：YLF 激光器泵浦，并使用直径 5 mm、长 20 mm 的 Ho：YAG 晶体。在 36 W 的掺铥激光器泵浦下，该激光器在 2.09 μm 处获得了 19 W 的连续波激光输出[10]。Tm：YLF 到 Ho：YAG 的光-光转换效率为 56%，激光二极管到 Ho:YAG 的总转换效率为 18%。

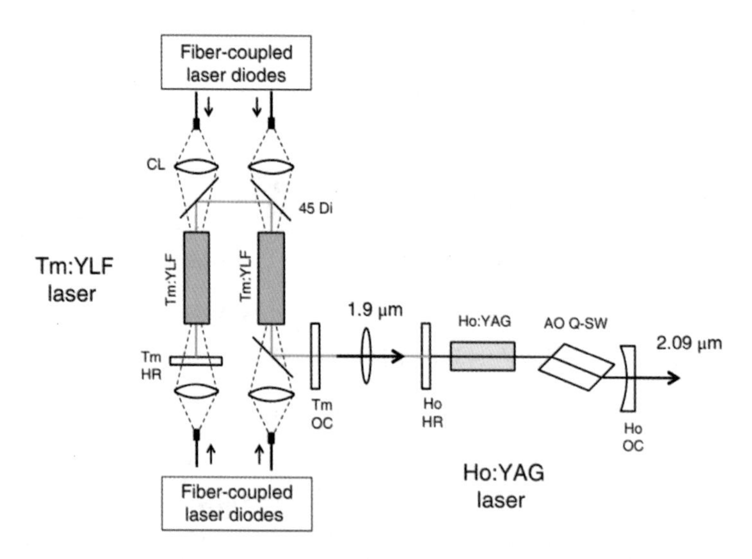

图 2.5 由 Tm：YLF 激光器（λ=1.91 μm）共振泵浦的 Ho：YAG 激光器（λ=2.09 μm）[10]。其中，HR 为高反射镜；45Di 为 45° 分色镜；CL 为耦合透镜；AO Q-SW 为声光 Q 开关（实验中未使用连续波）；OC 为输出耦合器反射镜。

在上述实验中，通过在 Ho 激光腔内插入声光调制器实现了 Ho：YAG 的 Q 开关模式。在由 Tm：YLF 激光器连续波泵浦的 Ho：YAG 的往复 Q 开关（9~50 kHz）配置中，平均功率达到 16 W，相应的 Tm:YLF 到 Ho:YAG 的光-光转换效率为 50%（二极管到 Ho:YAG 的总转换效率为 15%)。Q 开关频率为 15 kHz 时,光束质量因子 M^2<1.5,脉冲持续时间为 35 ns,单次脉冲能量为 1.1 mJ[10]。

另一种激光材料,掺钬的氟化钇锂(Ho: YLF)是获得高能 Q 开关 2 μm 脉冲的极好增益介质。Ho: YLF 包含一个弱热透镜,能自然进行双折射,从而使其确保偏振。参考文献 11 报道了一种单频脉冲装置,该装置可提供高达 330 mJ 脉冲能量的单频脉冲(脉冲持续时间为 350 ns, λ=2.064 μm,重复频率为 50 Hz)。采用二极管泵浦的 Tm: YLF 板条激光器在 1.89 μm(与 Ho: YLF 的强吸收峰之一匹配的波长)下,对双程 Ho: YLF 板条放大器进行端泵浦,并注入 50 mJ 单频脉冲。在这种情况下,种子激光器是单频环形腔掺钬激光器系统,采用功率为 80 W 的掺铥光纤激光器(1 940 nm)泵浦。

已经有许多报道提出,将 Q 开关 Ho: YAG 和 Ho: YLF 激光器系统与连续波掺铥光纤激光器(波长分别为 1 908 nm 和 1 940 nm)组合作为激光泵浦源,开发光纤-固体混合激光器。这种方法能够将高功率光纤激光器的输出有效转换为高能纳秒脉冲(>50%),成本低廉,性能可靠。参考文献 12 总结了最近在 1 kHz、纳秒 Ho:YAG 和 Ho:YLF 系统的光纤-固体混合系统(分别具有 52 mJ 和 35 mJ 脉冲能量)方面的最新成果。参考文献 13 报道了脉冲能量超过 100 mJ 的 Ho:YLF 光纤-固体混合激光器。

钬与镱共掺作为敏化剂,为大力发展 InGaAs(970 nm)二极管激光器泵浦的掺钬激光器提供了可能性。在参考文献 14 中,研究人员使用 Yb(原子百分比为 20%)和 Ho(原子百分比为 1%)共掺的 YSGG 作为活性材料,使钬在 3 μm 附近发生激光作用。YSGG 之所以被选为基质晶体材料,是因为与 YAG 相比,其声子能量更低,且 3 μm 激光跃迁时对应的激光上能级($^5I_6$)荧光寿命更长。首先 Yb^{3+}在 970 nm 处吸收泵浦光子;然后将该激发转移到 Ho^{3+}的 $^5I_6$ 激光上能级。实验使用高功率脉冲激光二极管阵列(峰值功率为 500 W),脉冲长度为 0.8 ms,重复频率为 15 Hz,以连续波的方式激发跃迁。在激光波长为 2.844 μm(峰值功率为 13 W)下,获得了脉冲能量最大值 10.5 mJ。在连续波状态下,输出功率为几毫瓦;低功率的原因是下能级 $^5I_7$ 寿命较长,这属于激光跃迁典型的自终止行为[14]。(理想情况下,为了避免"瓶颈"效应,下能级的寿命应短于上能级的寿命。)

有关掺多种杂质离子(Cr^{3+}、Er^{3+}和 Tm^{3+})的掺钬激光器、2.1 μm 和 2.9 μm 级联激光以及闪光灯泵浦掺钬激光器的更多信息,请参见参考文献 15。闪光灯泵浦的低重复频率 2 μm 掺钬激光器在医学领域获得了广泛的应用。例如,市售的自由运行脉冲能量超过 3 J 的 Ho: YAG 激光器通常被用于去除肾结石[16]。2 μm 辐射在其他方面的应用也不胜枚举。人体组织对该波长的吸收很强烈,这一点对激光手术非常有吸引力(见第 7 章);大气吸收量低,使该系统可用作飞机上的相干激光雷达,进行测距、遥感和风切变检测。此外, 2 μm 激光器广泛用于泵浦光学参量振荡器,以获得波长更长的中波红外辐射(见第 5 章)。

2.1.3 掺铒激光器

在过去 30 年中，人们对基于三价铒的 2.7~3 μm 激光器（Er：YAG、Er：YSGG 等）的运行产生了极大的兴趣。由于水对波长在 2.94 μm 附近的激光波的吸收峰最强（吸收强度 $>10^4\ cm^{-1}$），而水在生物体软组织和硬组织中大量存在，因此对不同医学分支（牙科、激光治疗、外科和显微外科）的专家来说，这些激光器具有极强的吸引力。此外，3 μm 激光器适宜作为中波红外非线性光学频率下的变频泵浦源（见第 5 章）。

1994 年之前的大部分文献都致力于闪光灯泵浦的 Er：YAG（2.94 μm）和 Er：YSGG（2.8 μm）激光器的研究，研究内容包括自由运行[15,17]、Q 开关[18]和主动锁模[19]方法。通过这些激光器，可实现基本 TEM_{00} 模式下脉冲能量为 10~100 mJ 的 Q 开关操作，以及脉冲能量为 4 mJ、脉冲持续时间为 100 ps 的锁模操作。闪光灯泵浦的掺铒激光器可以从各种供应商处购得，在自由运行脉冲模式下，可以发出数焦耳的脉冲能量。

3 μm 激光跃迁相关的 Er^{3+}能级图如图 2.6（a）所示。激光跃迁发生在 $^4I_{11/2}$（上能级）和 $^4I_{13/2}$（下能级）之间（不要与更常见的 $^4I_{13/2}$ 和 $^4I_{15/2}$ 能级之间的 1.5 μm Er 激光跃迁混淆）。对于 3 μm 跃迁，可以在 970 nm 或 800 nm 处直接泵浦至激光上能级 $^4I_{11/2}$（在后一种情况下，通过从 $^4I_{9/2}$ 到 $^4I_{11/2}$ 的快速非辐射跃迁填充上能级）。3 μm 跃迁的相应发射光谱如图 2.6（b）所示。激光下能级 $^4I_{13/2}$ 的寿命（Er：YAG 中为 6.4 ms）比上能级 $^4I_{11/2}$ 的寿命（Er：YAG 中为 0.1 ms）长得多，在正常情况下，会导致激光跃迁的自终止。然而，在高浓度 Er^{3+}和高强度泵浦下，相邻 Er^{3+}之间的交叉弛豫耗尽离子的 $^4I_{13/2}$ 能级，同时通过 $^4I_{13/2}+^4I_{13/2} \rightarrow ^4I_{9/2}+^4I_{15/2}$ 谐振上转换过程，为相邻原子 $^4I_{9/2}$ 能级提供一条到激光上能级的泵浦路径[20-22]。如图 2.7 所示，该效应避免了激光的自终止过程，同时每吸收一个泵浦光子产生两个具有激光波长的光子。3 μm 掺铒激光器和上述 2 μm 掺铥激光器的“二合一”泵浦有一定的相似性。

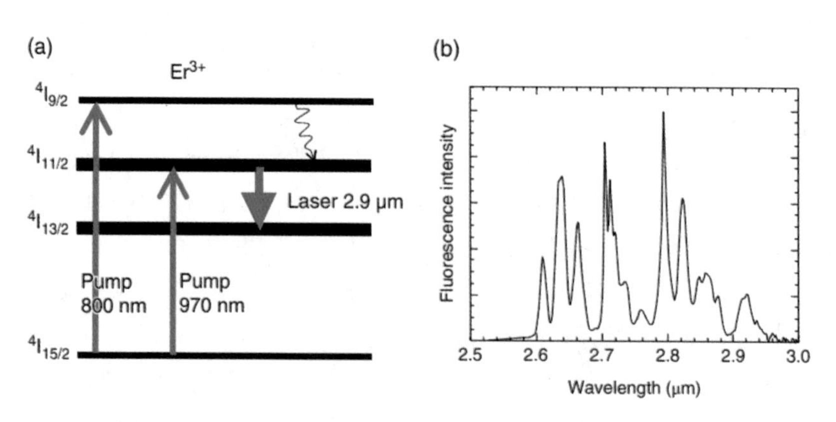

图 2.6 （a）三价铒的能级图。（b）室温下 Er^{3+}在 GSGG（$Gd_3Sc_2Ga_3O_{12}$）基质中的发射光谱。资料来源：经美国光学学会（OSA）许可，转载自参考文献 20 图 2。

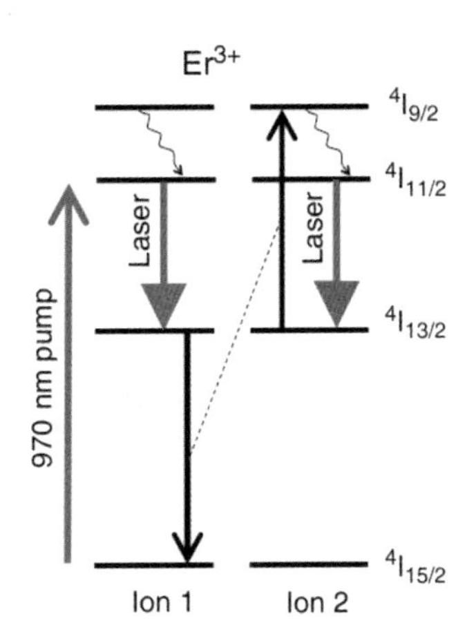

图 2.7 3 μm 掺铒激光器中的“二合一”交叉弛豫过程。上转换过程将量子数从 $^4I_{13/2}$ 下能级循环到上能级。

参考文献 20 证明了 Er^{3+}: GSGG(钆钪镓石榴石, $Gd_3Sc_2Ga_3O_{12}$)可以有效操作连续波,在 2.795 μm 实现 $^4I_{11/2}$–$^4I_{13/2}$ 激光跃迁,输出功率达到 130 mW。$^4I_{11/2}$ 上能级可以采用钛宝石激光器在 970 nm 处直接泵浦。2.795 μm 激光跃迁的斜率效率为 36%,激光与泵浦光子之比仅为 34.7%,这表明其量子效率大于单位量子效率。其效率超高是由于上述“二合一”交叉弛豫过程循环粒子数造成的。

参考文献 23 中报道了基于三种不同基质 Er: YAG、Er: GGG(钆镓石榴石,$Gd_3Ga_5O_{12}$)和 Er: YSGG(钇钪镓石榴石, $Y_3Sc_2Ga_3O_{12}$)的连续微片晶体激光器(长为 3 mm、直径为 3 mm),使用 970 nm 的 InGaAs 激光二极管泵浦,产生波长 λ 约为 3 μm 的连续波。铒掺杂浓度很高: Er: YSGG 和 Er: GGG 为 30%,Er: YAG 为 33%。图 2.8 显示了三种激光材料的输入-输出曲线。在最大功率和效率方面,Er: YSGG 的性能最佳,输出功率为 0.5 W,斜率效率为 31%。此外,通过使用腔长为 1 mm 的 Er: YAG 微片激光器,获得了功率为 70 mW 的单频输出[23]。随后,几位研究人员获得了输出功率超过 1 W 的连续波。Jensen 等人证明了二极管泵浦的 Er^{3+}: YLF 产生功率为 1.1 W、波长为 2.8 μm 的辐射[24],Chen 等人证明了从二极管泵浦的 Er^{3+}:YAG 激光系统产生功率为 1.15 W 的辐射[25]。

斯棱曼激光科技有限公司(Sheaumann Laser Inc.)制造了一种由二极管泵浦的 2.94 μm Er: YAG 激光器,在 TEM_{00} 光束中连续输出功率为 1.5 W[26]。现在,可从该公司购得紧凑型二极管泵浦的 2.94 μm Er: YAG 激光器,在 TEM_{00} 光束中连续输出功率为 1 W,光束质量因子 M^2=1.12。采用多重内反射(TIR)的平板概念, Ziolek 等人开发了一种使用 50%(原子百分比)Er: YAG 晶体的侧泵浦激光器,该激光器为密闭式,具有自由空间或光纤耦合输出,插头效率为 10%[27]。腔体由总长度为 40 mm 的平面镜谐振器组成,并使用激光晶体中的三个(总数为五个)TIR 区域作为泵浦面,以将激光二极管泵浦能量有效耦合到谐振激光模式中

（图 2.9）。当激光器以 100 Hz 重复频率（占空比为 4%）由持续时间为 400 μs 激光二极管脉冲泵浦时，平均输出功率达到 3.2 W。

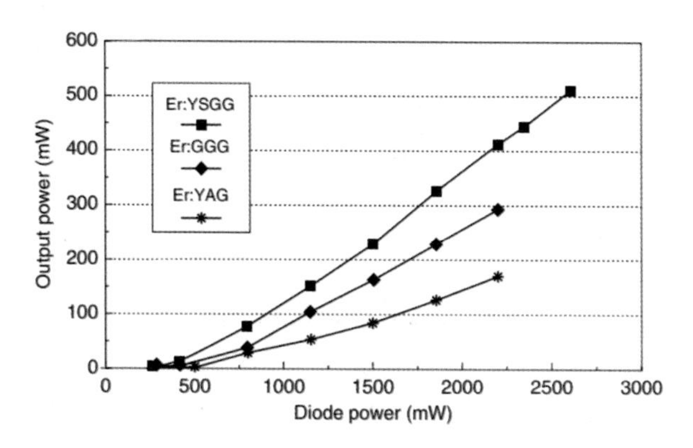

图 2.8　由两个 1 W 二极管激光器泵浦的三种不同掺铒微片激光器 Er：YSGG、Er：GGG 和 Er：YAG 的输入-输出曲线。资料来源：经美国光学学会（OSA）许可，转载自参考文献 23 图 2。

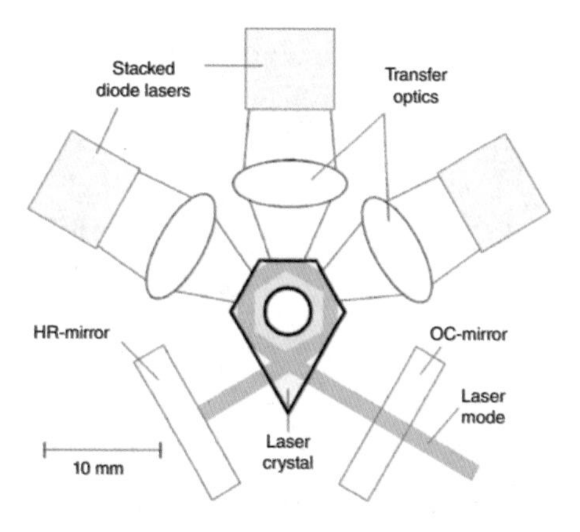

图 2.9　3 μm Er：YAG 激光器的全内反射设置，使用发射近 962 nm 的准连续堆叠二极管激光器从三面泵浦。激光晶体安装在两个水冷铜散热器之间（图平面外），以去除蓄积的热量。其中，HR 为高反射镜，OC 为输出耦合器。资料来源：经美国光学学会（OSA）许可，转载自参考文献 27 图 1。

医疗应用中，3 μm 激光切除人体组织的主要作用机理是人体组织因大量吸收光而发生快速消融。如果缩短激光脉冲持续时间，可以降低对周围组织的热损伤程度。因此，二极管泵浦配置中的 Q 开关模式是医疗用途的首选模式。参考文献 28 中展示了一种 Q 开关二极管泵浦的 Er：YSGG 激光器（λ=2.797 μm），它能产生脉冲持续时间为 77 ns、能量为 0.5 mJ 的脉冲。作者使用 $LiNbO_3$ 电光晶体，以 140 Hz 的重复频率和 500 μs 的泵浦脉冲持续时间，在单反弹几何结构中进行腔损耗控制和侧泵浦。

表 2.1 列出了 3 μm 掺铒激光器的主要成果。

表 2.1 3 μm 掺铒激光器概述

Laser crystal	Laser operating mode	Output parameters	Ref.
Er:YSGG	CW diode pumped	Output power 0.5 W	[23]
Er:YAG	CW diode pumped	Output power 1.5 W	[26]
Er:YAG	Long pulses, diode pumped	Average power 3.2 W@4% duty cycle (400 μs, 100 Hz)	[27]
Er:YAG	Free-running, flashlamp pumped	Pulse energy 27 J (single shots), 700 μs	[29]
Er:YSGG	Q-switched, diode pumped	Pulse energy 0.5 mJ, 77 ns, 140 Hz	[28]
Er:YAG	Q-switched, flashlamp pumped	Pulse energy 85 mJ, 130 ns, 2 Hz	[18]
Er,Cr:YSGG	Mode-locked, flashlamp pumped	Pulse energy 4 mJ, 100 ps, 2 Hz	[19]

2.2 掺过渡金属铬(Cr^{2+})和铁(Fe^{2+})激光器

在参考文献 30、31 中首次报道了一类新型激光材料——掺杂四面体配位的过渡金属铬(Cr^{2+})或铁(Fe^{2+})的 II–VI 晶体(ZnS、ZnSe)。这代表着一类可在室温下运行且能够广泛调谐的新型中波红外激光器问世了。双电离的 Cr 和 Fe 原子中的电子跃迁与基质晶体晶格中的声子强烈耦合,使均匀展宽变得显著,通常可达到中心激光频率的 30%。由于硫族化合物基质(如 ZnSe 和 ZnS)对这种"振动增宽"有支持作用,所以特别适合产生激光作用[15, 31]。同时,由于声子能量低,不良的非辐射多声子弛豫也受到充分抑制——即使是室温下 Cr^{2+}也是如此。掺过渡金属(Cr^{2+}或 Fe^{2+})的二元(如 ZnS、ZnSe、CdSe、CdS 和 ZnTe)和三元(如 CdMnTe、CdZnTe 和 ZnSSe)硫族化合物晶体光泵浦室温激光器,在光谱区域提供了从低于 2 μm 到约 6 μm 的无间隙通道,对于给定的激光介质具有超过 1 000 nm 的连续可调谐性。

2.2.1 Cr^{2+}和 Fe^{2+}的光谱特性

就光谱和激光特性而言,掺过渡金属的 II–VI 激光器可以被视为常见的近红外钛蓝宝石(Ti: Al_2O_3)激光器的相似产品。II–VI 基质晶体的正四面体晶体场将 Cr^{2+}和 Fe^{2+}的 ^5D 基态分裂为三重态 $^5T_2$ 和双重态 ^5E。三重态 $^5T_2$ 是 Cr^{2+}的基态,而双重态 ^5E 是 Fe^{2+}的基态。

就光子能量而言,与中波红外光谱范围对应的四面体配位能级之间能量分裂相对较小。参考文献 15、30、31 详细描述了掺过渡金属的 II–VI 激光器与钛蓝宝石激光器的主要相似之处,其中包括:

- 由于自旋允许跃迁,发射截面高($\sigma \approx 10^{-18}$ cm^2);
- 相对较短(μs 范围)的上能级寿命;
- 自旋禁阻向更高能级的跃迁,阻碍了激发态吸收;

● 电子态与晶格振动（声子）的相互作用较强，这种振动-电子（振子）相互作用造成均匀展宽较强，增益带宽较大；

● 吸收和发射之间存在强烈的波长偏移（Frank-Condon 偏移），这是因为上下能级的构型坐标空间（晶格位移）中的能量最小值不一致，这允许四级激光作用的发生。

这些相似之处，使得 Cr^{2+}和 Fe^{2+}激光介质广泛可调谐，且都可用于超快激光器。

Cr^{2+}的吸收和发射光谱如图 2.10 所示。吸收带宽跨越了 1.5~2.2 μm 的光谱范围，让多种泵浦源的利用成为可能[32]。从此图还可以看出，掺铬（Cr^{2+}）II–VI 晶体具有极宽的发射带，这有利于对中波红外进行广泛和连续的调谐，且有利于产生超短脉冲。图 2.10 给出了铬离子 $^5E \leftrightarrow {}^5T_2$ 跃迁发光寿命与温度之间的相关关系。在室温条件下，ZnSe 晶体不存在发光猝灭，并且这些晶体中的发光量子产率接近于整个晶体的总和。这也是 Cr: ZnSe 和类似晶体目前被用作高效室温激光器（运行光谱范围为 2~3 μm）增益介质的原因之一。值得注意的是，所有掺铬 II–VI 基质晶体（$\sigma \approx 10^{-18}$ cm^2）的吸收峰值和发射横截面比掺稀土离子基质晶体大出约两个数量级。

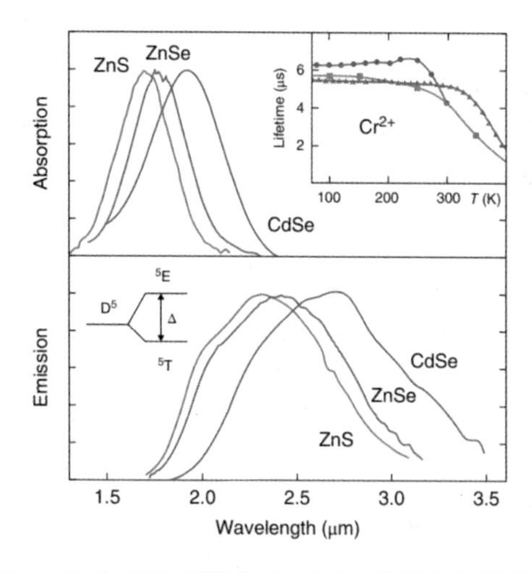

图 2.10 室温条件下，ZnS、ZnSe 和 CdSe 晶体中 Cr^{2+}的归一化吸收光谱（上）和发射增益光谱（下）。插图显示了 ZnS（圆形）、ZnSe（三角形）和 CdSe（方形）晶体中 Cr^{2+}激发态寿命与温度之间的相关关系。来源：经 Wiley（约翰威利国际出版公司）许可，转载自参考文献 32 图 1。

与掺铬晶体相比，掺铁的硫族化合物晶体的吸收光谱和发射光谱移动到波长更长的区域。例如，Fe^{2+}: ZnSe 和 Fe^{2+}: CdMnTe 的光谱如图 2.11 所示。Fe: ZnSe 和 Fe: CdMnTe 的最大吸收分别出现在 3.1 μm 和 3.6 μm，因此 Fe^{2+}的可用的泵浦源不及 Cr^{2+}多。其插图显示了 ZnSe 和 CdMnTe 晶体中 Fe^{2+}激发态寿命与温度之间的相关关系。在 T>120 K 时，由于热激活的非辐射衰减（例如多声子猝灭），发光寿命降低。非辐射过程导致上能级寿命短至几百纳秒，在室温下发光量子产率低（$\eta \approx 1\%$）[32]。最近的测量结果表明，在 Fe: ZnSe 中，从 T=80 K 到室温，上能级的寿命从 60 μs 下降到 370 ns[33]。

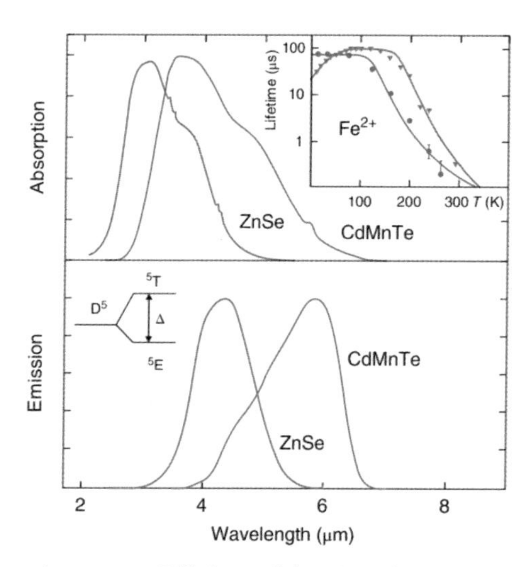

图 2.11 室温条件下，ZnSe 和 CdMnTe 晶体中 Fe^{2+}的归一化吸收光谱（上）和发射增益光谱（下）。插图显示了 ZnSe（三角形）和 CdMnTe（圆形）晶体中 Fe^{2+}上能级寿命与温度之间的相关关系。来源：经 Wiley（约翰威利国际出版公司）许可，转载自参考文献 32 图 2。

2.2.2 掺铬硫族化合物晶体激光器

目前，掺铬硫族化合物激光器被广泛用作紧凑型室温相干光源，可以在连续波、增益切换、锁模和单频模式下发射 1.9~3.6 μm 的中波红外辐射（深入研究详见参考文献 12、34~37）。这些激光器具有热学、光学和光谱特性的良好组合，可以由掺铒和掺铥光纤激光器或直接由激光二极管泵浦，使用非常方便。

2.2.2.1 宽调谐掺铬激光器

在 Page 等人的开创性工作中[31]，作者使用脉冲 Co^{2+}: MgF_2 激光器（λ=1.85~1.9 μm）泵浦 Cr^{2+}:ZnSe 激光器。通过在 Cr:ZnSe 激光腔中使用衍射光栅，在 2.15~2.8 μm 范围内实现了线宽约为 1 nm 的调谐。在激光腔中没有调谐元件的情况下，Cr: ZnS 和 Cr: ZnSe 激光器的运行状态均为发射峰 2.35 μm、带宽 40 nm。参考文献 38 第一次证明了，在室温条件下，宽谱可调谐 Cr^{2+}: ZnSe 激光器可进行连续波操作。采用连续波二极管泵浦的 Tm: YALO 激光器作为泵浦源，工作波长为 1.94 μm，输出功率为 1 W。Cr: ZnSe 激光器在波长 2.4 μm 处的输出功率为 250 mW，斜率效率高达 63%（与吸收的光功率相比），绝对效率为 42%（同样与吸收的光功率相比）。通过添加由 ZnSe 制成的内腔调谐棱镜（图 2.12），Cr: ZnSe 激光器从 2.14 μm 连续调谐到 2.76 μm。

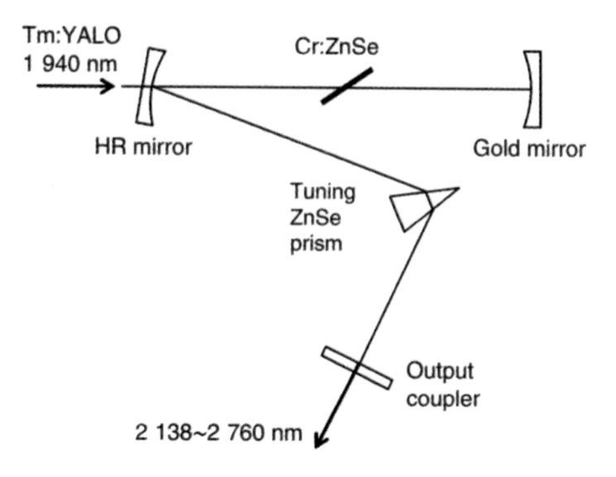

图 2.12 参考文献 38 中可调谐 Cr: ZnSe 激光器的简化示意图。该激光器由 1 940 nm 的 1 W Tm: YALO 激光器泵浦。其中,HR 为高反射镜。来源:经美国光学学会(OSA)许可转载。

随着掺铬激光晶体质量的提高、泵浦激光器的进步,以及宽带反射镜的制造,掺铬激光器的调谐范围大大扩展。使用商用 5 W 掺铒光纤激光器以 1 607 nm 波长泵浦并设置内腔棱镜,通过单组光学器件,实现了 Cr: ZnSe(图 2.13)中 1.973~3.349 μm 和 Cr: ZnS 中 1.962~3.195 μm 的激光调谐,输出功率高达 600 mW,线宽<10 GHz(<0.2 nm)[39]。最近报道开发出了一种连续调谐范围为 2.4~3.0 μm、功率高达 60 W 的 Cr:ZnSe 激光系统[12]。

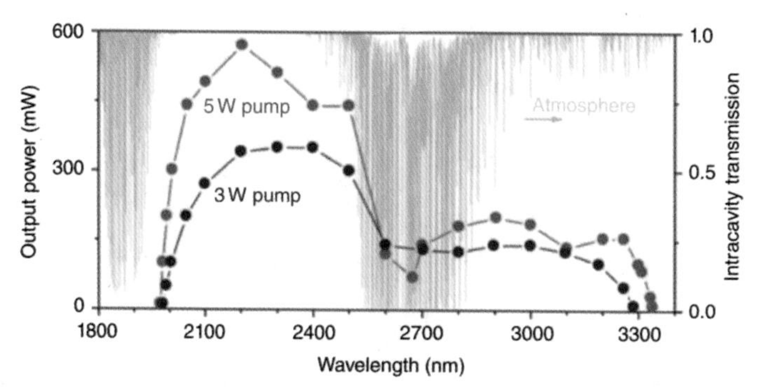

图 2.13 连续 Cr: ZnSe 激光器的可调谐范围。背景中显示了大气的传输。来源:经美国光学学会(OSA)许可,转载自参考文献 39 图 2。

Cr: CdSe 激光器的发射光谱转移到波长更长的区域(见图 2.10)。使用 Tm: YAP 激光器(自由运行,波长为 1.94 μm)发出脉冲持续时间为 300 μs 的泵浦脉冲,通过配有棱镜的谐振器, Cr: CdSe 激光器实现了在 2.26~3.61 μm 范围内连续调谐[40]。在无法选择光谱的情况下,Cr^{2+}: CdSe 激光器在 2.65 μm 处发射能量高达 17 mJ,量子斜率效率为 63%(与吸收的泵浦能量相比)。

通过使用腔内衍射光栅和双标准具, Cr: ZnSe 可调谐激光器获得了单频性能。在本实验中,通过调整光栅角度可实现粗调谐,而通过调整腔长可实现微调[41]。参考文献 42 中报道了输出功率为 150 mW 的快速可调谐单频 Cr:ZnSe 激光器。激光腔使用 75° 掠入射角的衍射光栅和安装在压电驱动快速"振动"镜上的平面调谐镜。已经证明在单纵模线宽为 120 MHz 的情况下,波长 λ=2.5 μm 附近 120 nm 范围内,可进行快速(4 500 nm/s)单频调谐。

掺铬激光器可以由激光二极管直接泵浦[31],使用简单,结构紧凑。已有研究证明,使用输出功率约为 1 W 的 AlGaIn 或 AsSb 激光二极管(工作波长为 1.9 μm 或 2.0 μm)泵浦,Cr^{2+}: ZnSe 激光器可以实现有效的连续波操作[43]。使用 1.9 μm 泵浦,波长 λ=2.5 μm 时,输出功率为 105 mW,与吸收泵浦功率相比斜率效率为 35%。当在相同条件下测试 Cr^{2+}: CdMnTe 激光器,波长 λ=2.6 μm 时,输出功率仅为 6 mW。这是由 CdMnTe 的导热性差和热透镜作用强所致。根据参考文献 43 的作者描述,这种基质材料仅限于脉冲或低功率连续波操作。

2.2.2.2 高功率连续波掺铬激光器

由于最近开发出高质量 Cr: ZnSe/ZnS 结构,掺铬激光器目前作为高效(>40%)转换器,将商用掺铒或掺铥光纤激光器泵浦出的激光输出到 2~3 μm 光谱区(示例参见参考文献 32、44)。Berry 等人开发了基于 Cr^{2+}: ZnSe 的高功率主振荡器-功率放大器(MOPA)连续激光系统[45]。以 1.9 μm 掺铥光纤激光器为泵浦源,在 $\lambda\approx$2.44 μm 处,输出功率达到 14 W。Moskalev 等人使用 1 560 nm 掺铒光纤激光器泵浦 Cr^{2+}: ZnS 系统,在 λ=2.38 μm 附近实现了功率为 10 W 的连续波输出[46]。与入射泵浦功率相比,光学效率为 40%,在高泵浦功率下,输出功率没有发生明显下滑。此外,在利特罗结构(Littrow configuration)中配置衍射光栅,相同的工作实现了带宽 1.94~2.78 μm 范围内的高功率波长调谐。在 2.12~2.59 μm 波长范围内,输出功率超过 5 W;在 1.97~2.76 μm 整个范围内,输出功率超过 2 W[46]。当由 50 W 掺铥光纤激光器泵浦(波长为 1 908 nm)时, Cr^{2+}: ZnS 激光器在增益最大值(2.4 μm 处)附近的输出功率超过 20 W[44]。

2.4 μm 激光器最重要的实际应用之一是对在该波长范围内具有强吸收特性的聚合物材料(如聚丙烯、聚碳酸酯等)进行加工[44]。参考文献 47 报道了使用旋转环增益介质 Cr: ZnSe 激光器在增益最大值 2.5 μm 附近以创纪录的高功率连续工作,该介质消除了热透镜效应,获得了 140 W 的输出功率,与 1.91 μm 掺铥光纤泵浦相比,光-光转换效率为 62%。

Akimov 等人报道了 Cr^{2+}: CdSe 激光器的连续波操作[48]。当用波长为 1.908 μm 的掺铥光纤激光器泵浦时,激光在 λ=2.623 μm 处产生的功率为 1.07 W,与吸收功率相比,量子斜率效率为 60%。

2.2.2.3 2.94 μm 高功率掺铬连续激光系统

生物医学界对工作波长在 2.94 μm 附近的激光器需求很大。由于含水量高,人体组织对该波长的吸收峰非常强,因此这类激光器非常适合皮肤治疗和显微外科手术。尽管

2.94 μm 已经位于 Cr^{2+}:ZnSe 增益曲线的尾翼（仅为其最大值的 25%），但由于 Cr^{2+}射线展宽较为均匀，有研究报道，已开发出在 2.94 μm 下运行的高效多瓦数 Cr^{2+}: ZnSe 系统[44]。通过使用抑制较短波长激光的介电镜，迫使激光器在 2.94 μm 处工作。使用功率为 15 W、波长为 1.91 μm 的掺铥光纤激光器泵浦，在波长 2.94 μm 处，输出功率为 5 W 的连续波。在 MOPA 设计中，该功率可以提升至 7.5 W。此外，使用旋转环激光增益介质，Moskalev 等人证明了，在 λ=2.94 μm 时可以发出功率高达 32 W 的连续波，与泵浦波长 1.91 μm 的激光器相比，光-光转换效率为 29%[47]。

2.2.2.4 增益开关高功率掺铬激光器

由于掺铬硫族化合物的储能时间很短（通常为 2~10 μs），为了保持较高的光转换效率，Q 开关掺铬激光器需要采用脉冲（持续时间<1 μs）源泵浦。Carrig 等人[41]报道了增益开关（替代 Q 开关）模式 Cr: ZnSe 激光器，由高重复频率（40 kHz）Q 开关 Tm: YALO 激光器泵浦，泵浦脉冲持续时间约为 400 ns，波长为 1.94 μm。当 Q 开关掺铥激光器平均功率为 45 W 时，增益开关 Cr: ZnSe 激光器波长 $\lambda\approx$2.5 μm 处的平均功率高达 18.5 W（单次脉冲能量为 0.46 mJ）。

在重复频率较低的情况下，增益开关模式能获得更高的脉冲能量。已有研究表明，Q 开关 Ho: YAG 激光器泵浦（波长为 2.09 μm，重复频率为 100 Hz，脉冲能量为 15 mJ，脉冲持续时间为 15~50 ns）时，在波长 λ=2.43 μm（带宽 0.5 nm）附近产生的脉冲能量高达 3 mJ[44]。此外，在激光腔内放置带有衍射光栅的利特罗结构（Littrow configuration），在增益切换模式下，同样的工作可以在 2.35~2.96 μm 的波长范围内进行调谐[44]。在波长 2.095 μm（重复频率为 3 Hz，脉冲能量为 13 mJ，脉冲持续时间为 90 ns）的泵浦下，Cr: ZnSe 激光器的输出能量为 3.1 mJ（波长 ≈2.47 μm），斜率效率为 52%[49]。通过使用重复频率为 10 Hz、脉冲持续时间为 7 ns 的拉曼位移 Q 开关 Nd: YAG 激光泵浦（波长为 1.906 μm，来自 H_2 气体的斯托克斯（Stokes）线），实现了 Cr:ZnSe 激光脉冲能量的进一步增加——在 2.35 μm 处脉冲能量高达 10 mJ[49]。最后，使用三级放大器、重复频率为 10 Hz 的 Cr: ZnSe 振荡器-放大器配置，在波长 λ=2.43 μm 处的脉冲能量高达 52.2 mJ，光转换效率为 44.4%。该系统由二极管泵浦的 Q 开关 Tm: YAG 激光器（脉冲能量为 130 mJ，脉冲持续时间为 160 ns，工作波长为 2.01 μm）驱动。此外，通过使用声光滤波器调谐 Cr: ZnSe 振荡器，Cr: ZnSe 系统可在 2.12~2.67 μm 范围内调谐[50]。

2.2.2.5 微片掺铬激光器

参考文献 32、42 报道了一种紧凑型连续波 Cr: ZnSe 激光器，其仅由两个元件组成：平面输入镜和长 9 mm 的无涂层矩形平面平行 Cr: ZnSe 晶体。激光晶体紧邻输入介电镜（带有泵浦波长下高透射、激光波长下高反射涂层），具有小的（10~100 μm）可调气隙，使输入镜和增益元件的输入面形成一个低精细度法布里-佩罗(Fabry-Pérot)干涉仪。通过调整间隙,可以将腔内损耗降至最低。增益元件的输出面用作具有18%菲涅耳(Fresnel)反射的输出耦合器。该激光器由功率为9 W、波长为1 560 nm的线性偏振掺铒光纤激光器泵浦。该紧凑型激光器的输入输出特性和光谱如图2.14所示。泵浦功率为7.5 W时,该激光器工作波长为2.36 μm(20 nm线宽)左右,输出功率高达3 W,光学效率为41%。

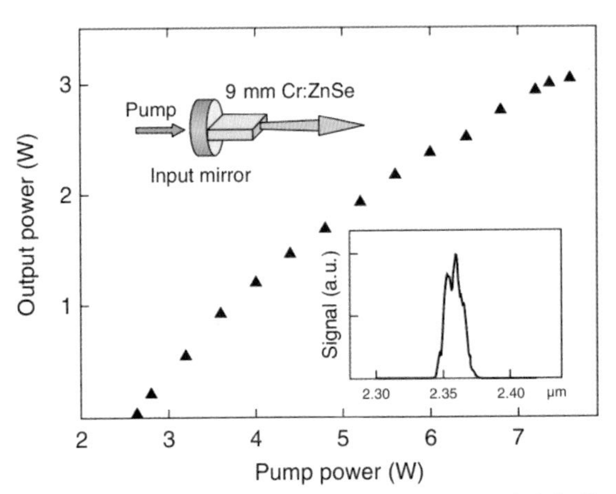

图2.14 1 560 nm掺铒光纤激光器泵浦的连续波微片Cr:ZnSe激光器的输出-输入相关关系。插图为输出频谱。来源:经Wiley(约翰威利国际出版公司)许可,转载自参考文献32。

微片掺铬激光器也能在增益切换模式下进行操作。该激光器仅由一个元件组成——一个长5.5 mm的平面无涂层ZnSe晶体,以菲涅耳反射作为反馈,以Nd:YAG激光器的D_2(气相氘)拉曼位移输出作为泵浦源(波长为1.56 μm,重复频率为10 Hz,脉冲持续时间为5 ns,光束直径为1.5 mm,脉冲能量为24 mJ)。在波长$\lambda\approx2.28$ μm(20 nm线宽)时,输出脉冲能量为24 mJ[51]。

2.2.2.6 波导和薄片Cr:ZnSe激光器

波导结构意味着低阈值激光器的开发终于有了解决方案。此外,由于波导几何形状,限制此类激光器最大平均功率的热透镜效应显著降低。参考文献52、53已经证明了,使用超快激光刻蚀在多晶Cr:ZnSe样品制造埋入式波导(即所谓的低折射率包层波导),可以让Cr:ZnSe波导激光器以波长2.5 μm运行。通过非线性吸收产生信道波导,造成局部结构改变,从而改变折射率。来自掺镱光纤MOPA系统的紧密聚焦脉冲(λ=1 047 nm,脉冲持续时间为750 fs,μJ级脉冲能量,重复频率为100 kHz),对多个降低折射率的元件进行刻画。波导通常长6 mm,直径为40 μm、60 μm、80 μm、120 μm、160 μm和200 μm。当用波长为1 928 nm、功率为1.1 W的掺铥光纤激光器泵浦时,最大输出功率为285 mW,斜率效率高达45%[53]。当泵浦功率提高到9.3 W时,最大输出功率为1.7 W(波长为2.5 μm)[54]。

薄片操作对平均功率较高的掺铬激光器来说，是一种很有前途的功率调节方法。参考文献 55 表明，表面冷却式薄片激光器可以有效地减少掺铬激光器中的热效应，并证明了在增益切换状态下，Cr^{2+}: ZnSe 激光器工作的平均功率为 4.2 W。激光片厚度为 1 mm，通过多程泵浦几何结构以 λ=2.05 μm、9 W 功率进行泵浦。

2.2.2.7 锁模 Cr:ZnS/Cr:ZnSe 激光器

由于增益带宽超大（超过 1 300 nm），脉冲持续时间低至两个光学周期（约 15 fs），Cr: ZnS 和 Cr: ZnSe 激光器特别适用于产生超短中波红外脉冲。Carrig 等人首次演示了主动（声光）锁模 Cr^{2+}: ZnSe 激光器（$\lambda\approx$2.5 μm），该激光器能发出平均功率为 82 mW、脉冲持续时间为 4.4 ps 的变换受限脉冲激光[56]。随后，有研究演示了使用半导体可饱和吸收镜（SESAM）[57-60]以及克尔透镜锁模（KLM）[61-63]的无源锁模激光器。

使用 Cr^{2+}: ZnS 作为活性介质，证明了 KLM 振荡器（中心波长为 2.39 μm）以输出功率 1 W，发出持续时间为 70 fs 的脉冲激光，相对于掺铬光纤泵浦，光转换效率为 20%[63-64]。随后，有报道称开发出了平均功率为 2 W、脉冲持续时间为 67 fs 的 KLM 锁模 Cr^{2+}: ZnS 激光器（中心波长为 2.3 μm）[44]。掺铬 ZnS 和 ZnSe 活性介质光谱和激光参数非常相似。然而，根据参考文献 44，ZnS 基质晶体热导率和热冲击指数更高，热透镜效应更低，更适合在高功率输出方面应用。

Cizmeciyan 等人将石墨烯用作激光腔内的快速饱和吸收体，开发出中心波长为 2.5 μm 的被动锁模 Cr: ZnSe 激光器。激光器以 78 MHz 的脉冲重复频率和 185 mW 的平均功率，产生了一系列稳定的、持续时间为 176 fs 的极限带宽脉冲[65-66]。有报道称，使用直接沉积法在 Cr^{2+}: ZnS 激光器的高反射器端镜上涂布石墨烯（图 2.15），能够产生中心波长为 2.4 μm（光谱带宽为 190 nm）、持续时间短至 41 fs（约 5 个光学周期）的脉冲激光。在 108 MHz 重复频率下，平均输出功率为 250 mW[67]。

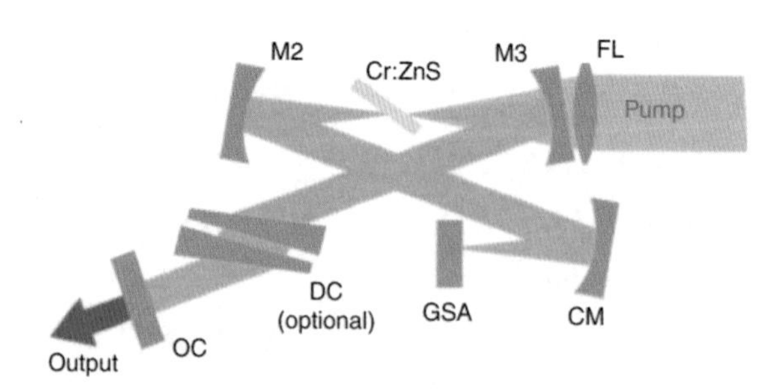

图 2.15 石墨烯锁模 Cr: ZnS 激光器的 X 折叠谐振器，在 2.4 μm 处产生 41 fs 脉冲。使用 FL（聚焦透镜）、M2 和 M3（高反射凹面镜）、GSA（石墨烯基可饱和吸收镜）、DC（一对用于色散补偿的楔形 YAG）、OC（输出耦合器）和 CM（用于群延迟色散补偿的啁啾高反射率凹面镜），将 1.61 μm 的掺铒光纤激光器的泵浦光束引导到激光晶体上。来源：经美国光学学会（OSA）许可，转载自参考文献 67 图 1。

由于 KLM 使用简单，且可以用现成的掺铒和掺铥光纤激光器作为泵浦源（光-光转换效率可高达 37%），近年来超快 Cr: ZnS 和 Cr: ZnSe 激光器得以飞速发展[12, 68-74]。此外，已有报道证实，基于多晶 Cr: ZnS 和 Cr: ZnSe[68]的 KLM 激光器在平均功率、脉冲能量和脉冲持续时间方面取得了显著的改进。当前 Cr: ZnSe 和 Cr: ZnS 振荡器的脉冲宽度主要受到提供色散控制的电介质涂层的限制。

Vasilyev 等人通过控制多晶 Cr^{2+}: ZnS 激光器腔内的二阶和三阶色散，获得了 2.4 μm 的亚 30 fs 脉冲（发射光谱 950 nm 以上）[69]。图 2.16 说明了 KLM 激光腔内峰值功率对其光谱和时间特性的影响。使用低反射率（R_{OC}=40%）的输出耦合器，获得了具有 16 THz 半峰宽度（图 2.16（a）中的虚线曲线）的平滑光谱，输出脉冲能量为 21 nJ，脉冲持续时间为 40 fs，相应的腔内峰值功率为 1.5 MW。当 R_{OC}=90%时，输出脉冲能量降低至 6.3 nJ，但腔内峰值功率的增加（增至 2.5 MW），导致频谱强烈展宽至 31 THz（图 2.16（a）中的实线），脉冲持续时间缩短至 26 fs。

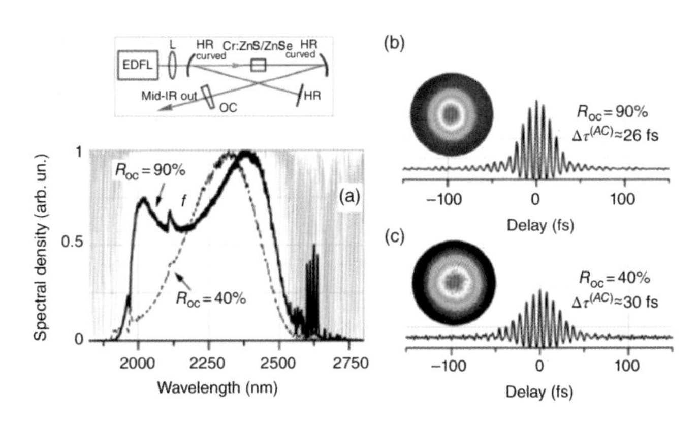

图 2.16 （a）具有 84 MHz 重复频率的 Cr: ZnS KLM 振荡器的两个光谱，不同的输出耦合器，采用反射率（R_{OC}）分别为 90%和 40%的输出耦合器，在谐振器内提供的峰值功率不同（分别为 2.5 MW 和 1.5 MW），脉冲持续时间也有差异。灰色显示的是 1 m 标准空气的传输。（b）、（c）对应不同 R_{OC} 的二阶自相关轨迹。插图显示了激光原理图和测量的光束轮廓。来源：经美国光学学会（OSA）许可，转载自参考文献 74 图 4。

总体而言，基于掺铬增益介质的 KLM 振荡器，可以在低于 80 MHz 至高于 1 GHz 的重复频率下运行（见表 2.2）。

表 2.2 掺铬硫族化合物晶体激光器概述

Gain medium	Laser operating mode	Output parameters	Ref.
Cr:ZnSe	CW	Output power 12 W @ 2.425 μm	[75]
Cr:ZnSe	CW, MOPA	Output power 14 W @ 2.45 μm	[45]
Cr:ZnSe	CW, spinning-ring gain medium	Output power 140 W @ 2.5 μm; 32 W @ 2.94 μm	[47]

续表

Gain medium	Laser operating mode	Output parameters	Ref.
Cr:ZnSe	CW, tunable	Range 1.97~3.35 nm	[40]
Cr:ZnSe	CW, single frequency	Linewidth <1 MHz at > 1 W; range 1.9~3.0 μm	http://www.ipgphotonics.com/Mid_ir_lasers.htm
Cr:ZnSe	Gain-switched	Average power 18.5 W @ 10 kHz	[41]
Cr:ZnSe	Gain-switched	Pulse energy 10 mJ, 5 ns, 10 Hz	[49]
Cr:ZnSe	Gain-switched, MOPA	Pulse energy 52 mJ, 160 ns, 10 Hz	[50]
Cr:ZnSe	Graphene mode-locked	176 fs, 185 mW, 78 MHz, 2.5 μm	[67]
Cr:ZnSe	Cr:ZnS/Cr:ZnSe MOPA, spinning-ring amplifier	60 fs, 27.5 W, 81 MHz, 2.4 μm	[76]
Cr:ZnSe	MOPA, chirped-pulse amplification	Pulse energy 1 mJ, 184 fs, 1 kHz, 2.5 μm, peak power 5 GW	[77]
Cr:ZnS	CW	Output power 10 W @ 2.38 μm	[45]
Cr:ZnS	CW, MOPA	Output power 30 W @ 2.4 μm	[44]
Cr:ZnS	CW, tunable	Tuning range 1.962~3.195 μm	[39]
Cr:ZnS	Graphene mode-locked	41 fs, 250 mW, 108 MHz,2.4 μm	[67]
Cr:ZnS	KLM(Kerr-lens mode-locked)	40 fs, 1.7 W, 79 MHz, 2.38 μm	[72]
Cr:ZnS	KLM	67 fs, 2 W(10 W pump), 95 MHz, 2.3 μm	[44]
Cr:ZnS	KLM	29 fs, 400 mW, 100 MHz, 2.4 μm	[69]
Cr:ZnS	KLM	125 fs, 800 mW, 1.06 GHz, 2.35 μm	[74]
Cr:ZnS	KLM	50 fs, 120 mW, 1.2 GHz, 2.4 μm	[71]
Cr:ZnS	KLM, MOPA	27 fs, 7 W, 79 MHz, 2.38 μm	[72]
Cr:CdS	Free-running, pulsed, tunable	Tuning range 2.18~3.32 μm, single pulses	[78]
Cr:CdSe	Free-running, pulsed, tunable	Tuning range 2.26~3.61 μm, single pulses	[40]

简单而稳定的MOPA布置让更宽的瞬时光谱、更短的脉冲成为可能。非线性相互作用和放大器增益元件内的色散之间相互促进,在同一时间内实现飞秒脉冲的放大、频谱展宽和压缩(通过放大器一气呵成)。例如,当中心波长为2.4 μm、功率为1.7 W、主振荡器频率为80 MHz、脉冲持续时间为40 fs的脉冲被放大到平均功率7.1 W时,峰值功率达到3 MW,对应的脉冲持续时间被压缩到27 fs[72]。使用相同的方法,产生了持续时间为22 fs、光谱跨度宽达1.78~2.97 μm的脉冲[12]。

此外,使用旋转环放大器,这种飞秒源的平均功率可以提高到几十瓦[76]。

最后，Slobodchikov 等人证明了飞秒 Cr^{2+}: ZnSe 激光脉冲的能量缩放到毫焦耳水平[79]。种子脉冲由连续波掺铥光纤（1 940 nm）激光器泵浦的锁模激光振荡器提供。通过在再生放大器中使用啁啾脉冲放大（CPA）——一种类似于钛宝石激光器的技术，研究人员研制了中心波长为 2.48 μm、脉冲重复频率为 1 kHz 的高能 Cr: ZnSe 激光脉冲。脉冲经压缩后，获得了持续时间为 300 fs、能量为 0.3 mJ 的脉冲（对应峰值功率为 1 GW）。该系统的关键是啁啾体布拉格光栅（CVBG）元件用于在放大之前拉伸振荡器脉冲，以及 Q 开关 Ho: YLF 激光器（2 050 nm）为再生放大器提供 11 mJ 脉冲[79]。最近，有报道称开发出了脉冲能量为 1 mJ、脉冲持续时间为 184 fs、波长 $\lambda \approx 2.5$ μm、重复频率为 1 kHz 的 Cr:ZnSe 飞秒激光系统[77]。

掺铬 II–IV 激光器的主要成果如表 2.2 所示。

2.2.3 掺铁硫族化合物晶体激光器

2.2.3.1 自由运行脉冲 Fe:ZnSe/ZnS 激光器

Adams 等人在低温（15~180 K）下以 2.7 μm Er: YAG 激光器为泵浦源，在脉冲持续时间为 48 μs 的自由运行脉冲模式下工作，首次证明了 Fe^{2+}掺杂到硫族化合物晶体中能够产生激光作用[80]。Fe: ZnSe 激光器的输出波长可以通过温度进行调谐，调谐范围为 3.98 μm（15 K）~4.54 μm（180 K）。在 T=130 K 时，观察到的脉冲能量最大（12 μJ），在 T=150 K 时，观察到的激光斜率效率最大（8.2%）[80]。随后，使用波长 λ=2.94 μm、输出能量为 750 mJ、脉冲持续时间为 200 μs 的自由运行闪光灯泵浦 Er: YAG 激光器作为泵浦源，在更宽的温度范围（85~255 K）内研究了 Fe^{2+}: ZnSe 激光器的激光特性[81-82]。当泵浦能量调至最大（733 mJ）时（泵浦能量吸收量为 470 mJ），作者在 T=85 K 时获得了波长 λ=4.1 μm、输出能量为 187 mJ 的激光。与之对应的斜率效率和量子效率（与吸收的泵浦能量相比）分别为 43%和 59%。当温度升至 255 K 时，前者数值急剧下降（降至 9%）。

最新的结果表明，在脉冲持续时间为数百微秒的长脉冲自由运行状态下工作的 Fe: ZnSe 激光器，可以产生波长在 3.5~5 μm 范围内的焦耳级脉冲。Fedorov 等人在参考文献 83 中报道了在 T=77~250 K 下工作的脉冲 Fe: ZnSe 激光器。采用自由运行（脉冲持续时间为 250 μs）闪光灯泵浦的 Er: YAG（2.94 μm）或 Er: YSGG（2.78 μm）激光器以 11 Hz 的重复频率对安装在液氮低温恒温器中的激光增益元件进行泵浦。作者证明了，当 T=77 K 时，在波长 4.16 μm 处，输出能量为 0.5 J，光转换效率为 32%；当工作温度升高到 T=200 K 时，输出能量下降幅度较小（低于 30%），激光波长从 4.16 μm（77 K）调谐到 4.65 μm（250 K）。使用腔内氟化钙棱镜，调谐范围扩展到 3.9~5.1 μm，线宽低于 3 nm[83]。Frolov 等人对 Fe: ZnSe 激光器的输出能量进行了进一步的缩放，在 750 μs 长泵浦脉冲（泵浦能量为 8 J）的照射下，当 T=85 K 时，从 Er: YAG 激光器获得能量为 2.1 J 的脉冲[84]。同一团队还开发了一种热电冷却（T=220 K）Fe：ZnSe 激光器（采用自由运行的 Er：YAG 激光泵浦，单次脉冲能量高达 27 J，脉冲持续时间为 700 μs）。激光器输出波长为 4.3 μm、能量为 7.5 J 的脉冲，单次（1 脉冲/分钟）操作中的光转换效率为 30%。通过使用腔内棱镜，获得了 3.75~4.82 μm 的连续调谐，输出脉冲能量高达 3.1 J（泵浦能量为 12 J）[29]。（结果汇总见表 2.3。）

表 2.3 掺铁硫族化合物晶体激光器概述

Gain medium	Laser operating mode	Output parameters	Ref.
Fe:ZnSe	CW，pump 2.6~2.9 μm，T=140 K	Output power 1.6 W @ 4.1 μm	[44]
Fe:ZnSe	CW，tunadle，pump 2.6~3.1 μm，T=78~170 K	Tuning range 3.74~4.95 μm	[83]
Fe:ZnSe	CW，pump 2.94 μm，T=77 K	Output power 9.2 W @ 4.15 μm	[85]
Fe:ZnSe	CW，tunadle，pump 2.6~2.9 μm，T=140 K	Tuning range 3.65~4.8 μm	[44]
Fe:ZnSe	Gain-switched，high pulse energy，pump 2.6~3.1 μm，T=292 K	Pulse energy 192 mJ（50 ns）@ 4.6 μm	[86]
Fe:ZnSe	Gain-switched，high pulse energy，20 Hz，pump 2.6~3.1 μm，T=292 K	Pulse energy 1.6 J（250 ns）@ 4.6 μm，average power 20 W	[87]
Fe:ZnSe	Gain-switched，tunable，pump 2.94 μm，T=292 K	Tuning range 3.95~5.05 μm	[81]
Fe:ZnS	Gain-switched，tunable，pump 2.94 μm，T=292 K	Tuning range 3.49~4.65 μm	[88]
Fe:ZnTe	Gain-switched，tunable，pump 2.94 μm，T=292 K	Tuning range 4.35~5.45 nm	[89]
Fe:CdSe	Gain-switched，tunable，pump 2.94 μm，T=292 K	Tuning range 4.6~5.9 μm	[90]
Fe:ZnSe	Free-running pulsed，pump 2.94 μm，T=85 K	Pulse energy 2.1 J @ 4.1 μm	[84]
Fe:ZnSe	Free-running pulsed，pump 2.94 μm，1 pulse/min，T=220 K	Pulse energy 7.5 J @ 4.3 μm	[29]
Fe:ZnSe	Free-running pulsed，tunable，T=220 K	Tuning range 3.75~4.82 μm	[29]
Fe:ZnSe	Pulse-periodic，100 Hz，150 μs，pump 2.94 μm，T=77 K	Average power 35 W @ 4.1 μm	[91]
Fe:ZnSe	Pulse-periodic，tunable，100 Hz，150 μs，pump 2.94 μm，T=77 K	Tuning range 3.88~4.17 μm	[91]

Mirov 等人报道了高平均功率自由运行脉冲 Fe：ZnSe 激光器[91]。研究人员采用了四个自由运行、波长为 2.94 μm、最大重复频率为 100 Hz 的 Er：YAG 激光器进行泵浦。通过两个具有防反射涂层的掺铁 ZnSe 激光增益元件（安装在 77 K 的液氮低温恒温器中厚 2 mm 的矩形板）对激光进行增益。在具有 70%反射率的输出耦合器的平面-平面激光腔中获得了最佳结果。在重复频率为 100 Hz 和能量为 1.2 J 泵浦的情况下，可以产生平均输出功率最大（可达到 35 W）、中心波长为 4.15 μm、脉冲持续时间为 150 μs 的激光。通过添加腔内 YAG 棱镜（图 2.17），可以将激光器从 3.88 μm 调谐到 4.17 μm，最大输出功率达到 23 W。

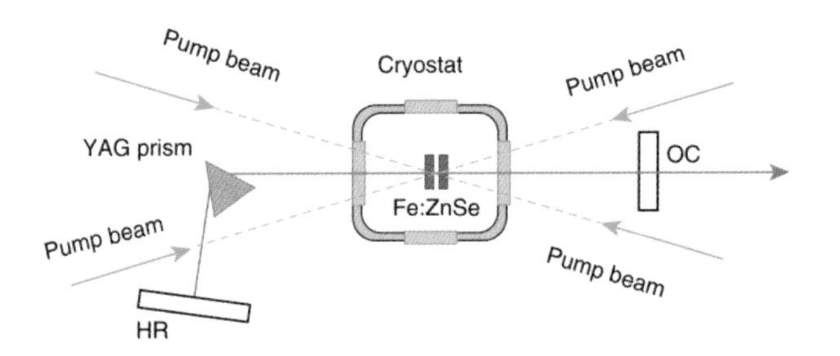

图 2.17 可调谐高平均功率脉冲 Fe: ZnSe 激光器示意图。其中,HR 为高反射器; OC 为 70%反射率的输出耦合器。来源:经美国光学学会(OSA)许可,转载自参考文献 91 图 3。

2.2.3.2 室温下掺铁激光器的增益切换机制

在室温下 Fe^{2+}: II–VI 的热诱导非辐射衰变造成上能级寿命极短,例如 Fe: ZnSe 中上能级寿命仅有 370 ns,这些晶体在室温下可用作激光的增益切换开关。此外,由于发射截面大,在室温下无须任何涂层,仅依靠激光晶体表面的菲涅耳(Fresnel)反射($R\approx17\%$),即可以观察到激光效应。使用来自 2.92 μm 拉曼位移(D_2(气相氘)中的第二斯托克斯)Nd: YAG 激光器[92]或来自被动 Q 开关 2.94 μm Er: YAG 激光器的纳秒泵浦脉冲,便可以对室温下 Fe^{2+}: ZnSe 激光器振荡的增益实现开关[81]。在后一种情况下,泵浦脉冲能量为 10 mJ、泵浦脉冲持续时间为 60 ns,可以获得波长为 4.4 μm、输出能量为 0.37 mJ、斜率效率为 13%的激光振荡。在 Q 开关 2.8 μm Er, Cr: YSGG 激光器(泵浦能量为 33 mJ、脉冲持续时间为 20 ns、重复频率为 6.7 Hz)的强激光激发下, Fe^{2+}: ZnSe 激光器的最大输出能量在波长 4.3 μm(T=236 K)达到 4.7 mJ,在波长 4.37 μm(T=300 K)达到 3.6 mJ。随着温度从 236 K 增加到 300 K,激光阈值(约 8 mJ)几乎没有变化,仅斜率效率略有下降,从 19%降至 16%[93]。Fe^{2+}: ZnS(λ=3.98 μm)和 Fe^{2+}: ZnSe(λ=4.36 μm)激光器也可以在室温下以 0.6 mJ 脉冲能量、高重复频率(约 1 kHz)增益切换模式下工作[44]。两种激光器均由增益开关 Cr^{2+}: ZnSe 激光器(依次由 Ho:YAG 激光器泵浦)泵浦,调谐至 2.7~2.9 μm,接近 Fe^{2+}的吸收峰。

通过横向几何结构中放电 HF 激光器(λ=2.6~3.1 μm,脉冲持续时间为 125 ns)的泵浦,在室温下操作增益开关,将 Fe: ZnSe 激光器的输出能量缩小至 30.6 mJ(波长 λ=4.6 μm)[94]。当使用脉冲持续时间为 50 ns 的纵向泵浦几何结构时,单次脉冲的输出能量可达 192 mJ,斜率效率为 34%[86]。随后, Velikanov 等人使用 250 ns HF 激光器激发脉冲,实现了室温下 Fe: ZnSe 激光器能量的进一步缩小。在重复频率为 20 Hz 的情况下,平均激光功率达到 20 W(每脉冲 1 J),与吸收的泵浦激光功率相比,效率为 40%[87]。

2.2.3.3 连续波掺铁激光器

Voronov 等人首次报道了在液氮温度(T=77 K)下 Fe^{2+}:ZnSe 激光介质中产生连续波激

光[95]。通过波长为 2.97 μm、功率为 0.6 W 的连续 Cr^{2+}: CdSe 激光器进行泵浦,Fe^{2+}: ZnSe 激光器输出了中心波长为 4.1 μm、输出功率为 160 mW、斜率效率(与吸收泵浦功率相比)为 56%的激光。考虑到量子数亏损(激光器和泵浦的光子能量之比),这与高达 76%的量子斜率效率相符合。使用 2.94 μm Er: YAG 泵浦也证明了在 T=77 K 时 Fe: ZnSe 中能够产生连续的激光振荡。激光晶体由斯棱曼激光科技有限公司(Sheaumann Laser Inc.)的两个 1.5 W Er: YAG 激光器从两端泵浦,输出功率为 840 mW,中心波长为 4.14 μm,线宽为 80 nm,光束质量因子 $M^2 \leqslant 1.2$,最大斜率效率为 47%[96]。

通常,高效 Cr: ZnSe 激光器用作掺铁基激光器的泵浦源。当 T=140 K 时,在使用 2.6~2.9 μm 范围内可调谐、功率为 5.5 W 的 Cr: ZnSe 激光器连续泵浦的情况下,Mirov 等人证明了 Fe: ZnSe 激光器可以发出波长为 4.1 μm、连续输出功率为 1.6 W 的激光[44]。利用激光腔内自准直状态下的衍射光栅,作者展示了调谐范围 3.65~4.8 μm 的激光器(图 2.18)(连续波功率可达数百毫瓦)[44]。Vasilyev 等人展示了一种以可调谐连续 Cr: ZnSe 激光器(波长 λ=2.94 μm,功率为 25 W)作为泵浦源、在 T=77 K 时运行的高功率连续 Fe: ZnSe 激光器(中心波长为 4.15 μm)。该激光器激光输出功率达到 9.2 W,斜率效率为 41%[85]。

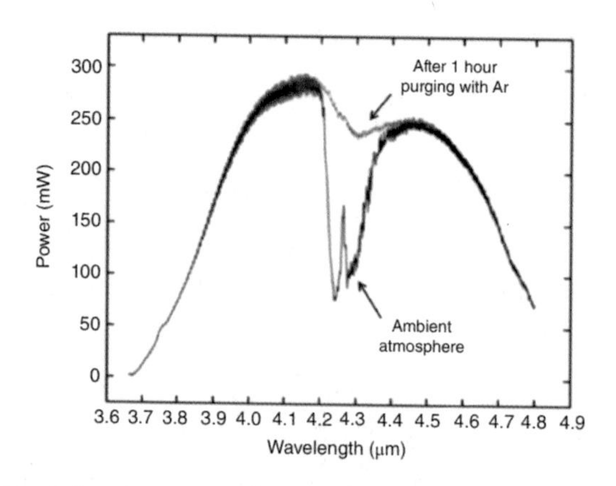

图 2.18 在 T=140 K 下工作的连续 Fe: ZnSe 激光器的可调谐输出。由于在吹扫前对周围大气的吸收,可以看到二氧化碳的吸收特征。来源:经美国电气与电子工程师协会(IEEE)许可,转载自参考文献 44 图 27。

由于上能级寿命的大幅下降,迄今尚未开发出常温下连续波运行的掺铁激光器。然而,由两级热电冷却的 Fe:ZnSe 激光器可以在 $T \approx 220$ K 下实现连续波运行[90]。

2.2.3.4 室温可调谐掺铁激光器

有研究团队报道,在室温下使用多种硫族化合物基质(ZnSe、ZnS、ZnTe 和 CdSe),以增益开关脉冲模式,对掺铁激光器的宽带可调谐操作。通常,将来自 Q 开关 Er: YAG 激光器(λ=2.94 μm,脉冲持续时间为 40~60 ns,脉冲能量为 10~30 mJ)的纳秒脉冲用作泵浦源,并且使用由中波红外透明材料(例如 CaF_2)制成的内腔棱镜来调谐激光器的输出光谱。增益开关在 Fe: ZnSe 激光器中实现了 3.95~5.05 μm(50 nm 线宽)的连续调谐[81],在 Fe: ZnS 激光器中实现了 3.49~4.65 μm 的调谐[88],在 Fe: ZnTe 系统实现了 4.35~5.45 μm 的微调[89],还在 Fe:CdSe 激光器中获得了 4.6~5.9 μm 的最大长波调谐[91]。

2.2.3.5 3.8~4.8 μm 范围内的超快放大器

最后,已经有报道证明了,在多通 Fe^{2+}: ZnSe 放大器中,从基于 $AgGaS_2$ 的光参量源将可调谐中波红外飞秒脉冲(波长为 3.8~4.8 μm)能量有效放大到千兆瓦级[97]。用波长为 2.85 μm 的 Q 开关 Cr, Yb, Ho: YSGG 激光器的纳秒脉冲对 Fe: ZnSe 晶体进行光学泵浦。总放大器增益 G=2 000,输入脉冲能量为 40 nJ,输出脉冲能量为 80 μJ,峰值功率为 0.4 GW,对应的脉冲持续时间为 200 fs。

掺铁 II–IV 激光器的主要成果如表 2.3 所示。

2.3 总结

掺稀土离子(Tm^{3+}、Ho^{3+}和 Er^{3+})中波红外晶体激光器在室温下以脉冲和连续模式工作,平均功率分别大于 100 W(Tm^{3+})、35 W(Ho^{3+})和 3 W(Er^{3+})。(人们可以立即注意到,随着波长变长,平均功率会大幅下降。)掺铥和掺铒激光器可由激光二极管泵浦,非常方便;而掺钬激光器通常由掺铥激光器(包括掺铥光纤激光器)泵浦,具有量子数亏损非常小和转换效率高(超过 50%)等特点。掺铥和掺铒激光器都利用了“二合一”交叉弛豫机制。掺过渡金属(Cr^{2+}和 Fe^{2+})激光器的发展取得了显著进展,最典型的是使用 ZnS 或 ZnSe 作为基质晶体。掺铬激光器的优点包括:在室温下,具有大于 50%的光转换效率、可调谐范围大,以及便于采用掺铒或掺铥光纤激光器作为泵浦源。掺铁激光器在更长波长范围内的可调谐性,与掺铬激光器形成互补。它们通常以 2.5~3.3 μm 辐射作为泵浦源,例如通过 Cr: ZnS/ZnSe 或 Er: YAG 激光器泵浦,并且可以覆盖整个 3.5~6 μm 的光谱范围。在室温下,它们只能在脉冲状态下工作,而在低于 150 K 的温度下,它们可以在连续波状态下工作。Fe: ZnSe(及其同族元素)的一个重要特征是具有优异的储能能力。例如,在 T<150 K 时,上能级寿命约为 100 μs,这使得性价比高的中波红外放大器能够实现 4~5 μm 的高能超短脉冲,例如用于强场物理和谐波产生(参见第 7 章)。

最后,(不太先进的)掺其他过渡金属中波红外激光器(Dy^{2+}、Co^{2+}和 Ni^{2+})的相关信息,读者可以参看参考文献 15。

参考文献

1 Stoneman, R.C. and Esterowitz, L. (1990). Efficient, broadly tunable, laser-pumped Tm:YAG and Tm:YSGG cw lasers. Opt. Lett. 15: 486.

2 Stoneman, R.C. and Esterowitz, L. (1995). Efficient 1.94-μm Tm: YALO laser. IEEE J. Sel. Topics Quantum Electron. 1: 78.

3 Honea, E.C., Beach, R.J., Sutton, S.B., Speth, J.A., Mitchell, S.C., Skidmore, J.A., Emanuel, M.A., and Payne, S.A. (1997). 115-W Tm: YAG diode-pumped solid-state laser. IEEE J. Quantum Electron. 33: 1592.

4 Wang, C.L., Niu, Y.X., Du, S.F., Zhang, C., Wang, Z.C., Li, F.Q., Xu, J.L., Bo, Y., Peng, Q.J., Cui, D.F., Zhang, J.Y., and Xu, Z.Y. (2013). High-power diode-side-pumped rod Tm:YAG laser at 2.07 μm. Appl. Opt. 52: 7494.

5 Suni, P.J.M. and Henderson, S.W. (1991). 1-mJ/pulse Tm: YAG laser pumped by a 3-W diode laser. Opt. Lett. 16: 817.

6 Zhang, S., Wang, M., Xu, L., Wang, Y., Tang, Y., Cheng, X., Chen, W., Xu, J., Jiang, B., and Pan, Y. (2011). Efficient Q-switched Tm: YAG ceramic slab laser. Opt. Express 19: 727.

7 Payne, S.A., Chase, L.L., Smith, L.K., Kway, W.L., and Krupke, W.F. (1992). Infrared cross-section measurements for crystals doped with Er^{3+}, Tm^{3+}, and Ho^{3+}. IEEE J. Quantum Electron. 28: 2619.

8 Fan, T.Y., Huber, G., Byer, R.L., and Mitzscherlich, P. (1988). Spectroscopy and diode laser-pumped operation of Tm, Ho:YAG. IEEE J. Quantum Electron. 24: 924.

9 Stoneman, R.C. and Esterowitz, L. (1992). Intracavity-pumped 2.09-μm Ho: YAG laser. Opt. Lett. 17: 736.

10 Budni, P.A., Lemons, M.L., Mosto, J.R., and Chicklis, E.P. (2000). High-power/high-brightness diode-pumped 1.9-μm thulium and resonantly pumped 2.1-μm holmium lasers. IEEE J. Sel. Topics Quantum Electron. 6: 629.

11 Strauss, H.J., Preussler, D., Esser, M.J.D., Koen, W., Jacobs, C., Collett, O.J.P., and Bollig, C. (2013). 330 mJ single-frequency Ho: YLF slab amplifier. Opt. Lett.38: 1022.

12 Mirov, S.B., Moskalev, I.S., Vasilyev, S., Smolski, V., Fedorov, V.V., Martyshkin, D., Peppers, J., Mirov, M., Dergachev, A., and Gapontsev, V. (2018). Frontiers of

mid-IR lasers based on transition metal doped chalcogenides. IEEE J. Sel. Topics Quantum Electron. 24: 1601829.

13 Dergachev, A., Armstrong, D., Smith, A., Drake, T.E., and Dubois, M. (2008). High-power, high-energy ZGP OPA pumped by a 2.05-μm Ho: YLF MOPA system. Proc. SPIE 6875: 687507.

14 Diening, A. and Kück, S. (2000). Spectroscopy and diode-pumped laser oscillation of Yb^{3+}, Ho^{3+}-doped yttrium scandium gallium garnet. J. Appl. Phys. 87: 4063.

15 Sorokina, I.T. (2003). Crystalline mid-infrared lasers. In: Solid-State Mid- Infrared Laser Sources (eds. I.T. Sorokina and K.L. Vodopyanov), Topics Appl. Phys., Vol. 89. Berlin: Springer.

16 Jou, Y.C., Shen, C.H., Cheng, M.C., Lin, C.T., and Chen, P.C. (2007). High- power holmium: yttriumaluminum-garnet laser for percutaneous treatment of large renal stones. Urology. 69: 22.

17 Visuri, S.R., Gilbert, J.L., Wright, D.D., Wigdor, H.A., and Walsh, J.T. (1996). Shear strength of composite bonded to Er: YAG laser-prepared dentin. J. Dental Res. 75: 599.

18 Vodopyanov, K.L., Shori, R., and Stafsudd, O.M. (1998). Generation of Q-switched Er: YAG laser pulses using evanescent wave absorption in ethanol. Appl. Phys. Lett. 72: 2211.

19 Vodopyanov, K.L. (1993). Parametric generation of tunable infrared radiation in $ZnGeP_2$ and GaSe pumped at 3 μm. J. Opt. Soc. Am. B 10: 1723.

20 Stoneman, R.C. and Esterowitz, L. (1992). Efficient resonantly pumped 2.8-μm Er^{3+}: GSGG laser. Opt. Lett. 17: 816.

21 Zhekov, V.I., Lobachev, V.A., Murina, T.M., and Prokhorov, A.M. (1983). Efficient cross-relaxation laser emitting at $\lambda = 2.94$ μm. Sov. J. Quantum Electron. 13: 1235.

22 Bagdasarov, Kh.S., Zhekov, V.I., Lobachev, V.A., Murina, T.M., and Prokhorov, A.M. (1983). Steady-state emission from a $Y_3Al_5O_{12}$: Er^{3+} laser ($\lambda = 2.94$ μm, $T = 300$ K). Sov. J. Quantum Electron. 13: 262.

23 Dinerman, B.J. and Moulton, P.F. (1994). 3-μm CW laser operations in erbium-doped YSGG, GGG, and YAG. Opt. Lett. 19: 1143.

24 Jensen, T., Diening, A., Huber, G., and Chai, B.H.T. (1996). Investigation of diode-pumped 2.8-μm Er: $LiYF_4$ lasers with various doping levels. Opt. Lett. 21: 585.

25 Chen, D.W., Fincher, C.L., Rose, T.S., Vernon, F.L., and Fields, R.A. (1999). Di-

ode-pumped 1-W continuous-wave Er:YAG 3-μm laser. Opt. Lett. 24: 385.

26 Sousa, J.G., Welford, D., and Foster, J. (2010). Efficient 1.5 W CW and 9 mJ quasi-CW TEM_{00} mode operation of a compact diode-laser-pumped 2.94-μm Er: YAG laser. Proc. SPIE 7578: 75781E-1.

27 Ziolek, C., Ernst, H., Will, G.F., Lubatschowski, H., Welling, H., and Ertmer, W. (2001). High-repetition-rate, high-average-power, diode-pumped 2.94-μm Er: YAG laser. Opt. Lett. 26: 599.

28 Arbabzadah, E.A., Phillips, C.C., and Damzen, M.J. (2013). Free-running and Q-switched operation of a diode pumped Er: YSGG laser at the 3 μm transition. Appl. Phys. B 111: 333.

29 Frolov, M.P., Korostelin, Yu.V., Kozlovsky, V.I., Podmar'kov, Yu.P., and Skasyrsky, Ya.K. (2018). High-energy thermoelectrically cooled Fe: ZnSe laser tunable over 3.75~4.82 μm. Opt. Lett. 43: 623.

30 DeLoach, L.D., Page, R.H., Wilke, G.D., Payne, S.A., and Krupke, W.F. (1996). Transition metal-doped zinc chalcogenides: spectroscopy and laser demonstration of a new class of gain media. IEEE J. Quantum Electron. 32: 885.

31 Page, R.H., Schaffers, K.I., DeLoach, L.D., Wilke, G.D., Patel, F.D., Tassano, J.B., Payne, S.A., Krupke, W.F., Chen, K.T., and Burger, A. (1997). Cr^{2+}-doped zinc chalcogenides as efficient, widely tunable mid-infrared lasers. IEEE J. Quantum Electron. 33: 609.

32 Mirov, S., Fedorov, V., Moskalev, I., Martyshkin, D., and Kim, C. (2010). Progress in Cr^{2+} and Fe^{2+} doped mid-IR laser materials. Laser Photon. Rev. 4: 21.

33 Myoung, N., Fedorov, V.V., Mirov, S.B., and Wenger, L.E. (2012). Temperature and concentration quenching of mid-IR photoluminescence in iron doped ZnSe and ZnS laser crystals. J. Luminesc. 132: 600.

34 Sorokina, I.T. (2004). Cr^{2+}-doped II-VI materials for lasers and nonlinear optics. Opt. Mater. 26: 395.

35 Mirov, S.B., Fedorov, V.V., Moskalev, I.S., and Martyshkin, D.V. (2007). Recent progress in transition metal doped II-VI mid-IR lasers. IEEE J. Sel. Topics Quantum Electron. 13: 810.

36 Sorokin, E., Naumov, S., and Sorokina, I.T. (2005). Ultrabroadband infrared solid-state lasers. IEEE J. Sel. Topics Quantum Electron. 11: 690.

37 Mirov, S.B., Fedorov, V.V., Martyshkin, D.V., Moskalev, I.S., Mirov, M.S., and

Gapontsev, V.P. (2011). Progress in mid-IR Cr^{2+} and Fe^{2+} doped II-VI materials and lasers. Opt. Mater. Express 1: 898.

38 Wagner, G.J., Carrig, T.J., Page, R.H., Schaffers, K.I., Ndap, J., Ma, X., and Burger, A. (1999). Continuous-wave broadly tunable Cr^{2+}:ZnSe laser. Opt. Lett. 24: 19.

39 Sorokin, E., Sorokina, I.T., Mirov, M.S., Fedorov, V.V., Moskalev, I.S., and Mirov, S.B. (2010). Ultrabroad continuous-wave tuning of ceramic Cr: ZnSe and Cr: ZnS lasers, Technical Digest. In: Advanced Solid State Photonics. Washington, DC: Optical Society of America, Paper AMC2.

40 Akimov, V.A., Kozlovsky, V.I., Korostelin, Yu.V., Landman, A.I., Podmar'kov, Yu.P., Skasyrsky, Ya.K., and Frolov, M.P. (2008). Efficient pulsed Cr^{2+}: CdSe laser continuously tunable in the spectral range from 2.26 to 3.61 μm. Quantum Electron. 38: 205.

41 Carrig, T.J., Wagner, G.J., Alford, W.J., and Zakel, A. (2004). Chromium-doped chalcogenide lasers. Proc. SPIE 5460: 74-82.

42 Moskalev, I.S., Fedorov, V.V., and Mirov, S.B. (2008). Tunable, single- frequency, and multi-watt continuous-wave Cr^{2+}:ZnSe lasers. Opt. Express 16: 4145.

43 Mond, M., Albrecht, D., Heumann, E., Huber, G., Kuck, S., Levchenko, V.I., Yakimovich, V.N., Shcherbitsky, V.G., Kisel, V.E., Kuleshov, N.V., Rattunde, M., Schmitz, J., Kiefer, R., and Wagner, J. (2002). 1.9-μm and 2.0-μm laser diode pumping of Cr^{2+}:ZnSe and Cr^{2+}:CdMnTe. Opt. Lett. 27: 1034.

44 Mirov, S., Fedorov, V., Martyshkin, D., Moskalev, I., Mirov, M., and Vasilyev, S. (2015). Progress in mid-IR lasers based on Cr and Fe doped II-VI chalcogenides. IEEE J. Sel. Topics Quantum Electron. 21: 1601719.

45 Berry, P.A. and Schepler, K.L. (2010). High-power, widely-tunable Cr^{2+}: ZnSe master oscillator power amplifier systems. Opt. Express 18: 15062.

46 Moskalev, I.S., Fedorov, V.V., and Mirov, S.B. (2009). 10-W, pure continuous-wave, polycrystalline Cr^{2+}:ZnS laser. Opt. Express 17: 2048.

47 Moskalev, I., Mirov, S., Mirov, M., Vasilyev, S., Smolski, V., Zakrevskiy, A., and Gapontsev, V. (2016). 140 W Cr:ZnSe laser system. Opt. Express 24: 21090.

48 Akimov, V.A., Kozlovsky, V.I., Korostelin, Yu.V., Landman, A.I., Podmar'kov, Yu.P., Skasyrsky, Ya.K., and Frolov, M.P. (2007). Efficient cw lasing in a Cr^{2+}: CdSe crystal. Quantum Electron. 37: 991.

49 Fedorov, V.V., Moskalev, I.S., Mirov, M.S., Mirov, S.B., Wagner, T.J., Bohn,

M.J., Berry, P.A., and Schepler, K.L. (2011). Energy scaling of nanosecond gain-switched Cr^{2+}:ZnSe lasers. Proc. SPIE 7912: 79121E.

50 Saito, N., Yumoto, M., Tomida, T., Takagi, U., and Wada, S. (2012). All-solid-state rapidly tunable coherent 6~10 μm light source for lidar environmental sensing. Proc. SPIE 8526: 852605.

51 Mirov, S.B., Fedorov, V.V., Graham, K., Moskalev, I.S., Sorokina, I.T., Sorokin, E., Gapontsev, V., Gapontsev, D., Badikov, V.V., and Panyutin, V. (2003). Diode and fibre pumped Cr^{2+}: ZnS mid-infrared external cavity and microchip lasers. IEEE Optoelectron. 150: 340.

52 Macdonald, J.R., Beecher, S.J., Berry, P.A., Schepler, K.L., and Kar, A.K. (2013). Compact mid-infrared Cr:ZnSe channel waveguide laser. Appl. Phys. Lett. 102: 161110.

53 Macdonald, J.R., Beecher, S.J., Berry, P.A., Brown, G., Schepler, K.L., and Kar, A.K. (2013). Efficient mid - infrared Cr: ZnSe channel waveguide laser operating at 2 486 nm. Opt. Lett. 38: 2194.

54 Berry, P.A., Macdonald, J.R., Beecher, S.J., McDaniel, S.A., Schepler, K.L., and Kar, A.K. (2013). Fabrication and power scaling of a 1.7 W Cr: ZnSe waveguide laser. Opt. Mater. Express 3: 1250.

55 McKay, J.B., Roh, W.B., and Schepler, K.L. (2002). 4.2 W Cr^{2+}: ZnSe face cooled disk laser. In: Conference on Lasers and Electro-Optics. Washington, DC: Optical Society of America, Paper CMY3.

56 Carrig, T.J., Wagner, G.J., Sennaroglu, A., Jeong, J.Y., and Pollock, C.R. (2000). Mode-locked Cr^{2+}:ZnSe laser. Opt. Lett. 25: 168.

57 Pollock, C., Brilliant, N., Gwin, D., Carrig, T.J., Alford, W.J., Heroux, J.B., Wang, W.I., Vurgaftman, I., and Meyer, J.R. (2005). Mode locked and Q-switched Cr: ZnSe laser using a semiconductor saturable absorbing mirror (SESAM), Technical Digest. In: Advanced Solid-State Photonics. Washington, DC: Optical Society of America, Paper TuA6.

58 Sorokina, I.T., Sorokin, E., and Carrig, T. (2006). Femtosecond pulse generation from a SESAM mode-locked Cr: ZnSe laser, Technical Digest. In: Conference on Lasers and Electro-Optics. Washington, DC: Optical Society of America, Paper CMQ2.

59 Sorokin, E., Tolstik, N., Schaffers, K.I., and Sorokina, I.T. (2012). Femtosecond SESAM-modelocked Cr:ZnS laser. Opt. Express 20: 28947.

60 Bernhardt, B., Sorokin, E., Jacquet, P., Thon, R., Becker, T., Sorokina, I.T., Pic-

qué, N., and Hänsch, T.W. (2010). Mid-infrared dual-comb spectroscopy with 2.4 μm Cr^{2+}:ZnSe femtosecond lasers. Appl. Phys. B 100: 3.

61 Cizmeciyan, M.N., Cankaya, H., Kurt, A., and Sennaroglu, A. (2009). Kerr-lens mode-locked femtosecond Cr^{2+}:ZnSe laser at 2 420 nm. Opt. Lett. 34: 3056.

62 Cizmeciyan, M.N., Cankaya, H., Kurt, A., and Sennaroglu, A. (2012). Operation of femtosecond Kerr-lens mode-locked Cr: ZnSe lasers with different dispersion compensation methods. Appl. Phys. B 106: 887.

63 Tolstik, N., Sorokin, E., and Sorokina, I.T. (2013). Kerr-lens mode-locked Cr:ZnS laser. Opt. Lett. 38: 299.

64 Sorokin, E., Tolstik, N., and Sorokina, I.T. (2013). 1 W femtosecond mid-IR Cr: ZnS laser. Proc. SPIE 8599: 859916.

65 Cizmeciyan, M.N., Kim, J.W., Bae, S., Hong, B.H., Rotermund, F., and Sennaroglu, A. (2013). Graphene mode-locked femtosecond Cr: ZnSe laser at 2500 nm. Opt. Lett. 38: 341.

66 Cizmeciyan, M.N., Kim, J.W., Bae, S., Hong, B.H., Rotermund, F., and Sennaroglu, A. (2013). Graphene mode-locked Cr: ZnSe laser, Technical Digest. In: Advanced Solid-State Lasers. Washington, DC: Optical Society of America, Paper MW1 C.4.

67 Tolstik, N., Sorokin, E., and Sorokina, I.T. (2014). Graphene mode-locked Cr: ZnS laser with 41fs pulse duration. Opt. Express 22: 5564.

68 Vasilyev, S., Mirov, M., and Gapontsev, V. (2014). Kerr-lens mode-locked femtosecond polycrystalline Cr^{2+}:ZnS and Cr^{2+}:ZnSe lasers. Opt. Express 22: 5118.

69 Vasilyev, S., Moskalev, I., Mirov, M., Mirov, S., and Gapontsev, V. (2015). Three optical cycle mid-IR Kerr-lens mode-locked polycrystalline Cr^{2+}: ZnS laser. Opt. Lett. 40: 5054.

70 Vasilyev, S., Mirov, M., and Gapontsev, V. (2015). Mid-IR Kerr-lens mode-locked polycrystalline Cr^{2+}: ZnS laser with 0.5 MW peak power, Technical Digest(Online). In: Advanced Solid State Lasers. Washington, DC: Optical Society of America, Paper AW4 A.3.

71 Vasilyev, S., Moskalev, I., Mirov, M., Smolski, V., Mirov, S., and Gapontsev, V. (2016). Kerr-lens mode-locked middle IR polycrystalline Cr: ZnS laser with a repetition rate 1.2 GHz, Technical Digest (Online). In: Lasers Congress ASSL, LSC, LAC. Washington, DC: Optical Society of America, Paper AW1 A.2.

72 Vasilyev, S., Moskalev, I., Mirov, M., Mirov, S., and Gapontsev, V. (2016). Multi-

watt mid-IR femtosecond polycrystalline Cr^{2+}: ZnS and Cr^{2+}: ZnSe laser amplifiers with the spectrum spanning 2.0~2.6 μm. Opt. Express 24: 1616.

73 Vasilyev, S., Moskalev, I., Mirov, M., Mirov, S., and Gapontsev, V. (2016). 7 W few-cycle mid-infrared laser source at 79 MHz repetition rate, Technical Digest (Online). In: High-Brightness Sources and Light-Driven Interactions. Washington, DC: Optical Society of America, Paper MT2 C.4.

74 Vasilyev, S., Moskalev, I., Mirov, M., Smolski, V., Mirov, S., and Gapontsev, V. (2017). Ultrafast middle-IR lasers and amplifiers based on polycrystalline Cr: ZnS and Cr:ZnSe. Opt. Mater. Express 7: 2636.

75 Moskalev, I.S., Fedorov, V.V., Mirov, S.B., Berry, P.A., and Schepler, K.L. (2009). 12-W CW polycrystalline Cr^{2+}: ZnSe laser pumped by Tm-fiber laser. In: Advanced Solid-State Photonics. Denver, CO:OSA, Paper WB30.

76 Vasilyev, S., Moskalev, I., Smolski, V., Peppers, J., Mirov, M., Mirov, S., and Gapontsev, V. (2018). 27 W middle-IR femtosecond laser system at 2.4 μm, Technical Digest. In: Advanced Solid State Lasers. Washington, DC: Optical Society of America, Paper AW3 A.1.

77 Slobodchikov, E., Chieffo, L.R., and Wall, K.F. (2016). High peak power ultrafast Cr:ZnSe oscillator and power amplifier. Proc. SPIE 9726: 972603.

78 Akimov, V.A., Frolov, M.P., Korostelin, Yu.V., Kozlovsky, V.I., Landman, A.I., Podmar'kov, Yu.P., Skasyrsky, Ya.K., and Voronov, A.A. (2009). Pulsed broadly tunable room-temperature Cr^{2+}:CdS laser. Appl. Phys. B 97: 793.

79 Slobodchikov, E. and Moulton, P. (2011). 1-GW-peak-power, Cr: ZnSe laser, Technical Digest. In: Conference on Lasers and Electro-Optics. Washington, DC: Optical Society of America, Paper PDPA10.

80 Adams, J.J., Bibeau, C., Page, R.H., Krol, D.M., Furu, L.H., and Payne, S.A. (1999). 4.0~4.5 μm lasing of Fe: ZnSe below 180 K, a new mid-infrared laser material. Opt. Lett. 24: 1720.

81 Fedorov, V.V., Mirov, S.B., Gallian, A., Badikov, D.V., Frolov, M.P., Korostelin, Yu.V., Kozlovsky, V.I., Landman, A.I., Podmar'kov, Yu.P., Akimov, V.A., and Voronov, A.A. (2006). 3.77~5.05-μm tunable solid-state lasers based on Fe^{2+}-doped ZnSe crystals operating at low and room temperatures. IEEE J. Quantum Electron. 42: 907.

82 Voronov, A.A., Kozlovskii, V.I., Korostelin, Yu.V., Landman, A.I., Podmar'kov, Yu.P., and Frolov, M.P. (2005). Laser parameters of a Fe: ZnSe laser crystal in the

85~255 K temperature range. Quantum Electron. 35：809.

83 Fedorov，V.，Martyshkin，D.，Mirov，M.，Moskalev，I.，Vasilyev，S.，Peppers，J.，Gapontsev，V.，and Mirov，S.（2013）. Fe-doped binary and ternary II-VI mid-infrared laser materials，Technical Digest. In：Advanced Solid-State Lasers. Washington，DC：Optical Society of America，Paper AW1A8.

84 Frolov，M.P.，Korostelin，Yu.V.，Kozlovsky，V.I.，Mislavskii，V.V.，Podmar'kov，Yu.P.，Savinova，S.A.，and Skasyrsky，Ya.K.（2013）. Study of a 2-J pulsed Fe：ZnSe 4-μm laser. Laser Phys. Lett. 10：125001.

85 Vasilyev，S.，Moskalev，I.，Mirov，M.，Smolsky，V.，Martyshkin，D.，Fedorov，V.，Mirov，S.，and Gapontsev，V.（2017）. Progress in Cr and Fe doped ZnS/Se mid-IR CW and femtosecond lasers. Proc. SPIE 10193：101930U.

86 Firsov，K.N.，Gavrishchuk，E.M.，Kazantsev，S.Yu.，Kononov，I.G.，and Rodin，S.A.（2014）. Increasing the radiation energy of ZnSe：Fe^{2+} laser at room temperature. Laser Phys. Lett. 11：085001.

87 Velikanov，S.D.，Gavrishchuk，E.M.，Zaretsky，N.A.，Zakhryapa，A.V.，Ikonnikov，V.B.，Kazantsev，S.Yu.，Kononov，I.G.，Maneshkin，A.A.，Mashkovskii，D.A.，Saltykov，E.V.，Firsov，K.N.，Chuvatkin，R.S.，and Yutkin，I.M.（2017）. Repetitively pulsed Fe：ZnSe laser with an average output power of 20 W at room temperature of the polycrystalline active element. Quantum Electron. 47：303.

88 Kozlovsky，V.I.，Korostelin，Yu.V.，Landman，A.I.，Mislavskii，V.V.，Podmar'kov，Yu.P.，Skasyrsky，Ya.K.，and Frolov，M.P.（2011）. Pulsed Fe^{2+}：ZnS laser continuously tunable in the wavelength range of 3.49~4.65 μm. Quantum Electron. 41：1.

89 Frolov，M.P.，Korostelin，Yu.V.，Kozlovsky，V.I.，Mislavsky，V.V.，Podmar'kov，Yu.P.，Skasyrsky，Ya.K.，and Voronov，A.A.（2011）. Laser radiation tunable within the range of 4.35~5.45 μm in a ZnTe crystal doped with Fe^{2+} ions. J. Russ. Laser Res. 32：528.

90 Kozlovsky，V.I.，Akimov，V.A.，Frolov，M.P.，Korostelin，Yu.V.，Landman，A.I.，Martovitsky，V.P.，Mislavskii，V.V.，Podmar'kov，Yu.P.，Skasyrsky，Ya.K.，and Voronov，A.A.（2010）. Room-temperature tunable midinfrared lasers on transition-metal doped II-VI compound crystals grown from vapor phase. Phys. Status Solidi B 247：1553.

91 Mirov，S.，Fedorov，V.，Martyshkin，D.，Moskalev，I.，Mirov，M.，and Vasilyev，S.（2015）. High average power Fe：ZnSe and Cr：ZnSe mid-IR solid state lasers，Technical

Digest. In：Advanced Solid State Lasers. Washington，DC：Optical Society of America，Paper AW4 A.1.

92 Kernal，J.，Fedorov，V.V.，Gallian，A.，Mirov，S.B.，and Badikov，V.V.（2005）. 3.9~4.8 μm gain-switched lasing of Fe：ZnSe at room temperature. Opt. Express 13：10608.

93 Myoung，N.，Martyshkin，D.V.，Fedorov，V.V.，and Mirov，S.B.（2011）. Energy scaling of 4.3 μm room temperature Fe：ZnSe laser. Opt. Lett. 36：94.

94 Velikanov，S.D.，Danilov，V.P.，Zakharov，N.G.，Il'ichev，N.N.，Kazantsev，S.Yu.，Kalinushkin，V.P.，Kononov，I.G.，Nasibov，A.S.，Studenikin，M.I.，Pashinin，P.P.，Firsov，K.N.，Shapkin，P.V.，and Shchurov，V.V.（2014）. Fe^{2+}：ZnSe laser pumped by a nonchain electric-discharge HF laser at room temperature. Quantum Electron. 44：141.

95 Voronov，A.A.，Kozlovsky，V.I.，Korostelin，Yu.V.，Landman，A.I.，Podmar'kov，Yu.P.，Skasyrsky，Ya.K.，and Frolov，M.P.（2008）. A continuous-wave Fe^{2+}：ZnSe laser. Quantum Electron. 38：1113.

96 Evans，J.W.，Berry，P.A.，and Schepler，K.L.（2012）. 840 mW continuous-wave Fe：ZnSe laser operating at 4 140 nm. Opt. Lett. 37：5021.

97 Potemkin，F.V.，Migal，E.A.，Pushkin，A.V.，Sirotkin，A.A.，Kozlovsky，V.I.，Korostelin，Yu.V.，Podmar'kov，Yu.P.，Firsov，V.V.，Frolov，M.P.，and Gordienko，V.M.（2016）. Mid-IR（4~5 μm）femtosecond multipass amplification of optical parametric seed pulse up to gigawatt level in Fe^{2+}：ZnSe with optical pumping by a solid state 3 μm laser. Laser Phys. Lett. 13：125403.

3 中波红外光纤激光器

3.1 简介

光纤激光器能够在设备紧凑排布的同时，产生高光束质量和高功率的激光输出，具有寿命长、效率高和运行成本低的特点。光纤激光器正在从研究、国防和工业领域等多个方面取代固态激光器。结合光纤激光器现有和未来的主要应用，例如在医学、遥感、聚合物焊接以及泵浦更长波长的中波红外或太赫兹光学参量振荡器等，将发射波长扩展到中波红外是光纤激光器发展的主要途径之一。

光纤激光器通常由具有自由空间或光纤耦合输出的激光二极管泵浦（图 3.1），由一根特殊的光纤组成，纤芯注入了能够产生光学增益的活性离子。对于中波红外光纤激光器，增益介质中的掺杂剂是稀土离子，例如铥离子（Tm^{3+}）、铒离子（Er^{3+}）、钬离子（Ho^{3+}）或镝离子（Dy^{3+}）[1]。

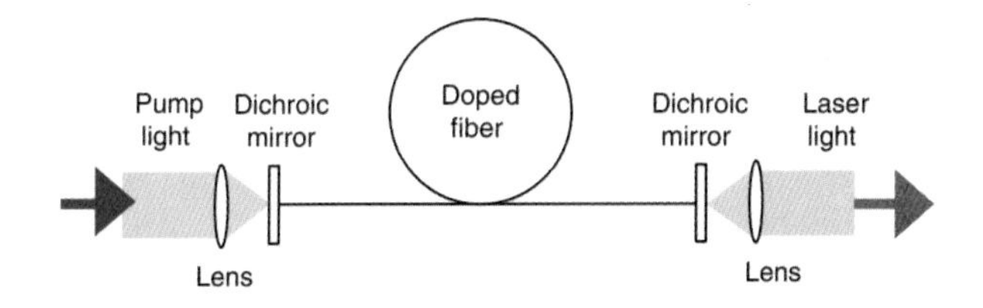

图 3.1　简易光纤激光器装置，泵浦光从左侧通过分色镜入射至掺杂光纤的纤芯，产生的激光从右侧输出。

虽然光纤激光器的增益介质与固态激光器的增益介质相似，但波导效应和较小的有效模式面积，使两者的性质大不相同。例如，通常光纤激光器运行时，激光增益更高，谐振腔损耗更大。此外，光纤激光器中的空间光束质量通常接近衍射极限。与固态晶体激光器类似，光纤激光器发出的激光波长，由掺入光纤纤芯的稀土阳离子的能级决定。

图 3.2 显示了产生中波红外波长的掺稀土阳离子光纤激光器的激光跃迁。中波红外光纤激光器中稀土离子激光能级跃迁的发射截面与发射波长的关系如图 3.3 所示。

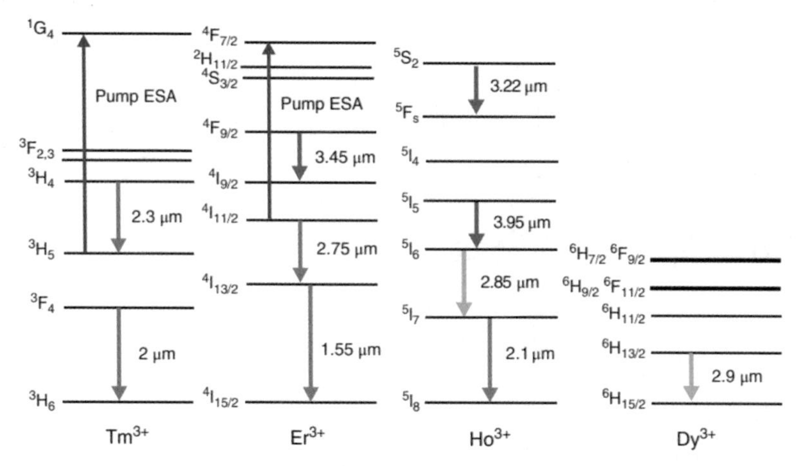

图 3.2　产生中波红外发射波长的稀土阳离子的激光跃迁。其中，ESA 为激发态吸收。来源：经 Springer Nature（施普林格自然出版集团）许可，转载自参考文献 1 图 3。

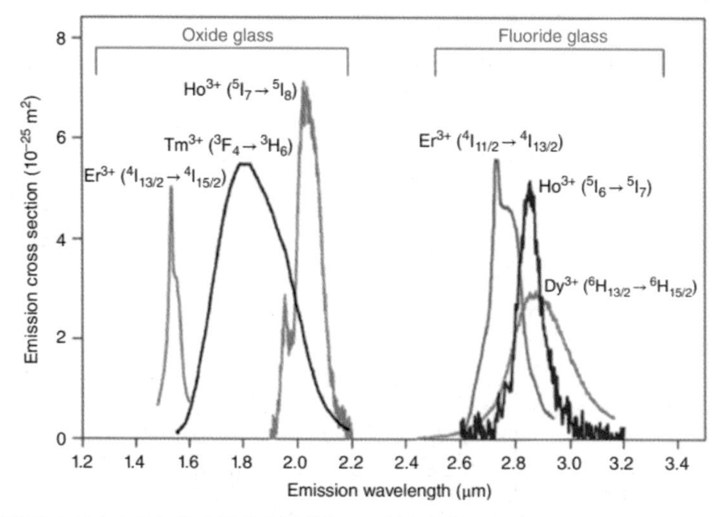

图 3.3　常见掺稀土元素中波红外光纤激光器激光跃迁的发射截面与激光发射波长之间的函数关系。参与每个激光跃迁的能级均已标注。这里的氧化物玻璃是指铝硅酸盐，氟化物玻璃是指 ZBLAN（ZrF_4–BaF_2–LaF_3–AlF_3–NaF 组成）。来源：经 Springer Nature（施普林格自然出版集团）许可，转自参考文献 1 图 4。

3.2　连续波中波红外光纤激光器

3.2.1　掺铥光纤激光器

掺杂 Tm^{3+}[2-5]、发射波长为 2 μm 的光纤激光器，是目前最为强大、高效和先进的中波红外光纤激光器。掺铥光纤激光器采用发射波长约为 790 nm 的稳定激光二极管进行泵浦，其输出波长可覆盖 1.86~2.09 μm[6]。当 Tm^{3+}掺杂浓度超过 2.5 wt%，相邻 Tm^{3+}之间的交叉弛豫可以使斜率效率近乎翻倍[7]。与第 2 章中综述的掺铥固态激光器类似，交叉弛豫过程使得每个泵浦光子可以将两个 Tm^{3+}激发至上能级（图 3.4）。这种“二合一”激发在硅酸盐玻璃中产生共振，为激光二极管泵浦产生 2 μm 激光商业化应用提供了一种非常有效的方法。

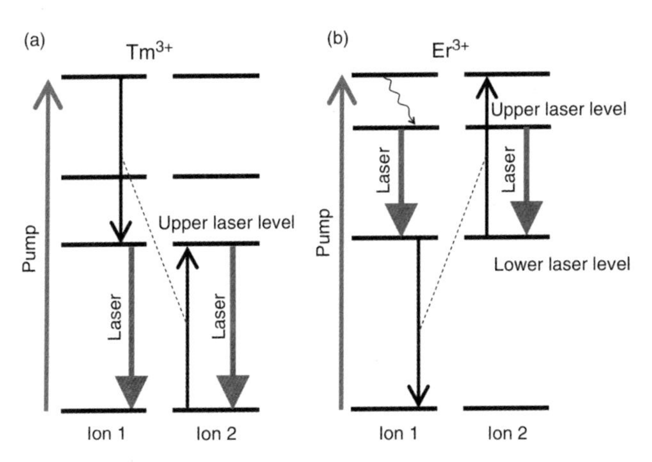

图 3.4　2 μm 掺铥光纤激光器和 3 μm 掺铒光纤激光器运行相关的相邻阳离子之间的能量转移过程。（a）通过交叉弛豫过程，每个泵浦光子可以将两个 Tm^{3+}激发至激光上能级。（b）激发态 Er^{3+}之间的能量转移，迫使一个 Er^{3+}退激，并进一步激发参与该过程的另一个 Er^{3+}。

参考文献 5、8 中报道了中心波长为 2.045 μm 的千瓦级掺铥石英光纤激光器。该种激光器的布局如图 3.5 所示，图中展示了所用的（波长为 2.045 μm、功率为 50 W）种子激光器和两级功率放大器。掺铥光纤激光器能够以高功率运行，主要基于以下几点原因：①开发了 790 nm、电光转换效率接近 40%的高亮度光纤耦合泵浦激光器；②基于光纤的泵浦耦合光学器件，可将来自多个多模光源的光高效组合到一根光纤中；③由于交叉弛豫过程而产生“二合一”光子循环。根据图 3.6 所示，使用 6 个泵浦激光器时，该激光器输出功率大于 500 W，斜率效率达到 62%（与泵浦光功率相比）；使用 12 个泵浦激光器时，该激光器输出功率为 1.05 kW，斜率效率达到 53%（与泵浦光功率相比）。光纤放大器的纤芯直径为 20 μm 时，激光器为基横模输出。该结果代表了此波长范围内产生的最高连续波（CW）功率水平[8]。

掺铥光纤激光技术现已实现商业化。例如，IPG Photonics 公司提供的标准掺铥光纤激光器产品可实现基横模输出，波长可在 1 900~2 000 nm 任意选择，输出功率在 1~200 W 范围内可调。

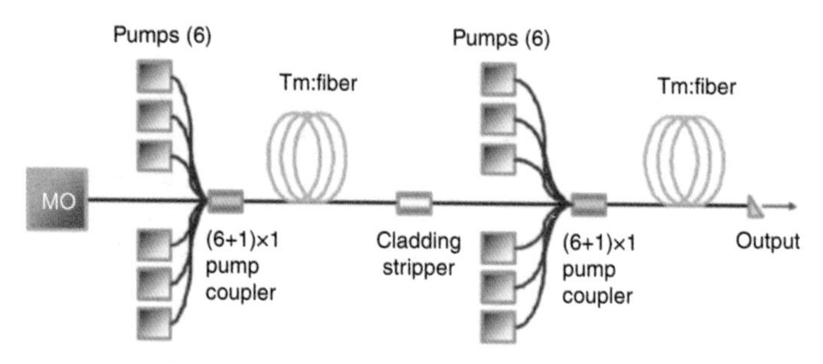

图 3.5　工作波长 λ=2.045 μm 的 1.05 kW 掺铥石英光纤激光器的两级功率放大器。其中，MO 为主振荡器。来源：经 Q-peak Inc. 许可，转载自参考文献 8。

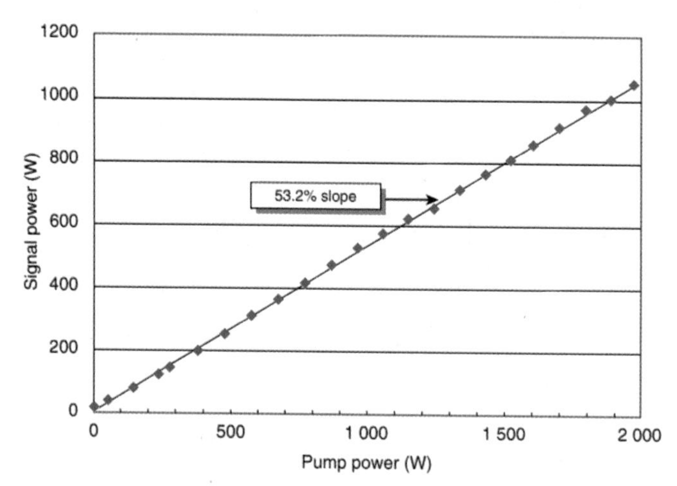

图 3.6　1.05 kW 基横模掺铥石英光纤激光器在 2.045 μm 的输出功率与二极管泵浦光功率的相关关系。来源：经 Q-peak Inc. 许可，转载自参考文献 8。

3.2.2　掺钬光纤激光器

Ho^{3+}的 $^5I_7 \rightarrow {}^5I_8$ 能级跃迁峰值发射波长为 2.1 μm，与重要的大气透射窗口重叠。这种 Ho^{3+}跃迁可以由 1 150 nm 激光二极管泵浦，并且也非常适合通过掺铥的硅酸盐玻璃光纤激光器进行谐振泵浦，其量子数亏损可以低至 7%[9]。

此外，另一个非常实用的解决方案是铥钬共掺光纤激光器。其中，使用标准 790 nm 激光二极管对 Tm^{3+}进行有效激发，共振能量转移过程有效地填充了 Ho^{3+}。最近有报道，使用双向 793 nm 二极管泵浦，这种光纤在 2.105 μm 处产生了输出功率为 83 W 的连续激光，斜率效率高达 42%[10]。

由于激光上能级寿命短于激光下能级寿命，Ho^{3+}的长波长 $^5I_6 \rightarrow {}^5I_7$（$\lambda \approx 2.9$ μm）激光跃

迁是自终止的。级联激光器的简化能级图如图 3.7 所示。最近有研究报道，采用 Ho^{3+}的 3 μm($^5I_6 \to {}^5I_7$)和 2.1 μm($^5I_7 \to {}^5I_8$)跃迁的级联来解决这一问题[11]。激光器采用掺钬 ZBLAN 光纤(ZBLAN 是中波红外光纤激光器中最常用的氟化物玻璃，其成分如下：ZrF_4–BaF_2–LaF_3–AlF_3–NaF)和两个商用 1 150 nm 二极管激光器(总发射泵浦功率为 7.6 W)直接泵浦上能级 $^5I_6$。这种情况下，级联有助于快速卸载长寿命的 $^5I_7$ 能级(3 μm 跃迁下能级)。该激光器在 3.002 μm 处产生 0.77 W 激光输出，在 2.1 μm 处产生 0.24 W 激光输出，使该系统成为第一个工作波长约 3 μm 的瓦特级中波红外光纤激光器。

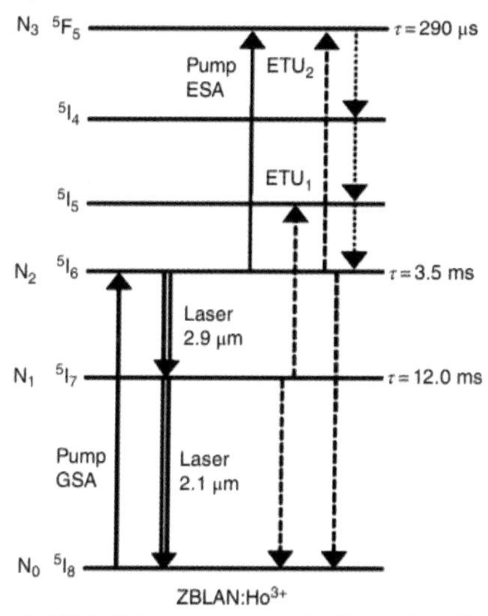

图 3.7　掺钬级联 ZBLAN 光纤激光器的能级图，显示了泵浦、激光和能量转移上的转换过程。其中，GSA 为基态吸收；ESA 为激发态吸收。来源：经美国光学学会(OSA)许可，转载自参考文献 11 图 1。

另外，还可以通过钬镨共掺光纤来实现较下能级的退激。参考文献 12 中展示了波长 2.94 μm 钬镨共掺氟化物玻璃光纤激光器的高效、高功率运行方案。激光器的核心是钬镨共掺 ZBLAN，通过光纤包层进行二极管泵浦。与波长 1 150 nm 的二极管激光泵浦相比，该激光器斜率效率达到 32%(即斯托克斯极限的 82%)，最大输出功率为 2.5 W。值得注意的是，在最大泵浦功率下测得激光的发射波长为 2.94 μm，与人体组织中水的基本 OH 吸收峰重叠，该波长激光特别适合医疗领域的应用。

最后，在低温(77 K)条件下，级联激光方案在长波长 $^5I_5 \to {}^5I_6$ (λ=3.9 μm)上的激光作用得以验证[13]。当光纤长度为 340 cm、泵浦波长为 885 nm、泵浦功率为 900 mW 时，研究人员在波长 3.9 μm 处得到了输出功率为 11 mW 的连续激光。同时，在波长 λ=1.2 μm ($^5I_6 \to {}^5I_8$ 跃迁)处得到输出功率为 70 mW 的激光。这一结果代表了光纤激光器产生的最长波长。

3.2.3 掺铒光纤激光器

稀土阳离子 Er^{3+}在 $^4I_{11/2}$ 和 $^4I_{13/2}$ 能级之间的能量跃迁（见图 3.2）能够在中波红外 2.7~3.05 μm 波段范围内产生可调谐激光。约 980 nm 激光二极管的发射波长与 Er^{3+}上能级 $^4I_{11/2}$ 的激发吸收光谱重叠度较高，这使得掺铒光纤激光器成为高效中波红外光源的理想选择。由于氟化物光纤具有较低的声子能量，中波红外应用中多采用氟化物光纤（例如 ZBLAN）。另外，Er^{3+}中的能量上转换过程（见图 3.4（b））有效地减少了下能级并形成循环激发，产生斜率效率高达 35.6%（数值超过斯托克斯效率限制）的激光[14]。

大约 20 年前，Jackson 等人开发了第一台 1 W 级 3 μm 激光器[15]。该激光器是由二极管泵浦的 Er^{3+}, Pr^{3+}: ZBLAN 光纤激光器，发射波长为 2.71 μm，输出功率为 1.7 W，斜率效率为 17.3%。自此，掺铒光纤激光器的性能有了显著提高。Zhu 和 Jain 开发了第一台 10 W 级 3 μm 光纤激光器[16]。在实验中，作者使用了 4 m 长的高浓度掺杂 Er: ZBLAN 双包层光纤，采用 975 nm 激光二极管阵列泵浦。当泵浦功率为 42.8 W 时，在激光波长 2.785 μm 处获得了 9 W 的输出功率。然而，输出波动呈现脉冲状态，并且在高速泵浦下，作者观察到了光纤端面出现光学损伤[16]。这种不稳定的行为归因于 Er: ZBLAN 的导热性差、熔化温度低，以及 Er^{3+}掺杂剂在光激发过程中产生大量的热。

Tokita 等人使用 975 nm 激光二极管泵浦，在液体制冷情况下演示了 Er: ZBLAN 光纤激光器，该激光器中心波长 λ=2.8 μm，输出功率为 24 W[17]。整根光纤被浸泡在碳氟化合物液体冷却剂中，通过循环冷却让温度稳定地维持在 20 ℃。当光纤长度为 4.2 m，有效纤芯直径为 25 μm 时，在功率 166 W 的二极管泵浦[17]的情况下，获得的最大输出功率为 24 W。后来，该团队开发了一种功率为 10 W、波长可调的、无须直接液体冷却的 Er: ZBLAN 光纤激光器[18]。为了替代液冷，该激光器采用将光纤放置在水冷恒温（20 ℃）的铝板之间，通过传导的方式制冷。此外，为了消除输出光纤端面的热量，后者被抛光成球形，并与 2 mm 厚的蓝宝石板进行光学接触（见图 3.8）。使用波长为 975 nm、功率为 93 W 的激光器进行泵浦，采用利特罗结构（Littrow configuration）外置衍射光栅将波长从 2.71 μm 调到 2.88 μm。

Faucher 等人采用掺铒氟化物单模光纤[19]，在波长 λ=2.825 μm 处获得输出功率为 20.6 W 的激光。该光纤使用铝线轴被动冷却，长度为 4.6 m，单模纤芯直径为 16 μm。将具有高反射率（99.4%）布拉格光栅的未掺杂光纤作为端镜，熔接在掺杂光纤上。泵浦源由三个 976 nm、30 W 的光纤耦合模块组成，与吸收的泵浦功率相比，激光器的斜率效率高达 35.4%，高于斯托克斯效率（34.3%）。

近期，Aydin 等人报道了一种被动冷却的级联掺铒氟化物光纤激光器（λ =2.825 μm），其输出功率约为 13 W，与所吸收的泵浦功率相比，其斜率效率为 50%（绝对光学效率为 37%）[20]。在 $^4I_{13/2}$ 和 $^4I_{9/2}$ 能级之间存在一个中心波长为 1.675 μm 的激发态吸收带（见图

3.2),该吸收带与波长 1.614 μm 的级联($^4I_{13/2}$ 至 $^4I_{15/2}$)二次发射部分重叠,人们认为这是激发循环回中波红外跃迁的上能级的原因。这种方法的一个主要特点是其不仅在波长 2.8 μm 处产生共振,还在波长 1.614 μm 处产生共振。

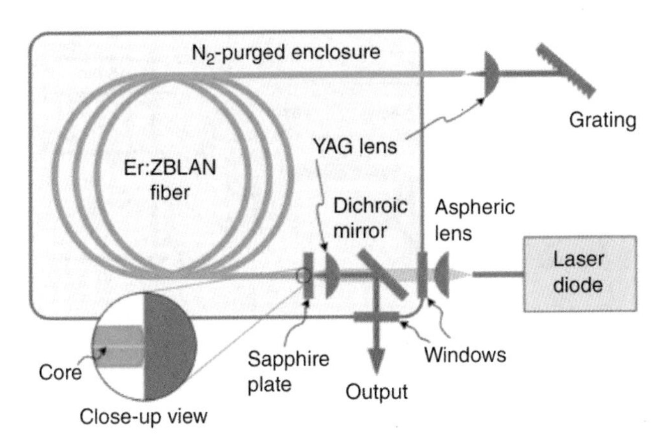

图 3.8 由 975 nm 激光二极管泵浦的光栅可调谐掺铒 ZBLAN 光纤激光器示意图。插图显示了光纤端部的球形抛光如何确保纤芯和蓝宝石板之间的光学接触。利特罗结构(Littrow configuration)中的衍射光栅用于调整波长。来源:经美国光学学会(OSA)许可,转载自参考文献 18 图 1。

Fortin 等人报道了一种波长 λ=2.94 μm 的掺铒氟化物光纤激光器,在连续波模式下获得了创纪录的 30.5 W 的输出功率[21]。激光器在长波长跃迁上运行——从 Er^{3+}的 $^4I_{11/2}$(斯塔克流形的最低能级)到 $^4I_{13/2}$(斯塔克流形的最高能级)。利用光纤布拉格光栅形成被动冷却的全光纤激光器谐振腔,利用 7 个工作波长在 980 nm 附近的激光二极管对激光器进行泵浦,泵浦组合功率为 188 W。与泵浦功率相比,激光总效率为 16%。该激光器的线宽较窄(0.15 nm),单模光束质量因子 M^2<1.2[21]。由于 2.94 μm 波长与液态水 OH 吸收峰共振,因此该激光器在生物医学领域的应用潜力巨大。

在更长的波长方面,参考文献 22 演示了室温下发射功率高达 1.5 W、工作波长为 3.44 μm 的全光纤激光器。激光器采用 974 nm 和 1 976 nm 双泵浦方案,由掺铒氟化物玻璃的 $^4F_{9/2} \rightarrow {}^4I_{9/2}$ 跃迁而成。在这种情况下,974 nm 泵浦将 Er^{3+}激发到长寿命能级 $^4I_{11/2}$,从而产生一个虚拟的基态,而 1 976 nm 泵浦将 3.5 μm 的跃迁填充至上能级 $^4F_{9/2}$(图 3.9)。沉积在输入光纤尖端的分色镜和作为输出耦合器的光纤布拉格光栅相结合,产生了带宽小于 0.6 nm 的稳定激光。在 974 nm 有足够共同泵浦的情况下,与 1 976 nm 泵浦功率相比,激光器的效率为 19%,并且没有出现饱和现象。

通过改进双波长泵浦掺铒氟锆酸盐(Er^{3+}: ZrF_4)激光腔的(所谓的“打包”)设计,研究展示了 3.55 μm 的多瓦激光[23]。光纤激光器腔由两个光纤布拉格光栅捆绑,既不损伤 ZrF_4

光纤尖端,又能保证高功率输出。最大输出功率和总光学效率分别为 5.6 W 和 26.4%。这台激光器是有史以来,在该波段下输出功率最大的光纤激光器。

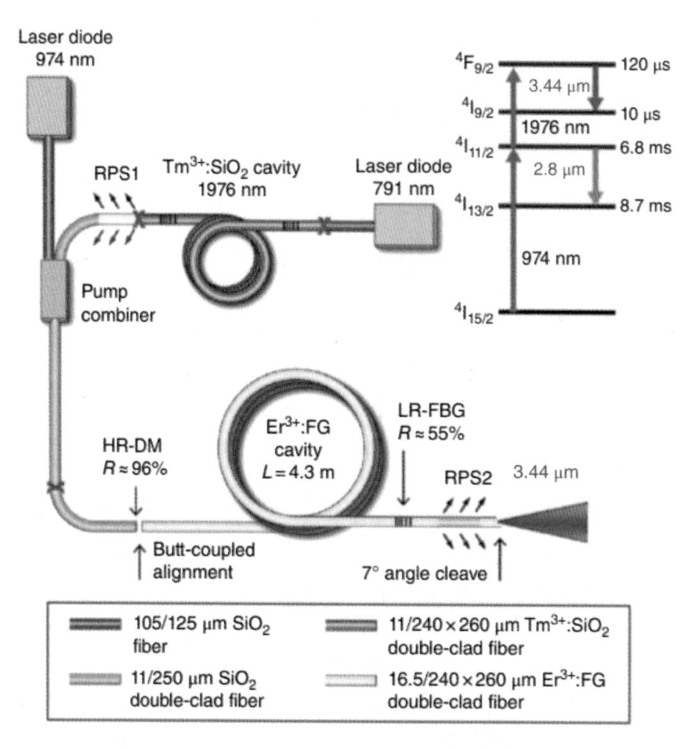

图 3.9 基于 974 nm 和 1 976 nm 双泵浦方案的 3.44 μm 掺铒光纤激光器示意图。插图给出了氟化物玻璃中铒离子的简化能量图。使用高折射率丙烯酸酯聚合物制成的残余泵浦剥离器(RPS)去除剩余的 791 nm 泵浦。其中,HR-DM 为高反射分色镜;LR-FBG 为低反射光纤布拉格光栅。来源:经美国光学学会(OSA)许可,转载自参考文献 22 图 1。

基于双波长泵浦的理念,参考文献 24 中报道了一种宽调谐长波长掺铒(Er: ZBLAN)光纤激光器。其激光腔由包裹直径 16 μm 纤芯、长 2.8 m 掺铒光纤增益介质和衍射光栅组成。在 977 nm 和 1 973 nm 的双泵浦下,发射波长向 3.5 μm 集中,激光在 450 nm 范围内可调。使用 977 nm 的 4 W 激光器和 1 973 nm 的 5.5 W 激光器共同泵浦(整体光学效率为 15%),在 3.47 μm 处实现了 1.45 W 的最大功率输出,最大输出波长为 3.78 μm,该激光器是目前在室温下运转的输出波长最大的光纤激光器[24]。

3.2.4 掺镝光纤激光器

Majewski 和 Jackson 展示了一种泵浦功率可调、发射波长为 3 μm 的高效掺镝光纤激光器[25]。作者利用自由运转的 2.8 μm 掺铒氟化物光纤激光器,直接激发镝离子 $^6H_{13/2}$-$^6H_{15/2}$

跃迁的激光上能级，其量子数亏损非常小，仅为 8%。波长 3.04 μm 处，掺镝光纤激光器输出斜率效率为 51%。当掺镝氟化物光纤的长度从 92 cm 扩展到 140 cm 时，作者观测获得的激光最大发射波长为 3.26 μm，与泵浦发射功率相比，激光器斜率效率为 32%。

3.2.5 拉曼光纤激光器

从根本上说，拉曼过程依赖于光子-声子散射，其中光学声子（晶格振动）介导了频率下转换过程。斯托克斯波相对于泵浦的红移量，取决于给定玻璃介质的光学声子的频率。在光纤中，通过受激拉曼散射，产生了超过 2 μm 的各种红移激光波长。通常，拉曼光纤激光器由一根封闭光纤组成（两个高反射布拉格光栅直接写入同一光纤）。

采用平均功率为 5 W、波长为 1 608 nm 铒镱共掺光纤激光器作为泵浦源。Dianov 等人使用基于锗酸盐的拉曼增益腔，作为第四个斯托克斯分量，产生了波长为 2.193 μm、平均功率为 210 mW 的激光[26]。Cumberland 等人报道了，以波长为 1.938 μm、输出功率为 22 W 掺铥光纤激光器为泵浦源，制作出拉曼发射波长为 2.105 μm、最大输出功率为 4.6 W 的高浓度 GeO_2 光纤拉曼激光器[27]。

为了获得更长的中波红外波长，必须考虑具有扩展光谱投射窗口的材料，例如基于氟化物、碲酸盐或硫族化合物的玻璃。Fortin 等人报道了一种氟化物光纤拉曼激光器[28]。激光器由工作波长为 1 940 nm、平均功率为 9.6 W 的 Tm^{3+}: silica 连续光纤激光器泵浦。在波长 2 185 nm（频移为 579 cm^{-1}）处测得最大输出功率为 580 mW，与泵浦功率相比，转换效率为 6%。随后，同一团队演示了一种发射波长为 2.23 μm、输出功率为数瓦的氟化物玻璃光纤拉曼激光器。该激光器基于嵌套激光腔（泵浦激光器内部设有拉曼激光器），泵浦源为波长 1.98 μm 掺铥石英光纤激光器。在波长 2.23 μm 处获得最大斯托克斯输出功率 3.7 W[29]。

硫族化合物玻璃——硫化砷（As_2S_3）和硒化砷（As_2Se_3）长期以来被认为是中波红外拉曼介质的理想选择，因为它们具有高拉曼增益系数（比氟化物玻璃大 50 倍以上）和分别延伸至 6 μm 和 9 μm 以外的透明窗口。Jackson 等人报道了一种可以在多个斯托克斯波段同时工作的、As_2Se_3 硫族化合物拉曼激光器。采用平均功率为 2 W、波长为 2.051 μm 掺铥石英光纤激光器作为泵浦源。在 2.062 μm 处观察到第一个斯托克斯发射，输出功率为 0.64 W。光纤的另外两个拉曼活性振动模式分别在波长 2.102 μm（0.2 W）和 2.166 μm（16 mW）产生第一个斯托克斯输出[30]。

Bernier 等人报道了第一台发射波长 3 μm[31-32]以上的拉曼光纤激光器。泵浦源为以准连续模式工作、波长为 3.005 μm（处于 Er^{3+}发射带的长波长边缘）、脉冲宽度为 5 ms、重复频率为 20 Hz 的掺铒氟化物玻璃光纤激光器。利用由单模 As_2S_3 硫族化合物玻璃光纤和光纤布拉格光栅构成的法布里-珀罗（Fabry-Pérot）腔（图 3.10），作者演示了在 λ=3.34 μm 处的拉曼光纤激光作用。当泵浦平均功率为 250 mW 时，激光器输出平均功率为 50 mW（峰值为

0.6 W)[31]。

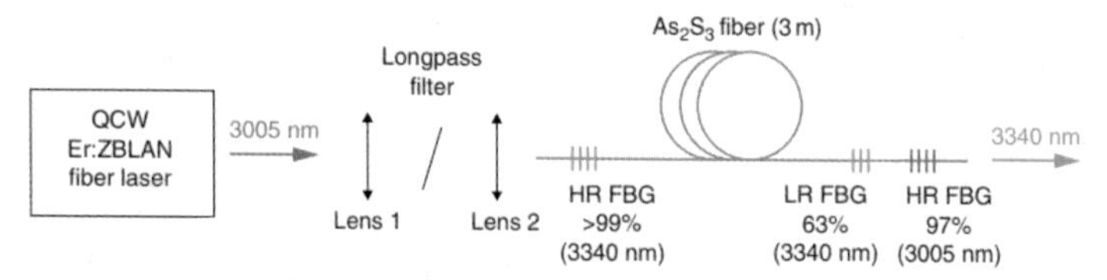

图 3.10 3.34 μm 处发射的拉曼 As_2S_3 光纤激光器示意图。泵浦源为波长 3.005 μm、以准连续波模式(脉冲持续时间为 5 ms，重复频率为 20 Hz)的 Er^{3+}: ZBLAN 光纤激光器。其中，FBG 为光纤布拉格光栅。来源：经美国光学工程师学会(SPIE)许可，转载自参考文献 32 图 9。

参考文献 33 中报道了一种可在室温下运行的长波长准连续光纤拉曼激光器。该激光器基于单模 As_2S_3 光纤和由两对光纤布拉格光栅构成的嵌套法布里-珀罗谐振腔，由两个级联的拉曼频移产生输出波长为 3.77 μm 的激光。与参考文献 32 类似，以波长为 3.005 μm、准连续模式(脉冲持续时间为 5 ms、重复频率为 20 Hz，占空比为 10%)运行的掺铒氟化物玻璃光纤激光器为泵浦源。第一和第二斯托克斯阶分别为 3.345 μm 和 3.766 μm。在波长 3.766 μm 处测得最大平均输出功率为 9 mW，对应的平均泵浦功率为 371 mW，峰值功率为 112 mW[33]。

3.3 中波红外调 Q 光纤激光器

在 Q 开关模式下运行的中波红外激光器，脉冲持续时间可以低至微秒甚至纳秒，可用于光探测和测距(LIDAR)、泵浦更长波长的中波红外光学参量振荡(OPOs)、产生超连续谱、加工聚合物等，由于能量快速积累，可以实现高效和无痛的组织切除，所以还能够用于进行激光手术。

在 2 μm 区域，掺铥和掺钬光纤激光器都适于以脉冲模式运行。Eichhorn 和 Jackson 报道了一台调 Q 掺铥光纤激光器，现在可以发出波长 λ=1.98 μm、平均功率数瓦的激光[34]。二氧化硅双包层光纤长 2.3 m，纤芯直径为 20 μm，二极管泵浦波长为 792 nm。利用声光调制器(AOM)对激光器进行调 Q，在重复频率为 110 kHz、脉冲能量为 270 μJ、脉冲持续时间为 41 ns、峰值功率为 6.6 kW 下，产生了平均功率高达 30 W 的激光。据作者描述，最大功率受到放大后的自发辐射(ASE)积累的限制。利用谐振腔中的衍射光栅，在重复频率为 125 kHz、脉冲持续时间为 41~50 ns 条件下，激光器可在 1.93~2.05 μm 范围内进行调谐[34]。Kadwani 等人报道了一种基于掺铥光子晶体光纤(PCF)的声光调 Q 振荡器，泵浦源为功率 100 W、波长 793 nm 且有源光纤大模场面积>1 000 μm² 的半导体激光器。该激光器在偏振光中保持单模光束质量，以重复频率为 10 kHz、脉冲能量为 435 μJ、持续时间为 49 ns 发出了波长为 2 μm 的激光，对应的平均功率为 4.4 W，峰值功率高达 8.9 kW[35]。

Eichhorn 和 Jackson 报道了以声光调 Q 脉冲模式运行的铥钬共掺双包层石英光纤激光器[36]。在实验中，通过标准的 790 nm 激光二极管对 Tm^{3+}进行有效的激发，而共振能量转移过程又有效地填充了 Ho^{3+}离子能级。对称的二极管从两侧以波长 792 nm 对光纤进行泵浦，单侧泵浦功率高达 30 W。利用内腔式衍射光栅以及 Tm^{3+}、Ho^{3+}的发射带，激光器实现了在 1.95~2.13 μm 范围内的调谐。在 Ho^{3+}发射波段，当重复频率为 20 kHz，脉冲持续时间为 58 ns，脉冲能量为 250 μJ 时，在波长 λ=2.07 μm 处获得了脉冲持续时间最短的激光，相应的平均功率为 5 W。在 Tm^{3+}发射波段，当重复频率为 100 kHz，脉冲能量为 150 μJ 时，在波长 λ=2.02 μm 处获得的最大平均功率为 15 W[36]。研究人员通过两级振荡-放大装置，开发了可用波长 793 nm 的二极管泵浦的掺铥光纤放大器高平均功率纳秒激光系统[37]。利用非线性光学环形镜，对长腔低重复频率振荡器进行锁模，产生了脉冲持续时间在 4~72 ns 变化的脉冲激光。当泵浦重复频率为 1.07 MHz、脉冲持续时间为 72 ns 时，该激光器在波长 λ≈2 μm 处产生了平均功率为 100.4 W 的激光。

多个课题组在 3 μm 波段实现了调 Q 光纤激光器的运行。Hu 等人报道了工作波长为 2.87 μm 的钬镨共掺调 Q 光纤激光器。（Ho^{3+}与 Pr^{3+}共掺杂允许 Ho 中 $^5I_7$ 态的退激，从而提高斜率效率。）通过声光 Q 开关（图 3.11），作者在重复频率 120 kHz 处产生了脉冲持续时间为 78 ns 的长脉冲，平均功率为 0.72 W，与 1 150 nm 处的泵浦功率相比，斜率效率为 20%[38]。

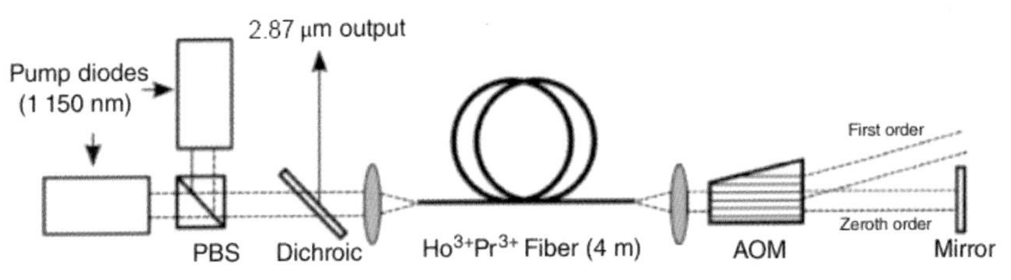

图 3.11 波长 2.87 μm 声光调 Q 钬镨共掺光纤激光器的结构示意图。来源：经美国光学学会（OSA）许可，转载自参考文献 38 图 1。

Tokita 等人在 3 μm 光纤激光峰值和平均功率方面给出了令人印象深刻的结果[39]。他们开发出了采用波长 2.8 μm 二极管泵浦，基于芯径 35 μm 掺铒 ZBLAN 光纤的、声光调制器调 Q 的激光振荡器。在二极管以重复频率为 120 kHz、脉冲持续时间为 90 ns、最大功率为 75 W、脉冲能量为 100 μJ、波长为 975 nm 的泵浦条件下，相应的平均输出功率为 12.4 W（峰值功率为 0.9 kW）。

与主动调 Q 光纤激光器相比，被动调 Q 激光器具有成本低、结构紧凑等优点。最近报道了几种脉冲持续时间为微秒级、波长在 3 μm 附近的被动调 Q 光纤激光器，它们采用了不同的可饱和吸收体：石墨烯[40-41]、Fe^{2+}: ZnS[41]、基于砷化铟（InAs）的半导体可饱和吸收镜

(SESAM)[42]和拓扑绝缘体 Bi_2Te_3[43]。(拓扑绝缘体代表了一类新型的被称为“狄拉克(Dirac)”的材料。在凝固态情况下,它们存在窄带隙;而在表面,它们处于无缝隙的金属态,并通过泡利(Pauli)阻塞效应在宽带光谱范围内观察到可饱和吸收。)在 50~100 kHz(见表 3.1)的重复频率下的平均输出功率超过 300 mW[42-43]。

表 3.1 中波红外光纤激光器总结

Dopant/fiber	Wavelength (μm)	Laser characteristics	Ref.
Continuous wave, CW			
Tm^{3+}-silica	2.045	Average power 1 kW, pump at 790 nm	[8]
Tm^{3+}, Ho^{3+}-silica	2.105	Average power 83 W, pump at 793 nm	[10]
Ho^{3+}-ZBLAN	3 2.1	Cascaded laser, average power 0.77 W at 3 μm,and 0.24 W at 2.1 μm, pump at 1 150 nm	[11]
Ho^{3+}, Pr^{3+}-ZBLAN	2.94	Average power 2.5 W, pump at 1 150 nm	[12]
Er^{3+}-ZBLAN	2.8	Average power 24 W, pump at 975 nm, liquid fiber cooling	[17]
Er^{3+}-fluoride glass	2.825	Average power 20.6 W, pump at 980 nm (90 W)	[19]
Er^{3+}-fluoride glass	2.825	Average power 12.5 W, pump at 976 nm (33.5 W), cascade 1.6 μm, slope optical efficiency 50%	[20]
Er^{3+}-fluoride glass	2.94	Average power 30.5 W, pump at 980 nm (188 W)	[21]
Er^{3+}-fluoride glass	3.44	Average power 1.5 W, dual pump: at 974 and 1 976 nm	[22]
Er^{3+}-fluoride glass	3.55	Average power 5.6 W, dual pump: at 974 and 1 976 nm, total optical efficiency 26.4%	[23]
Er^{3+}-ZBLAN	3.33~3.78	Grating-tunable, average power 1.45 W @3.47 μm dual pump: at 977 and 1 973 nm	[24]
Dy^{3+}-ZBLAN	3.04	Average power 80 mW, pump at 2.8 μm (300 mW)	[25]
Raman lasers			
Fluoride glass	2.23	Average power 3.7 W, nested cavity, pump at 1.98 μm	[29]
As_2S_3 glass	3.34	Quasi-CW mode (5 ms, 20 Hz), average power 50 mW, pump at $\lambda = 3.005$ μm (250 mW)	[31]
As_2S_3 glass	3.77	Quasi-CW mode (5 ms, 20 Hz), average power 9 mW, pump at $\lambda = 3.005$ μm (371 mW)	[33]
Q-switched			
Tm^{3+}-silica	1.98	Average power 30 W (peak 6.6 kW), AOM Q-sw, 41 ns, 270 μJ, 110 kHz	[34]
Tm^{3+}-silica	1.95	Average power 4.4 W (peak 8.9 kW), AOM Q-sw, 49 ns, 435 μJ, 10 kHz	[35]
Tm^{3+}, Ho^{3+}-silica	2.07	Average power 5 W, AOM Q-sw, 58 ns, 250 μJ, 20 kHz	[34]
Tm^{3+}-silica	~2	Average power 100 W, nonlinear optical loop mirror, oscillator–amplifier, 72 ns, 94 μJ, 1 MHz	[37]

续表

Dopant/fiber	Wavelength (μm)	Laser characteristics	Ref.
Ho^{3+}, Pr^{3+}-ZBLAN	2.87	Average power 0.72 W, AOM Q-sw, 78 ns, 6 μJ, 120 kHz	[38]
Er^{3+}-ZBLAN	2.8	Average power 12.4 W, AOM Q-sw, 90 ns, 103 μJ, 120 kHz	[39]
Ho^{3+}-ZBLAN	2.97	Average power 317 mW, SESAM, 1.68 μs, 6.65 μJ, 48 kHz	[42]
Ho^{3+}-ZBLAN	2.98	Average power 327 mW, Bi_2Te_3 topological insulator, 1.37 μs, 4 μJ, 82 kHz	[43]
Mode-locked			
Tm^{3+}-silica	1.98	Average power 3.1 W, Raman-shifted Er-laser and Tm-amplifier, 108 fs, 100 MHz	[44]
Tm^{3+}-silica	1.94~1.97	Average power 2.5 W, SESAM mode-locked oscillator, 100 fs, 418 MHz	[45]
Er^{3+}-ZBLAN	2.8	Average power 440 mW, SESAM and a fiber Bragg grating, 60 ps, 52 MHz	[46]
Ho^{3+}, Pr^{3+}-ZBLAN	2.9	Average power 70 mW, InAs saturable absorber, 6 ps, 25 MHz	[47]
Er^{3+}-ZBLAN	2.8	Average power 206 mW, nonlinear polarization rotation, 497 fs, 57 MHz, peak 6.4 kW	[48]
Er^{3+}-ZBLAN	2.8	Average power 40 mW, nonlinear polarization rotation, 207 fs, 55 MHz, peak 3.5 kW	[49]
Er^{3+}-ZBLAN	2.8	Average power 676 mW, nonlinear polarization rotation, 270 fs, 97 MHz	[50]
Er^{3+}-ZBLAN	2.8~3.6	Average power ~2 W at 3.4 μm, Raman self-frequency shifted solitons, 160 fs, pump at 2.8 μm	[51]

3.4 中波红外锁模光纤激光器

近红外同类产品已经证明，锁模光纤激光器结构紧凑、环境可靠，是公认的最理想的超短脉冲激光源。由于玻璃基质的非晶特性，光纤激光器的增益带宽相对较大，通常可产生脉冲持续时间低于 100 fs 的激光。中波红外锁模激光器可以进一步推动超快激光科学的发展，并提供各种有前途的应用，如超连续谱和光学频率梳的产生，以及精密激光手术等。

超快光纤激光器通常基于被动锁模振荡器。虽然掺铒（λ=1.55 μm）和掺镱（λ=1.05 μm）石英光纤激光器仍然在商业领域占主导地位，但最近铥钬共掺光纤激光器（λ=2.0 μm 附近）和铒氟化物光纤激光器（λ=3.0 μm 附近）的发展，也取得了巨大的进展[52]。

在中波红外锁模光纤激光器中，2 μm 掺铥石英光纤激光器是最成熟的。在其发展的早期阶段，20 世纪 90 年代中期，就已经开发出被动锁模飞秒掺铥光纤振荡器。例如，Nelson 等人[53]利用经过非线性偏振演化的附加脉冲锁模技术，在孤子区获得了 1.8~1.9 μm 的可调谐脉冲，而 Sharp 等人[54]报道了利用 InGaAs 可饱和吸收体锁模的掺铥石英光纤激光器。随后，瓦级飞秒掺铥光纤激光器也问世了。例如，Imeshev 和 Fermann 在芯径为 25 μm 的掺铥光纤中，将波长 1.56 μm 掺铒光纤激光器的拉曼频移输出放大，在波长 2 μm 处产生了平均功率高达 3.1 W（峰值功率为 230 kW）、脉冲持续时间为 108 fs、脉冲能量为 31 nJ 的激光[44]。随后，利用 SESAM 结合非线性偏振演化锁模机制，开发了稳定的 2 μm 掺铥光纤振荡器。经过色散补偿的掺铥光纤放大器放大后，在波长 2 μm 附近产生了高功率（>2.5 W）亚-70 fs 脉冲激光[45, 55]。这些发展也导致了完全稳定的光学参考频率梳的产生，详见第 6 章讨论部分。

利用石墨烯作为可饱和吸收体，实现了基于掺钬玻璃锁模孤子光纤激光器（λ=2.08 μm）[56]。该激光器由连续掺钬光纤激光器（波长 1950 nm、功率 0.5 W、重复频率 34 MHz）进行泵浦，产生了脉冲持续时间为 811 fs、平均功率为 44 mW 的脉冲激光。

也有文献报道了使用不同可饱和吸收体的被动锁模激光器（波长 3 μm、脉冲持续时间约 20 ps、平均功率约 100 mW）。其中包括由激光腔内的 Fe^{2+}: ZnSe 晶体被动锁模、波长 2.8 μm 的掺铒 ZBLAN 光纤激光器[57]，以及采用 InAs-SESAM 被动锁模的钬镨共掺 ZBLAN 光纤激光器（波长 2.8 μm）[58]。然而，上述激光器都表现出“脉冲”——同时发生 Q 开关和锁模行为。

Haboucha 等人报道了一种线性腔内通过连接 SESAM 和光纤布拉格光栅，真正实现连续锁模的 Er^{3+} - ZBLAN 玻璃光纤激光器（工作波长为 2.8 μm）[46]。布拉格光栅可以产生稳定的自启动脉冲序列（重复频率为 52 MHz，脉冲持续时间为 60 ps，平均功率为 440 mW）。同时，Hu 等人演示了基于 InAs 可饱和吸收体-钬镨共掺 ZBLAN 光纤稳定锁模光纤环形激光器（工作波长为 2.9 μm）。这种结构可以在 25 MHz 的重复频率下，产生平均功率为 70 mW、脉冲持续时间为 6 ps 的脉冲激光[47]。

最近，两个研究小组分别独立地证明了基于非线性偏振旋转[48-49]利用掺铒氟化物（ZBLAN）光纤在波长 2.8 μm 处产生飞秒脉冲的可能性。该技术依赖于氟化物光纤（n_2=2.1×$10^{-20}$$m^2$/W）的高克尔非线性，在光纤内部产生偏振态的强度依赖旋转，当与偏振光学（四分之一波片、半波片和光隔离器）结合时，该偏振态可作为有效的可饱和吸收体进行锁模。Hu 及其同事得到了波长为 2.8 μm、脉冲持续时间为 497 fs、重复频率为 57 MHz、平均功率为 206 mW 的脉冲激光（图 3.12）[48]。与之类似，Duval 等人[49]报道了一种基于非线性偏振演化的被动锁模掺铒 ZBLAN 光纤环形激光器。该激光器能产生波长 λ=2.8 μm、脉冲持续时间为 207 fs、重复频率为 55 MHz、平均功率为 40 mW 的脉冲激光。由于 ZBLAN 光纤在波长 2.8 μm 处存在反常色散，因此这两种激光器运行的报道都限定在孤子区。Duval 等人通过改变掺铒氟化物光纤长度和输出耦合，实现了 2.8 μm 锁模激光功率的放大。他们展示了脉冲持续时间为 270 fs、重复频率为 96.6 MHz、平均功率为 675 mW、脉冲能量为 7 nJ、峰值功率为 23 kW 稳定的脉冲激光[50]。

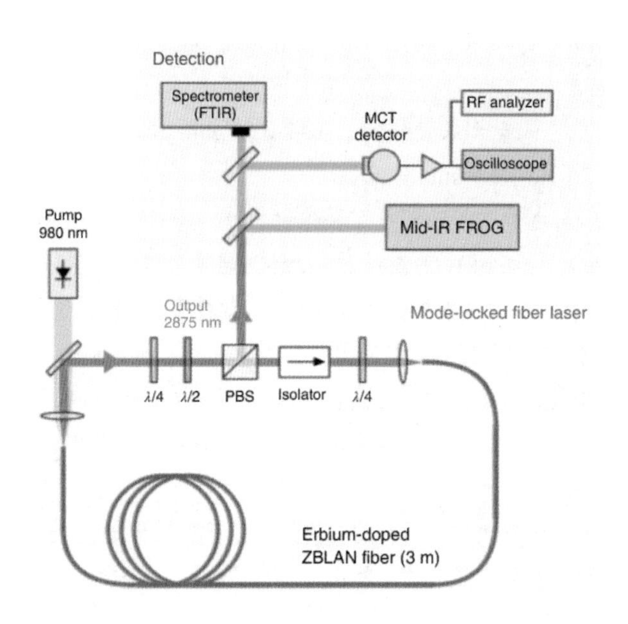

图 3.12 2.8 μm 掺铒 ZBLAN 光纤激光器产生锁模脉冲的实验装置。环形腔由包含偏振光学的自由空间部分形成，以提供非线性偏振演化锁模。采用中波红外频率分辨光学门控（FROG）装置对脉冲进行时域分析。来源：经美国光学学会（OSA）许可，转载自参考文献 48 图 1。

同一团队报道了基于掺铒氟化锆玻璃的可调谐（2.8~3.6 μm）和高功率（>1 W）超快光纤激光系统[51]。脉冲中心波长的调谐是通过一个称为“孤子拉曼自频移”的过程实现的，该过程是由氟化物玻璃纤维在此光谱范围内的反常色散所促成的。工作波长 λ=2.8 μm、重复频率为 58 MHz 的超快光纤振荡器（泵浦）与参考文献 50 中描述的类似。紧接着是第二根掺铒氟化物玻璃光纤，其中一部分（L=1.25 m）用作放大器，而剩余的未泵浦段（L=8 或 22 m）用作被动光纤，将放大的孤子转移到波长更长的区域。随着放大器泵浦功率的增加，一个清晰、独立的孤子光谱在光纤的被动部分不断向长波长区域移动，当光纤长度为 8 m 时，光纤中最大中心波长达到 3.4 μm；当光纤长度为 22 mm 时，光纤中最大中心波长达到 3.59 μm。总体而言，在 2.8~3.6 μm 范围内，产生了可调谐的高能拉曼孤子脉冲。例如，在波长 λ=3.4 μm 处，产生了脉冲能量为 37 nJ 的 160 fs 脉冲激光，对应的平均输出功率>2 W（200 kW 峰值）[51]。

中波红外光纤激光器的主要结果列于表 3.1。

3.5 总结

到目前为止，中波红外波段最成功的光纤激光器是基于 Tm^{3+}（$^3H_4 \rightarrow {}^3H_6$）、$Er^{3+}$

（$^4I_{11/2} \rightarrow {}^4I_{13/2}$）和 Ho^{3+}（$^5I_6 \rightarrow {}^5I_7$）激光跃迁，光谱范围分别为 1.9~2.1 μm、2.7~3.0 μm 和 2.8~3.05 μm 的激光器。

其他波长可通过双波长泵浦（Er^{3+}，3.44~3.55 μm）、拉曼效应（硫族化合物玻璃，3.34 μm）或低温冷却（Ho^{3+}，3.9 μm）获得。

在输出功率方面，由于“二合一”交叉弛豫过程，掺铥光纤能够在单空间模式下发出波长为 2.045 μm、输出功率为 1 kW 的连续激光，光-光转换效率高于量子数亏损预估值。在更长的波长下，实现高功率运转更具挑战性。由于有效性强、功率高的激光通常都是由二极管在近红外区域发射，功率下降的主要原因是量子数亏损增加。因此，随着波长的增加，泵浦能量吸收的持续增量部分不断地产生热量，造成能耗增大。然而，基于 Er^{3+} 的 3 μm 跃迁，受益于“二合一”交叉弛豫过程，掺铒氟化物光纤会发生被动冷却，因此波长 2.94 μm 处获得的平均功率超过 30 W。

以连续波、Q 开关和锁模模式运行的中波红外光纤激光器，在生物医学、频率梳产生以及非线性光学和光谱学中开辟了大量新的应用。想了解更多中波红外光纤激光器的优秀综述，可以进一步研究参考文献 1、32。

参考文献

1 Jackson, S.D. (2012). Towards high-power mid-infrared emission from a fibre laser. Nat. Photonics 6: 423.

2 Hanna, D.C., Percival, R.M., Smart, R.G., and Tropper, A.C. (1990). Efficient and tunable operation of a Tm-doped fiber laser. Opt. Commun. 75: 283.

3 Jackson, S.D. and King, T.A. (1998). High-power diode-cladding-pumped Tm-doped silica fiber laser. Opt. Lett. 23: 1462.

4 Hayward, R.A., Clarkson, W.A., Turner, P.W., Nilsson, J., Grudinin, A.B., and Hanna, D.C. (2000). Efficient cladding-pumped Tm-doped silica fiber laser with high power singlemode output at 2 μm. Electron. Lett. 36: 711.

5 Moulton, P.F., Rines, G.A., Slobodtchikov, E.V., Wall, K.F., Frith, G., Samson, B., and Carter, A.L.G. (2009). Tm-doped fiber lasers: fundamentals and power scaling. IEEE J. Sel. Top. Quant. Electron. 15: 85.

6 Clarkson, W.A., Barnes, N.P., Turner, P.W., Nilsson, J., and Hanna, D.C. (2002). High-power cladding-pumped Tm-doped silica fiber laser with wavelength tuning from 1860 to 2090 nm. Opt. Lett. 27: 1989.

7 Jackson, S.D. (2004). Cross relaxation and energy transfer upconversion processes rele-

vant to the functioning of 2 μm Tm^{3+}-doped silica fibre lasers. Opt. Commun. 230: 197.

8 Ehrenreich, T., Leveille, R., Majid, I., Tankala, K., Rines, G., and Moulton, P. (2010). 1 kW, all-glass Tm:fiber laser. Proc. SPIE 7580: 7580-7112.

9 Jackson, S.D. (2006). Midinfrared holmium fiber lasers. IEEE J. Quant. Electron. 42: 187.

10 Jackson, S.D., Sabella, A., Hemming, A., Bennetts, S., and Lancaster, D.G. (2007). High-power 83 W holmium-doped silica fiber laser operating with high beam quality. Opt. Lett. 32: 241.

11 Li, J., Hudson, D.D., and Jackson, S.D. (2011). High-power diode-pumped fiber laser operating at 3 μm. Opt. Lett. 36: 3642.

12 Jackson, S.D. (2009). High-power and highly efficient diode-cladding pumped holmium-doped fluoride fiber laser operating at 2.94 μm. Opt. Lett. 34: 2327.

13 Schneide, J., Carbonnier, C., and Unrau, U.B. (1997). Characterization of a Ho^{3+}-doped fluoride fiber laser with a 3.9 μm emission wavelength. Appl. Opt.36: 8595.

14 Faucher, D., Bernier, M., Caron, N., and Vallée, R. (2009). Erbium-doped all-fiber laser at 2.94 μm. Opt. Lett. 34: 3313.

15 Jackson, S.D., King, T.A., and Pollnau, M. (1999). Diode-pumped 1.7-W erbium 3-μm fiber laser. Opt. Lett. 24: 1133.

16 Zhu, X. and Jain, R. (2007). 10-W-level diode-pumped compact 2.78 μm ZBLAN fiber laser. Opt. Lett. 32: 26.

17 Tokita, S., Murakami, M., Shimizu, S., Hashida, M., and Sakabe, S. (2009). Liquid-cooled 24 W mid-infrared Er:ZBLAN fiber laser. Opt. Lett. 34: 3062.

18 Tokita, S., Hirokane, M., Murakami, M., Shimizu, S., Hashida, M., and Sakabe, S. (2010). Stable 10 W Er: ZBLAN fiber laser operating at 2.71~2.88 μm. Opt. Lett. 35: 3943.

19 Faucher, D., Bernier, M., Androz, G., Caron, N., and Vallée, R. (2011). 20 W passively cooled single-mode all-fiber laser at 2.8 μm. Opt. Lett. 36: 1104.

20 Aydin, Y.O., Fortin, V., Maes, F., Jobin, F., Jackson, S.D., Vallée, R., and Bernier, M. (2017). Diode-pumped mid-infrared fiber laser with 50% slope efficiency. Optica 4: 235.

21 Fortin, V., Bernier, M., Bah, S.T., and Vallée, R. (2015). 30 W fluoride glass all-fiber laser at 2.94 μm. Opt. Lett. 40: 2882.

22 Fortin, V., Maes, F., Bernier, M., Bah, S.T., D'Auteuil, M., and Vallée, R. (2016).

Watt-level erbium-doped all-fiber laser at 3.44 μm. Opt. Lett. 41: 559.

23 Maes, F., Fortin, V., Bernier, M., and Vallée, R. (2017). 5.6 W monolithic fiber laser at 3.55 μm. Opt. Lett. 42: 2054.

24 Henderson - Sapir, O., Jackson, S.D., and Ottaway, D.J. (2016). Versatile and widely tunable mid-infrared erbium doped ZBLAN fiber laser. Opt. Lett. 41: 1676.

25 Majewski, M.R. and Jackson, S.D. (2016). Highly efficient mid - infrared dysprosium fiber laser. Opt. Lett. 41: 2173.

26 Dianov, E.M., Bufetov, I.A., Mashinsky, V.M., Shubin, A.V., Medvedkov, O.I., Rakitin, A.E., Melkumov, M.A., Khopin, V.F., and Gur'yanov, A.N. (2005). Raman fiber lasers based on heavily GeO_2-doped fibers. Quantum Electron.35: 435.

27 Cumberland, B.A., Popov, S.V., Taylor, J.R., Medvedkov, O.I., Vasiliev, S.A., and Dianov, E.M. (2007). 2.1 μm continuous - wave Raman laser in GeO_2 fiber. Opt. Lett. 32: 1848.

28 Fortin, V., Bernier, M., Carrier, J., and Vallée, R. (2011). Fluoride glass Raman fiber laser at 2185 nm. Opt. Lett. 36: 4152.

29 Fortin, V., Bernier, M., Faucher, D., Carrier, J., and Vallée, R. (2012). 3.7 W fluoride glass Raman fiber laser operating at 2231 nm. Opt. Express 20: 19412.

30 Jackson, S.D. and Anzueto - Sánchez, G. (2006). Chalcogenide glass Raman fiber laser. Appl. Phys. Lett. 88: 221106.

31 Bernier, M., Fortin, V., Caron, N., El-Amraoui, M., Messaddeq, Y., and Vallée, R. (2013). Mid-infrared chalcogenide glass Raman fiber laser. Opt. Lett. 38: 127.

32 Fortin, V., Bernier, M., Caron, N., Faucher, D., El Amraoui, M., Messaddeq, Y., and Vallée, R. (2013). Towards the development of fiber lasers for the 2 to 4 μm spectral region. Opt. Eng. 52: 054202.

33 Bernier, M., Fortin, V., El - Amraoui, M., Messaddeq, Y., and Vallée, R. (2014). 3.77 μm fiber laser based on cascaded Raman gain in a chalcogenide glass fiber. Opt. Lett. 39: 2052.

34 Eichhorn, M. and Jackson, S.D. (2007). High-pulse-energy actively Q-switched Tm^{3+}-doped silica 2 μm fiber laser pumped at 792 nm. Opt. Lett. 32: 2780.

35 Kadwani, P., Modsching, N., Sims, R.A., Leick, L., Broeng, J., Shah, L., and Richardson, M. (2012). Q - switched thulium - doped photonic crystal fiber laser. Opt. Lett. 37: 1664.

36 Eichhorn, M. and Jackson, S.D. (2008). High - pulse - energy, actively Q - switched

Tm^{3+}, Ho^{3+}-codoped silica 2-μm fiber laser. Opt. Lett. 33: 1044.

37 Zhao, J., Ouyang, D., Zheng, Z., Liu, M., Ren, X., Li, C., Ruan, S., and Xie, W. (2016). 100 W dissipative soliton resonances from a thulium-doped double-clad all-fiber-format MOPA system. Opt. Express 24: 12072.

38 Hu, T., Hudson, D.D., and Jackson, S.D. (2012). Actively Q-switched 2.9 μm $Ho^{3+}Pr^{3+}$-doped fluoride fiber laser. Opt. Lett. 37: 2145.

39 Tokita, S., Murakami, M., Shimizu, S., Hashida, M., and Sakabe, S. (2011). 12 W Q-switched Er:ZBLAN fiber laser at 2.8 μm. Opt. Lett. 36: 2812.

40 Wei, C., Zhu, X., Wang, F., Xu, Y., Balakrishnan, K., Song, F., Norwood, R.A., and Peyghambarian, N. (2013). Graphene Q-switched 2.78 μm Er^{3+}-doped fluoride fiber laser. Opt. Lett. 38: 3233.

41 Zhu, G., Zhu, X., Balakrishnan, K., Norwood, R.A., and Peyghambarian, N. (2013). Fe^{2+}: ZnSe and graphene Q-switched singly Ho^{3+}-doped ZBLAN fiber lasers at 3 μm. Opt. Mater. Express 3: 1365.

42 Li, J.F., Luo, H.Y., He, Y.L., Liu, Y., Zhang, L., Zhou, K.M., Rozhin, A.G., and Turistyn, S.K. (2014). Semiconductor saturable absorber mirror passively Q-switched 2.97 μm fluoride fiber laser. Laser Phys. Lett. 11: 065102.

43 Li, J., Luo, H., Wang, L., Zhao, C., Zhang, H., Li, H., and Liu, Y. (2015). 3-μm mid-infrared pulse generation using topological insulator as the saturable absorber. Opt. Lett. 40: 3659.

44 Imeshev, G. and Fermann, M.E. (2005). 230-kW peak power femtosecond pulses from a high power tunable source based on amplification in Tm-doped fiber. Opt. Express 13: 7424.

45 Lee, K.F., Mohr, C., Jiang, J., Schunemann, P.G., Vodopyanov, K.L., and Fermann, M.E. (2015). Midinfrared frequency comb from self-stable degenerate GaAs optical parametric oscillator. Opt. Express 23: 26596.

46 Haboucha, A., Fortin, V., Bernier, M., Genest, J., Messaddeq, Y., and Vallée, R. (2014). Fiber Bragg grating stabilization of a passively mode-locked 2.8 μm Er^{3+}: fluoride glass fiber laser. Opt. Lett. 39: 3294.

47 Hu, T., Hudson, D.D., and Jackson, S.D. (2014). Stable, self-starting, passively mode-locked fiber ring laser of the 3 μm class. Opt. Lett. 39: 2133.

48 Hu, T., Jackson, S.D., and Hudson, D.D. (2015). Ultrafast pulses from a mid-infrared fiber laser. Opt. Lett. 40: 4226.

49 Duval, S., Bernier, M., Fortin, V., Genest, J., Piché, M., and Vallée, R. (2015). Femtosecond fiber lasers reach the mid-infrared. Optica 2: 623.

50 Duval, S., Olivier, M., Fortin, V., Bernier, M., Piché, M., and Vallée, R. (2016). 23 - kW peak power femtosecond pulses from a mode - locked fiber ring laser at 2.8 μm. Proc. SPIE 9728: 972802.

51 Duval, S., Gauthier, J. - C., Robichaud, L. - R., Paradis, P., Olivier, M., Fortin, V., Bernier, M., Piché, M., and Vallée, R. (2016). Watt - level fiber - based femtosecond laser source tunable from 2.8 to 3.6 μm. Opt. Lett. 41: 5294.

52 Fermann, M.E. and Hartl, I. (2013). Ultrafast fibre lasers. Nat. Photonics 7: 868.

53 Nelson, L.E., Ippen, E.P., and Haus, H.A. (1995). Broadly tunable sub - 500 fs pulses from an additive - pulse mode-locked thulium - doped fiber ring laser. Appl. Phys. Lett. 67: 19.

54 Sharp, R.C., Spock, D.E., Pan, N., and Elliot, J. (1996). 190 - fs passively mode - locked thulium fiber laser with a low threshold. Opt. Lett. 21: 881.

55 Bethge, J., Jiang, J., Mohr, C., Fermann, M., and Hartl, I. (2012). Optically referenced Tm - fiber - laser frequency comb, Technical Digest. In: Advanced Solid State Photonics. Washington, DC: Optical Society of America, Paper AT5 A.3.

56 Sotor, J., Pawliszewska, M., Sobon, G., Kaczmarek, P., Przewolka, A., Pasternak, I., Cajzl, J., Peterka, P., Honzátko, P., Kašík, I., Strupinski, W., and Abramski, K. (2016). All - fiber Ho - doped mode - locked oscillator based on a graphene saturable absorber. Opt. Lett. 41: 2592.

57 Wei, C., Zhu, X., Norwood, R.A., and Peyghambarian, N. (2012). Passively continuous-wave mode-locked Er^{3+}-doped ZBLAN fiber laser at 2.8 μm. Opt. Lett. 37: 3849.

58 Li, J., Hudson, D.D., Liu, Y., and Jackson, S.D. (2012). Efficient 2.87 μm fiber laser passively switched using a semiconductor saturable absorber mirror. Opt. Lett. 37: 3747.

4 半导体激光器

半导体中波红外激光器由电流源直接驱动,因此它们代表了最理想和最紧凑的激光器形式。室温(RT)下工作的半导体激光器,在光谱学、远程痕量气体监测、安全通信和红外对抗方面具有重要应用,并用作基于微谐振器和非线性波导的频率变换器的泵浦源。在本章中,我们将介绍四种主要类型的半导体激光器:异质结激光器、量子级联激光器(QCL)、带间级联激光器(ICL)和光泵浦半导体圆盘激光器(OPSDL)。

4.1 中波红外异质结激光器

带间异质结二极管激光器的发射波长主要由用于有源层材料的带隙能量决定(图4.1)。在中波红外区域运行的半导体激光器已经存在很长时间,Melngailis 早在 1963 年就使用砷化铟(InAs,一种 III-V 族元素半导体)制作了第一台中波红外半导体激光器[1]。InAs 激光器仅能在低温条件下以脉冲模式运行。而人们很快发现,IV-VI 族化合物(如 PbS、PbSn 和 PbSe)铅盐半导体,在中波红外激光作用方面更有前途[2]。事实上,因为铅盐激光器可以覆盖 3~30 μm 较宽的发射波长范围(前提是使用大量单独的激光器),它们在高精度光谱学获得了广泛的应用。铅盐激光器可以发出连续波(CW),且可以通过调节温度在有限的波长范围内进行调谐[3]。然而,由于铅盐激光器仅能在低温下工作,通常在液氮温度(77 K)附近,所以自发明以来几乎没有取得任何进展,并且使用主要局限于科学研究领域。这类激光器不在本书的讨论范围内。然而,关于这一主题,有几篇高水平综述可以作为参考[3-4]。

从 1963 年的首次演示开始,中波红外异质结激光器领域的发展速度就不及近红外异质结激光器,原因至少有二。

(1)窄隙半导体在能量上倾向于非辐射俄歇衰变(Auger decay),而不是辐射复合。俄歇复合(Auger recombination)是一种内在的三体过程,其中电子和空穴复合,产生的能量被转移到另一载体,该载体可能是电子,也可能是空穴。)

(2)随着波长的增加,自由载流子吸收引起的内部损耗也迅速增加[5]。

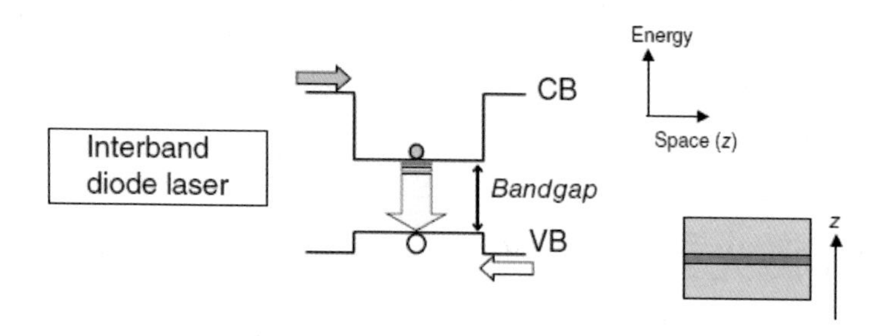

图 4.1 I 型带间二极管激光器的能级图。发射波长主要由有源层材料的带隙决定。其中 CB 为导带；VB 为价带。

因此，高性能中波红外激光器的开发难度，随着波长的增加而单调递增。

4.1.1 锑化镓（GaSb）二极管激光器

从 20 世纪 80 年代开始，科学界再次努力将 III-V 族化合物半导体（主要是 GaSb 基材料）用于中波红外激光器[6]。基于 GaInAsSb 有源层和 AlGaAsSb 势垒的注入型激光器（也称为锑化镓激光器），非常适合产生中波红外激光。理论上，通过晶格匹配在 GaSb 基板上生长的 GaInAsSb 材料，其带隙允许发射波长为 1.7~4.2 μm[5]。Bochkarev 等人首次报道了可在室温条件下运行的、基于 GaInAsSb 半导体材料的二极管激光器。GaAlSbAs/InGaSbAs/GaAlSbAs 双异质结通过液相外延附生在 p 型 GaSb 基板上。在 1.9~2.3 μm 的波长范围内观察到脉冲激光。随后，在室温下，波长 $\lambda\approx2$ μm[7]和 2.2~2.4 μm[8]也分别观察到了连续波激光。

量子阱（QW）有源区的引入，让单位注入载流子的增益比大型双异质结设备高出很多，GaInAsSb 激光器的性能发生了巨大的飞跃。由 Choi 和 Eglash 报道的第一台 GaInAsSb/AlGaAsSb 量子阱激光器是通过分子束外延（MBE）方法构建的；在室温条件下，它产生的连续波阈值电流密度很低（仅为 260 A/cm^2），在 λ=2.1 μm 处[9]，每个激光刻面连续波输出功率高达 190 mW。在波长较长的区域，Lee 等人报道了 GaInAsSb/AlGaAsSb 量子阱激光器输出 2.7~2.8 μm 的脉冲激光实验。在 15 ℃时，最大平均输出功率为 30 mW，激光器最高工作温度可达 60 ℃[10]。

通过一种新的 InGaAsSb/AlGaAsSb 双量子阱二极管激光器异质结构的设计，在室温条件下，波长高达 2.7 μm 连续波激光的产生成为可能[11]。先前，使用单量子阱有源区观察到增益快速饱和问题，因此使用双量子阱结构来避免这一问题。将（通过增加 In 成分）严重应变的量子阱放置在波导激光结构内，如图 4.2（a）所示。激光器在整个 2.3~2.6 μm 波长范围内运行，电流密度阈值极低（300 A/cm^2），连续波输出功率较高（> 100 mW）[11]。在量子阱结构中制造应变，可以对 InGaAsSb/AlGaAsSb 激光器的工作特性产生有益的影响。在载流子浓度较低的情况下，粒子数反转所需的准费米能级发生分离，所以量子阱区域的压缩或拉伸应变都会降低价带密度，从而降低电流阈值。应变显著降低了 InGaAsSb/AlGaAsSb 量子阱的俄歇系数（Auger coefficient）[5,13]。

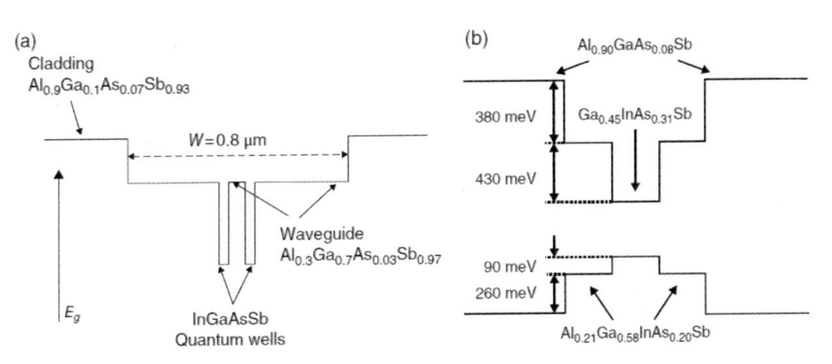

图 4.2 （a）由两个独立限制的量子阱组成的 InGaAsSb/AlGaAsSb 量子阱半导体激光器的能带结构；（b）使用 GaInAsSb 量子阱和五元的 AlGaInAsSb 势垒的半导体激光器能带结构。来源：（a）经美国电气和电子工程师协会（IEEE）认可，转载自参考文献 11 图 1；（b）经美国物理研究所（AIP）认可，转载自参考文献 12 图 1。

作为设计改进的结果（例如创建具有增大量子阱压缩应变的结构），到 2007 年，在室温（或接近室温）条件下，开发波长范围为 2~2.5 μm、连续输出功率为 1 W、基于 GaSb 的 I 类量子阱二极管激光器逐渐成为一种可能[14-17]（见表 4.1）。Kelemen 等人报道了由 19 个发射极组成的线性 GaInSb/AlGaAsSb 激光器阵列，其谐振腔长度在 1.0~1.5 mm、条宽在 90~200 μm[18]。该阵列发射激光的波段在 1.8~2.3 μm，在 20 ℃的连续波模式下，1.9 μm 和 2.2 μm 波长下的输出功率分别为 20 W 和 16 W，壁塞效率（WPE）可达 30%。在这项工作中，也实现了基于条形激光模块的光纤耦合。

表 4.1 在室温（RT）及室温附近工作的基于 GaSb 注入式激光器汇总

GaSb laser structure	Wavelength（μm）	Laser characteristics	Ref.
GaInAsSb/AlGaAsSb type I	2.1	190 mW CW at RT	[9]
QW laser			
GaInSb QW laser with broad-area 1000 × 150 μm²	2.0	1.96 W CW at 16 ℃	[14]
InGaAsSb/AlGaAsSb QW laser	2.3	1.15 W CW at 18 ℃	[15]
InGaAsSb/AlGaAsSb compressively strained（1.6%）double QW laser	2.4	1.05 W CW at RT	[16]
InGaAsSb/AlGaAsSb double QW laser	2.5	1 W CW at 12 ℃	[17]

续表

GaSb laser structure	Wavelength (μm)	Laser characteristics	Ref.
GaInSb/AlGaAsSb linear laser array, 1 cm wide, 19 emitters	1.8~2.3	20 W CW at 1.9 μm; 16 W CW at 2.2 μm at 20 ℃; wall-plug efficiency 30%	[18]
GaInAsSb/AlGaAsSb double QW	2.7~2.8	500 mW CW at 2.7 μm, 160 mW at 2.8 μm at 16 ℃	[19]
GaInAsSb QW, heavily strained	3~3.1	200 mW at 3 μm at -23 ℃, 80 mW at 3.1 μm at 12 ℃	[20]
GaInAsSb/AlGaInAsSb triple QW	3.26	Pulsed (500 ns, 20 kHz), 10 mW at 20 ℃, 1 mW at 50 ℃	[12]
GaInAsSb QW, three-stage cascade pumping	3~3.2	960 mW CW at 3 μm, 500 mW at 3.1~3.2 μm at 17 ℃	[21, 22]
GaInAsSb QW, narrow-ridge, two-stage cascade	3	107 mW CW at 17 ℃ in nearly diffraction-limited beam	[23]
DFB lasers			
GaInAsSb double QW, DFB ridge waveguide	2.97~3.02	3.6 mW single longitudinal mode (SLM) at 20 ℃	[24]
GaInAsSb double QW, DFB ridge waveguide	3.06~3.065	6 mW SLM at 20 ℃	[25]
GaInAsSb QW external-cavity laser with diffraction grating	3.18~3.24	1.8 mW SLM at 10 ℃	[26]
GaInAsSb, cascade pumping, laterally coupled distributed feedback (LC-DFB)	2.65	25 mW SLM at 20 ℃	[27]
GaInAsSb, cascade pumping, LC-DFB	2.89~2.9	13 mW SLM at 20 ℃	[28]
GaInAsSb, cascade pumping, LC-DFB	3.27	15 mW SLM at 17 ℃ 40 mW SLM at -20 ℃ (tuning 0.27 nm/K)	[29]

Lin 等人[30]通过仔细控制有源层中的压缩应变，使锑化镓激光器输出了波长更长的激光。作者论证了运行温度为 20 ℃时，基于 GaInAsSb/AlGaAsSb 的双面量子阱脊形波导激光器可以连续波模式输出波长为 2.24~3.04 μm 的激光。然而，由于俄歇复合，阈值随着波长的增加而迅速增加。例如，激光器的阈值在 λ=3.04 μm 时是 λ=2.24 μm 时的 3 倍。Shterengas 等人[20]报道了一种输出波长为 3 μm 左右的锑化镓半导体激光器，该激光器采用了具有改进的载流子限制的、严重应变的 I 类量子阱。在-23 ℃（热电制冷器可达到温度）条件下，该激光器可以产生波长为 3 μm、输出功率超过 200 mW 的连续波激光；在 12 ℃条件下，可以产生波长为 3.1 μm、输出功率超过 80 mW 的连续波激光，如图 4.3 所示。

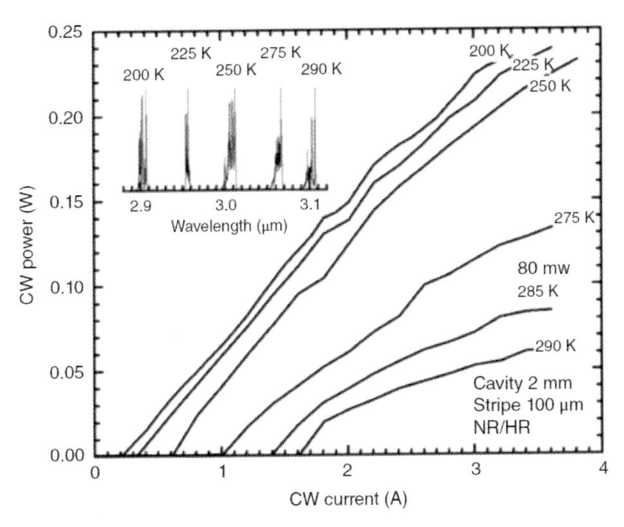

图 4.3 基于压缩应变(1.8%)InGaAsSb 量子阱(宽 100 μm × 长 2 mm)激光器在 200~290 K 温度范围内的连续光电流特性。插图显示了不同温度下阈值附近的激光光谱。来源:经美国物理研究所(AIP)许可,转载自参考文献 20 图 1。

引入五元 AlGaInAsSb 化合物作为 GaInAsSb 量子阱半导体激光器的新型势垒材料,如图 4.2(b)所示,改善了 GaInAsSb 量子阱中的空穴限制,并将发射波长扩展到 3.26 μm,脊波导激光器的脉冲模式工作温度最高可达 50 ℃[12]。在室温条件下,关于工作波长在 λ=1.95~2.3 μm 的基于 GaSb 的 I 型连续波量子阱高功率激光器和工作波长 λ>2.5 μm 的激光器操作的其他信息可分别参见参考文献 31~34 和 35~36。

在室温下,采用级联泵浦的方案[21, 22, 37]时,基于 GaSb 的半导体激光器输出≥3 μm 激光,转换效率和输出功率都得到了显著提高。在此级联系统中,激光异质结具有三个单量子阱 GaInAsSb 增益级,通过 GaSb/AlSb/InAs 隧道结和 InAs/AlSb 电子注入器串联。这样载流子可以在不同增益级之间进行循环(虽然必须以更高的驱动电压作为代价),整体激光转换效率和输出功率都有提高。此激光器在 17 ℃条件下,输出的连续波激光电流密度阈值低至约 100 A/cm^2,功率转换效率为 16%。孔径宽度为 100 μm 的三级级联激光器产生连续波激光,在波长 λ=3 μm 时,输出功率为 960 mW;在波长 λ=3.1~3.2 μm 时,输出功率为 500 mW。

基于 GaSb 的量子阱半导体激光器,为实现衍射受限的中波红外单空间模式性能,Liang 等人使用了窄脊波导型结构[23]。该激光器使用两级级联增益区,输出波长 λ≈3 μm。在 17 ℃条件下,脊宽为 5 μm、长为 2 mm 的激光装置,发出连续的、接近衍射极限的光束,输出功率为 107 mW。

4.1.2 基于 GaSb 的分布式反馈激光器

在实际应用中，例如分子光谱领域，通常需要窄线宽的单纵模(SLM)激光。利用横向铬光栅作为波长选择元件，制备了基于 GaInAsSb 量子阱和 GaSb 势垒、工作波长为 3 μm 的窄线宽分布反馈(DFB)激光器[24]。在 20 ℃条件下，单模式的最大输出功率为 3.6 mW。图 4.4 给出了该 DFB 激光器的发射光谱，其在单模式条件下的发射波长为 3.019 μm，边模抑制比大于 30 dB。脊波导参考样品(无光栅)相应激光光谱如图 4.4 中插图所示。通过在入射波长 405~410 nm 改变金属光栅的周期，激光器单模式发射波长在 2.97~3.02 μm 变化。与之相似，Belahsene 等人使用侧壁装有分布式反馈金属光栅、基于 GaInAsSb 的双量子阱脊形波导激光器，产生了适用于气体传感的单模连续激光。在 20 ℃条件下，通过改变泵浦电流(最大功率为 6 mW)，实现了单模激光在波长 3.060~3.065 μm 范围内的可调谐输出[25]。

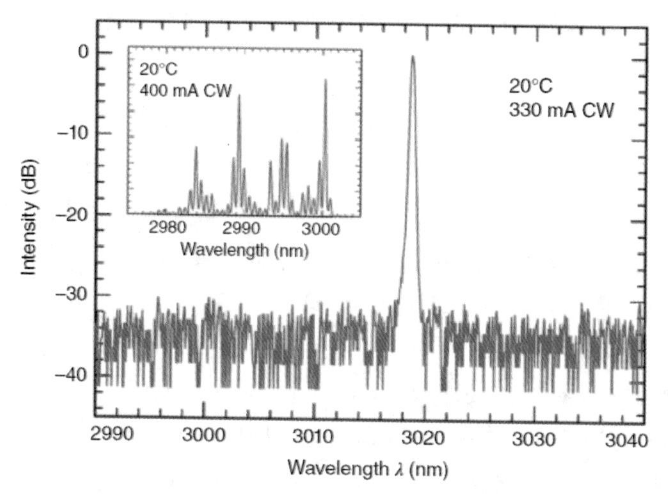

图 4.4 在室温条件下，DFB 激光器输出波长为 3.019 μm 连续波的发射光谱。插图显示了参考激光器的发射光谱(无 DFB 光栅)。来源：经美国物理研究所(AIP)许可，转载自参考文献 24 图 4。

Gupta 等人[26]报道了使用外腔式激光器产生了窄带宽、波长在 3.2 μm 附近的可调谐激光。此激光器采用 17 nm InGaAsSb 压缩应变量子阱激光器和 30 nm AlInGaAsSb 势垒，外腔包含一个设在利特罗结构内的衍射光栅，如图 4.5 所示。在 10 ℃条件下，激光器产生功率为 1.8 mW 的单模、连续波激光，波长调谐范围为 60 nm(3.180~3.241 μm)，使用温度(以−0.26 cm^{-1}/K 的速率)和二极管电流调谐的方式(以−0.016 5 cm^{-1}/mA 的速率)实现了微调。因为能在碳氢化合物的基本振动、吸收特征附近进行调节，此激光器在分子光谱领域应用广泛。

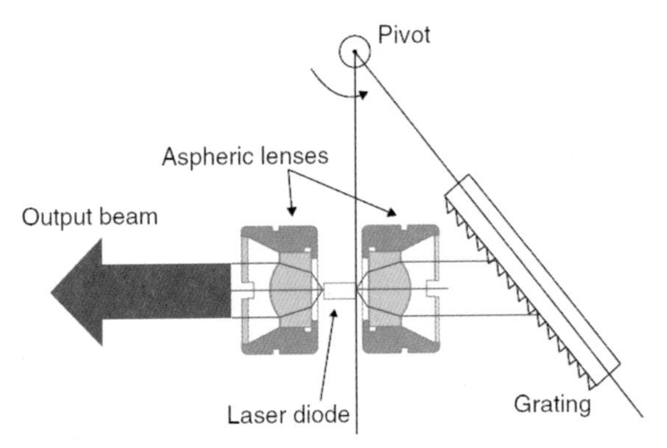

图 4.5 外腔式 GaSb 激光器改进利特罗结构的示意图。来源:经国际工程技术学会(IET)许可,转载自参考文献 26 图 1。

最近开发的一种基于 GaSb 的新型 DFB 激光器——横向耦合分布反馈(LC-DFB)脊形二极管激光器,最大限度地降低了腔内损耗[38-39],使工作波长在 2.65~3.4 μm[27-29, 40-42]的窄线宽激光器的输出功率得到了大幅提升(主要结果见表 4.1)。

总体而言,在室温下,当代基于 GaSb 的 I 型-量子阱二极管激光器输出连续波的波长可达 3.44 μm[13]。已经确认,缺乏足够的空穴约束是此类激光器室温运行性能提升的主要限制因素。因此,为了获得较低的电流密度阈值,需要引入新的势垒-四元合金:波长在 2 μm 附近时,电流密度阈值为 100 A/cm^2;波长在 3 μm 附近时,电流密度阈值为 200 A/cm^2,与最好的 GaAs 近红外激光器相当。此外,激光异质结构设计的优化降低了俄歇复合作用,从而显著提高了激光器的转换效率和激光阈值。此外,通过引入级联泵浦方案,在 1.9~3.3 μm 的光谱范围内,实现了输出功率的进一步提升(波长 2 μm、3 μm、3.15 μm 和 3.25 μm 附近,每 100 μm 条带产生的功率分别为 2 W、960 mW、500 mW 和 360 mW)。尽管如此,这些激光器的性能仍表现出强烈的温度依赖性。

基于 GaSb 的二极管激光器的主要结果见表 4.1。

4.2 量子级联激光器

量子级联激光器(QCL)最初由 Faist 等人在贝尔实验室研制成功[43],与传统的带间异质结半导体激光器不同,QCL 是依靠与半导体带隙无关的光发射过程运行的。QCL 不使用导带底部的电子和价带顶部的空穴(电子和孔穴复合将产生频率 $v \approx E_g/h$ 的光,其中 E_g 是能量带隙,h 是普朗克常数),而是只使用一种电荷载流子——电子,电子会在能级 E_n 和 E_{n-1} 之间发生量子跳跃,从而产生频率 $v=(E_n-E_{n-1})/h$ 的激光光子。如图 4.6(a)所示,这些能级并不是天然存在于组成材料的有源区中,而是通过在有源区人为构造纳米厚度[5, 45]的量子阱形成的。电子的运动垂直于层界面，由能级（子带）来量化和表征，其差异由量子阱的厚度和分隔它们的势垒高度来决定。因此，QCL 的波长可以在很宽的范围内调节：在中波红外区域，调谐范围为 3~24 μm；在远红外（太赫兹）区域，调谐范围为 64~225 μm。

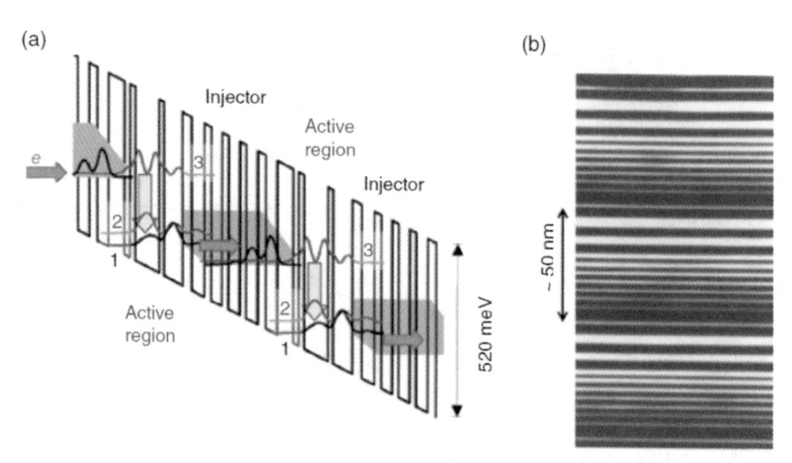

图 4.6 （a）施加约 50 kV/cm 的电场时，量子级联激光器（输出波长 λ=7.5 μm）的两级能量示意图，显示能级和电子波函数概率分布。每级注入区-有源区厚度约为 50 nm。能量量子阱和势垒分别由与 InP 晶格匹配的 GaInAs 和 AlInAs 合金制成。（b）透射电子显微镜（TEM）拍摄的部分典型 QCL 结构的显微照片。来源：经国际光学工程学会（SPIE）许可，转载自参考文献 44 图 1。

与激光二极管不同，QCL 中的电子在发射激光光子后仍留在导带中，如图 4.6（a）所示。在一个有源区发射一个光子后，电子被注入一个相邻的有源区，在其中发射另一个光子，这一过程可以不断循环。为了实现这种光子发射的级联过程，有源区与掺杂电子注入器交替运行施加偏置电压。QCL 的有源区注入层产生一个能量阶梯，在每一级中都会发出光子。每一级都有助于提高光学增益，对于采用这一设计中波红外激光器，级数通常从 20 到 50[44-45]不等。有源区通常包含三个量子化态，激光跃迁受到图 4.6（a）中的第 3 能级和第 2 能级之间的能量差限制，该能量差由量子阱的厚度决定。若要实现第 3 能级和第 2 能级之间的粒子数反转，则需要第 3 能级的寿命大于第 2 能级的寿命。为了达到这个条件，能量最低的第 1 能级的光学声子能量（大约为 34 meV）必须低于第 2 能级，这保证了电子通过光学声子的发射后，可以迅速从第 2 能级扩散到第 1 能级。由于其共振特性，此过程非常快，第 2 能级到第 1 能级的弛豫时间在 0.1~0.2 ps 量级，并且第 3 能级中的电子寿命更长（在 1 ps 以上）。最后，电子通过一个称为“共振隧穿”的过程注入下一个 QCL 层级的激光上能级，当施加的电压增加到一定数值以上时，可以确保高选择性注入。图 4.6（b）为典型的 QCL 层级结构的透射型电子显微镜照片，其中暗色条纹为 AlInAs 势垒，而亮色条纹为 GaInAs 量子阱。

因此,带间激光器和子带间半导体激光器是截然不同的器件[45],两者主要区别如下。

在带间激光器中:

●光子能量由半导体带隙决定;

●上能级寿命和振子强度取决于半导体材料;

●激光上能级寿命以纳秒量级为单位;

●通过注入电子和空穴获得粒子数反转。

在子带间激光器中:

●光子能量由量子阱厚度决定;

●上、下能级寿命和振子强度可调控;

●激光上能级寿命很短,通常为 1~3 ps;

●通过泵浦电流和适当的有源区设计实现粒子数反转。

第一台 QCL 是由与 InP 基板晶格匹配的 InGaAs/InAlAs 材料体系制成的[43]。1998 年,Sirtori 等人演示了一种基于不同材料体系(GaAs/AlGaAs)的 QCL[46],证明了 QCL 的概念不受材料体系局限。此后,研究人员开发出了基于 InAs/AlSb 材料体系的短波长(λ<3 μm)QCL[47-48](见 4.2.4 节)。

4.2.1 高功率和高效率 QCL

QCL 具有以下特征:①在室温条件下工作;②输出连续激光;③具有较高(超过 10 %)的壁塞效率(WPE);④平均功率超过 1 W。第一台 QCL 以脉冲模式运行,工作波长为 4.2 μm,平均功率远低于毫瓦量级,并且只能在低温下工作(T=90 K)[43]。1996 年,可在室温条件下运行的脉冲 QCL 问世[49]。2002 年,研究人员又开发出了可在室温条件下运行的连续波 QCL[50],此 QCL 的增益区由 InGaAs/InAlAs 纤芯通过晶格匹配沿纵向和横向嵌入 InP 包层制成。这种几何结构极大地改善了热量的传输,允许热量从有源区向所有侧面流动。该 QCL 发射波长 λ=9.1 μm,在 292 K 时,连续波输出功率为 17 mW。

随后,通过优化材料和加工工艺, QCL 的功率效率和输出功率均显著提高。2008 年,美国西北大学的 Razeghi 团队报道了一台可以在接近室温条件下(T=288 K)运行的连续波 QCL,激光输出波长 λ=4.6 μm,输出功率达到 2.5 W, WPE 为 12.5 %[51]。作者将脊宽为 10.6 μm、腔长为 4.8 mm 的无涂层 GaInAs/AlInAs 材料 QCL,通过外延层粘贴在金刚石底座上。在较低温度(T=80 K)下,采用相似设计的连续波激光器(基于 GaInAs/AlInAs 异质结构,宽 19.7 μm、长 5 mm,脊波导),波长 λ=4.6 μm,平均功率达到 10 W, WPE 达到 33 %(输出功率为 7 W 时)。在 80~240 K 低温条件下的功率-电流-电压关系曲线,如图 4.7 所示。

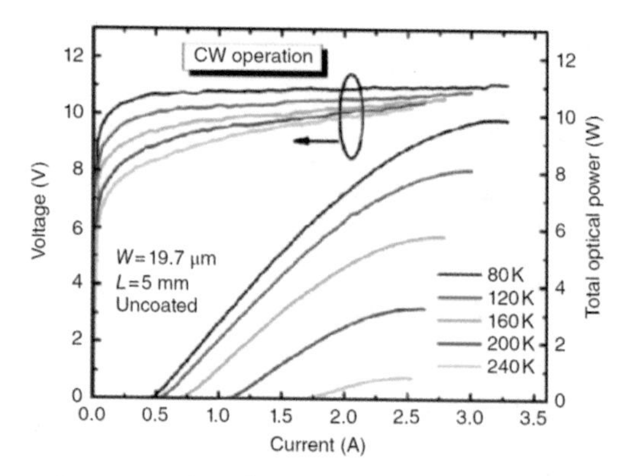

图 4.7 无涂层连续波 QCL 在 80~240 K 温度范围内运行时的电流-电压-功率关系图。从一个面测量其光功率并加倍，在温度达到 80 K 时，总功率达到 10 W。最大壁塞效率达到 33 %。来源：经美国物理研究所（AIP）许可，转载自参考文献 51 图 1(a)。

到 2011 年，Bai 等人[52]报道了一台在室温条件下运行的、基于单面 GaInAs/AlInAs/InP 的连续 QCL，输出波长为 4.9 μm，最大输出功率为 5.1 W。此 QCL 装置的核心由 40 级组成，脊宽为 8 μm，激光腔长为 5 mm。在室温条件下（298 K），在连续波模式下运行时，WPE 达到 21%，而在脉冲模式下运行时，WPE 则高达 27 %。

Lyakh 等人报道了利用金属有机化学气相沉积（MOCVD）生长的、具有应变平衡特性的 InP 基结构搭建全密封封装的 QCL，如图 4.8 所示，在室温条件下，波长为 4.6 μm，输出功率大于 1.5 W[53]。随后，此研究小组报道了一台在 T=283 K 条件下运行的、输出波长为 4.7 μm 的连续波 QCL，输出的基横模平均功率超过 4.5 W。其中心激光部分位于底层，由长 10 mm、宽 7.5 μm 且具有应变平衡的 $Al_{0.78}In_{0.22}As/In_{0.72}Ga_{0.28}As/InP$ 异质结构组成，在激光晶面[54-55]处被拉锥至宽 20 μm。该激光器最大输出功率为 4 W 时，WPE 为 16.3 %[55]。图 4.8 描绘了此激光器的主要特性。

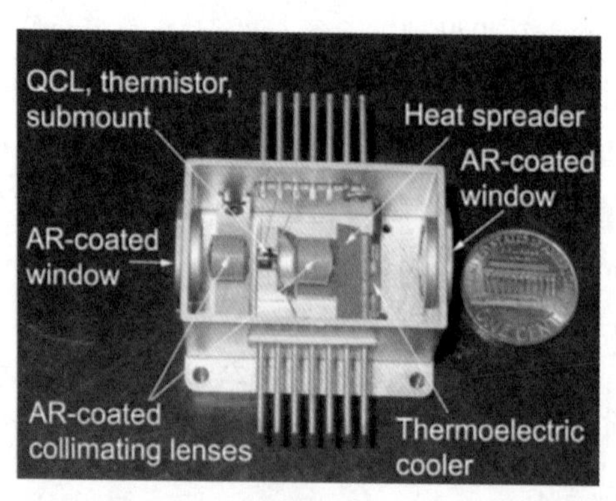

图 4.8 可在室温条件下运行的、蝶形密封封装、基于应变平衡 InP 的高功率 QCL，输出波长为 4.6 μm，输出功率超过 1.5 W。为了看得清晰，已经移除顶盖。来源：经美国物理研究所（AIP）许可，转载自参考文献 53 图 4。

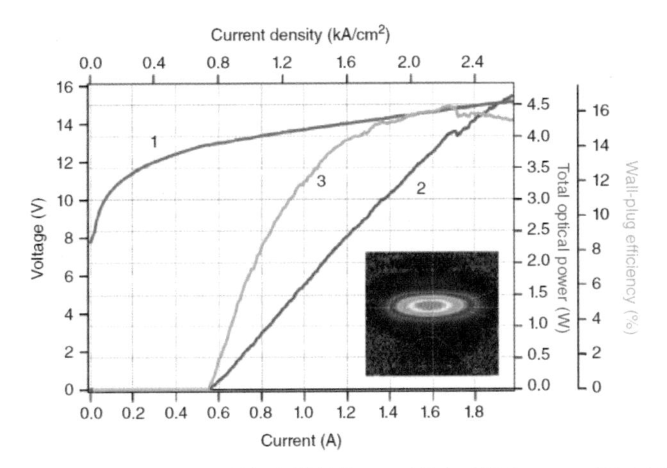

图 4.9　在室温条件下(283 K)，AlN/SiC 基板密封封装 QCL(输出波长为 4.7 μm)的电压(曲线 1)、总功率(曲线 2)和壁塞效率(曲线 3)与泵浦电流之间的关系。插图为输出激光基横模的光斑能量分布示意图。来源：经美国光学学会(OSA)许可，转载自参考文献 55 图 3。

在红外长波领域，有研究报道了一台输出波长为 7.1 μm 的高效率 QCL，该激光器能够基于应变平衡有源区和低压缺陷(一个增益层级的下能级与下一层级的上能级之间的电子能量差)[56]。通过有源区的应变来增加导带偏移，从而改善载流子束缚状态。在室温条件下，脉冲模式运行最大 WPE 为 19%；连续波模式运行最大 WPE 为 10%，测得最大输出功率为 1.4 W。Lyakh 等人报道了一台基于应变平衡 AlInAs/InGaAs/InP 结构(MBE)、瓦量级、远红外波段的 QCL，其中长 3 mm、宽 10 μm 的基于 AlInAs/InGaAs/InP 的有源区，通过分子束外延生长的方法接在底层异质几何结构(AlN/SiC 复合材料基板)上。脉冲模式和连续波模式的最大功率分别为 4.5 W 和 2 W，WPE 分别为 16%和 10%[57]。

有研究报道了一台具有注入器和有源多量子阱(MQW)区域超强耦合的特殊设计的，基于 InGaAs/AlInAs/InP 材料系统的 QCL，采用了宽 13.6 μm、长 2.9 mm 脊形波导结构，在低温(T=80 K)条件下，脉冲模式运行(重复频率为 5 kHz 和脉冲持续时间为 100 ns)，实现了最高的光-光转换效率。在波长 λ = 4.5 μm 处，WPE 达到 47 %，峰值功率为 10 W(平均功率为 5 mW)[58]。在 T = 40 K，重复频率为 250 kHz，脉冲宽度为 200 ns(5%工作周期)的脉冲模式下运行，获得了当时最高的插头效率(53%)，这意味着激光器产生的光能比电源产生的热能更多。该 QCL 基于埋脊型 GaInAs/AlInAs/InP 结构，采用单量子阱注入器设计，激光器输出波长 λ = 5 μm，输出的平均功率为 500 mW(峰值功率为 10 W)[59]。

4.2.2　单模分布反馈式 QCL

法布里-珀罗激光器是结构最简单的 QCL。首先，通过量子级联材料制作光波导来形成增益介质。然后，切割器件末端形成法布里-珀罗谐振腔。从半导体到空气界面的切割面上的剩余反射率足以使激光器运转。虽然法布里-珀罗 QCL 能够产生较高的功率,但在工作电流较高的情况下,激光的时域波形通常是多纵模。在这样的腔体设计中, QCL 的光谱较宽(10 ~ 50 cm^{-1}),且线宽容易受到驱动电流和工作温度影响,如图 4.10 中的曲线 1 所示。然而,中波红外传感器的应用通常需要具有窄线宽的可调谐激光源,小于大气压下、压力增宽后的气体吸收线宽(一般为 0.1~0.2 cm^{-1})。

DFB-QCL[60]中,在激光器波导顶部搭建光栅,以防止它发射所需波长之外的激光。周期性光栅 Λ 对激光模式的有效折射率(n_{eff})的实部和虚部会产生调制。这迫使激光器进行单模运转,即使在较高的工作电流下,其波长(λ_B)依然是由布拉格反射条件决定: $\lambda_B = 2n_{eff}\Lambda$。DFB 激光器的波长调谐是通过温度调节来实现的,因为温度改变了有效折射率 n_{eff} ,从而使达到布拉格条件的波长发生偏移。Faist 等人报道了一台能在高于或低于室温条件下运行、输出波长为 8 μm 的可调谐单模脉冲 DFB 激光器[60]。在他们的设计中,通过调节半导体覆盖层的厚度,来调节与顶层金属接触(甚至是损失)模式之间的相互作用。通过在 80~315 K 范围内调节激光器工作温度,实现了输出波长在 7.78~7.93 μm 连续可调(频率调谐超过 24 cm^{-1})。工作波长在 5 μm 附近的激光器也得到了类似的结果[60]。采用单模光谱,在 80 ~ 315 K 温度范围内,激光器波长从 5.31 μm 连续调谐至 5.38 μm(频率调谐超过 24.5 cm^{-1})。报道称, 在 10 ns 的脉冲持续时间内,0.3 cm^{-1} 线宽受到动态加热的限制。

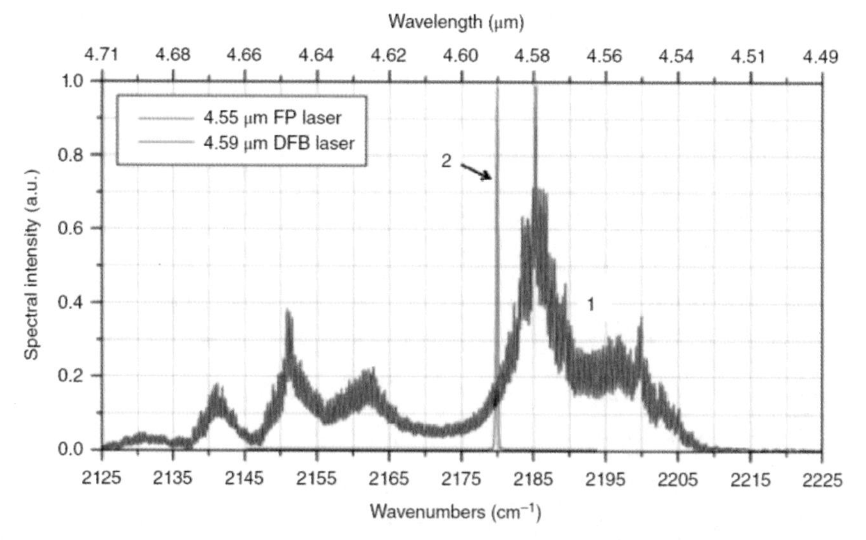

图 4.10 在 λ = 4.6 μm 附近法布里-珀罗激光器与 DFB 激光器的比较。法布里-珀罗激光器(曲线 1)具有宽带发射,而 DFB 激光器(曲线 2)发射波长明显。来源:经 Thorlabs 许可,转载自 www.thorlabs.com。

Hofstetter 等人演示了一台输出波长 λ=10.16 μm、输出功率为 80 mW 的单模连续 DFB-QC 激光器。在 n-掺杂 InGaAs 覆盖层顶部制作了周期为 1.59 μm 的全息光栅[61]。图 4.11 给出了这种 DFB-QCL 的扫描电子显微镜照片,以及它在 85~300 K 范围内不同温度下的激射光谱。通过调节温度，发射波长由 85 K 时的 10.040 μm（996 cm^{-1}）调谐到 300 K 时的 10.183 μm（982 cm^{-1}）。

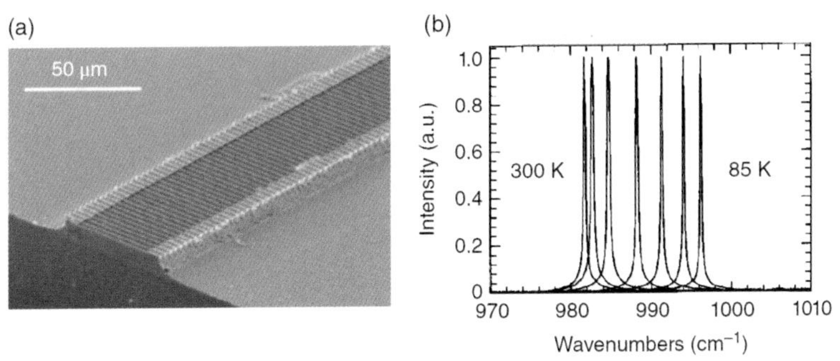

图 4.11 （a）DFB 量子级联激光器的扫描电子显微镜照片。脊的中央顶端部分不含金属。（b）45 μm 宽、1.2 mm 长的 DFB-QCL 在不同温度下的激光光谱（85~300 K 范围内）。来源：经美国物理研究所（AIP）许可，转载自参考文献 61 图 1 和图 4。

在连续波模式下，DFB-QCL 谱线宽度非常窄：0.1~3 MHz 时，频率不定；< 10 kHz 时，频率稳定。在脉冲模式下（约为 300 MHz），由于动态加热造成频率啁啾，线宽变得更宽。Alpes Lasers 公司生产了多款室温下运行的、波长范围为 4.3~10.5 μm 的 DFB-QCL（脉冲或连续波模式）。

美国西北大学的研究小组[62-63]报道了一种在室温条件下、波长在 4.6~4.8 μm 范围调谐输出、具有非常高平均功率的连续 DFB-QCL。在 T=298K 时，此 DFB-QCL 输出波长 λ=4.8 μm、输出功率为 2.4 W、WPE 为 10%的连续波激光。该激光器包含一个长 5 mm、宽 11 μm 的波导，谐振腔由两个端面组成，一个具有高反膜，另一个具有减反膜，因此实现激光作用的主要部位是顶面光栅。该激光器输出的激光时域波形为单纵模，边模抑制为 30 dB，且具有单瓣远场分布。通过改变泵浦电流，实现了激光频率在 5 cm^{-1} 以上的调谐[63]。

一些 QCL 的实际应用，如复杂有机分子的光谱探测或多组分气体的分析，需要光谱具有广泛可调谐性。为了克服单个 DFB 激光器调谐范围小的限制（通常为 5~20 cm^{-1}），Lee 等人开发了多波长的 QCL 阵列[64-65]。阵列中的所有 DFB 激光器都使用相同的增益介质，并采用连续体束缚态设计相连[66]。由于增益谱非常宽，使得发射波长为 8~10 μm 的激光成为可能。Lee 等人给出了由 24 个单模 DFB 激光器组合阵列的光谱，阵列中激光器的脊部被嵌入光栅的顶部，宽度为 15 μm，间距为 75 μm，激光频率间隔为 9.5 cm^{-1}，总跨度为 220 cm^{-1}[65]。

就中波红外光谱覆盖率而言，最高纪录是参考文献 67 中的激光器创造的，该激光器由应变的 AlInAs/GaInAs 材料制成，采用带有 DFB 光栅阵列宽带异质 QCL 结构，在室温条件下，该系统单个晶片发射波长为 5.9~10.9 m（约 760 cm^{-1}）。其有源区由 6 个中心波长不同、顶端相互生长的量子级联能级组成。通过电子束光刻技术印刷出一个共含 24 个激光器阵列的 DFB 光栅,量子级联每级的设计和空间排列都是为了在整个波长范围内表现出稳定的电流密度阈值。

参考文献 68 对多波长 QCL 阵列及其应用进行了综述。

4.2.3 外腔式、宽调谐的 QCL

外腔式 QCL 代表着用窄线宽激光来实现 QCL 宽带和连续调谐的另一种方案。在这类激光器中,增益介质中的一个裂解波导端面镀有减反射膜,可以阻止端面的部分发生激光作用。如果在外腔中添加一个选频元件——衍射光栅,就有可能将激光的时域波形调成单纵模,并对辐射进行调谐。

图 4.12 展示了外腔式 QCL 的利特罗结构(Littrow configuration)[69]。通过一面新添的反射镜,将一阶衍射光束反向耦合到激光器中,同时收集零阶光束。通过旋转光栅来进行粗调。

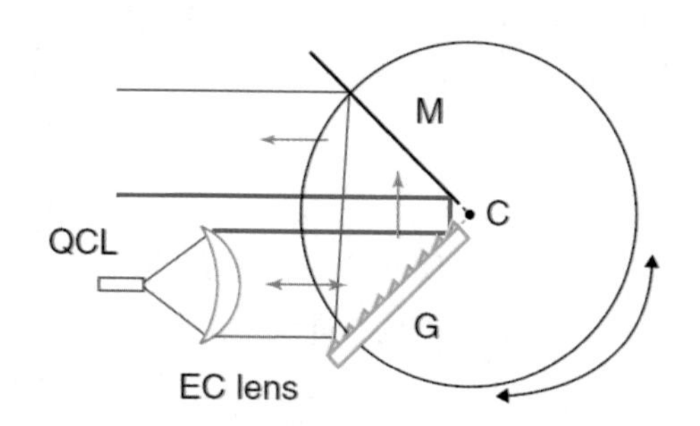

图 4.12 外腔式量子级联激光器。频率选择性光反馈由利特罗结构的衍射光栅(G)提供。通过一个新添的反射镜(M),将一阶衍射光束反向耦合到激光器中,同时收集零阶光束。粗调是通过光栅绕点(C)旋转来实现的。这种几何结构降低了激光器调谐时耦合光发生光束走离情况。来源:经英国物理学会(IOP)许可,转载自参考文献 69 图 4。

Luo 等人[70]研究发现,对于以脉冲模式运行、输出波长为 5.1 μm 左右的光栅耦合量子级联激光器来说,在 $T = 80$ K 时,输出波长可调谐至超过 140 nm,在 243 K 时,输出波长可调谐至超过 127 nm,调谐范围受到不同温度下 QCL 增益带宽的限制。

Gmachl 等人通过一个特殊的有源区设计(即通过将多种不同的光学跃迁组合在一起),开发出一台超宽带 QCL[71]。在可连续调谐连续波的作用下,一个较强的非均匀系统非常适合同时产生激光作用。采用脉冲模式,在高于 8 A 的峰值泵浦电流和低温(10 ~ 100 K)条件下,该 QCL 实现了在 6~8 μm 范围内的超连续谱发射[71]。

然而,对于外腔式结构中的单模运转,由于激光的功率可以集中在单纵模中,因此有望获得均匀展宽的增益曲线。Maulini 等基于所谓的连续体束缚态设计，开发出了具有宽增益曲线有源区的异质结构，其电致发光谱宽约 300 cm^{-1}[72]。在该方案中，辐射跃迁发生在靠近注入势垒的单个初态（上能级）和准微带末态（离开啁啾超晶格的耦合量子阱）之间[66]。由于所有的跃迁共享相同的上能级，所以在特定波长的激光作用会降低整个范围内的增益。因为光学声子从发射开始就出现快速弛豫现象，如果下能级态的粒子数可以忽略不计，这种降低作用将是均匀发生的，这在大多数 QCL 中都是普遍存在的。在光栅耦合外腔构型中[72]，通过改变衍射光栅角度，实现激光器在 9.11~10.56 μm 范围内的调谐。该调谐范围对应于 15%的中心波长和 150 cm^{-1} 的频率跨度。

总体来说，QCL 的增益随着带宽的增加而下降，也带来两个互相矛盾的要求：在实现宽增益谱的同时，需要将电流密度阈值的数值维持在较低水平。尽管如此，由于连续体束缚态设计有着较大的矩阵元素，电流密度阈值对后者并没有明显的影响[71]。将不同中心波长的连续体束缚态增益区域结合起来，可以获得更宽的增益谱。例如，Wittmann 等人开发了一台在室温下运行的双层连续体束缚态 QCL（一个中心波长为 8.2 μm，另一个中心波长为 9.3 μm），在脉冲模式下实现了在 7.7~9.9 μm 范围内的调谐输出（频率跨度为 292 cm^{-1}）；在连续波模式下实现了在 8~9.6 μm 范围内的调谐输出（201 cm^{-1}），最大连续波功率为 135 mW[73]。

Hugi 等人演示了一台有源区包含五种不同级联设计的宽带 QCL[74]。每个级联的增益在 7.3、8.5、9.4、10.4 和 11.5 μm 波长处达到峰值，所有级联都是基于固有宽增益谱的连续体束缚态进行设计的。在 15 ℃时，激光器运行的占空比为 1.5 %（脉冲持续时间为 15 ns，重复频率为 1 MHz）。采用光栅耦合外腔式设计，实现了在 7.6~11.4 μm 范围内的连续可调，平均输出功率为 15 mW（峰值功率为 1 W）。该 QCL 的总调谐范围超过 432 cm^{-1}（线宽在 0.12~2 cm^{-1} 变化），覆盖了 QCL 中心频率附近超过 39 %的发射范围。

Yao 等人使用了一种略有不同的 QCL 设计，即基于“连续体-连续态”的方法，从多个上能级到多个下能级发生多次跃迁，并表明可以在 4~5 μm 范围内实现 430 cm^{-1} 的宽增益谱。在脉冲工作模式下（脉冲持续时间为 100 ns，重复频率为 5 kHz）和无波长选择的法布里-珀罗（Fabry-Pérot）模式下，这些激光器壁塞效率很高，在室温下（295 K）为 20%，在 80 K 时为 40%[75]。Fujita 等人报道了一台 QCL 激光器，其中心波长为 6.8 μm，电致发光谱宽度高达 600 cm^{-1}，基于反交叉双上能级到多个下能级设计，可能有利于宽带调谐[76]。在抗交叉设计中，跃迁发生在从具有一个特殊设计的双上能级到多个下能级，这样众多的跃迁通道导致了宽增益谱。尽管具有宽光谱特性，异质结构的激光器（无光谱选择）却表现出低阈值的特性，连续工作温度高达 102 ℃。在室温（27 ℃）时，最大连续波输出功率达到 528 mW。

最近，Lyakh 等人展示了一台具有超快调谐能力的宽带外腔 QCL，发射波长由基于锗晶体的腔内声光调制器（AOM）控制，如图 4.13 所示。通过改变 AOM 驱动射频频率

(41~49 MHz),激光波长从 8.5 μm 调谐到 9.8 μm(频率调谐范围 150 cm^{-1})。测得调谐范围内任意两个波长之间的切换时间极短(小于 1 μs),使得 8.7~9.6 μm 波段的光谱测量耗时小于 20 μs。QCL 在调谐范围中心处输出了 350 mW 的平均功率,线宽为 4.7 cm^{-1}[77]。

关于外腔 QCL 的高质量综述见参考文献 69。

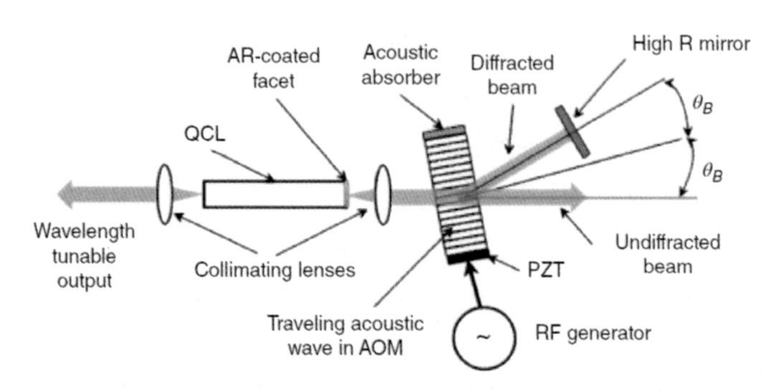

图 4.13 基于利特罗结构的腔内声光调制器(AOM)的宽带(8.7 ~ 9.6 μm)快速可调外腔式 QCL 示意图。来源:经美国物理研究所(AIP)许可,转载自参考文献 77 图 1。

4.2.4 短波长 QCL(<4 μm)

开发输出波长在 3~5 μm 范围内(大气透射窗口附近)的 QCL 对很多领域来说非常有必要,尤其是大气分子光谱和大气监测领域,这类 QCL 的应用将会更加广泛。然而,由于量子阱内部激光跃迁所需的导带偏移不足,开发输出波长 4 μm 以下的 QCL 受到材料的限制,所以使用标准材料系统来实现高效的 QCL 极具挑战性[44]。

在应用最为广泛的 AlInAs/GaInAs 材料体系中,研究人员利用基于应变补偿的 AlInAs/GaInAs(InP 基板)制造出一台短波长(输出波长为 3.4 μm)QCL[78]。基于应变补偿的 InGaAs/InAlAs/AlAs(InP 基板)的 QCL,在 350 K 以上的温度条件下,以脉冲模式运行输出了波长为 3.3 μm、峰值功率达到瓦量级的激光[79]。随着量子阱中铟浓度和势垒中铝含量的增加,在基于应变补偿的 $Ga_{0.21}In_{0.79}As/Al_{0.89}In_{0.11}As$ 的 InP 基板结构中可获 1.2 eV 的导带偏移,在室温条件下,输出激光的波长达到 3.0 μm[80]。利用基于 AlSbAs[81-82]或 AlAs(InP 基板)系统的异质结构制成势垒[83],导带偏移会增加到 1.2~1.6 eV。这两台 QCL 可以发射输出波长达到 3.1 μm [82]和 3.05 μm [83]的激光。

最近,由于开发出具有 2.1 eV 的高导带偏移的新材料体系 InAs/AlSb,短波长 QCL 取得了重大进展[84]。(有关基于 InAs/AlSb 材料 QCL 的内容,参见参考文献 85。)值得一提的是,Devenson 等人[86]首次报道了基于 InAs/AlSb 系统的发射波长小于 3 μm 的 QCL。同一团队报道了一台可在 400 K 温度条件下运行的、波长为 3.3 μm 的 QCL[84]。研究已经证明,通过冷却到低温,该 QCL 输出波长可缩短至 2.75 μm [47]和 2.63 μm[48]。然而, QCL 产生短波长激光是有代价的,基于 InAs/AlSb 的 QCL,其最高工作温度从 400 K(λ=3.3 μm)降低到 285 K(λ=2.88 μm)和 140 K(λ=2.75 μm)[47]。

近年来,研究人员也开发出一些短波长单频 QCL。例如,参考文献 87 报道了一台基于 InAs/AlSb 的单模 DFB-QCL,在脉冲模式下,其输出的峰值功率为 0.8 W,波长为 3.34 μm。Riedi 等人[88]报道了一台在 3.28~4.01 μm 光谱范围内以 556 cm^{-1} 频率调谐的外腔式连续波 QCL。在此项工作中,异质结有源区为基于应变补偿的 InGaAs/InAlAs-AlAs 材料体系,将中心波长为 3.3 μm 和 3.7 μm 的两个有源区组合成异质双堆栈有源区,两个堆栈具有连续体束缚态跃迁,可以在本质上拓宽每个堆栈的增益谱。单模调谐区对应的光谱如图 4.14 所示。

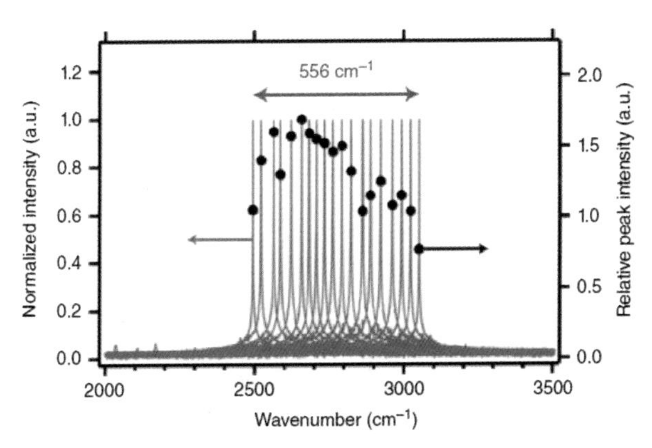

图 4.14 短波长外腔式 QCL 在 3.28~4.01 μm 范围内的单模调谐光谱(频率调谐范围为 2 494~3 050 cm^{-1})。图中对光谱进行了归一化处理;黑点表示相对强度。来源:经美国物理研究所(AIP)许可,转载自参考文献 88 图 5。

4.2.5 长波长 QCL(16~21 μm)

InAs/AlSb 材料体系在长波段(λ > 16 μm)中波红外激光器中的应用非常成功[85]。InAs 电子有效质量较小,即使在长波长情况下也能获得较高的子带间增益。(子带间增益随着有效质量的减小而增大[85]。)

开发长波长激光器的一个主要动机就是大气投射窗口可以允许波长>16 μm 的激光进行光谱测量。已有研究表明,在室温条件下,金属-金属光波导砷化铟 QCL 已经能够发出波长范围在 16~21 μm 的激光[89-91]。此外,输出波长为 17~18 μm 的基于 InAs/ AlSb 材料系统的长波中波红外单频 DFB-QCL 已经研制成功[91],如图 4.15 所示(详见表 4.2)。

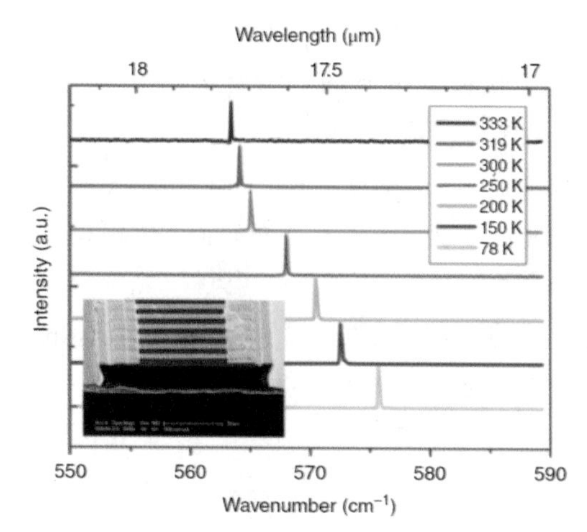

图 4.15　在不同温度下，金属-金属波导 InAs/AlSb 分布反馈式 QCL 的发射光谱。插图为分布反馈式（DFB）激光器（Ti/Au 金属层呈黄色）切割刻面的扫描电子显微镜图像。激光器尺寸为 30 μm × 1 mm。来源：经美国物理研究所（AIP）许可，转载自参考文献 91 图 4。

总体而言，QCL 已经成功走向市场，目前已有超过 20 家公司在销售 QCL。例如，Pranalytica 生产的波长在 3.8~12 μm 范围内的固定波长高功率 QCL，在输出波长 4 ~ 5 μm 的平均功率大于 1 W。Daylight Solutions 生产的宽调谐外腔式 QCL，在室温条件下，以脉冲模式运行，发出的激光波段可以覆盖 4~12 μm 整个范围（在不同中心波长处的调谐范围>250 cm^{-1}），平均功率可达 20 mW，线宽为 1 cm^{-1}。以连续模式运行的可调谐外腔式 QCL，调谐范围较小，仅为 60 cm^{-1}，但具有更窄的线宽（小于 45 MHz）且无模式跳跃，适用于高分辨率光谱领域。这些激光器的中心波长在 4.4~10.5 μm。Block Engineering 报道了一台具有最大无间隙调谐范围（$\lambda \approx 5.4 \sim 12.8$ μm）的 QCL。该系统由 4 个可切换的内部激光模块组成，覆盖 4 个光谱范围，在室温条件下以脉冲模式运行（脉冲持续时间为 20~500 ns，重复频率高达 3 MHz，占空比高达 15 %），谱线宽度为 2 cm^{-1}。

最后，关于太赫兹（远红外）QCL 的内容超出了本书的范围，读者可以参考参考文献 92、93 这两篇高水平综述。

关于 QCL 的主要参数如表 4.2 所示。

表 4.2　量子级联激光器（QCL）概述

Laser structure	Wavelength（μm）	Laser characteristics	Ref.
High-power QCLs			
Buried-ridge WG, GaInAs/AlInAs/InP	4.9	Pulsed（500 ns, 100 kHz, 5% duty-cycle）, peak 10 W（T = 298 K）, wall-plug efficiency（WPE）27%, CW, 5.1 W（298 K）, WPE 21%	[52]

续表

Laser structure	Wavelength (μm)	Laser characteristics	Ref.
Buried strain-balanced WG, GaInAs/AlInAs/InP	4.7	CW, 4.5 W (283 K), WPE 16.3%	[55]
Strain-balanced WG, InGaAs/AlInAs/InP	7.1	Pulsed (500 ns, 10 kHz), peak 3 W (293 K), WPE 19%, CW, 1.4 W (93 K), WPE 10%	[56]
Strain-balanced, AlInAs/InGaAs/InP	9.2	Pulsed (500 ns, 10 kHz), peak 4.5 W (293 K), WPE 16%, CW, 2 W (293 K), WPE 10%	[57]
Ridge WG, GaInAs/AlInAs/InP	4.5	Pulsed (100 ns, 5 kHz), peak 10 W, average 5 mW (80 K), WPE 47%	[58]
Buried-ridge WG, GaInAs/AlInAs/InP	5	Pulsed (200 ns, 250 kHz), peak 10 W, average 500 mW (40 K), WPE 53%	[59]
Distributed feedback, DFB			
Plasmon-enhanced waveguide; corrugated grating on the surface	7.8~7.9 5.3~5.4	Pulsed, single longitudinal mode (SLM), temperature tuned from 7.78 μm (T = 80 K) to 7.93 μm (300 K) and from 5.31 μm (80 K) to 5.38 μm (315 K), peak 60 mW (300 K)	[60]
Grating on the top of n-doped InGaAs cap layer	10.1	Pulsed, SLM, 10.04 μm (85 K) to 10.183 μm (300 K); peak 230 mW (85 K) and 80 mW (300 K)	[61]
Surface grating, epilayer-down on diamond	4.75	CW, SLM, 1.1 W (298 K), tuning 5 cm^{-1} by current and 18 cm^{-1} by temperature	[62]
Surface grating with surface-plasmon coupling	4.8	CW, SLM, 2.4 W (298 K), 10% WPE, tuning 5 cm^{-1} by current	[63]
24 single-mode DFB lasers in one array; bound-to-continuum active region	8~9.8	Pulsed (50 ns, 80 kHz) at RT, total span 220 cm^{-1}, frequency spacing 9.5 cm^{-1}, peak 100~1100 mW	[65]
24 single-mode DFB lasers in one array; heterogeneous cascade active region	5.9~10.9	Pulsed (200 ns, 50 kHz) at RT, peak 50 mW	[69]
InAs/AlSb DFB	3.34~3.38	Pulsed (100 ns, 1 kHz) at RT, peak 0.8 W	[87]
External cavity			
Bound-to-continuum design	9.11~10.56	Pulsed (50 ns, 500 kHz) at RT, peak 40 mW	[72]
Two bound-tocontinuum active regions	7.66~9.87, (pulsed) 8~9.6 (CW)	Pulsed (400 ns, 99 kHz) at RT, peak 0.8 W CW at RT, up to 135 mW	[73]
Five different bound-to-continuum cascades in one active region	7.6~11.4	Pulsed (15 ns, 1 MHz) at RT, peak 1 W, average 15 mW	[74]
Heterogeneous double-stack of two bound-to-continuum active regions	3.28~4.01	Pulsed (50 ns, 200 kHz) at RT, peak 0.8 W	[88]
Short wavelength			
Strain-compensated AlInAs/GaInAs/InP	3.4	CW 120 mW (15 K); pulsed, peak 4 mW (280 K)	[78]

续表

Laser structure	Wavelength（μm）	Laser characteristics	Ref.
Strain-compensated InGaAs/AlAsSb/InP	3.1	Pulsed（100 ns，5 kHz），peak 1.3 W（80 K）and 8 mW（295 K）	[82]
Strain-compensated InGaAs/InAlAs/AlAs/InP	3.05	Pulsed（100 ns，125 kHz），peak 120 mW（80 K）	[83]
InAs/AlSb	2.63~2.65	Pulsed（100 ns，10 kHz），peak 260 mW（80 K）	[48]
Long wavelength			
InAs/AlSb，metal–metal waveguide	19 21	Pulsed mode，max T = 291K Pulsed mode，max T = 250 K	[90]
InAs/AlSb，metal–metal waveguide	17.8	Pulsed mode，max T = 333K Single-mode DFB，peak 15 mW（78 K）	[91]

4.3 带间级联激光器

带间级联激光器（ICL）在 3~5 μm 中波红外波段表现出了卓越的性能，从而填补了注入式激光器和 QCL 之间的空白。ICL 概念由 Yang[94]和 Meyer 等人[95-96]首次提出，代表了传统半导体激光器和 QCL 的完美组合。ICL 采用 GaSb/InAs[94]或 GaInSb/InAs[95]异质结等具有 II 型能带对齐（也称为断缝对齐）的材料体系。在 II 型能带对齐中，GaSb（或 GaInSb）的价带顶部位于 InAs 导带底部上方，如图 4.16 所示。光学跃迁发生在 InAs 阱层中电子束缚态和 GaSb（或 GaInSb）阱层中空穴态之间。

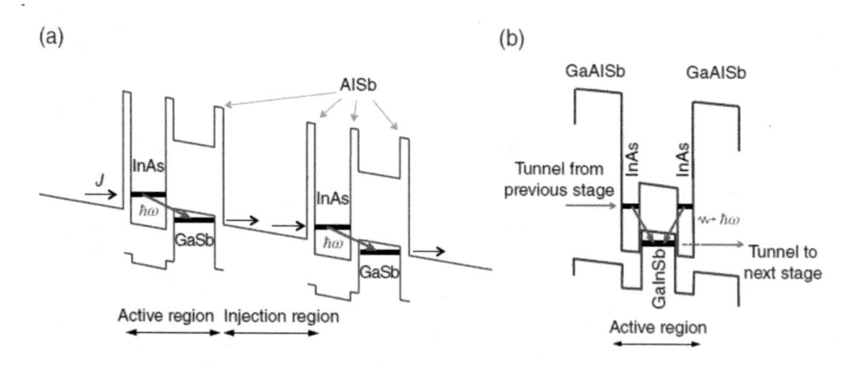

图 4.16　II 型量子阱 ICL 带结构。（a）参考文献 94 提出的 ICL 结构，其中光学跃迁发生在 InAs 阱层的电子束缚态和 GaSb 阱层的空穴态之间。（b）参考文献 95 的“W”有源区 ICL 设计，其中光学跃迁发生在（夹在 InAs 层之间的）InAs 双阱的电子态和 GaInSb 阱的空穴态之间。

尽管激射跃迁是一个带间过程，但可以通过施加正向偏压使结构中 II 型界面处的导态和价态发生能量对齐来级联多个能级,如图 4.17 所示。这使得价带中的电子可以弹性散射到下一个 ICL 有源级的导带上进行循环,产生的级联可以超过 10 阶。与 QCL 相比,由于 ICL 基于带间跃迁,两个能级之间的非辐射弛豫受到极大地抑制,因此能级寿命更长,阈值电流密度更小。实验已经证明,在室温条件下, ICL 可以在低于最先进的 QCL 一个数量级的驱动功率下,发射波长在 3~5 μm 光谱范围内的连续波激光[98]。另一方面,与基于子带间的 QCL 情况一样,发射光子能量几乎完全由量子限制,而不是由组分的能隙控制,原则上可以在光子能量在零到大约 1 eV 的任何区间进行调节[95]。

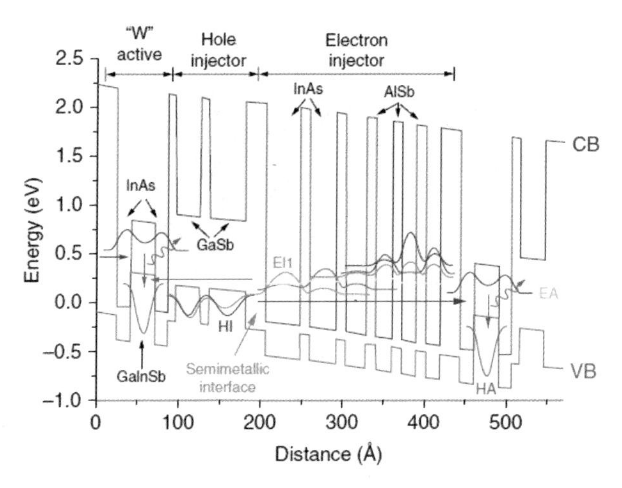

图 4.17 在电场偏压下, ICL 结构的一个级联中电子(蓝色)和空穴(红色,倒置)态的能带结构和概率密度。图中指出了有源"W"区、空穴注入器和电子注入器。电子向右漂移,空穴向左漂移。其中, CB 为导带;VB 为价带。来源:经美国电气和电子工程师协会(IEEE)许可,转载自参考文献 97 图 3。

1997 年,第一台带间级联激光器(ICL)问世。它基于 InAs/GaInSb/AlSb 的 II 型量子阱结构,可以在 80~170 K 低温下以脉冲方式运行,发出波长 $\lambda \approx 3.8$ μm 的激光[99]。此后,由于材料设计和加工的改进,可在室温下运行的连续波 ICL 出现,成为 ICL 发展的里程碑[100]。2008 年,海军研究实验室的研究团队开发出可在温度高达 319 K 情况下运行的、输出波长为 3.75 μm 的连续波 ICL;在 300 K 时,光功率超过 10 mW[101]。此外,基于窄脊形(3.5 μm 宽)波导的 ICL,如图 4.18 所示,在高达 335 K 的温度下,输出波长为 3.7 μm 的连续波激光[102]。Bewley 等人报道了一种以连续波模式(λ= 3.9 μm)运行的 ICL,其最高工作温度可达 118 ℃,刷新了半导体激光器在 3~4 μm 范围内的电流纪录[103]。

许多 ICL 应用需要单纵模(SLM)操作。2008 年,研究人员首次报道了单模 DFB-ICL,在 T = 78 K 时,波长 λ = 3.27 μm 处输出了平均功率为 67 m W 的连续波激光[104]。此后,Kim 等人[105]报道了一台在室温以上(最高可达 80 ℃)运行的单模 ICL,激光器输出波长在 3.78~3.8 μm。在激光器的脊顶部通过图形化的锗层形成 DFB 光栅,如图 4.19 所示。在

40 ℃时，最大单模输出功率为 27 mW；而在 20 ℃时，激光器的泵浦功率阈值仅为 90 mW[105]。最近，有研究报道了一种横向光栅 DFB-ICL，在这种情况下，金属光栅被横向刻划到激光器脊上，使激光模式渐消部分与光栅耦合，从而实现了谐振腔[106-107]中的损耗调制。通过这种方法，ICL 在 25 ℃时，以单一光谱模式发射波长 λ=3.6 μm 的激光，输出功率高达 55 mW[106]。此后，又有研究报道了在所谓的“双脊”波导系统中引入了横向耦合光栅（另一种用于 SLM 操作的设计），实现了光学损耗最小化。在此报道中，光栅放置在有源区的上方，而第二个稍宽的脊保证了有源区的电流限制[108-110]。作者能够在 46 ℃（λ=3.57 μm）下实现激光单模输出，激光器使用寿命超过 8 800 小时，性能几乎没有下降[108]，且观察到在连续波模式下，输出的波长约为 6 μm，时域波形为单纵模（−10 ℃）[110]。

图 4.18 宽度 3.5 μm 的脊形 ICL 结构的扫描电子显微镜照片。来源：经英国物理学会（IOP）许可，转载自参考文献 102 图 8。

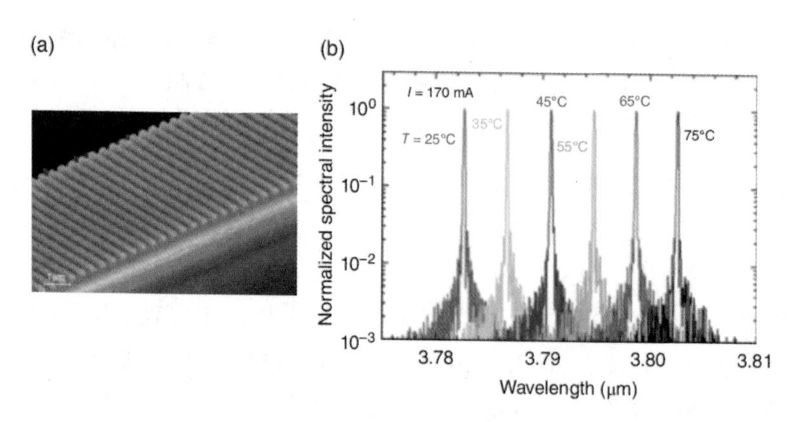

图 4.19 （a）顶部有一阶锗 DFB 光栅的脊状 ICL 的扫描电子显微镜图像。（b）7.4 μm 宽、2 mm 长的脊波导 DFB ICL 在不同温度下的发射光谱。来源：经美国物理研究所（AIP）许可，转载自参考文献 105 图 3。

利用 DFB 光栅在 3~5 μm 的 ICL 的“完美光斑”之外实现了单纵模激光输出，即发出了波长为 2.8 μm[111]和 5.2 μm[112]单纵模连续激光。研究表明，通过结合室温附近的电流和温度调谐，ICL 可以在 25 nm 的波长范围以上调谐[112]。

接近衍射极限激光束的输出，使得 ICL 在实际应用中大放异彩。Bawley 等人的研究表明，在超过 4 mm 的锥形结构中，脊宽在 5~63 μm 线性变化时，可以产生功率高达 403 mW 的连续波激光，光束质量因子 $M^2 = 2.3$[113]（对于理想情况，衍射极限传播 $M^2=1$）。Kim 等人报道了在 $\lambda \approx 3.2$ μm 和 $\lambda \approx 3.45$ μm 处发射的高亮度 ICL。在 25 ℃时，在脊宽为 18 μm、腔长为 4.5 mm 的 10 级 ICL 中，以连续波模式运行，可以输出平均功率为 464 mW 的激光，光束质量因子 $M^2 = 1.9$[114]。在 $T = 25$ ℃时，用 1 mm 长的空腔制备类似结构的 ICL，在连续波模式下，壁塞效率为 18%[114]，转换效率已经可以与报道的可在室温条件下运行的、具有最高壁塞效率（21%）的、连续波 QCL 相媲美[52]。

对于高效率的 ICL，Canedy 等人制备了宽面积（150 μm 宽）的 10 级 ICL，在 λ = 3.0~3.2 μm 波段范围内可输出 1 W 的激光，在 125 K 温度下，连续波模式可保持超过 40 % 的壁塞效率；在 80 K 时，连续波的电流密度阈值仅为 11 A / cm^2 [115]。这些结果表明，在低温下，ICL 和性能最好的基于子带间的 QCL 一样，能够高效地将电能转换为光能。

在长波方向，ICL 在室温以上、连续波模式运行时，可以发出波长达 5.6 μm 的激光[116]；ICL 在室温、脉冲模式运行时，输出波长最高纪录为 7 μm[117]。

总体而言，与 QCL 相比，得益于阈值电流密度更小，ICL 通常输出功率更低。迄今为止，ICL 在室温运行时表现出了极佳的低功耗特性，包括在连续波模式下的功率阈值低至 29 mW，电流密度阈值低于 100 A/cm^2。有关 ICL 高水平综述参见参考文献 98。

ICL 的主要参考文献及文中部分参数见表 4.3。

表 4.3 带间级联激光器（ICL）概述

Laser structure	Wavelength（μm）	Laser characteristics	Ref.
InAs/GaInSb/AlSb type-II QW structure	3.8	First ICL demonstrated; pulsed mode（100 ns, 1 kHz），T = 80~170 K	[99]
DFB grating on sidewalls; 13.2 μm wide, 4 mm long ridge waveguide	3.6	CW, single longitudinal mode（SLM），55 mW（25 ℃）	[106]
DFB, patterned Ge layer on top	3.78~3.8	CW, SLM, 27 mW（40 ℃）	[105]
Vertical sidewall DFB gratings	5.2	CW, SLM, threshold power 138 mW（−5 ℃）	[112]
10-Stage InAs/GaInSb/AlSb, 18 μm wide ridge	3.2, 3.45	CW, 464 mW, M^2 = 1.9, WPE 18%（25 ℃）	[114]
10-Stage InAs/GaInSb active core, 150 μm wide WG	3.0~3.2	CW, 1 W, WPE > 40% at 80~125 K	[115]

4.4 光泵浦半导体圆盘激光器（OPSDL）

与前文研究的边缘发射式-半导体激光器不同，光泵浦半导体圆盘激光器（OPSDL）的激发方式类似于离子掺杂晶体圆盘激光器，这些激光器也被称为垂直外腔式-面发射激光器

(VECSELs)。该激光器中的OPSDL芯片由一系列外延生长的半导体层构成,同时起到腔镜和增益区的作用,因此可以将其视为有源镜。泵浦激光聚焦在芯片表面,光斑的直径通常为几十到几百微米[118]。外部的反射透镜和一些组件共同组成了激光谐振腔。图4.20所示为一个简单的双镜OPSDL腔。OPSDL概念具有许多优点:

- 根据半导体材料的不同,可以实现从可见光到中波红外的波长调谐;
- 由于表层发射极的几何结构与外部谐振腔相结合所提供的模式匹配,可以产生圆对称衍射受限的输出光束;
- 可以通过增加泵浦面积来调节输出功率;
- 外部谐振腔通过在腔内插入元件,可以灵活控制激光输出特性,这些元件包括倍频、可饱和吸收体、锁模和稳频等元件。

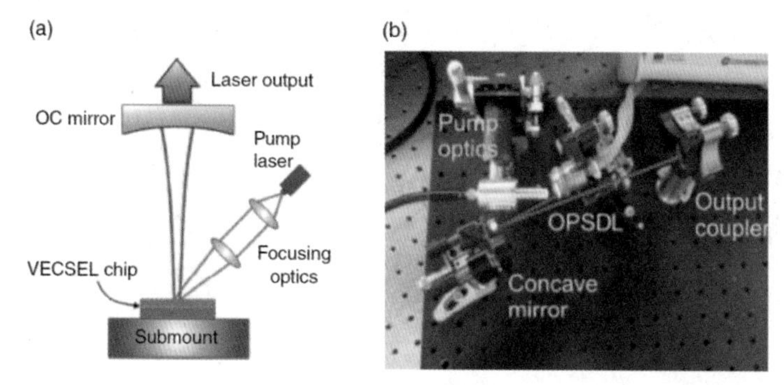

图4.20 (a)双镜OPSDL腔排列简图;(b)标有光束路径的三镜OPSDL谐振器的照片。来源:经Wiley许可,转载自参考文献118图12。

在近红外波段,由于基于GaAs的材料体系已经非常发达,1 μm波段附近的OPSDL激光器已经趋于成熟。例如,基于GaAs的激光芯片OPSDL(芯片通常与碳化硅或金刚石散热器接触)实现了高达数十瓦的输出功率[119]和高达67 %的斜率效率[120]。由于本书的主要内容是中波红外激光源,本章节只考虑两种主要的OPSDL:基于AlGaIn/AsSb材料体系和基于IV-VI族化合物的铅硫族化合物材料体系(PbS、PbSe和PbTe)的OPSDL。

4.4.1 基于AlGaIn/AsSb材料体系的OPSDL($\lambda \approx 2.3$ μm)

Schulz等人报道了一台在室温条件下运行、输出波长为2.36 μm的瓦量级连续波OPSDL,采用了AlGaIn/AsSb/GaSb的OPSDL结构,其中AlGaIn/AsSb材料通过分子束外延法(MBE)附生在GaSb基板上[121]。OPSDL结构的外延层有三个不同的功能区域[118]:分布式布拉格反射镜(DBR)、有源增益区和窗口,如图4.21所示。DBR或镜面区域由25个厚度为1/4波长的成对镜面层组成,镜面层按照高、低折射率交替排布。对于基于AlGaIn/AsSb材料体系的OPSDL,以GaSb作为高折射率层,以AlAsSb作为低折射率层,得到的DBR反射率通常为 99.8%。有源区或增益区直接生长在 DBR 的顶部，由 15 个 10 nm 厚的压缩应变 GaInAsSb 量子阱嵌在 AlGaAsSb 的势垒层之间组成——势垒材料的带隙能量高于量子阱。通常，为了实现增益最大化，在器件内驻波光强分布的反节点处放置量子阱，然后再增加限制区域，最后增加一个较薄的覆盖层，完成 OPSDL 结构。限制窗口层的带隙能量要设计得比势垒更高，以防止光激发的载流子在器件表面发生非辐射复合。对于工作波长为 2.36 μm 的 OPSDL，这一过程通过 AlGaAsSb 晶格匹配来完成。最后，生长一层较薄的（几个纳米）GaSb 覆盖层作为最顶层，以保护结构免受空气的氧化。

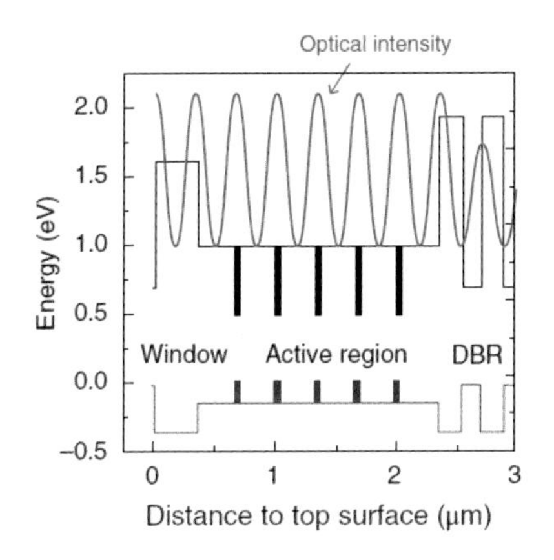

图 4.21 基于 AlGaIn/AsSb 材料体系 OPSDL 结构的价带和导带边缘以及有源区的光强图。其中，DBR 为分布式布拉格反射镜。来源：经 Wiley 许可，转载自参考文献 118 图 2。

参考文献 121 的作者提出了所谓的“井中”泵浦概念，其中选择接近发射光子的波长（1.96 μm）作为泵浦光子波长，这样泵浦光能量吸收发生在有源区的量子阱中，而不是周围的势垒层。该方法可以降低量子数亏损（泵浦和发射光子之间的能量差百分比）。采用波长为 1.96 μm 的掺铥光纤激光器作为泵浦源，在（散热器温度）−15 ℃条件下，OPSDL 发出波长为 2.36 μm 的连续波激光，平均功率为 3.2 W；在（散热器温度）+15 ℃条件下，连续波输出功率超过 2 W。

4.4.2 基于 PbS 材料体系的 OPSDL（$\lambda \approx 2.6$~3 μm）

通常，基于 III–V 或 II–VI 族化合物中波红外带间半导体激光器的运转，受到俄歇复合和自由载流子吸收的限制。与 III–V 和 II–VI 族化合物相比，IV–VI 族化合物（如 PbTe、PbSe 和 PbS）由于导带和价带之间存在对称带边结构，俄歇复合系数更低。此外，在光泵浦系统中，自由载流子的吸收显著降低。

Ishida 等人基于 PbS 有源层量子阱结构，开发出工作波长为 2.65~3.1 μm、输出功率超过 2 W 的 OPSDL，如图 4.22（a）所示[122]。采用波长为 1.55 μm 泵浦激光器（脉冲模式，

100 ns，10 kHz）作为泵浦源。在 BaF_2（111）基板上通过外延生长的激光器结构包括短周期 PbSrS 超晶格的光激发层（OE）、PbSrS/PbS 多量子阱有源层（MQW）和 SrS/PbSrS 布拉格反射镜，如图 4.22（b）所示。大部分的泵浦光被 OE 层吸收，产生的电子和空穴扩散到带隙最小的有源量子阱层（QW）。

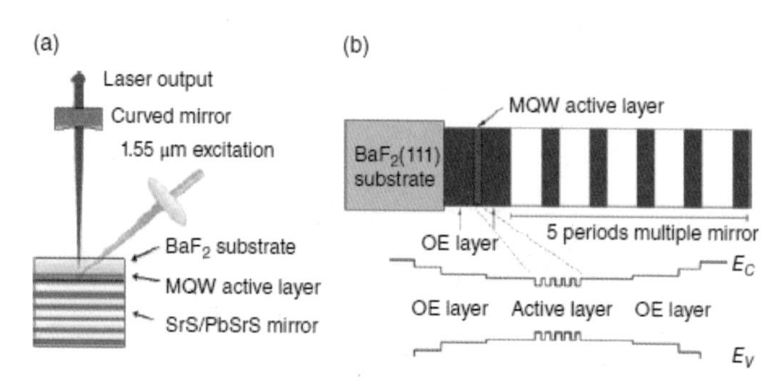

图 4.22 （a）光泵浦 PbS 激光器布局；（b）建立在 BaF_2 基板上的激光器结构，其中心为光学激发层（OE）和多量子阱有源层（MQW）以及 SrS/PbSrS 布拉格反射镜，底部为 OE 和 MQW 区域的能谱带能量分布。来源：经美国物理研究所（AIP）许可，转载自参考文献 122 图 3 和图 4。

图 4.23（a）绘制了温度在−120~+10 ℃的输出光谱。发射中心波长从最低工作温度下（−120 ℃ /153 K）的高达 3 μm，下降至室温条件下的 2.65 μm。图 4.23（b）为−70 ℃时输出功率与激发功率的关系图，在此温度下，波长 $\lambda = 2.9$ μm 时，输出功率超过 2 W，外量子效率达到 16 %。

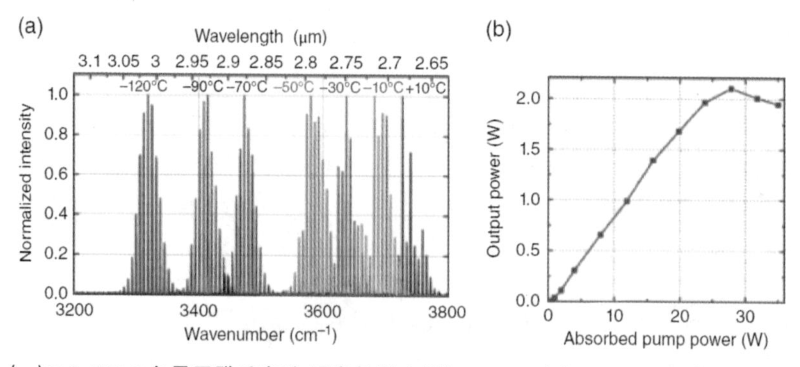

图 4.23 （a）PbSrS/PbS 多量子阱垂直腔-面发射激光器（VECSEL）在−120~+10 ℃范围内的输出光谱；（b）在−70 ℃时，2.9 μm 激光的输出功率与泵浦功率的关系。来源：经美国物理研究所（AIP）许可，转载自参考文献 122 图 5。

4.4.3 基于 PbSe 材料体系的 OPSDL（$\lambda \approx 4.2$~4.8 μm）

Rahim 等人报道了一种基于 PbSe 材料的 OPSDL，在室温条件下，输出波长为

4.2~4.8 μm[123]。有源区中，在 BaF_2 衬底上 MBE 生长的单层 850 nm 厚的外延 PbSe 增益层和 PbEuTe / BaF_2 组成了布拉格镜，添加了较厚的 Al 层作为热扩散器，如图 4.24(a)所示；在底部平面布拉格反射镜和顶部曲面反射镜之间形成了激光腔，如图 4.24(a)所示。

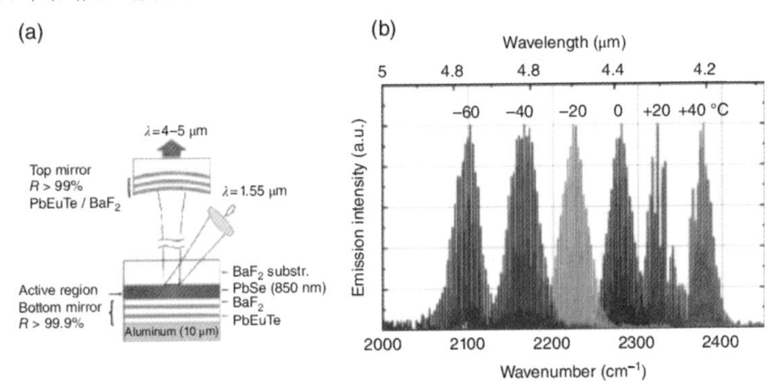

图 4.24 (a)光泵浦 PbSe 激光器的布局，顶部的曲面镜和底部的镜面使用了类似的布拉格层。(b)不同散热器温度下的归一化激光光谱。来源：经美国物理研究所(SIP)许可，转载自参考文献 123 图 1 和图 3。

此激光器采用商用 1.55 μm 光纤激光器为泵浦源，重复频率为 10 kHz、脉冲持续时间为 100 ns。谐振腔的腔长为 24 mm，基模的直径约为 200 mm，与聚焦泵浦光束的直径相匹配。在平均泵浦功率为 60 W 条件下，当散热器温度为-22 ℃时，输出的平均功率为 18 μW，峰值功率为 18 mW；当散热器温度为 27 ℃，输出的平均功率为 6 μW，输出峰值功率为 6 mW。输出的波长随温度从 4.2 μm(+40 ℃)增加到 4.8 μm(-40 ℃)(如图 4.24(b))。中心波长因温度发生漂移，是由于 PbSe(0.5 meV/K)带隙与温度具有相关性引起的。

根据作者的说法，泵浦和输出波长之间光子能量差(量子数亏损)较大造成效率低下，让 65 %的泵浦功率成为了热损失[123]。

4.4.4 基于 PbTe 材料体系的 OPSDL($\lambda \approx$ 4.7~5.6 μm)

Khiar 等人[124]报道了一种基于 PbTe 有源区域的长波 OPSDL。该激光器在 T = 100~170 K 温度范围内，实现了在 4.7~5.6 μm 范围内的单频调谐输出。该激光器的截面示意图如图 4.25(a)所示。以 Si(111)晶片为基板，在其上搭建由四对 PbSrTe/EuTe 层组成的布拉格反射镜，再在其上搭建 1.2 μm 厚的 PbTe 有源层，最终构成了 OPSDL 结构。在顶层，以曲面 Si/SiO 布拉格反射镜作为谐振腔的终点，确保谐振腔的长度保持在较短范围内(50~100 μm)，因此该 OPSDL 只能支持纵模，谐振腔长度通过压电驱动器调节，泵浦源为 1.55 μm 脉冲激光器，重复频率为 10 kHz，脉冲持续时间为 100 ns。在固定温度下，通过调节腔长，实现了高达 5%的无模式跳变波长调谐。通过调节温度，在更大的范围内实现调谐，如图 4.25(b)所示，激光波长从 5.6 μm(T= 90 K)下降到 4.7 μm(T=170 K)，测得的输出峰值功率高达 100 mW(平均功率约 100 μW)，光束质量因子 M^2 = 1.14，即激光器表现出接近衍射极限的性能。

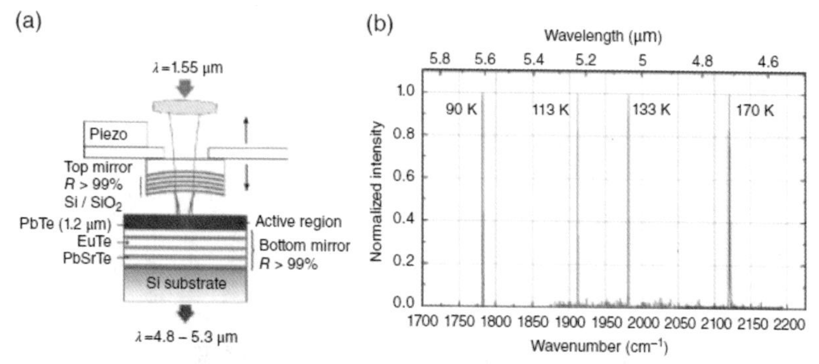

图 4.25 （a）基于 PbTe 材料的 OPSDL 结构截面示意图（通过 MBE 法在 Si 基板上生长 PbTe，腔长在 50~100 μm）；（b）固定腔长条件下，不同温度时的归一化单模光谱。激光波长从 5.61 μm（90 K）下降到 4.71 μm（170 K）。来源：经美国物理研究所（AIP）许可，转载自参考文献 124 图 1 和图 4。

同样，由于顶部布拉格反射镜的反射和干扰，相当一部分（约 60 %）的泵浦光无法到达有源层，因此导致 OPSDL 效率很低。此外，由于激光发射波长（5 μm）与泵浦光的波长（1.55 μm）差距较大，超过三分之二的泵浦功率被浪费。

表 4.4 给出了 OPSDL 的概述。

表 4.4 光泵浦半导体圆盘激光器（OPSDL）概述

Active layer（/barrier）	Pump	Wavelength（μm）	Output power	Ref.
GaInAsSb/AlGaAsSb	1.96 μm，CW，14 W	2.36	3.2 W（-15 ℃）	[121]
PbSrS/PbS	1.55 μm，pulsed，100 ns，10 kHz，28 W	2.65（RT） 2.9（-70 ℃） 3（-120 ℃）	2.2 W（-70 ℃）	[122]
PbSe	1.55 μm，pulsed，100 ns，10 kHz，60 W	4.2（+40 ℃） 4.8（-40 ℃）	Peak 18 mW（-22 ℃） Peak 6 mW（27 ℃）	[123]
PbTe	1.55 μm，pulsed，100 ns，10 kHz	5.6（90 K） 4.7（170 K）	Peak 100 mW（100 K）	[124]

4.5 总结

传统的 I 型中波红外量子阱激光器现可在室温条件下进行连续波输出，但输出波长的波段略大于 3 μm。空穴束缚不足是中波红外辐射（>3.4 μm）波长增加难度大的原因。相比之下，QCL 在波长 λ>4 μm 时运行状况良好，在室温条件下，输出波长接近 4.6 μm 时产生高达 10 W 的平均功率。可调谐的外腔式 QCL 可以在较大的波长范围内（在 QCL 中心频率附近高达 39%处)提供可调谐性。利用新型 InAs/AlSb 材料体系可以填充 QCL 输出波段在 3~4 μm 的空白。另一方面,ICL 在 3~5 μm 波段输出性能最好,现可在室温条件下产生平均功率为 500 mW 的激光。与 QCL 相比,它们的明显优势是激光操作的阈值更小,从而能够制造低能耗的光谱设备。OPSDL 可以在 2~5.6 μm 范围内工作,并产生窄线宽、高质量的衍射极限光束。近红外 OPSDL 效率很高,而中波红外 OPSDL 的光-光转换效率不高。

参考文献

[1] Melngailis, I.(1963). Maser action in InAs diodes. Appl. Phys. Lett. 2: 176.

[2] Dimmock, J.O., Melngailis, I., and Straussss, A.J.(1966). Band structure and laser action in $Pb_xSn_{1-x}Te$. Phys. Rev. Lett. 16: 1193.

[3] Linden, K.J. and Mantz, A.W.(1982). Tunable diode lasers and laser systems for the 3 to 30 μm infrared spectral region. Proc. SPIE 320: 109.

[4] Tacke, M.(1995). New developments and application of tunable IR lead salt lasers. Infrared Phys. Technol. 36: 447.

[5] Olafsen, L.J., Vurgaftman, I., and Meyer, J.R.(2004). Antimonide mid-IR lasers. In: Long-Wavelength Infrared Semiconductor Lasers(ed. H.K. Choi). Hoboken, NJ: Wiley.

[6] Bochkarev, A.E., Dolginov, L.M., Drakin, A.E., Druzhininn, L.V., Eliseev, P.G., and Sverdlov, B.N.(1985). Injection InGaSbAs lasers emitting radiation of wavelengths 1.9~2.3 μm at room temperature. Sov. J. Quantum Electron. 15: 869.

[7] Baranov, A.N., Danilova, T.N., Dzhurtanov, B.E., Imenkov, A.N., Konnikov, S.G., Litvak, A.M., Usmanskii, V.E., and Yakovlev, Yu.P.(1988). CW lasing in GaInAsSb/GaSb buried channel laser(T = 20 ℃, λ = 2.0 μm). Sov. Tech. Phys. Lett. 14: 727.

[8] Bochkarev, A.E., Dolginov, L.M., Drakin, A.E., Eliseev, P.G., and Sverdlov, B.N.(1988). Continuous-wave lasing at room temperature in InGaSbAs/ GaAlSbAs injection heterostructures emitting in the spectral range 2.2~2.4 μm. Sov. J. Quantum Electron. 18: 1362.

[9] Choi, H.K. and Eglash, S.J.(1992). High-power multiple-quantum-well GaInAsSb/AlGaAsSb diode lasers emitting at 2.1 μm with low threshold current density. Appl. Phys. Lett. 61: 1154.

[10] Lee, H., York, P.K., Menna, R.J., Martinelli, R.U., Garbuzov, D.Z., Narayan, S.Y., and Connolly, J.C.(1995). Room-temperature 2.78 μm AlGaAsSb/InGaAsSb quantum well lasers. Appl. Phys. Lett. 66: 1942.

[11] Garbuzov, D.Z., Lee, H., Khalfin, V., Martinelli, R., Connolly, J.C., and Belenky, G.L. (1999). Operation of InGaAsSb–AlGaAsSb broad waveguide SCH - QW diode lasers. IEEE Photon. Technol. Lett. 11: 794.

[12] Grau, M., Lin, C., Dier, O., Lauer, C., and Amann, M.-C. (2005). Roomtemperature operation of 3.26 μm GaSb - based type - I lasers with quinternary AlGaInAsSb barriers. Appl. Phys. Lett. 87: 241104.

[13] Belenky, G., Shterengas, L., Kipshidze, G., and Hosoda, T. (2011). Type - I diode lasers for spectral region above 3 μm. IEEE J. Sel. Topics Quantum Electron. 17: 1426.

[14] Rattunde, M., Schmitz, J., Kaufel, G., Kelemen, M., Weber, J., and Wagner, J. (2006). GaSb - based 2.X μm quantum - well diode lasers with low beam divergence and high output power. Appl. Phys. Lett. 88: 081115.

[15] Donetsky, D., Kipshidze, G., Shterengas, L., Hosoda, T., and Belenky, G. (2007). 2.3 μm type - I quantum well GaInAsSb/AlGaAsSb/GaSb laser diodes with quasi - CW output power of 1.4 W. Electron. Lett. 43: 810.

[16] Shterengas, L., Belenky, G., Kisin, M.V., and Donetsky, D. (2007). High power 2.4 μm heavily strained type - I quantum well GaSb - based diode lasers with more than 1 W of continuous wave output power and a maximum powerconversion efficiency of 17.5%. Appl. Phys. Lett. 90: 011119.

[17] Kim, J.G., Shterengas, L., Martinelli, R.U., Belenky, G.L., Garbuzov, D.Z., and Chan, W.K. (2002). Room - temperature 2.5 mm InGaAsSb/AlGaAsSb diode lasers emitting 1 W continuous waves. Appl. Phys. Lett. 81: 3146.

[18] Kelemen, M.T., Gilly, J., Moritz, R., Schleife, J., Fatscher, M., Kaufmann, M., Ahlert, S., and Biesenbach, J. (2010). Diode laser arrays for 1.8 to 2.3 μm wavelength range. Proc. SPIE 7686: 76860 N.

[19] Kim, J.G., Shterengas, L., Martinelli, R.U., and Belenky, G.L. (2003). Highpower room - temperature continuous wave operation of 2.7 and 2.8 μm In(Al)GaAsSb/GaSb diode lasers. Appl. Phys. Lett. 83: 1926.

[20] Shterengas, L., Belenky, G., Kipshidze, G., and Hosoda, T. (2008). Room temperature operated 3.1 μm type - I GaSb - based diode lasers with 80 mW continuous - wave output power. Appl. Phys. Lett. 92: 171111.

[21] Shterengas, L., Liang, R., Kipshidze, G., Hosoda, T., Belenky, G., Bowman, S.S., and Tober, R.L. (2014). Cascade type - I quantum well diode lasers emitting 960 mW near 3 μm. Appl. Phys. Lett. 105: 161112.

[22] Hosoda, T., Wang, M., Shterengas, L., Kipshidze, G., and Belenky, G. (2015). Three stage cascade diode lasers generating 500 mW near 3.2 μm. Appl. Phys. Lett. 107: 111106.

[23] Liang, R., Hosoda, T., Shterengas, L., Stein, A., Lu, M., Kipshidze, G., and Belenky, G. (2015). Narrow ridge $\lambda \approx 3$ - μm cascade diode lasers with output power above 100 mW at room temperature. IEEE Photon. Technol. Lett. 27: 2425.

[24] Lehnhardt, T., Hümmer, M., Rößner, K., Müller, M., Höfling, S., and Forchel, A. (2008). Continuous wave single mode operation of GaInAsSb/ GaSb quantum well lasers emitting beyond 3 μm. Appl. Phys. Lett. 92: 183508.

[25] Belahsene, S., Naehle, L., Fischer, M., Koeth, J., Boissier, G., Grech, P., Narcy, G., Vicet, A., and Rouillard, Y. (2010). Laser diodes for gas sensing emitting at 3.06 μm at room temperature. IEEE Photon. Technol. Lett. 22: 1084.

[26] Gupta, J.A., Ventrudo, B.F., Waldron, P., and Barrios, P.J. (2010). External cavity tunable type-I diode laser with continuous-wave single mode operation at 3.24 μm. Electron. Lett. 46: 1218.

[27] Briggs, R.M., Frez, C., Bagheri, M., Borgentun, C.E., Gupta, J.A., Witinski, M.F., Anderson, J.G., and Forouhar, S. (2013). Single-mode 2.65 μm InGaAsSb/ AlInGaAsSb laterally coupled distributed-feedback diode lasers for atmospheric gas detection. Opt. Express 21: 1317.

[28] Hosoda, T., Fradet, M., Frez, C., Shterengas, L., Sander, S., Forouhar, S., and Belenky, G. (2016). Laterally coupled distributed feedback cascade diode lasers emitting near 2.9 μm. Electron. Lett. 52: 857.

[29] Liang, R., Hosoda, T., Shterengas, L., Stein, A., Lu, M., Kipshidze, G., and Belenky, G. (2014). Distributed feedback 3.27 μm diode lasers with continuous - wave output power above 15 mW at room temperature. Electron. Lett. 50: 1378.

[30] Lin, C., Grau, M., Dier, O., and Amann, M. - C. (2004). Low threshold roomtemperature continuous - wave operation of 2.24~3.04 μm GaInAsSb/ AlGaAsSb quantum - well lasers. Appl. Phys. Lett. 84: 5088.

[31] Shterengas, L., Belenky, G.L., Gourevitch, A., Donetsky, D., Kim, J.G., Martinelli, R.U., and Westerfeld, D. (2004). High power 2.3 - μm GaSb - based linear laser array. IEEE Photon. Technol. Lett. 16: 2218.

[32] Chen, J., Kipshidze, G., and Shterengas, L. (2010). Diode lasers with asymmetric waveguide and improved beam properties. Appl. Phys. Lett. 96: 241111.

[33] Kipshidze, G., Hosoda, T., Sarney, W.L., Shterengas, L., and Belenky, G.(2011). High - power 2.2 - μm diode lasers with metamorphic arsenic - free heterostructures. IEEE Photon. Technol. Lett. 23: 317.

[34] Liang, R., Chen, J., Kipshidze, G., Westerfeld, D., Shterengas, L., and Belenky, G.(2011). High-power 2.2-μm diode lasers with heavily strained active region. IEEE Photon. Technol. Lett. 23: 603.

[35] Shterengas, L., Belenky, G.L., Kim, J.G., and Martinelli, R.U.(2004). Design of high-power room-temperature continuous-wave GaSb-based type-I quantumwell lasers with lambda >2.5 μm. Semicond. Sci. Technol. 19: 655.

[36] Shterengas, L., Kipshidze, G., Hosoda, T., Chen, J., and Belenky, G.(2009). Diode lasers emitting at 3 μm with 300 mW of continuous - wave output power. Electron. Lett. 45: 942.

[37] Hosoda, T., Feng, T., Shterengas, L., Kipshidze, G., and Belenky, G.(2016). High power cascade diode lasers emitting near 2 μm. Appl. Phys. Lett. 108: 131109.

[38] Forouhar, S., Briggs, R.M., Frez, C., Franz, K.J., and Ksendzov, A.(2012). High - power laterally coupled distributed feedback GaSb - based diode lasers at 2 μm wavelength. Appl. Phys. Lett. 100: 031107.

[39] Ksendzov, A., Forouhar, S., Briggs, R.M., Frez, C., Franz, K.J., and Bagheri, M.(2012). Linewidth measurement of high power diode laser at 2 μm for carbon dioxide detection. Electron. Lett. 48: 520.

[40] Naehle, L., Belahsene, S., von Edlinger, M., Fischer, M., Boissier, G., Grech, P., Narcy, G., Vicet, A., Rouillard, Y., Koeth, J., and Worschech, L.(2011). Continuous - wave operation of type - I quantum well DFB laser diodes emitting in 3.4 μm wavelength range around room temperature. Electron. Lett. 47: 46.

[41] Naehle, L., Zimmermann, C., Belahsene, S., Fischer, M., Boissier, G., Grech, P., Narcy, G., Lundqvist, S., Rouillard, Y., Koeth, J., Kamp, M., and Worschech, L.(2011). Monolithic tunable GaSb-based lasers at 3.3 μm. Electron. Lett. 47: 1092.

[42] Gupta, J.A., Bezinger, A., Barrios, P.J., Lapointe, J., Poitras, D., and Waldron, P.(2012). High - resolution methane spectroscopy using InGaAsSb/AlInGaAsSb laterally - coupled index - grating distributed feedback laser diode at 3.23 μm. Electron. Lett. 48: 396.

[43] Faist, J., Capasso, F., Sivco, D.L., Sirtori, C., Hutchinson, A.L., and Cho, A.Y.(1994). Quantum cascade laser. Science 264: 553.

[44] Capasso, F. (2010). High - performance midinfrared quantum cascade lasers. Opt. Eng. 49: 111102.

[45] Faist, J. (2013). Quantum Cascade Lasers. Oxford: Oxford University Press.

[46] Sirtori, C., Kruck, P., Barbieri, S., Collot, P., Nagle, J., Beck, M., Faist, J., and Oesterle, U. (1998). GaAs/Al_xGa_{1-x} as quantum cascade lasers. Appl. Phys. Lett. 73: 3486.

[47] Devenson, J., Teissier, R., Cathabard, O., and Baranov, A.N. (2007). InAs/AlSb quantum cascade lasers emitting at 2.75~2.97 μm. Appl. Phys. Lett. 91: 251102.

[48] Cathabard, O., Teissier, R., Devenson, J., Moreno, J.C., and Baranov, A.N. (2010). Quantum cascade lasers emitting near 2.6 μm. Appl. Phys. Lett. 96: 141110.

[49] Faist, J., Capasso, F., Sirtori, C., Sivco, D.L., Baillargeon, J.N., Hutchinson, A.L., Chu, S.-N.G., and Cho, A.Y. (1996). High power mid - infrared (λ~5 μm) quantum cascade lasers operating above room temperature. Appl. Phys. Lett. 68: 3680.

[50] Beck, M., Hofstetter, D., Aellen, T., Faist, J., Oesterle, U., Ilegems, M., Gini, E., and Melchior, H. (2002). Continuous wave operation of a mid - infrared semiconductor laser at room temperature. Science 295: 301.

[51] Bai, Y., Slivken, S., Darvish, S.R., and Razeghi, M. (2008). Room temperature continuous wave operation of quantum cascade lasers with 12.5% wall plug efficiency. Appl. Phys. Lett. 93: 021103.

[52] Bai, Y., Bandyopadhyay, N., Tsao, S., Slivken, S., and Razeghi, M. (2011). Room temperature quantum cascade lasers with 27% wall plug efficiency. Appl. Phys. Lett. 98: 181102.

[53] Lyakh, A., Pflügl, C., Diehl, L., Wang, Q.J., Capasso, F., Wang, X.J., Fan, J.Y., Tanbun-Ek, T., Maulini, R., Tsekoun, A., Go, R., and Patel, C.K.N. (2008). 1.6 W high wall plug efficiency, continuous - wave room temperature quantum cascade laser emitting at 4.6 μm. Appl. Phys. Lett. 92: 111110.

[54] Lyakh, A., Maulini, R., Tsekoun, A., Go, R., Pflügl, C., Diehl, L., Wang, Q.J., Capasso, F., and Patel, C.K.N. (2009). 3 W continuous - wave room temperature single - facet emission from quantum cascade lasers based on nonresonant extraction design approach. Appl. Phys. Lett. 95: 141113.

[55] Lyakh, A., Maulini, R., Tsekoun, A., Go, R., and Patel, C.K.N. (2012). Tapered 4.7 μm quantum cascade lasers with highly strained active region composition delivering over 4.5 watts of continuous wave optical power. Opt. Express 20: 4382.

[56] Maulini, R., Lyakh, A., Tsekoun, A., Kumar, C., and Patel, N. (2011). λ~7.1 μm quantum cascade lasers with 19% wallplug efficiency at room temperature. Opt. Express 19: 17 203.

[57] Lyakh, A., Maulini, R., Tsekoun, A., Go, R., and Patel, C.K.N. (2012). Multiwatt long wavelength quantum cascade lasers based on high strain composition with 70% injection efficiency. Opt. Express 20: 24272.

[58] Liu, P.Q., Hoffman, A.J., Escarra, M.D., Franz, K.J., Khurgin, J.B., Dikmelik, Y., Wang, X., Fan, J.-Y., and Gmachl, C.F. (2010). Highly power - efficient quantum cascade lasers. Nat. Photon. 4: 95.

[59] Bai, Y., Slivken, S., Kuboya, S., Darvish, S.R., and Razeghi, M. (2010). Quantum cascade lasers that emit more light than heat. Nat. Photon. 4: 99.

[60] Faist, J., Gmachl, C., Capasso, F., Sirtori, C., Sivco, D.L., Baillargeon, J.N., and Cho, A.Y. (1997). Distributed feedback quantum cascade lasers. Appl. Phys. Lett. 70: 2670.

[61] Hofstetter, D., Faist, J., Beck, M., and Müller, A. (1999). Demonstration of high - performance 10.16 μm quantum cascade distributed feedback lasers fabricated without epitaxial regrowth. Appl. Phys. Lett. 75: 665.

[62] Lu, Q.Y., Bai, Y., Bandyopadhyay, N., Slivken, S., and Razeghi, M. (2010). Room - temperature continuous wave operation of distributed feedback quantum cascade lasers with watt-level power output. Appl. Phys. Lett. 97: 231119.

[63] Lu, Q.Y., Bai, Y., Bandyopadhyay, N., Slivken, S., and Razeghi, M. (2011). 2.4 W room temperature continuous wave operation of distributed feedback quantum cascade lasers. Appl. Phys. Lett. 98: 181106.

[64] Lee, B.G., Belkin, M.A., Audet, R., MacArthur, J., Diehl, L., Pflügl, C., Capasso, F., Oakley, D.C., Chapman, D., Napoleone, A., Bour, D., Corzine, S., H.fler, G., and Faist, J. (2007). Widely tunable single - mode quantum cascade laser source for mid-infrared spectroscopy. Appl. Phys. Lett. 91: 231101.

[65] Lee, B.G., Zhang, H.A., Pfluegl, C., Diehl, L., Belkin, M.A., Fischer, M., Wittmann, A., Faist, J., and Capasso, F. (2009). Broadband distributed-feedback quantum cascade laser array operating from 8.0 to 9.8 μm. IEEE Photon. Technol. Lett. 21: 914.

[66] Faist, J., Beck, M., Aellen, T., and Gini, E. (2001). Quantum cascade lasers based on a bound-to-continuum transition. Appl. Phys. Lett. 78: 147.

[67] Bandyopadhyay, N., Chen, M., Sengupta, S., Slivken, S., and Razeghi, M. (2015).

Ultra - broadband quantum cascade laser, tunable over 760 cm^{-1}, with balanced gain. Opt. Express 23: 21159.

[68] Rauter, P. and Capasso, F. (2015). Multi - wavelength quantum cascade laser arrays. Laser Photon. Rev. 9: 452.

[69] Hugi, A., Maulini, R., and Faist, J. (2010). External cavity quantum cascade laser. Semicond. Sci. Technol. 25: 083001.

[70] Luo, G., Peng, C., Le, H.Q., Pei, S.-S., Lee, H., Hwang, W.-Y., Ishaug, B., and Zheng, J. (2002). Broadly wavelength - tunable external cavity mid - infrared quantum cascade lasers. IEEE J. Quantum Electron. 38: 486.

[71] Gmachl, C., Sivco, D.L., Colombelli, R., and Capasso, F. (2002). Ultrabroadband semiconductor laser. Nature 415: 883.

[72] Maulini, R., Beck, M., Faist, J., and Gini, E. (2004). Broadband tuning of external cavity bound-to-continuum quantum-cascade lasers. Appl. Phys. Lett. 84: 1659.

[73] Wittmann, A., Hugi, A., Gini, E., Hoyler, N., and Faist, J. (2008). Heterogeneous high - performance quantum - cascade laser sources for broad - band tuning. IEEE J. Quantum Electron. 44: 1083.

[74] Hugi, A., Terazzi, R., Bonetti, Y., Wittmann, A., Fischer, M., Beck, M., Faist, J., and Gini, E. (2009). External cavity quantum cascade laser tunable from 7.6 to 11.4 μm. Appl. Phys. Lett. 95: 061103.

[75] Yao, Y., Wang, X., Fan, J. - Y., and Gmachl, C.F. (2010). High performance "continuum - to - continuum" quantum cascade lasers with a broad gain bandwidth of over 400 cm^{-1}. Appl. Phys. Lett. 97: 081115.

[76] Fujita, K., Furuta, S., Sugiyama, A., Ochiai, T., Ito, A., Dougakiuchi, T., Edamura, T., and Yamanishi, M. (2011). High performance quantum cascade lasers with wide electroluminescence (600 cm^{-1}), operating in continuouswave above 100 ℃ . Appl. Phys. Lett. 98: 231102.

[77] Lyakh, A., Barron - Jimenez, R., Dunayevskiy, I., Go, R., Kumar, C., and Patel, N. (2015). External cavity quantum cascade lasers with ultra - rapid acousto - optic tuning. Appl. Phys. Lett. 106: 141101.

[78] Faist, J., Capasso, F., Sivco, D.L., Hutchinson, A.L., Chu, S.N.G., and Cho, A.Y. (1998). Short wavelength ($\lambda \sim 3.4$ μm) quantum cascade laser based on strained compensated InGaAs/AlInAs. Appl. Phys. Lett. 72: 680.

[79] Bismuto, A., Beck, M., and Faist, J. (2011). High power Sb - free quantum cascade la-

ser emitting at 3.3 μm above 350 K. Appl. Phys. Lett. 98: 191104.

[80] Bandyopadhyay, N., Bai, Y., Tsao, S., Nida, S., Slivken, S., and Razeghi, M. (2012). Room temperature continuous wave operation of $\lambda\sim$ 3~3.2 μm quantum cascade lasers. Appl. Phys. Lett. 101: 241110.

[81] Revin, D.G., Cockburn, J.W., Steer, M.J., Airey, R.J., Hopkinson, M., Krysa, A.B., Wilson, L.R., and Menzel, S. (2007). InGaAs/AlAsSb/InP quantum cascade lasers operating at wavelengths close to 3 μm. Appl. Phys. Lett. 90: 021108.

[82] Zhang, S.Y., Revin, D.G., Cockburn, J.W., Kennedy, K., Krysa, A.B., and Hopkinson, M. (2009). $\lambda\sim$ 3.1 μm room temperature InGaAs/AlAsSb/InP quantum cascade lasers. Appl. Phys. Lett. 94: 031106.

[83] Semtsiv, P., Wienold, M., Dressler, S., and Masselink, W.T. (2007). Short wavelength ($\lambda \approx 3.05$ μm) InP - based strain - compensated quantum cascade laser. Appl. Phys. Lett. 90: 051111.

[84] Devenson, J., Barate, D., Cathabard, O., Teissier, R., and Baranov, A.N. (2006). Very short wavelength ($\lambda = 3.1$~3.3 μm) quantum cascade lasers. Appl. Phys. Lett. 89: 191115.

[85] Baranov, A.N. and Teissier, R. (2015). Quantum cascade lasers in the InAs/ AlSb material system. IEEE J. Sel. Topics Quantum Electron. 21: 1200612.

[86] Devenson, J., Teissier, R., Cathabard, O., and Baranov, A.N. (2007). InAs/AlSb quantum cascade lasers emitting below 3 μm. Appl. Phys. Lett. 90: 111118.

[87] Cathabard, O., Teissier, R., Devenson, J., and Baranov, A.N. (2009). InAs - based distributed feedback quantum cascade lasers. Electron. Lett. 45: 1028.

[88] Riedi, S., Hugi, A., Bismuto, A., Beck, M., and Faist, J. (2013). Broadband external cavity tuning in the 3~4 μm window. Appl. Phys. Lett. 103: 031108.

[89] Bahriz, M., Lollia, G., Baranov, A.N., Laffaille, P., and Teissier, R. (2013). InAs/AlSb quantum cascade lasers operating near 20 μm. Electron. Lett. 49: 1238.

[90] Chastanet, D., Lollia, G., Bousseksou, A., Bahriz, M., Laffaille, P., Baranov, A.N., Julien, F., Colombelli, R., and Teissier, R. (2014). Long - infrared InAs-based quantum cascade lasers operating at 291 K ($\lambda = 19$ μm) with metal– metal resonators. Appl. Phys. Lett. 104: 021106.

[91] Chastanet, D., Bousseksou, A., Lollia, G., Bahriz, M., Julien, F.H., Baranov, A.N., Teissier, R., and Colombelli, R. (2014). High temperature, single mode, long infrared (λ=17.8 μm) InAs-based quantum cascade lasers. Appl. Phys. Lett. 105: 111118.

[92] Kohler, R., Tredicucci, A., Beltram, F., Beere, H.E., Linfield, E.H., Davies, A.G., Ritchie, D.A., Iotti, R.C., and Rossi, F. (2002). Terahertz semiconductorheterostructure laser. Nature 417: 156.

[93] Williams, B.S. (2007). Terahertz quantum-cascade lasers. Nat. Photon. 1: 517.

[94] Yang, R.Q. (1995). Infrared laser based on intersubband transitions in quantum wells. Superlattices Microstruct. 17: 77.

[95] Meyer, J.R., Hoffman, C.A., Bartoli, F.J., and Ram - Mohan, L.R. (1995). Type - II quantum-well lasers for the mid-wavelength infrared. Appl. Phys. Lett. 67: 757.

[96] Meyer, J.R., Vurgaftman, I., Yang, R.Q., and Ram-Mohan, L.R. (1996). Type-II and type-I interband cascade lasers. Electron. Lett. 32: 45.

[97] Vurgaftman, I., Bewley, W.W., Canedy, C.L., Kim, C.S., Kim, M., Lindle, J.R., Merritt, C.D., Abell, J., and Meyer, J.R. (2011). Mid-IR type-II interband cascade lasers. IEEE J. Sel. Topics Quantum Electron. 17: 1435.

[98] Vurgaftman, I., Weih, R., Kamp, M., Meyer, J.R., Canedy, C.L., Kim, C.S., Kim, M., Bewley, W.W., Merritt, C.D., Abell, J., and H.fling, S. (2015). Interband cascade lasers. J. Phys. D Appl. Phys. 48: 123001.

[99] Lin, C.-H., Yang, R.Q., Zhang, D., Murry, S.J., Pei, S.S., Allerman, A.A., and Kurtz, S.R. (1997). Type-II interband quantum cascade laser at 3.8 μm. Electron. Lett. 33: 598.

[100] Vurgaftman, I., Bewley, W.W., Canedy, C.L., Kim, C.S., Kim, M., Merritt, C.D., Abell, J., Lindle, J.R., and Meyer, J.R. (2011). Rebalancing of internally generated carriers for mid-infrared interband cascade lasers with very low power consumption. Nat. Commun. 2: 585.

[101] Kim, M., Canedy, C.L., Bewley, W.W., Kim, C.S., Lindle, J.R., Abell, J., Vurgaftman, I., and Meyer, J.R. (2008). Interband cascade laser emitting at λ = 3.75 μm in continuous wave above room temperature. Appl. Phys. Lett. 92: 191110.

[102] Vurgaftman, I., Canedy, C.L., Kim, C.S., Kim, M., Bewley, W.W., Lindle, J.R., Abell, J., and Meyer, J.R. (2009). Mid - infrared interband cascade lasers operating at ambient temperatures. N. J. Phys. 11: 125015.

[103] Bewley, W.W., Canedy, C.L., Kim, C.S., Kim, M., Merritt, C.D., Abell, J., Vurgaftman, I., and Meyer, J.R. (2012). High - power room - temperature continuous - wave mid-infrared interband cascade lasers. Opt. Express 20: 20894.

[104] Kim, C.S., Kim, M., Bewley, W.W., Lindle, J.R., Canedy, C.L., Nolde, J.A., Lar-

rabee, D.C., Vurgaftman, I., and Meyer, J.R. (2008). Broad - stripe, singlemode, mid-IR interband cascade laser with photonic-crystal distributedfeedback grating. Appl. Phys. Lett. 92: 071110.

[105] Kim, C.S., Kim, M., Abell, J., Bewley, W.W., Merritt, C.D., Canedy, C.L., Vurgaftman, I., and Meyer, J.R. (2012). Midinfrared distributed - feedback interband cascade lasers with continuous - wave single - mode emission to 80 ℃. Appl. Phys. Lett. 101: 061104.

[106] Vurgaftman, I., Bewley, W.W., Canedy, C.L., Kim, C.S., Kim, M., Merritt, C.D., Abell, J., and Meyer, J.R. (2013). Interband cascade lasers with low threshold powers and high output powers. IEEE J. Sel. Topics Quantum Electron. 19: 1200210.

[107] Weih, R., Nähle, L., Höfling, S., Koeth, J., and Kamp, M. (2014). Single mode interband cascade lasers based on lateral metal gratings. Appl. Phys. Lett. 105: 071111.

[108] Forouhar, S., Borgentun, C., Frez, C., Briggs, R.M., Bagheri, M., Canedy, C.L., Kim, C.S., Kim, M., Bewley, W.W., Merritt, C.D., Abell, J., Vurgaftman, I., and Meyer, J.R. (2014). Reliable mid-infrared laterally-coupled distributedfeedback interband cascade lasers. Appl. Phys. Lett. 105: 051110.

[109] Borgentun, C., Frez, C., Briggs, R.M., Fradet, M., and Forouhar, S. (2015). Single-mode high-power interband cascade lasers for mid-infrared absorption spectroscopy. Opt. Express 23: 2446.

[110] Dallner, M., Scheuermann, J., Nähle, L., Fischer, M., Koeth, J., Höfling, S., and Kamp, M. (2015). InAs - based distributed feedback interband cascade lasers. Appl. Phys. Lett. 107: 181105.

[111] Scheuermann, J., Weih, R., von Edlinger, M., Nähle, L., Fischer, M., Koeth, J., Kamp, M., and Höfling, S. (2015). Single - mode interband cascade lasers emitting below 2.8 μm. Appl. Phys. Lett. 106: 161103.

[112] von Edlinger, M., Scheuermann, J., Weih, R., Zimmermann, C., Nähle, L., Fischer, M., Koeth, J., Höfling, S., and Kamp, M. (2014). Monomode interband cascade lasers at 5.2 μm for nitric oxide sensing. IEEE Photon. Technol. Lett. 26: 480.

[113] Bewley, W.W., Kim, C.S., Canedy, C.L., Merritt, C.D., Vurgaftman, I., Abell, J., Meyer, J.R., and Kim, M. (2013). High-power, high-brightness continuouswave interband cascade lasers with tapered ridges. Appl. Phys. Lett. 103: 111111.

[114] Kim, M., Bewley, W.W., Canedy, C.L., Kim, C.S., Merritt, C.D., Abell, J., Vurgaftman, I., and Meyer, J.R. (2015). High-power continuous-wave interband cascade

lasers with 10 active stages. Opt. Express 23: 9664.

[115] Canedy, C.L., Kim, C.S., Merritt, C.D., Bewley, W.W., Vurgaftman, I., Meyer, J.R., and Kim, M. (2015). Interband cascade lasers with >40% continuous - wave wallplug efficiency at cryogenic temperatures. Appl. Phys. Lett. 107: 121102.

[116] Bewley, W.W., Canedy, C.L., Kim, C.S., Kim, M., Merritt, C.D., Abell, J., Vurgaftman, I., and Meyer, J.R. (2012). Continuous - wave interband cascade lasers operating above room temperature at $\lambda = 4.7 \sim 5.6$ μm. Opt. Express 20: 3235.

[117] Dallner, M., Hau, F., Hofling, S., and Kamp, M. (2015). InAs - based interbandcascade - lasers emitting around 7 μm with threshold current densities below 1 kA/cm^2 at room temperature. Appl. Phys. Lett. 106: 041108.

[118] Schulz, N., Hopkins, J. - M., Rattunde, M., Burns, D., and Wagner, J. (2008). High - brightness long - wavelength semiconductor disk lasers. Laser Photon. Rev. 2: 160.

[119] Chilla, J., Butterworth, S., Zeitschel, A., Charles, J., Caprara, A.L., Reed, M.K., and Spinelli, L. (2004). High power optically pumped semiconductor lasers. Proc. SPIE 5332: 143.

[120] Beyertt, S. - S., Brauch, U., Demaria, F., Dhidah, N., Giesen, A., Kuebler, T., Lorch, S., Rinaldi, F., and Unger, P. (2007). Efficient gallium - arsenide disk laser. IEEE J. Quantum Electron 43: 869.

[121] Schulz, N., Rattunde, M., Ritzenthaler, C., Roesener, B., Manz, C., Koehler, K., and Wagner, J. (2007). Resonant optical in - well pumping of an (AlGaIn)(AsSb) - based vertical - external - cavity surface - emitting laser emitting at 2.35 μm. Appl. Phys. Lett. 91: 091113.

[122] Ishida, A., Sugiyama, Y., Isaji, Y., Kodama, K., Takano, Y., Sakata, H., Rahim, M., Khiar, A., Fill, M., Felder, F., and Zogg, H. (2011). 2 W high efficiency PbS mid - infrared surface emitting laser. Appl. Phys. Lett. 99: 121109.

[123] Rahim, M., Khiar, A., Felder, F., Fill, M., and Zogg, H. (2009). 4.5 - μm wavelength vertical external cavity surface emitting laser operating above room temperature. Appl. Phys. Lett. 94: 201112.

[124] Khiar, A., Rahim, M., Fill, M., Felder, F., Hobrecker, F., and Zogg, H. (2010). Continuously tunable monomode mid - infrared vertical external cavity surface emitting laser on Si. Appl. Phys. Lett. 97: 151104.

5 基于非线性频率变换的中波红外激光

本章回顾了在波长 2~20 μm 范围内中波红外区运行的、基于非线性光学(NLO)下变频的设备。本章讨论了非线性频率转换的原理,简要评估了适用于中波红外的现有和新兴非线性光学材料,并回顾了当前获得可调谐中波红外输出的方法。我们首先从涉三波过程相关技术——即基于二阶非线性 $\chi^{(2)}$ 的技术开始认识。

5.1 二阶非线性下变频的两种方法

三波过程依赖于光学材料的二阶非线性 $\chi^{(2)}$(图 5.1),通过三波过程中的频率下变频实现宽调谐中波红外激光输出包含两项基本技术,即使用差频生成(DFG)和使用光学参量振荡器(OPO)。光学参量振荡器包括行波光参量发生器(OPG)和光参量放大器(OPA)。

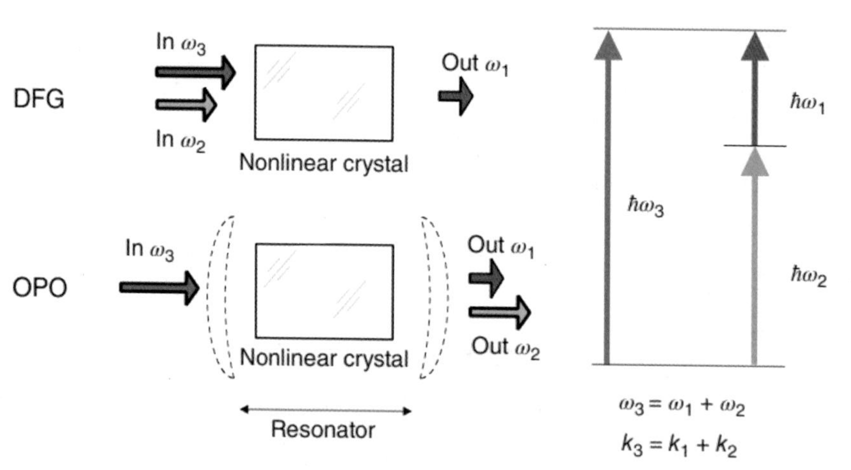

图 5.1 利用材料的二阶非线性实现可调谐中波红外输出的两项主要技术:差频生成(DFG)和光学参量振荡器(OPO)。

虽然 DFG 和 OPO 都是基于三光子过程的器件,但它们之间的主要区别在于,前者需要两个泵浦源(为了实现中波红外可调谐性,至少一个泵浦源必须是可调谐的),而后者仅需要一个泵浦源(在 OPA 中被称为“种子光”)。

在 DFG 和 OPO 过程中,光子能量守恒要求:

$$\omega_3 = \omega_2 + \omega_1 \tag{5.1}$$

而光子动量守恒(也称为相位匹配)要求:

$$k_3 = k_2 + k_1 \tag{5.2}$$

其中,ω_3、ω_2 和 ω_1 是所谓的泵浦光、信号光和闲频光角频率,且 $\omega_3>\omega_2>\omega_1$;$k_3$、$k_2$ 和 k_1 是与之相应的波矢量,且模$|k_i|=\omega_i n_i/c$,其中 i=1、2、3 和 n_i 是折射率)。

在各向同性介质中,动量守恒条件永远不满足(至少在正常色散适用的透明范围内,即折射率 n 随光学频率 ω 增加)。然而,可以利用正交偏振,由偏振色散补偿波长色散(所谓的双折射或角相位匹配),从而在双折射晶体中实现动量守恒。

或者,可以在所谓的准相位匹配(QPM)晶体中实现光子动量守恒。晶体取向沿光路周期性反转可以获得准相位匹配。通过正常的间隔校正相对相位,晶体取向的周期性及其相关光学非线性符号的反转,补偿了波矢量失配[1]。

晶体内 QPM 光栅 Λ 的周期(图 5.2)应为

$$2\pi / \Lambda = k_3 - k_2 - k_1 \tag{5.3}$$

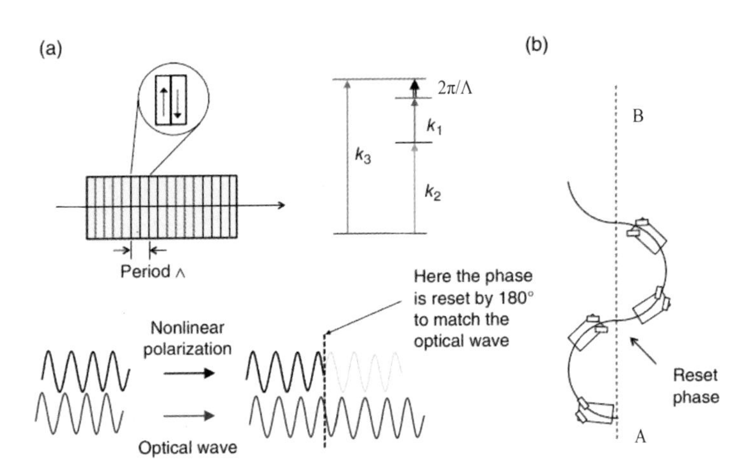

图 5.2 准相位匹配。(a)在具有周期性翻转非线性符号的准相位匹配(QPM)晶体中,人工创建的晶体定取向反转光栅补偿了波矢量失配。(b)准相位匹配类似于需要将汽车从 *A* 点开到 *B* 点的情况,但汽车的车轮不能直行,而是只能以+45° 或-45° 方向前行。在这种情况下,策略是开车朝着目标 90° 的方向行驶,每次汽车绕半圈,将车轮方向从+45° 转至-45°,反之亦然。

在这种情况下,与定向反转周期($2\pi/\Lambda$)相关的附加矢量 k,补偿了参与波之间的失配 $\Delta k=k_3-k_2-k_1$。

准相位匹配可以表述如下:假设一个人需要驾驶一辆汽车从 A 点到 B 点,但汽车的车轮不能直行,而是以+45° 或-45° 方向行驶。在这种情况下,策略如下:一个人开始向目标

90°的方向行驶，当汽车绕半圈时，将车轮方向从−45°转至+45°位置（反之亦然）。与直线相比，平均行驶距离将增加π/2倍，燃油里程将相应减少2/π，与真实相位匹配情况相比，这正是QPM方案中有效非线性系数降低的原因。在整个过程中，最关键的就是在正确的时刻转动方向盘。与之类似，在QPM晶体中，三波相互作用给定的条件下，需要精确调整晶体取向的翻转周期Λ。

与双折射相位匹配不同，准相位匹配允许获得最高可用非线性系数（如铌酸锂中的d_{33}）以及消除具有正交偏振的光束的空间（双折射）走离。这允许紧密的，所谓的非临界光束聚焦。QPM晶体的典型例子是周期极化铌酸锂（PPLN）。

5.1.1 差频生成效应（DFG）

差频生成（DFG）是将来自两台成熟的近红外激光器的激光进行混频，从而产生紧凑型的中波红外光源。DFG是一种无须光学腔的、单通道波长转换方案，只需要输入激光束在非线性晶体中在空间和时间上的重叠。例如，铌酸锂（$LiNbO_3$）是一种低成本的坚固材料，周期性极化使其能够适应几乎任何三波DFG相互作用的相位匹配，仅受波长$\lambda\approx5$ μm附近的铌酸锂吸收极限的限制[2]。PPLN中的波导和块状相互作用几何结构都被用于将近红外波长与中波红外波长混合。虽然波导中的DFG转换效率更高，但块状材料可以承受更高的功率水平，更容易制造，并且对光束对准的敏感度要低得多。DFG光源调谐是通过改变一台或两台近红外激光器的波长来实现的。

当条件限定为相互作用波之间的转换效率很小和相位完美匹配，DFG功率P_1由以下乘积表示：

$$P_1=\eta\times P_2P_3 \tag{5.4}$$

其中，P_2和P_3是两个泵浦激光器的功率（波长较短的P_3称为泵浦光，P_2称为信号光）。因此，P_1与P_2、P_1与P_3都是呈线性相关的，可以通过以下方式引入归一化转换效率η（单位：%/W），其取决于有效非线性系数（d_{eff}）、输出中波红外频率（ω_1）、聚焦强度和相互作用长度（L）[3]：

$$\eta\propto\omega_1^2\left(\frac{d_{eff}^2}{n^3}\right)\frac{L^2}{\text{area}} \tag{5.5}$$

其中，n是平均折射率；“area”是有效横截面面积，用于衡量相互作用光束在晶体内部聚焦的紧密程度（波导中的有效横截面面积可能很小）；决定DFG效率的重要项d_{eff}^2/n^3被称为晶体的非线性光学品质因数（NLO FOM）；还可以看到，由于ω_1^2项随着中波红外波长的增加，DFG转换效率急剧下降。

5.1.2 光学参量振荡器(OPO)

光学参量振荡器提供极宽的可调谐性,本质上仅受材料透明度的限制,只需要单泵浦激光器,且通常具有非常高的泵浦转换效率,远大于DFG。如果需要极宽的连续可调谐性(频率高达两个或三个倍频)、高峰值功率(>1 kW)或高平均功率(>1 W)以及高量子转换效率(>50%),OPO和其他参量器件(如OPG和OPA)都是首选。但是,这些都必须具备谐振腔(通常为信号波谐振),而OPG或OPA等单通道器件则需要峰值功率较高(>1 MW)的泵浦源。此外,OPO需要达到振荡阈值才能输出激光,而DFG设备则没有振荡阈值(DFG系统在任何情况下都总能够输出激光)。

OPO中的参量频率下变频可被视为NLO晶体和频率生成的逆过程,NLO晶体可作为促进泵浦光子衰减为两个较小光子的催化剂。OPO调谐是通过改变相位匹配条件来实现的,相位匹配条件反过来改变信号光和闲频光光子能量之间的比值,从而调谐输出频率。可以通过以下方式实现相位匹配:

- 旋转晶体(对于双折射NLO材料);
- 改变反转周期(QPM晶体);
- 改变晶体的温度;
- 调谐泵浦波长。

图5.3描述了四种基本类型的光学参量器件,即连续波(CW)、脉冲纳秒、同步泵浦超快和行波器件,如OPG和OPA。由于参量增益取决于泵浦的瞬时强度(功率密度),连续波OPO(图5.3(a))需要较高的平均功率(通常>1 W)才能达到阈值功率;此外,由于连续波OPO的增益很小,因此需要一个低损耗谐振腔。相比之下,纳秒泵浦(图5.3(b))对腔损耗的要求要低得多(如简单的“平-平”短腔就已足够);在这种情况下,适度的泵浦能量(微焦耳级至毫焦耳级)结合适度的平均泵浦功率就可以满足OPO阈值要求[4]。对于皮秒或飞秒泵浦(图5.3(c)),有必要将OPO往返时间与泵浦激光器的重复周期相匹配,即采用“同步泵浦”的方式。在这种情况下,整个往返之后的OPO脉冲将被下一个输入泵脉冲再次放大。由于锁模泵浦脉冲的脉冲持续时间很短,OPO阈值平均功率可能较低(约为100 mW或更低)。最后,OPA和OPG是单通道器件,不需要谐振腔(图5.3(d))。作为泵浦源,它们通常使用输入泵浦功率密度至少为100 MW/cm^2、脉冲持续时间短(ps或fs量级)的强脉冲。OPA和OPG之间的区别在于,前者有一个微弱的“种子”脉冲(以信号光频率ω_2为特征),与ω_3的强泵浦一起注入;而后者以量子噪声作为参量放大的种子激光。在这两种情况下,NLO晶体的单通道增益都非常高(约10^6或更高,指数过程),泵浦光的很大一部分(>10%)被转换为信号光和闲频光。

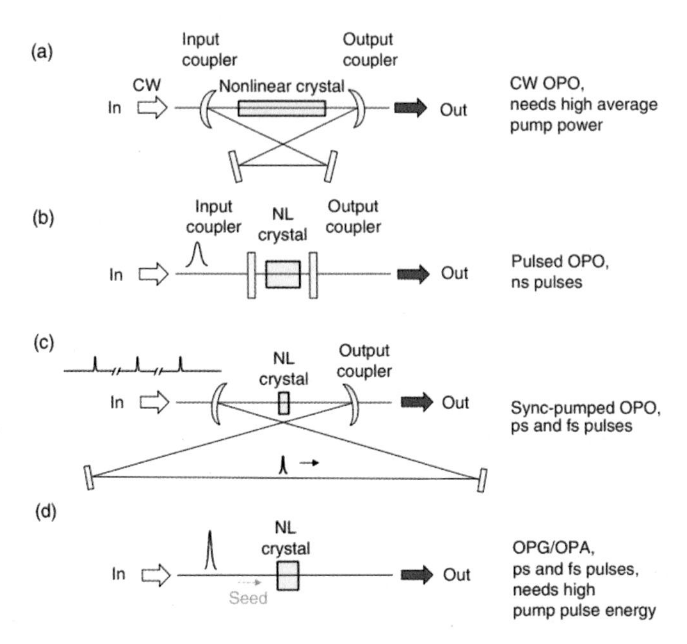

图 5.3　四种基本类型的光学参量器件。(a)连续波 OPO。(b)脉冲纳秒 OPO。(c)同步泵浦超快 OPO。(d)行波器件,如 OPG 和 OPA。

为了实现相互作用光波之间的完美相位匹配,在无泵浦耗尽的极限下,当 ω_3 处存在泵浦场内时,种子脉冲 P_{in}(在信号或闲频波处)的单程参量增益表示为[3]

$$G=\frac{P_{out}}{P_{in}}=\cosh^2(\Gamma L) \tag{5.6}$$

其中,L 是非线性晶体的长度;Γ 是由下式给出的增益增量:

$$\Gamma^2=\left(\frac{d_{eff}^2}{n^3}\right)\frac{2\omega_1\omega_2 I_{pump}}{\varepsilon_0 c^3}=\left(\frac{d_{eff}^2}{n^3}\right)\frac{8\pi^2 I_{pump}}{\lambda_1\lambda_2\varepsilon_0 c} \tag{5.7}$$

其中,I_{pump} 是泵浦激光强度(功率密度);ω_1 和 ω_2 是闲频光频率和信号光频率;λ_1 和 λ_2 是相应的波长(使得 ω_i=$2\pi c/\lambda_i$);d_{eff} 是有效非线性系数;n 是平均折射率。同样,决定增益的重要项是非线性品质光学因数 $d_{eff}{}^2/n^3$。

事实上,单通道参量增益随泵浦强度而剧烈变化。例如,在低增益极限(ΓL<<1)中,

$$G=\cosh^2(\Gamma L)\approx 1+(\Gamma L)^2 \tag{5.8}$$

因此,功率的增量增加为

$$\frac{P_{out}-P_{in}}{P_{in}}=G-1=(\Gamma L)^2 \tag{5.9}$$

并且与泵功率密度成比例。另一方面,在高增益极限(ΓL>>1)中, cosh 函数约等于指数和,即

$$G = \cosh^2(\Gamma L) \approx \frac{1}{4} e^{2\Gamma L} \quad (5.10)$$

使得 G 随泵浦场呈指数增长。

作为数值示例，考虑有效 NLO 系数 d_{eff}=14 pm/V 的 PPLN，适用于中波红外范围[5]，λ_3=1.06 μm（泵浦光波长），λ_2=1.57 μm（信号光波长），λ_1=3.3 μm（闲频光波长）。在连续波泵浦功率为 10 W、光束直径为 100 μm（为简单起见，假设所有三种波的平顶均匀强度分布）的情况下，对于 30 mm 长的晶体，相应的泵浦功率密度为 0.13 MW/cm²，从式（5.8）和式（5.9）可以看出，单通道功率增量仅为 13%。然而，对于超快泵浦脉冲，情况发生了巨大变化。在长度仅为 5 mm 的晶体中，当脉冲持续时间为 1 ps，平顶光束直径为 100 μm，脉冲能量为 1 μJ 时，相应的泵浦功率密度为 13 GW/cm²，而单通道参量增益达到 $G=1.7\times10^{16}$。

5.1.3 中波红外 $\chi^{(2)}$ 非线性晶体简介

表 5.1 比较了最适合中波红外应用 $\chi^{(2)}$ NLO 晶体的线性和 NLO 特性。该表将晶体分为三类：

- 周期性极化（PP）QPM 氧化物，如铌酸锂（$LiNbO_3$）或磷酸氧钛钾（$KTiOPO_4$）。
- 双折射晶体，其中一些早已为人所熟知（例如 AGS、AGSe、ZGP、CGA、CdSe 和 GaSe）[12]，而另一些则是最近才开发的，例如磷化镉硅（CSP）；
- 新开发取向图案化周期性反转的 QPM 半导体，如取向图案化砷化镓（OP-GaAs）、磷化镓（OP-GaP）、硒化锌（OP-ZnSe）和氮化镓（OP-GaN）。

表 5.1 适用于中波红外应用的二阶非线性晶体的线性和非线性光学特性

Crystal	Transparency range（μm）	d_{eff}（pm/V）[a]	Ave. ref. index	NLO FOM (d_{eff}^2/n^3) with respect to PPLN	Ref.
Periodically poled oxides					
PP LN（LiNbO3）	0.4~5.5	$(2/\pi)d_{33}=(2/\pi)\cdot22=14$	2.12	1	[5]
PP LT（LiTaO3）	0.35~4.5	$(2/\pi)d_{33}=(2/\pi)\cdot10.7=6.8$	2.11	0.24	[6]
PP KTP（KTiOPO4）	0.35~4.3	$(2/\pi)d_{33}=(2/\pi)\cdot16.9=10.8$	1.8	1.0	[7]
PP KTA（KTiOAsO4）	0.35~5.3	$(2/\pi)d_{33}=(2/\pi)\cdot16.2=10.3$	1.8	0.9	[7]
PP RTA（RbTiOAsO4）	0.35~5.3	$(2/\pi)d_{33}=(2/\pi)\cdot15.8=10.1$	1.8	0.9	[7]
Birefringent					
AGS（AgGaS2）	0.47~13	$d_{36}=12$	2.4	0.5	[8]
AGSe（AgGaSe2）	0.71~19	$d_{36}=33$	2.65	2.8	[8]
CSP（CdSiP2）	0.65~7	$d_{36}=84.5$	3.05	12.2	[9]
LIS（LiInS2）	0.4~12	$d_{31}=7.2; d_{24}=5.9$	2.1	0.23	[10]

续表

Crystal	Transparency range(μm)	d_{eff}(pm/V)[a]	Ave. ref. index	NLO FOM $\left(d_{eff}^2/n^3\right)$ with respect to PPLN	Ref.
LGS(LiGaS2)	0.33~11.6	d_{31}=5.7;d_{24}=5.2	2.1	0.16	[11]
CdSe	0.75~25	d_{31}=18	2.46	1.1	[8]
ZGP(ZnGeP2)	0.74~12	d_{36}=75	3.13	8.9	[12]
CGA(CdGeAs2)	0.65~20	d_{22}=54	2.73	7	[12]
Orientation patterned, cubic	2.4~18	d_{36}=236	3.6	65	[12]
OP-GaAs	0.9~17	$(2/\pi)\sqrt{4/3}\ d_{14}=(2/\pi)\sqrt{4/3}\cdot 94=69.1$	3.3	65	[13]
OP-GaP	0.57~13	$(2/\pi)\sqrt{4/3}\ d_{14}=(2/\pi)\sqrt{4/3}\cdot 37=27.2$	3.05	6.5	[6]
OP-GaP	0.57~13	$(2/\pi)\sqrt{4/3}\ d_{14}=(2/\pi)\sqrt{4/3}\cdot 35=25.7$	3.05	1.27	b
OP-ZnSe	0.55~20	$(2/\pi)\sqrt{4/3}\ d_{14}=(2/\pi)\sqrt{4/3}\cdot 30=22.1$	2.44	1.13	[14][c]
OP-ZnSe	0.55~20	$(2/\pi)\sqrt{4/3}\ d_{14}=(2/\pi)\sqrt{4/3}\cdot 20=14.7$	2.44	1.6	d
Orientation patterned, hexagonal					
OP-GaN	0.37~7	$(2/\pi)d_{33}=(2/\pi)\cdot 16.5=12.1$	2.3	0.7	[15]

a.(2/π)折减因子解释了准相位匹配的影响[1]。对于立方对称晶体(例如 GaAs),当 d_{eff} 最大时(例如当所有极化都沿<111>),即 $d_{eff}=\sqrt{4/3}\ d_{14}$,会出现额外的因子 $\sqrt{4/3}$。在此给出了最适合生成中波红外的非线性系数。由于色散效应,该数值可能低于可见光和近红外光谱的数值[16]。

b. 本书作者所在的中佛罗里达大学团队通过参考已知的 GaAs 的 d_{14} 系数(94 pm/V),使用波长 λ=4.7 μm 的纳秒脉冲,直接比较准相位匹配的 OP-GaP 和 OP-GaAs 晶体在倍频过程中的 SHG 效率,测得 GaP 的中波红外 d_{14} 系数为 35±2 pm/V。

c. 通过波长 1.3 μm 的 SHG 测量了 ZnSe 的 d_{14}。

d. 本书作者所在的中佛罗里达大学团队通过参考已知的 GaAs 的 d_{14} 系数(94 pm/V),使用 λ=4.7 μm 的纳秒脉冲,直接比较单相干长度(约 100 μm)的 110 切 ZnSe 和单相干长度(约 45 μm)的 110 切 GaAs 在倍频过程中的 SHG 效率,测得 ZnSe 的中波红外 d_{14} 系数为 20±2 pm/V。

5.1.3.1 周期性极化氧化物

周期性极化氧化物在 20 世纪 90 年代中期趋于成熟,由于其成本相对较低且非线性系数 d_{33} 较高,因此获得广泛使用。第一类实用 QPM 材料——PPLN 的问世,通过铁电畴的周期性反转成功实现了准相位匹配,代表了 NLO 材料开发的新典范[1, 17]。摆脱了双折射相位匹配的苛刻要求的束缚,QPM 畴结构灵活的构建-替换机制,让 QPM 可选的材料更加广泛。铁电氧化物可以通过施加光刻电极,然后对交替极性的周期畴进行电场极化来实现 QPM

的构建。QPM具有能够进行非临界相位匹配、极化灵活性强、可以对功能进行工程化设计等优点。

另一类非常有吸引力的周期性极化晶体就是磷酸氧钛钾（$KTiOPO_4$，KTP）及其同晶型体[7]。KTP具有较高的激光损伤阈值，对所谓的光折变效应的敏感性较低。（光折变效应是PPLN和PPLT的特性，由产生的可见光杂光导致的晶体中折射率发生预料之外的变化。）对于KTP晶体，非线性系数d_{33}约为$LiNbO_3$的2/3。类似$KTiOAsO_4$（KTA）和$RbTiAsO_4$（RTA）的KTP等同晶型体的周期性极化也已成功实现。KTA和RTA晶体已广泛用于中波红外OPO，主要是因为它们的红外透射略宽。通常，铁电NLO氧化物晶体（如铌酸锂、钽酸锂或KTP及其类似物）由于多声子吸收的开始，长波操作被限制在4~5 μm。

5.1.3.2 双折射晶体

表5.1列出的中波红外双折射NLO晶体中，ZGP最为坚固，是目前2 μm泵浦光参量振荡器的首选材料。如表5.1所示，ZGP的非线性系数非常高，可以达到75 pm/V，导热系数最高（35 W/mK），是与2 μm泵浦相匹配的双折射晶体。基于ZGP晶体的OPO可以在波长2.5~>10 μm范围内进行调谐。通过改进抛光和抗反射涂层，脉冲持续时间为20 ns，重复频率为10 kHz，产生的激光损伤阈值超过4 J/cm^2。在脉冲周期模式下，基于ZGP晶体波长3~5 μm可调谐中波红外激光器输出功率最大（超过30 W）[18]。

$CdSiP_2$（CSP）是一种新型的NLO晶体，适用于1~7 μm光谱范围内的激光频率转换[19]。由于CSP晶体非线性系数高达84.5 pm/V，超过过去40年发现的所有用于相位匹配的无机晶体，因此CSP晶体用途非常广泛[9]。最重要的是，由于CSP晶体存在2.45 eV的带隙，使用1.064 μm OPO泵浦时，不会发生双光子吸收。在适用于1 μm泵浦的长波红外NLO晶体中，CSP晶体热导率最高（13.6 W/mK），而最有名的$AgGaS_2$晶体热导率也才达到1.4 W/mK。

硒化镓（GaSe）是一种具有层状结构和弱（范德华）层间耦合的二维III-VI族半导体，在双折射NLO晶体家族中占有特殊的地位。虽然GaSe晶体的机械柔软性使其难以沿任意方向切割和抛光（GaSe只能沿001平面垂直于其c轴切割），但该晶体具有众多独特的优势，包括：双折射率极大（$\Delta n \approx 0.3$），可用于许多三波过程（包括THz产生）；透明范围宽（0.65~20 μm）；光学损耗极低（在1~15 μm时$<0.1\ cm^{-1}$）；NLO系数大（54 pm/V）和带隙大（2 eV）等，当泵浦波长$\lambda>1.25$ μm时，最大限度地减少了双光子吸收。以下总结了GaSe作为NLO晶体在中波红外和长波红外（太赫兹）光谱区域中最突出的应用：

- 6~12 μm辐射的宽带倍频[20]；
- 连续波差频生成（8.8~15 μm）[21]；
- 皮秒脉冲差频生成（4~18 μm）[22]；

- 飞秒脉冲差频生成（3~20 μm）[23]；
- 3~19 μm 范围内连续可调谐性的光学参量生成（光参量发生器）[24]；
- 通过差频生成，产生 4~17 μm 光谱范围内频率梳[25-27]；
- 通过光学整流，产生单周期电磁瞬变（中心波长 7~3 000 μm）[28-29]；
- 通过纳秒脉冲差频生成，产生宽可调谐（0.2~5.3 THz）太赫兹辐射[30]；
- 从 10 μm 中波红外脉冲中产生（最高达 23 阶）高次谐波[31]；
- 中波红外和太赫兹波的相干电光检测[32]。

5.1.3.3 新兴 QPM 非线性光学材料

由于红外透明度较大、二阶非线性高、导热性强和表面损伤阈值高，闪锌矿半导体（如 GaAs 和 GaP）特别适合用于中波红外非线性光学频率转换。但由于闪锌矿半导体的立方晶体结构缺乏双折射，因此需要通过准相位匹配对其光学非线性进行空间调制。闪锌矿半导体不是铁电体，也没有类似 $LiNbO_3$ 的电场极化技术来诱导已经生长好的晶体发生畴翻转。

OP-GaAs 是实用 QPM 半导体的第一个应用实例。斯坦福大学[33]和东京大学[34]分布独立研发了形成 OP-GaAs 晶体的全外延工艺。目前，OP-GaAs 的制备方法主要是通过极性分子对非极性分子束外延（MBE），即先在 GaAs 基板上沉积一层薄薄的锗，随后通过适当的生长条件制造 GaAs 层（GaAs 层的取向与基板取向相反）。通过蚀刻将 GaAs 层图案化至基板位置，同时以相反的基板极性重新生长，即首先通过 MBE，然后通过高生长速率氢化物气相外延（HVPE），以产生适用于块状 NLO 应用的、厚度超过 500 μm 的 QPM 结构[18, 35-37]。正如将在本章中进一步看到的，研究人员研究开发出大量基于 OP-GaAs 晶体的中波红外器件，时域波形从连续波到飞秒脉冲，频率范围涵盖了中波红外到太赫兹。

尽管 OP-GaAs 在波长 2 μm 泵浦下表现出优异的性能，但由于泵浦波长在 1.8 μm 以下开始发生双光子吸收，并由此产生了自由载流子积累，因此 OP-GaAs 晶体的泵浦波长不能低于 1.8 μm。相比之下，另一种 III-V 族闪锌矿半导体磷化镓（GaP）具有更宽的带隙，泵浦波长在 1 μm 时，双光子吸收较少。OP-GaP 的生长和加工工艺是 OP-GaAs 工艺的直接延伸，其中磷代替砷，硅代替锗作为晶格匹配的非极性层。因此，BAE Systems 公司生长了可用的 OP-GaP 样品（QPM 层厚度高达 1 mm），并将其应用到大量连续波、超快中波红外器件中[18]。

5.1.3.3.1 硒化锌作为 NLO 备选材料

ZnSe 是一种具有对称性的 II–VI 族闪锌矿半导体，由于其高非线性磁化率高（约 20 pm/V）、光学损伤阈值高、机械特性良好、透明范围宽（0.55~20 μm），故是光学频率转换器件的好选择。Kanner 等人首次报道了 OP-ZnSe 晶体 QPM 生长结果[38]。为了实现 ZnSe

取向图案化，采用取向图案化的 GaAs 基板来生长 ZnSe 晶体。由于 ZnSe 具有与 GaAs 相同的（闪锌矿）晶体结构，并且其晶格几乎与 GaAs 完全匹配，因此可以在 OP-GaAs 基板上生长厚度较大（>750 μm）的 ZnSe 膜，并使 ZnSe 膜的取向图案与基板保持一致。通过波长 1.6 μm 和 CO_2 激光的倍频，以及波长 9 μm 附近进行 DFG 等初步结果，已经证明了这一点[38]。

5.1.3.3.2 氮化镓作为 NLO 备选材料

III-V 族半导体 GaN 具有纤锌矿晶体结构。其对角线非线性光学系数（d_{33} 约为 16 pm/V）与 PPLN 的量级相似，但 GaN 透明度范围更宽（0.37~7 μm）。由于导热率高（220 W/mK）、激光损伤阈值高、带隙宽（3.4 eV）等特性，且可以通过标准 1 μm 激光器作为泵浦源，GaN 非常适合作为高功率中波红外 NLO 晶体[15, 39-40]。尽管 GaN 作为 NLO 材料尚未成熟，但几个研究团队已经证明了 GaN 存在周期性极性反转，从而实现准相位匹配（在蓝宝石和 GaN 基板上生长 GaN）[41-44]。此外，有研究还证明了波长 1.66 μm 的激光在氮化镓 QPM 中产生了二次谐波[41]。

Petrov[11]发表了可用非氧化物 NLO 材料的详细概述，重点介绍了双折射（角度调谐）和 QPM 晶体的最新发展。此外，Schunemann 等人重点介绍了双折射晶体 $ZnGeP_2$ 和 $CdSiP_2$ 的生长以及取向图案化半导体砷化镓（OP-GaAs）和磷化镓（OP-GaP）的全外延生长方面的进展[18]。

5.2 连续波机制

5.2.1 连续波辐射的差频发生

差频发生（DFG）方法产生中波红外辐射的具体优势包括：在室温下容易获取单频近红外“泵浦”和“信号”激光源，无须低温冷却，且中波红外光束质量较高。例如，可以利用非线性晶体，将发达的通信范围窄线宽二极管或光纤激光器产生的激光耦合进光纤中，然后实现差频混频。此外，DFG 输出的激光也承袭了泵浦激光的相干特性。因此，输入适当的泵浦光和信号光，可以通过 DFG 输出窄线宽（1 kHz~1 MHz）的中波红外激光。

就效率而言，最佳的 DFG 结果通常在 QPM 晶体中获得。在使用 PP 晶体进行频率转换的早期工作中，Sanders 等人[45]展示了一种宽调谐中波红外光源，即从两个波长可调单空间模式激光二极管分别输出波长为 780 nm 和 980 nm 左右的激光，两束激光在（通过 0.5 mm 厚 z 切型 $LiNbO_3$ 晶片的电场极化制造的）块状 PPLN 晶体中进行差频混频后，输出宽调谐中波红外激光。波长在 3.6~4.3 μm 范围内的激光在长 7.8 mm 的晶体中产生中波红外相干辐射，辐射功率为 6 μW。更有效的 PPLN-DFG 系统如图 5.4 所示，以 1 562 nm 的分布式反馈(DFB)二极管激光器为泵浦源，泵浦激光通过掺铒光纤放大器(EFA)放大后，功率提高到 500 mW(线宽达到 360 kHz)；以 1 083 nm 的 DFB 光纤激光器为泵浦源，泵浦激光通过掺镱光纤放大器(YFA)放大后，功率提高到 800 mW(线宽达到 100 kHz)。将两束放大后的激光在 PPLN 晶体中混频，产生了波长约为 3.5 μm、功率为 0.4 mW 的可调谐窄线宽激光，对应的 DFG 归一化后的转换效率 η=0.1%/W[46-47]。此外，研究人员使用该 DFG 光源在 3.53 μm 附近对甲醛进行了高灵敏度的选择性光谱检测。

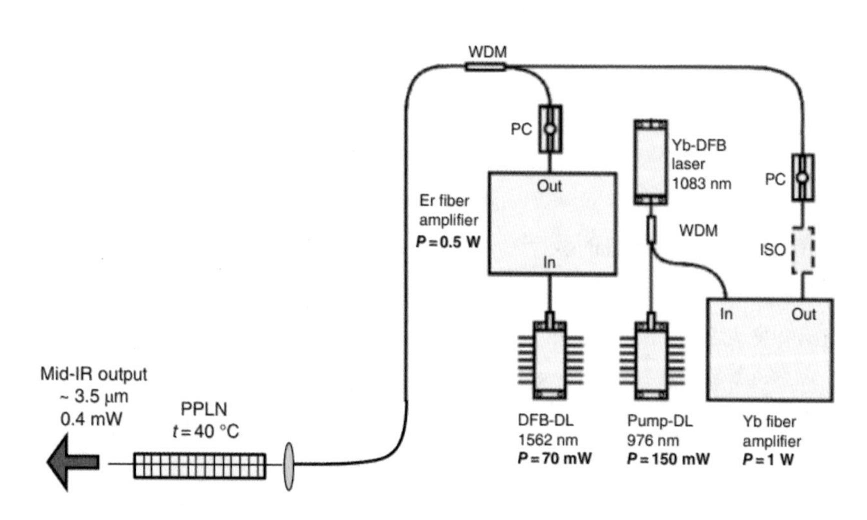

图 5.4 基于两束放大后的激光在 PPLN 中 DFB 混频的 3.5 μm DFG 源的实验设置。其中，DL 为二极管激光器；ISO 为光隔离器；PC 为偏振控制器；WDM 为波分复用器。来源：经美国光学学会(OSA)许可，转载自参考文献 46 图 3。

将来自两台线性偏振光纤激光器、波长分别为 1.064 μm 和 1.55 μm(泵浦功率分别为 43.3 W 和 31 W)的连续波激光，在长 5 cm 的 PPLN 晶体中差频混频，获得了波长为 3.4 μm(线宽约 1.5 nm)、功率为 3.5 W 的连续波激光[48]。这是迄今为止，功率最高的 DFG 生成连续波激光实例。

在使用脊形 PPLN 波导替代 DFG 的方法中，脊形 PPLN 的转换效率比块状 PPLN 晶体高 100 倍以上，从而产生数十毫瓦的 DFG 功率[49-52]。转换效率的提升来源于光束尺寸不再受到衍射的限制，且在晶体的整个长度上光束尺寸保持得非常小。NTT 公司的 Tadanaga 等人通过积分脊波导结构直接结合 PPLN 晶体，将功率为 11 mW 的泵浦光(波长为 1 047 nm)和功率为 66 mW 的信号光(波长为 1 550 nm)差频产生了功率为 0.26 mW、波长为 3.3 μm 的激光，归一化转换效率为 η=40%/W[49]。Asobe 等人使用 QPM 直接结合 Zn:$LiNbO_3$ 波导实现了高效 DFG[52]。使用 1.064 μm 激光二极管-掺镱光纤放大器(YDFA)产生的泵浦光和 1.55 μm 外腔可调谐激光二极管-掺铒光纤放大器(EDFA)产生的信号光来测量 DFG 性能。将功率分别为 444 mW 和 558 mW 的连续波泵浦光和信号光分别注入（长 38 mm、宽 17 μm、厚 11 μm）脊波导，获得波长为 3.4 μm、功率为 65 mW 的中波红外激光，相对应的归一化转换效率 η=26%/W。该 DFG 光源可以通过扫描信号波长的方式进行 10 nm 以上调谐，调谐范围与相位匹配带宽相关[52]。

红外透明度更大的新型 QPM 非线性晶体（如 GaAs）的开发，将 DFG 光源的可调谐范围扩展到 λ>10 μm。Levi 等人首次展示了在 19 mm 长的 OP-GaAs 晶体上使用定向图案 GaAs 差频生成的 8 μm 辐射[53]。其泵浦源为光纤耦合连续波 DFB 激光二极管（波长为 1.306~1.314 μm、功率为 3.3 mW），信号光源为波长 1.51~1.58 μm 外腔二极管激光器，将泵浦光和信号光混频，在 EDFA 中放大至 787 mW，产生了波长为 7.9 μm、功率为 38 nW 的闲频光。后来，同一团队将波长为 1.3 μm（功率为 80 mW）和固定波长为 1.55 μm（功率为 2 W）的激光混频，通过 OP-GaAs 晶体，产生了可在 7~9 μm（跨度 300 cm^{-1}）宽范围内调谐的、功率数微瓦的激光[54]。研究人员还使用该 DFG 系统，通过衰荡光谱法对 N_2O 气体进行了分析。Vasilyev 等人通过 33 mm 长的 OP-GaAs 晶体产生了功率为 0.5 mW 的可调谐（7.6~8.2 μm）单频 DFG 激光。由可调谐单频外腔二极管激光器泵浦-EDFA 放大获得波长为 1.55 μm、功率为 9 W 的泵浦光，由定制掺铥光纤激光器获得波长为 1.93 μm、功率为 0.5 W 的信号光，如图 5.5 所示。通过同时调谐二极管激光器波长和 OP-GaAs 晶体温度来调谐 DFG 输出波长。研究人员通过测量 7.65 μm 附近的甲烷吸收光谱来测试 DFG 光源的光谱性能[55]。

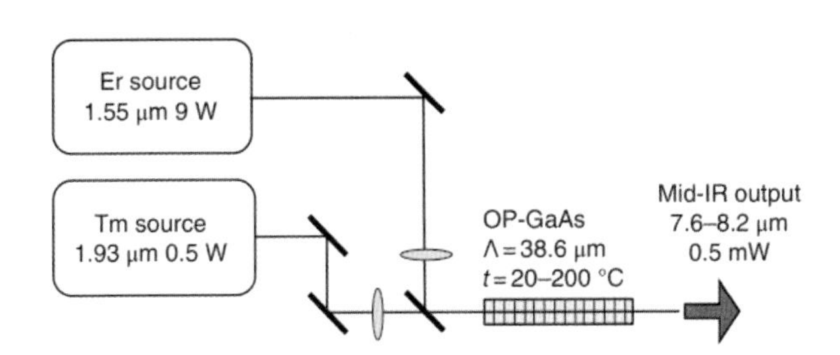

图 5.5　基于 OP-GaAs 晶体差频生成过程产生功率为 0.5 mW、波长为 7.6~8.2 μm 激光实验装置示意图。来源：经美国光学学会（OSA）许可，转载自参考文献 55 图 1。

因此，研究证明了通信范围光源通过在 QPM 晶体（如 PPLN 和 OP-GaAs）中差频是产生宽调谐中波红外光谱的有效方法。连续波差频生成中波红外光的主要结果汇总见表 5.2。

表 5.2 QPM 晶体中连续波差频生成概述

DFG structure	DFG wavelength (μm)	Pump and signal	DFG CW power and normalized efficiency	Ref.
PPLN, bulk				
PPLN, L = 7.8 mm	3.6~4.3	780 nm (180 mW) 980 nm (400 mW)	6 μW, η = 0.008%/W	[45]
PPLN, L = 50 mm	3.5	1 083 nm (800 mW) 1 562 nm (500 mW)	0.4 mW, η = 0.1%/W	[46,47]
PPLN, L = 50 mm	3.4	1 064.6 nm (43.3 W) 1 549.8 nm (31 W)	3.55 W, η = 0.26%/W	[48]
PPLN, waveguides				
PPLN ridge WG, direct bonded, L = 50 mm	3.2	1 047 nm (11 mW) 1 550 nm (66 mW)	260 μW, η = 40%/W	[49]
PPLN ridge WG, direct bonded, L = 50 mm	3.36	1 064 nm (46 mW) 1 558 nm (7 mW)	146 μW, η = 45%/W	[51]
PPLN ridge WG, direct bonded, L = 50 mm	3.52	1 083 nm (318 mW) 1 562 nm (503 mW)	15 mW, η = 9.4%/W	[50]
Zn:PPLN ridge WG, direct bonded, L = 38 mm	3.4	1 064 nm (444 mW) 1 550 nm (558 mW)	65 mW, η = 26%/W	[52]
OP-GaAs, bulk				
OP-GaAs, L= 19 mm	7.9	~1 300 nm (11 mW) ~1 550 nm (66 mW)	38 nW, η = 0.005%/W	[53]
OP-GaAs, L = 19 mm	7~9	~1 300 nm (80 mW) ~1 550 nm (2 W)	A few microwatts, η = 0.002%/W	[54]
OP-GaAs, L = 33 mm	7.6~8.2	~1 550 nm (9 W) ~1 930 nm (0.5 W)	0.5 mW, η = 0.003%/W	[55]

5.2.2 连续波光学参量振荡器

由于参量转换过程为非耗散性过程，光学参量振荡器（OPO）成为近红外光到中波红外光非常有效的转换器，主要受斯托克斯（量子数亏损）极限的限制，例如受泵浦光和闲频光之间的光子能量差的限制。OPO 增益源于相干非线性极化效应，其长波调谐截止仅可以通过非线性介质的透明度来设置（OPO 甚至可以在 THz 范围内产生一个低于声子共振带的闲频光[56]）。

在光学参量振荡器产生的两个光波（信号光或闲频光）中，至少有一个在腔中发生谐振，通常为较短波长的“信号光”（从实际角度来看，这种情况更容易实现）。如果由入射泵浦光提供的谐振场增益克服了往返损耗，则振荡从量子噪声开始。与单谐振光学参量振荡器（SRO）相比，在（信号光和闲频光，或信号光和泵浦光）双谐振甚至（信号光、闲频光和泵浦光共同发生）三谐振的光学参量振荡器中，需要达到的泵浦功率阈值要更低。然而，因为多重谐振对条件（如腔长）有严格的限制，后两种谐振更难实现。连续波光学参量振荡器的第一次演示就是信号光和闲频光谐振腔内发生谐振[57]。

20 世纪 90 年代初制造的 PPLN 晶体极大地刺激了光学参量振荡器的发展。1996 年，Bosenberg 等人展示了第一台连续波 QPM-OPO，它充分展示了 QPM 材料的卓越性能，使用波长为 1 064 nm、有效功率为 13.5 W 的 Nd:YAG 激光器，以 50 mm 长的 PPLN 晶体作为非线性介质，OPO 在双镜线性光学腔[58]或四镜环形蝴蝶结光学腔[59]中产生信号光谐振。其中，泵浦功率密度约为 55 kW/cm^2，线性腔中振荡阈值功率为 2.9 W，环形腔中振荡阈值功率为 3.6 W，如图 5.6（a）所示。该研究具有里程碑意义，原因在于：①在 λ=3.25 μm 时，闲频光功率达到 3.55 W（相当于量子极限性能的 80%）；②观察到 93%的泵浦损耗（图 5.6（b））；③通过使用具有多个光栅周期的 PPLN 晶体实现闲频光在 3.24~3.95 μm 光谱范围内调谐；以及④在含有腔内标准具的环形腔中保持单纵模振荡。

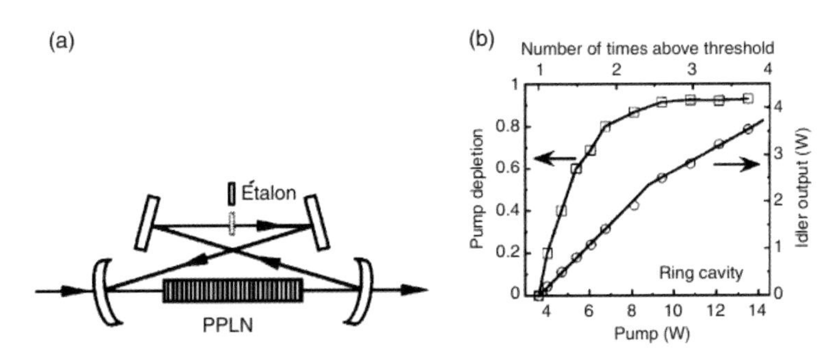

图 5.6 （a）基于 PPLN 晶体的环形腔连续波光学参量振荡器示意图。两个曲面反射镜的曲率半径为 100 mm，其余两个反射镜为平面镜。PPLN 晶体长 50 mm，光栅周期为 29.75 μm。（b）在 3.25 μm 的闲频光波长下，环形腔的泵浦损耗和闲频光输出功率与泵浦输入功率之间的关系。来源：经美国光学学会（OSA）许可，转载自参考文献 59 图 1 和图 2。

Kumar 等人展示了一种由单频掺镱光纤激光器（波长为 1 064 nm，最大功率为 28.6 W）泵浦的高功率连续波光参量振荡器，其总输出功率为 17.5 W，其中 9.8 W 在波长 λ_s=1.63 μm 的近红外“信号光”中，7.7 W 在波长 λ_i=3.07 μm 的“闲频光”中[60]。图 5.7 所示为实验设置以及信号/闲频输出如何随信号光输出耦合而变化，插图为 OPO 阈值泵浦功率随信号光输出耦合的变化。在最佳输出耦合约为 3.8%时，总功率最高达到 17.5 W，对应的 OPO 转换效率为 61%，泵浦损耗达到 69.4%。在没有信号光输出耦合的情况下，在波长 λ=3.06 μm 时，产生 8.6 W 的闲频光功率，泵浦-闲频转换效率为 30%，泵浦阈值功率为 3.6 W。在闲频光支路中，通过改变 PPLN 温度，OPO 可从 2.8 μm 调谐至 3.2 μm[60]。

同一研究团队展示了基于周期性极化钽酸锂($LiTaO_3$, PPLT)晶体的高功率连续波光学参量振荡器。尽管与铌酸锂相比,晶体的非线性系数小了(见表 5.1),但晶体对光折变损伤的抵抗力更强,导热性更高,光损伤阈值也更高,因此对瓦量级中波红外辐射的产生研究具有很强的吸引力。实验装置设置为以单频掺镱光纤激光器(波长为 1 064 nm、输出功率高达 30 W)作为泵浦源,使用 30 mm 长的 MgO 掺杂化学计量 PP $LiTaO_3$(MgO: sPPLT)作为增益元件[61],单谐振光学参量振荡器(SRO)可从 3.03 μm 调谐到 3.46 μm,在 3.1~3.3 μm 处产生 5.5 W 的连续波功率,泵浦损耗高达 64%。

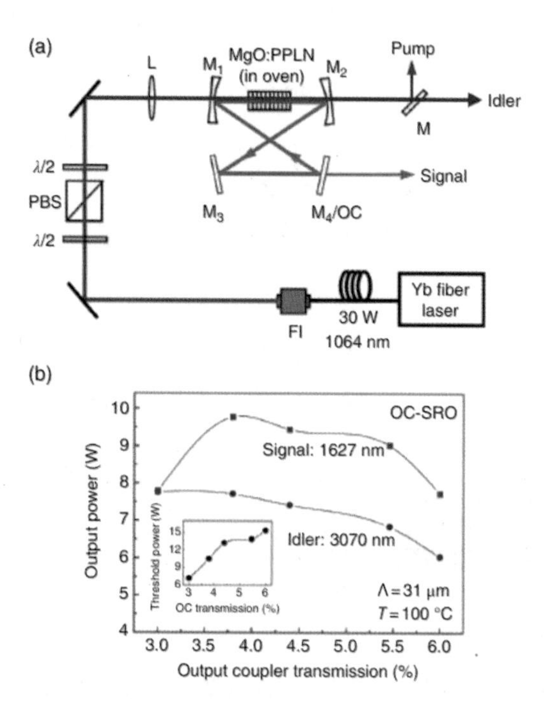

图 5.7 (a)掺镱光纤激光器泵浦基于 PPLN 晶体的环形腔 OPO 实验装置,总(信号+闲频)功率为 17.5 W。其中,FI 为法拉第隔离器;λ/2 为半波片;PBS 为偏振分束器;L 为透镜;M1~M4 为分色镜。分色镜 M4 用作 1.6~1.7 μm 范围内谐振信号波的输出耦合器(OC)。(b)提取的信号光(波长为 1.63 μm)和闲频光(波长为 3.07 μm)功率随输出耦合传输功率的变化。插图为阈值泵浦功率随输出耦合传输功率的变化。来源:经 Springer 许可,转载自参考文献 60 图 1 和图 2。

Henderson 等人报道了一种可广泛调谐的单频(线宽<1 MHz)连续波光学参量振荡器[62]。OPO 有一个四镜环形腔,以 80 mm 长的 PPLN 晶体作为增益介质,使用波长为 1 083 nm 的窄线宽(50 kHz)全光纤泵浦源驱动。当 λ=2.8 μm 时,测得闲频光的振荡阈值低至 780 mW;当泵浦功率为 2.8 W 时,泵浦损耗最大(达到 85%)。在此输入功率下,波长 λ=2.8 μm 的近衍射极限光束中产生功率为 750 mW 的闲频光。通过改变包含多个光栅周

期的 PPLN 晶体的 QPM 周期，实现了 2.65~3.2 μm 全范围内的可调谐性。通过仅微调泵浦波长，实现了 60 GHz($\Delta\lambda\approx2$ nm)的无模式调谐范围[62]。有关基于 PPLN 的宽调谐(>1 000 nm)和连续可调谐中波红外单纵模(SLM)连续波光学参量振荡器的更多结果，请参见参考文献 63 至 66。

在光学参量振荡器中，除信号光(或闲频光)外，泵波共振。该泵增强型 SRO 配置标记为 PE-SRO[67-70]。Rihan 等人展示了一种由波长为 795 nm、功率为 760 mW 的单频钛蓝宝石激光器泵浦 PE-SRO，获得闲频光的输出功率为 20~50 mW，具有八倍频程宽度，在波长 1.7~3.5 μm 范围内可调谐的闲频光。由于泵浦的增强，实现了最低阈值功率(低至 110 mW)[71](见表 5.3)。

表 5.3 中波红外连续波光学参量振荡器汇总

OPO crystal	Pump laser	Wavelength tuning (μm)	Other parameters	Ref.
PPLN L = 50 mm	1.064 μm 13.5 W	3.24~3.95	SRO, idler power 3.55 W at 3.25 μm, threshold 3.6 W (ring cavity), quantum efficiency 80%, pump depletion 93%	[58,59]
PPLN L = 50 mm	1.064 μm 28.6 W	2.8~3.2	SRO, idler power 8.6 W at 3.06 μm, threshold 3.6 W, pump-to-idler conversion 30%, pump depletion 79%	[60]
PPLT L = 30 mm	1.064 μm 30 W	2.8~3.2	SRO, idler power 5.5 W at 3.1~3.3 μm, threshold 17.5 W, pump-to-idler conversion 18.5%, pump depletion 64%	[61]
PPLN L = 80 mm	1.083 μm 2.8 W	2.65~3.2	SRO, single frequency; idler power 750 mW at 2.8 μm; threshold 780 mW; quantum efficiency 69%; pump depletion 85%; continuous-mode- hop-free scans of 60 GHz	[62]
PPLN L = 50 mm	775~860 nm 6 W	2.5~4.4	SRO, single frequency; idler power 800 mW; threshold 1.5 W; pump depletion 80%; continuous-mode-hop-free scans of 40 GHz by tuning the pump wavelength	[66]
PPLN L = 50 mm	795 nm 760 mW	1.7~3.5	PE - SRO, single frequency; idler power 20~50 mW, threshold 110 mW	[71]
OP - GaAs L = 40 mm	2.09 μm 24.7 W	3.8,4.7	Doubly resonant, signal + idler power 5.3 W, quantum efficiency 23.6%, threshold 11.5 W	[72]
$AgGaSe_2$ whispering gallery resonator	1.57 μm 12 mW	2~8	Triply resonant, 800 μW at 2.5 μm, 10 μW at 8 μm; quantum efficiency 12%, threshold 0.5~2 mW	[73]

由于受到铌酸锂、钽酸锂或磷酸钛钾等氧化物晶体中多声子吸收的限制，直到最近，连续波光学参量振荡器可设置的长波范围被限制在 5 μm 左右[74]。为了将这一限制扩展到更长的波长范围，Schunemann 等人使用 OP-GaAs 作为非线性介质，并首次在 GaAs 中进行了连续波光学参量振荡器操作的实验演示，以及首次使用波长大于 1.55 μm 激光泵浦的连续

波光学参量振荡器[72]。光学参量振荡器在信号光λ_s约为3.8 μm和闲频光λ_i约为4.7 μm时发射接近简并。OP-GaAs样品长40 mm,具有1.7 mm厚的QPM光栅结构，QPM周期为63.5 μm,使用低压氢化物气相外延法生长,在2.4 μm处的块状吸收损耗为0.004 cm^{-1}。该OPO泵浦源为由掺铥光纤激光器泵浦的、波长λ=2.09 μm的Ho: YAG振荡器-放大器系统。OPO谐振腔配置为蝴蝶结环形光学腔(图5.8)。泵浦功率为24.7 W,最大总输出功率(信号光+闲频光)为5.3 W，OPO阈值功率为11.5 W,最大转换效率(信号光+闲频光)为23.6%,是阈值的1.8倍[72]。高振荡阈值至少可以通过以下两点来解释:① OPO阈值随着信号光和闲频光波长的乘积而变化(见式(5.7)),因此当泵浦波长增大时,阈值功率会随之上升;②谐振波长为3.8 μm和4.7 μm时,块状OP-GaAs损耗可能高于2.4 μm下的测量值。

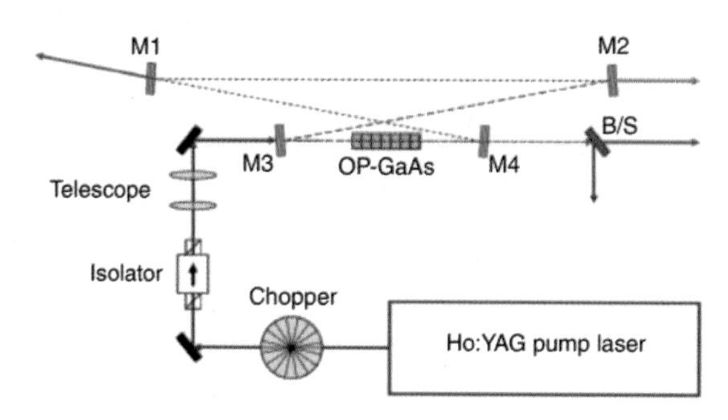

图5.8 基于OP-GaAs晶体的蝴蝶结形谐振腔连续波光学参量振荡器系统示意图。来源:经美国光学学会(OSA)许可,转载自参考文献72图1。

回音壁谐振腔(WGR)是构建连续波光学参量振荡器的一种全新方法,其中毫米大小的单片腔通过全内反射引导光线。由于所有相互作用光的往返损耗很小,回音壁式振荡器本质上是三重共振,铌酸锂的阈值功率可以低至微瓦级[75-77]。Meisenheimer等人展示了一种基于直径3.5 mm硒化银镓($AgGaSe_2$)的回音壁式振荡腔[73]。

使用$AgGaSe_2$晶体可显著地将现有OPO的调谐范围扩展到中波红外(表5.3)[73]。其泵浦光由λ=1.57 μm、单脉冲功率为12 μW的DBF激光二极管提供,并通过使用硅棱镜的倏逝场耦合到谐振器中。WGR中光场的空间分布由三个模式数(m、p、q)表征,其中m为纵向模数,q为横向/径向模数,p为极性模数。能量和角动量守恒定律决定了这些模数之间的特殊关系。图5.9显示了信号光波长λ_s=2.54 μm时,信号光输出功率与泵浦功率的关系,其中泵浦功率为12 mW时,信号光输出功率为0.8 mW;闲频光波长λ_i=4.11 μm时,经估算,相应的闲频光功率为0.5 mW。对于极性模数p和晶体温度的不同组合,在2~8 μm整个范围内产生OPO调谐(信号光和闲频光),其中波长为2 μm时输出功率为800 μW,波长为8 μm时输出功率为10 μW。

表5.3总结了CWOPO的主要结果,对连续波光学参量振荡器(包括回音壁OPO器

件)的发展进行了很好的回顾。

5.3 脉冲机制

5.3.1 脉冲差频生成

根据式(5.4),差频生成输出的峰值功率与两个泵浦光束的峰值功率的乘积成正比例,所以在脉冲状态下,差频生成转换效率可以显著提高。因此,与连续波模式相比,在相同的平均功率下,脉冲模式下的差频生成可以获得更高的转换效率(增强因子与泵浦的占空因数成反比)。在脉冲差频生成方法中,两束泵浦光不仅需要在空间上完全重叠,而且在时间上也要重叠。

由于 DFG 方法没有阈值,对晶体中的光学损耗要求也不是很高,表 5.4 列出了大量可用于混频生成中波红外激光的非线性晶体(如 PPLN、AGS、AGSe、GaSe 和 CGA 等)以及各种泵浦光源的组合。例如,研究早期,大量的工作已经证明了波长延伸至 λ>11 μm 的脉冲和纳秒脉冲在 AGS 晶体中可进行宽带差频混频[78-81]。Seymour 等人证明了 DFG 输出的长波极限可以扩展到 18.3 μm,即使超出 AGS 的双声子吸收带,也可以检测到输出功率[79]。此外,在使用波长 λ≈1 μm 的纳秒脉冲泵浦的 GaSe 中,DFG 产生的激光波长在 2.7~38.4 μm,远远超过了多声子红外共振[82]。$CdGeAs_2$ 是实际使用中所有 $\chi^{(2)}$材料中 NLO 系数最高的晶体(236 pm/V),通过 $CdGeAs_2$ 中的脉冲 DFG 实现了波长 6.8~20.1 μm 的连续可调输出。研究人员以基于 $ZnGeP_2$ 晶体 OPG 输出的信号光(波长为 4~5 μm)和闲频光(波长为 6.5~9.5 μm)作为泵浦光(见表 5.4)。

表 5.4 CW 中波红外 OPO 汇总

DFG crystal	DFG wavelength(μm)	Pump and signal	DFG parameters	Ref.
Broadly tunable, angular phase matched				
AGS L = 1.5-1.7 mm	4.6~12	694 nm(1.4 mJ) 737~817 nm(130 μJ)	4 nJ @ 11 μm(10 ns duration)	[78]
AGS L = 2.8 mm	5.5~18.3	539~658 nm(19 μJ) 555~747 nm(23 μJ)	16 nJ @ 11.8 μm(4 ns duration)	[79]
AGS L = 10 mm	5~11	1.064 μm(120 mJ) 1.18~1.35 μm(~12 mJ)	2 μJ @ 6 μm(12 ns, 10 Hz)	[80]
AGS L = 10 mm	5~12	1.76~2.01 μm(18 mJ) 2.26~2.7 μm(17 mJ)	96 μJ @ 7.5 μm(8 ns, 30 Hz)	[81]
GaSe L = 20 mm	2.7~38.4	1.064 μm(6 mJ) 1.09~1.75 μm(3~5 mJ)	12 μJ @ 5.9 μm(5 ns, 10 Hz)	[82]

续表

CGA L = 5.8 mm	6.8~20.1	4~5 μm(5 μJ) 6.5~9.5 μm(1.5 μJ)	0.3 μJ @ 10~13 μm(0.1 ns, 3 Hz)	[83]
High energy per pulse				
KTA L = 15 mm	3~5.3	785~886 nm(70 mJ) 1.064 μm(170 mJ)	0.5 mJ @ 4.4 μm, 0.3 mJ @ 5 μm (2 ns, 10 Hz)	[84]
KTA six crystals in series, total L = 60 mm	3.14~4.81	1.065 μm(50 mJ) 1.37~1.61 μm(4 mJ)	1 mJ @ 3.5 μm, 0.4 mJ @ 4.5 μm, (2 ns, 20 Hz)	[85]
High repetition rate				
PPLN L = 50 mm	3.52	1.064 μm(19 μJ, 7.7 W ave.) 1.525 μm(10 mW CW)	1 W ave. power(2.5 ns, 400 kHz), 1 GHz linewidth, conv. eff. from pump 13.4%	[86]
PPLN L = 50 mm	3.2~5.7	1.064 μm(30 μJ, 252 mW ave.) 1.5~1.6 μm(8 mW CW)	0.2~14 mW ave.(6 ns, 8.4 kHz), linewidth 154 MHz @ 2 mW, 195 GHz @ 14 mW	[87]

在低重复频率(约 10 Hz)泵浦下,即可获得毫焦耳级高能量中波红外 DFG 脉冲。例如,Kung 使用来自钛蓝宝石放大器的激光(波长为 785~886 nm,脉冲能量为 60~70 mJ)和 Nd:YAG 激光器(波长为 1 064 nm、单脉冲能量为 170 mJ),以 10 Hz 的重复频率在 KTA 晶体中进行差频混频,产生了波长 3.0~5.3 μm 范围内连续可调的中波红外激光[84]。当波长 λ=4.4 μm 时,脉冲持续时间为 2 ns(线宽为 30 GHz),单脉冲能量超过 0.5 mJ,峰值功率为 250 kW。与之类似,Miyamoto 等人报道了在 KTA 中通过 DFG 产生具有高能量(0.4~1 mJ/脉冲)、宽调谐(3.1~4.8 μm)和窄线宽(1.4 GHz)的纳秒中波红外脉冲。该研究采用 5~6 个 KTA 晶体串联作为介质,总长度为 50~60 mm[85]。通过将波长为 1 065 nm、单脉冲能量为 50 mJ 的泵浦脉冲与波长可调(调谐范围 1 368~1 611 nm)、单脉冲能量为 4 mJ 的信号脉冲混频进行 DFG。通过在 4.587 μm 处观察 CO 气体的振-转吸收线,证实了 DFG 输出的激光线宽较窄,且具有良好的频率再现性。

对于 DFG 生成波长范围 2~5 μm(适合生成分子光谱的波长范围)、高重复频率(>1 kHz)激光的过程来说,PPLN 是最合适的材料之一,得益于 PPLN 的功率转换效率高,且长度超过 50 mm 的 PPLN 晶体已经实现了商业化。Belden 等人在 5 cm 长的 PPLN 晶体中进行 DFG,输出了波长为 3.52 μm 的窄线宽、平均功率>1 W 的激光[86]。以全光纤激光源输出的波长为 1 064 nm、重复频率为 400 kHz 和平均功率为 7.7 W、脉冲持续时间为 2.5 ns 的脉冲激光为泵浦光,以光纤耦合 DFB 二极管激光器输出的波长为 1 525 nm、功率为 10 mW 的连续波激光为信号光。值得注意的是,泵浦光的峰值功率大约是“信号光”的上百万倍,而差频生成过程的特性更接近以“信号光”作为种子光学参量放大器。根据式(5.10)

的指数关系，泵浦的初始阈值功率为 2.5 W。总体来说，波长 1.064~3.52 μm 功率转换效率高达 13.4%，量子效率为 44%。

参考文献 87 中描述了一种基于 PPLN 晶体的、重复频率为 3~8 kHz、平均功率为 0.2~14 mW 的 DFG 系统，用于产生波长 3.2~3.7 μm 范围内的光声光谱进行气体传感。泵浦源是由非平面环形振荡腔（NPRO）及其内置的基于二极管泵浦的脉冲高峰值功率被动 Q 开关 Nd: YAG 激光器组合而成。泵浦源可以为 DFG 过程产生的激光设置脉冲重复频率、脉冲持续时间和线宽（154 MHz）。"信号光"来自波长可在 1 500~1 600 nm 范围内可调谐的连续波外腔二极管激光器，该二极管激光器也可以设置 DFG 调谐范围。如参考文献 86 所示，该 DFG 光源基于脉冲泵浦激光器和连续波信号激光器的组合。在这种配置中，当 DFG 输出功率较低时（<2 mW），指数 OPA 过程受到显著抑制。当 DFG 平均功率较高时（高达 14 mW），OPA 系统成为主导，线宽扩大 1 000 倍以上，达到 195 GHz[87]。

表 5.4 总结了脉冲 DFG 激光源。

有关脉冲 DFG 的更多信息，请参见参考文献 11 和 87。

5.3.2 脉冲光学参量振荡器

一对平面镜组成一个简单短小的线性腔，配上纳秒脉冲泵浦源，就足以形成光学参量振荡器（OPO）。（信号光或闲频光）单谐振脉冲光学参量振荡器（SRO）的阈值由以下两个主要因素决定：

- 参数增益应补偿光学腔中谐振光的往返损耗；
- 参数增益应足够高，以克服所谓的"累积"损失。

后者与以下事实有关：对于纳秒泵浦源，OPO 功率需要在有限的时间内（通常为 10~100 次往返）积累，即从量子噪声到检测限[88]。

有趣的是，腔中损耗对脉冲 OPO 的阈值起次要作用。事实上，Yariv[3]给出了 OPO 的等效量子噪声"种子"功率，并表示为光子能量与带宽的乘积。当波长约为 3 μm（光子能量为=6.6×10^{-20} J）和 OPO 带宽约为 1 cm^{-1}（3×10^{10} Hz），量子噪声种子功率约为 2 nW。假设可检测峰值功率约为 1 W，则需要腔内总强度约为 10^9。在纳秒脉冲 OPO 中通常约有 30 次往返，这意味着式（5.8）中的单通道 OPO 增益因子应为 $G\approx2$，这大于谐振波的典型腔内损耗。

5.3.2.1 宽调谐脉冲 OPO

激光发明后不久，在中波红外区域具有宽调谐能力的脉冲 OPO（达到几个倍频）就成为重要的光谱工具。早在 1973 年，Hanna 等人就展示了一种基于硫砷银矿（Ag_3AsS_3）晶体的光学参量振荡器，依靠来自 Q 开关铷激光器、波长为 1.065 μm 的泵浦光，该光学参量振荡器可在红外的大部分区域范围内（1.22~8.5 μm）进行调谐[89]。

20 年后，由于铁电体极化技术的发展，作为产生可调谐光（尤其是在波长 1~5 μm 光谱范围红外光）的晶体，PPLN 成为应用最广的 OPO 非线性材料之一。非线性系数高、光学质量好、吸收率低，让 OPO 的泵浦阈值显著降低，而转换效率则显著提高。Myers 等人报道了第一台基于 PPLN 晶体的纳秒 OPO[90]。研究人员使用的 PPLN 晶体长 15 mm、厚 0.5 mm，QPM 光栅周期为 31 μm，泵浦源为波长为 1.064 μm、脉冲持续时间为 7~20 ns、重复频率为 100 Hz~10 kHz 的基于二极管泵浦 Q 开关 Nd: YAG 激光器。OPO 谐振腔为一个由反射镜组成、信号光波谐振的线性腔。当聚焦泵浦激光束聚焦尺寸为 47 μm 时，晶体温度从室温变化至 180 ℃，OPO 泵浦阈值为 12 μJ，输出可在 1.66~2.95 μm 范围内连续调谐的激光。为了扩大 PPLN 晶体 OPO 的调谐范围，同一研究团队报道了一台在 PPLN 晶片上引入多个光栅的 OPO。其中，PPLN 晶片长 26 mm，由 25 个 0.5 mm 宽的光栅组成，QPM 周期为 26~32 μm，步长为 0.25 μm（图 5.9（a））[91]。当泵浦脉冲的脉冲持续时间为 7 ns、能量通量为 0.09 J/cm^2 时，振荡阈值低至 6 μJ。PPLN 晶体在光束上平移，从而让光束与不同的光栅部分相互作用，实现了 1.36~4.83 μm 波长范围内的可调谐输出。OPO 调谐曲线与光栅周期的关系如图 5.9（b）所示。当泵浦重复频率为 1 kHz、单脉冲能量为 100 μJ、平均泵浦功率为 100 mW 时，波长 4 μm 和 4.83 μm 处的输出功率分别为 6 mW 和 2 mW。

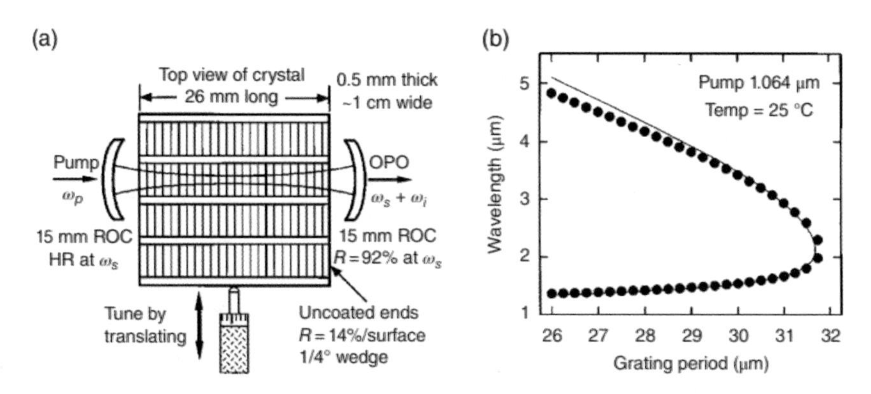

图 5.9 （a）基于多光栅 PPLN 晶体的脉冲 OPO 实验装置。PPLN 晶体被平移穿过谐振腔，泵浦光束与光栅不同部分相互作用。（b）OPO 波长调谐量与光栅周期间存在函数关系，由 PPLN 晶体平移穿过不同光栅段实现。来源：经美国光学学会（OSA）许可，转载自参考文献 91 图 2 和图 3。

硫化银镓（$AgGaS_2$，AGS）是为数不多的可以由商用 1 μm 激光器泵浦的非线性材料之一，其使用方便、调谐范围宽（八倍频程以上），且闲频光波长可以超过 10 μm。Fan 等人于 1984 年报道了第一台基于 AGS 晶体的 OPO[92]。I 型角度调谐 OPO 由 Q 开关 Nd: YAG 激光器（τ=18 ns）泵浦，波长可在 1.4~4 μm 范围内进行调谐。随后，Vodopyanov 等人展示了一台波长调谐范围更大（3.9~11.3 μm）的角度调谐 AGS 晶体 OPO[93]。

单谐振角度调谐 OPO 由两个平面镜形成，并使用与光学 z 轴成 45.1° 的 20 mm 长的 AGS 晶体进行 II 型相位匹配。以波长为 1.06 μm、脉冲持续时间为 12~100 ns 的 Nd: YAG 激光器为泵浦源，当泵浦能量为 15 mJ 时，闲频光脉冲在波长 λ=6 μm 处能够产生高达 0.37 mJ 的能量。在通过第二条通道进行泵浦光和闲频光循环的配置中，OPO 泵阈值为 85 μJ，线宽约为 1 cm^{-1}，量子转换效率达 22%。该器件的波长调谐范围为 3.9~11.3 μm（图 5.10），可以被认为是 1 μm 泵浦产生激光波长最长的 OPO 之一（仅次于 BGSe 晶体，见本节后面的内容）。然而，由于 AGS 的表面损伤阈值相对较低（纳秒脉冲约为 0.2 J/cm^2），使其实际应用受到限制。

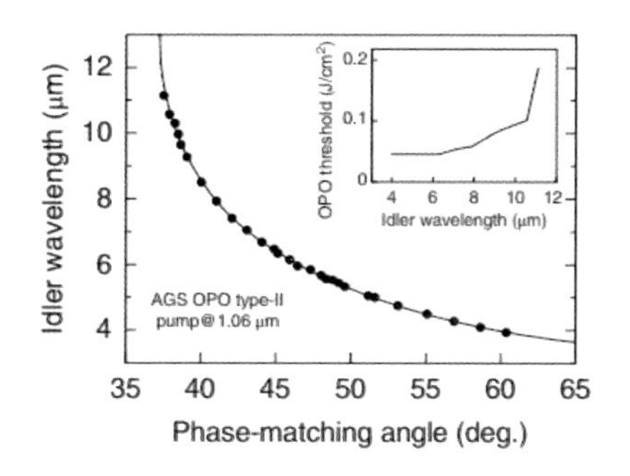

图 5.10 AGS 晶体 II 型相位匹配 OPO 角度调谐曲线（仅闲频光）。其中，实线为理论调谐曲线。插图为 OPO 阈值通量与闲频光波长的函数关系。来源：经美国物理学会（AIP）许可，转载自参考文献 93 图 2。

由于硒化银镓（$AgGaSe_2$，AGSe）的长波红外截止很大（19 μm），已成功用于可调谐长波中波红外 OPO。与 AGS 晶体相反，对于 1 μm 的泵浦光，AGSe 无法进行相位匹配（至少使用角相位匹配）；然而，当泵浦波长 λ>1.3 μm 时，各种泵浦源在 AGSe 中均可进行相位匹配。Eckardt 等人首次报道了基于 AGSe 晶体的 OPO，采用波长为 1.34 μm 的钕激光泵浦，其可在 6.7~6.9 μm 波长范围内进行连续调谐；采用波长为 2.05 μm 的钬激光泵浦，可在 2.65~9.02 μm 波长范围内进行连续调谐[94]。Quarles 等人证明了以波长 2.05 μm 钬激光泵浦基于单角度调谐 AGSe 晶体的 OPO，输出激光可以在 2.49~12.05 μm 波长范围内连续调谐，输出能量高达几毫焦[95]。Chandra 等人使用（基于 KTP 晶体的 OPO 所产生的）1.57 μm 脉冲，泵浦基于角度调谐 AGSe 晶体的级联 OPO，输出了波长在 6.1~14.1 μm 范围内连续可调谐的红外激光[96]。使用 35 mm 长的 AGSe 晶体进行 I 型相位匹配，输出波长为 9 μm、带宽为 5 cm^{-1} 的闲频光，量子效率达到 23%，单脉冲能量高达 1.2 mJ。AGSe 晶体应用的主要限制是表面损伤只有在约 20 MW/cm^2 强度（0.12 J/cm^2 通量）下才开始出现。

磷锗锌（$ZnGeP_2$，ZGP）晶体非线性光学系数很高（d_{NL}=75 pm/V），其非线性光学品质因数 d^2/n^3（n 是折射率）几乎是 PPLN 晶体的 9 倍，再加上良好的光学、机械、热和表面损伤特性，有助于 2~12 μm 范围内的各种非线性光学应用，包括高效、高平均功率、高脉冲能量、宽调谐 OPO。尽管 ZGP 的带隙很大（2 eV），但在近红外区域仍有少量残余吸收。因此，为了获得更高的性能，ZGP 泵浦波长应选择在 2 μm 或以上（例如 2 μm 钬激光器或 3 μm 铒激光器）。参考文献 97 和 98 中展示了基于 ZGP 晶体的可在 3.8~12.4 μm 中波红外范围内调谐的 OPO，闲频单脉冲能量>1 mJ。泵浦源为 Q 开关铒激光器，即 2.8 μm（Er，Cr：YSGG）或 2.93 μm（Er，Cr，Tm：YAG），脉冲持续时间为 100 ns，重复频率为 10 Hz，能量为 10 mJ。长 20 mm 具有抗反射涂层 ZGP 晶体经过切割，用于 I 型（θ_0=49.5°）或 II 型（θ_0=70°）相位匹配。

ZGP 的二次非线性很高，使得宽调谐 OPO 刷新阈值最低纪录成为可能。该 OPO 为串联系统，以单脉冲能量为 1.6 mJ、脉冲持续时间为 20 ns、重复频率为 1 kHz 的 Nd：YAG 激光器为泵浦源，泵浦基于 PPLN 晶体的 OPO；然后使用基于 PPLN 晶体 OPO 输出的闲频光，泵浦基于非临界相位匹配（NCPM）ZGP 晶体的 OPO[99]。单谐振 ZGP-OPO（图 5.11（a））包含一个长 24 mm、θ=90° 切割的 ZGP 晶体，由凹面输出耦合器镜 M3（高度反射信号光，透射闲频光和泵浦光）和直接沉积在 ZGP 晶体抛光平面上的金材质反射镜 M4 形成（ZGP 晶体的前表面涂有抗反射涂层）。在 2.3~3.7 μm 范围内调谐 PPLN-OPO 泵浦波长，ZGP-OPO 输出可在 3.7~10.2 μm 范围内可调谐激光。OPO 调谐曲线（与泵浦波长关系）如图 5.11（b）所示。该图上的实线与基于已知色散数据的理论预测相对应。ZGP-OPO 输出的闲频光波长 λ=7 μm，重复频率为 1 kHz 时，单脉冲能量达到 25 μJ，相应的光子转换效率为 30%。从 1.064 μm 激光器到 7 μm 输出光的总转换效率达 1.5%。当泵浦波长 λ=3.1 μm 时，泵浦光束尺寸 w_0=125 μm（接近共焦聚焦条件），OPO 泵浦阈值非常低（仅为 2 μJ）[99]。这是迄今为止报道的单谐振脉冲 OPO 中获得的最低 OPO 阈值。

参考文献 100 和 101 中展示了第一台基于砷化镓的光学参量振荡器。OPO 使用准相位匹配的 OP-GaAs 晶体（长 11 mm，宽 5 mm，厚 0.5 mm，畴反转周期为 61.2 μm）。以基于 Nd：YAG 激光器泵浦的 PPLN-OPO 为泵浦源，获得在 1.75~2 μm 范围内可调谐、重复频率为 10 Hz、单脉冲能量为 0.70 μJ、脉冲持续时间为 6 ns 的泵浦光。由两个平面镜 M4、M5 构成一个 13 mm 长的 OP-GaAs OPO 光学腔。输入、输出镜 M4 反射信号光，透射泵浦光和闲频光。在单通道布置中，反射镜 M5 与 M4 相同，均为介质镜；而在双通道布置中，M5 为一个平面金反射镜，用来反射所有三波。因此，信号波发生谐振，而泵浦光和闲频光在离开光学腔之前循环进入第二条通道。由于 GaAs 的对称性，OP-GaAs OPO 的输出极化与泵的输出极化正交，并通过 ZnSe 板以布儒斯特角（Brewster's angle）对 OP-GaAs OPO 的输出光进行提取。在 GaAs-OPO 中，双通道布置获得了最低的 OPO 泵阈值能量（16 μJ）和最高的输出能量。图 5.12（a）所示为 OP-GaAs OPO 调谐曲线与泵浦波长的关系。OP-GaAs 晶体允许 OPO 在 2~11 μm 波长范围内进行调谐，这受到 OPO 反射镜的光谱范围以及在<1.75 μm

泵浦波长下开始双光子吸收的限制。两条选定泵浦波长的温度调谐曲线如图 5.12(b)所示。当泵浦波长 λ=7.9 μm、泵浦能量为 40~50 μJ 时,OPO 闲频光输出能量为 3 μJ,相应的量子转换效率为 26%。

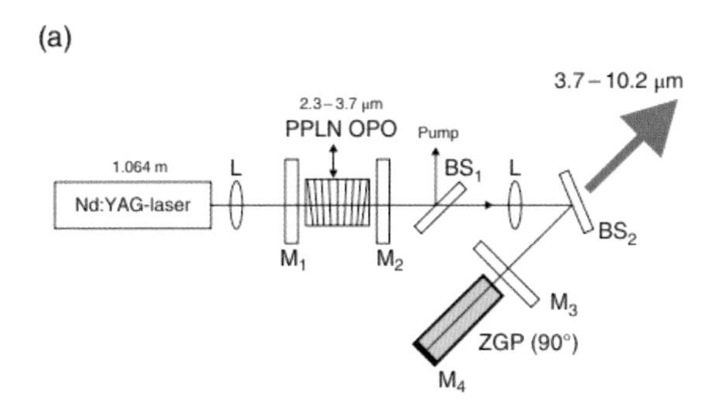

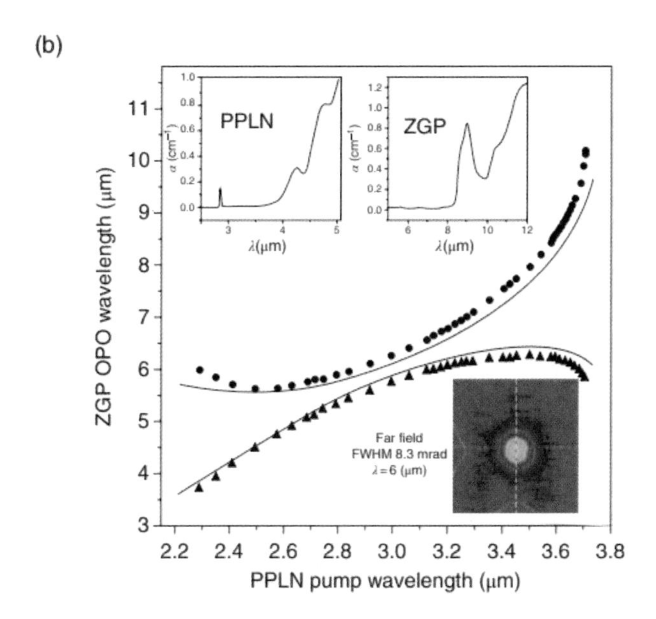

图 5.11 (a)基于 ZGP 晶体串联非临界相位匹配 OPO 示意图。其中,M1~M4 为 OPO 反射镜;L 为红外聚焦透镜;BS 为分束器。(b)ZGP-OPO 的调谐曲线与泵浦波长的函数关系。插图为 PPLN 和 ZGP 的长波吸收系数,以及波长 λ=6 μm 时闲频光的远场光束轮廓。来源:经美国光学学会(OSA)许可,转载自参考文献 99 图 1 和图 2。

参考文献 103 中报道了 GaAs 系统连续中波红外可调谐的最宽范围。研究以 PPLN-OPO 输出的波长约为 3 μm 的激光为泵浦光,在畴反转周期为 150 μm 的单个 OP-GaAs 晶体中(图 5.13),输出可在 4~14.2 μm 范围内调谐的、线宽为 2~6 cm^{-1} 的激光。通过使用腔内衍射光栅以及在 160 nm 范围内对 3 μm 附近的泵浦波长进行微调来调谐 OPO 的输出。

OPO 以 2 kHz 重复频率运行。就泵浦脉冲能量而言，其阈值能量约为 25 μJ，当输出波长为 6 μm 时，输出平均功率达到 14 mW[103]。

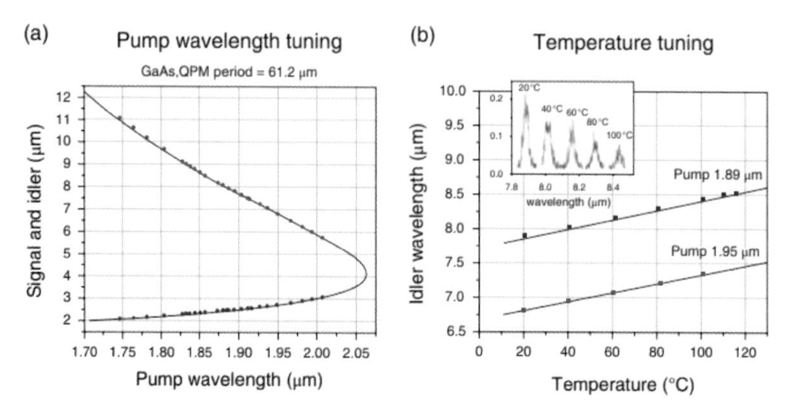

图 5.12 (a)OP-GaAs OPO 调谐曲线与泵浦波长关系图(20 ℃)。(b)两个选定泵浦波长的 OP-GaAs OPO 温度调谐曲线。实线通过参考文献 102 中的数据计算获得。插图为不同温度下，波长 1.89 μm 激光泵浦 GaAs 晶体形成的 OPO 谱线形状。来源：经国际光学工程学会(SPIE)许可，转载自参考文献 101 的图 3 和图 4。

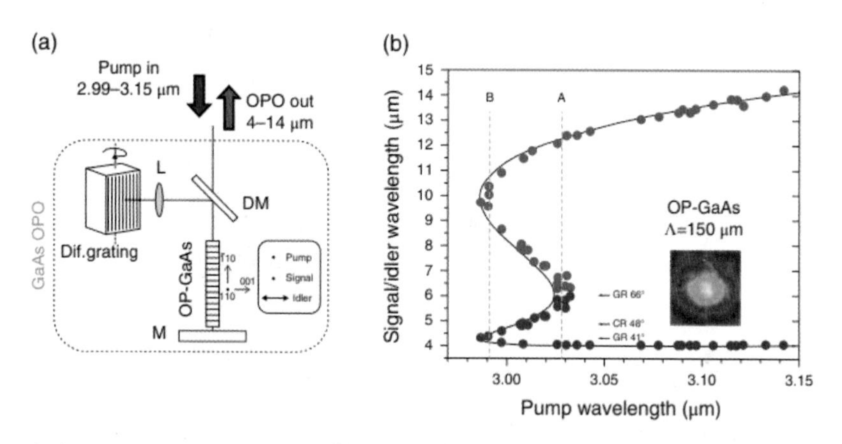

图 5.13 (a)4~14 μm OP - GaAs OPO 示意图。可调谐泵浦脉冲(约 3 μm)被引导到 OP - GaAs 晶体中。L 形 OPO 腔由衍射光栅、分色镜 DM(反射波长范围为 4~6 μm 的信号光(R>98%)，透射波长范围为 6~14 μm 的泵浦光和波长为 3 μm 的闲频光)和金属镜 M。引入透镜 L 以形成稳定的光学腔，并在光栅处扩展光束。(b)OPO 调谐曲线。通过腔内衍射光栅和泵浦波长的微调(在 160 nm 内)来调谐波长。其中，实线为理论调谐曲线，垂直虚线“A”和“B”表示调谐曲线的转折点，还示出了谐振信号光波长的几种衍射光栅角度。插图为波长 λ≈8 μm 的远场光束轮廓。来源：经美国光学学会(OSA)许可，转载自参考文献 103 图 1。

CSP 晶体的透明窗口从 1 μm 延伸至 6.5 μm[104]。值得注意的是，当泵浦波长为

1.064 μm 时，CSP 可以在非线性极大的非临界（θ=90°）相位匹配下产生参量（见表 5.1），产生接近 6 μm 的中波红外闲频光，而 6 μm 中波红外辐射对于医疗应用非常重要。这种晶体尚待解决的主要问题是（非晶体所固有的）接近带隙的残余吸收。例如，当泵浦波长为 1.064 μm 时，块状晶体吸收约为 0.2 cm^{-1}。Petrov 等人首次展示了以波长 1.064 μm 激光为泵浦光，在纳秒非临界（θ=90°）单谐振状态下运行的、基于 CSP 晶体的 OPO[105]。CSP 样品的长度为 8 mm，OPO 光学腔由两个相隔 9.5 mm 的平面镜组成。信号光和闲频光波长分别为 1.285 μm 和 6.193 μm，泵浦阈值为 1.8 mJ。当输入泵浦能量为 21.4 mJ 时，产生的闲频光能量最高为 0.47 mJ（10 Hz 重复频率），闲频光转换效率为 2.2%，量子转换效率达到 12.8%。以脉冲能量通量作为衡量标准，CSP 损伤阈值（0.22 J/cm^2）与 $AgGaS_2$ 相似。

Marchev 等人采用 OPG 结构来构建泵浦光、信号光和闲频光的双通道配置（没有空腔，但平行晶体表面的残余反射较弱），使用波长为 1.064 μm、脉冲持续时间为 8 ns 的脉冲激光，泵浦 OPG 结构内置的长 21.4 mm、θ=90° 切割 CSP 晶体，如图 5.14 所示[106]。利用 45° ZnSe 弯曲反射镜（BM）将泵浦光从信号光和闲频光中分离出来，并使用镀银反射镜将三波全部送入第二通道。该装置的泵浦阈值为 213 μJ（轴强度为 0.23 MW/cm^2）。在最大泵浦能量达到最大 12 mJ（轴强度达到 12.7 MW/cm^2）时，总输出能量超过 4 mJ，其中 3.64 mJ 分配给波长 1.288 μm 的信号光，0.52 mJ 分配给波长 6.125 μm 的闲频光，量子转换效率为 34.7%。闲频光的光束质量因子 M^2=7~8。在 100 Hz 的重复频率下，波长为 6 μm 的闲频光输出的平均功率为 52.3 mW。

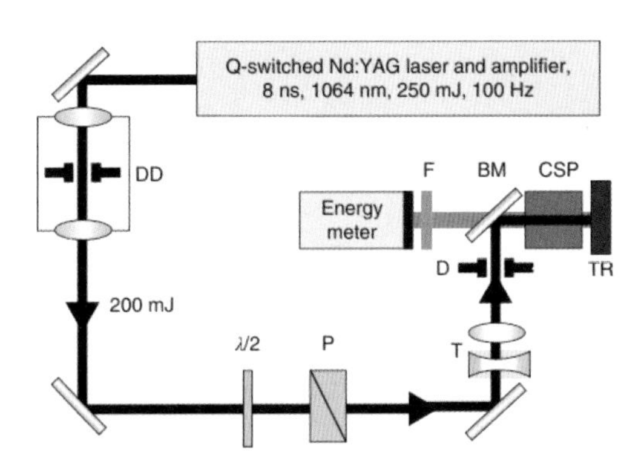

图 5.14 基于 CSP 晶体的 OPG 装置的实验设置。其中，T 为望远镜；D 为隔膜；BM 为弯曲反射镜；TR 为全反射镜（金属镜）；F 为长通滤波器；P 为偏振器；λ/2 为半波片；DD 为隔膜。来源：经美国光学学会（OSA）许可，转载自参考文献 106 图 1。

采用波长为 1.064 μm 的激光泵浦新开发的、具有单斜对称性的硫族化合物晶体 BGSe（$BaGa_4Se_7$）获得了超宽调谐的中波红外输出（2.7~17 μm）[107]。该晶体具有优异的光学质量，透明范围在 0.8~15 μm（0.3 cm^{-1} 吸收水平）。单谐振纳秒 OPO 包含一个由平面输入-输出耦合器和平面镀金全后反射器组成的线性腔,该结构既确保了泵浦光的循环利用,又为非谐振的闲频光在从腔中提取出之前提供双通道。通过45° ZnSe弯曲反射镜,泵浦光发生了反射,而信号光和闲频光则发生了高度折射,确保了输入和输出光的分离。泵浦源为基于二极管泵浦的Nd: YAG主振荡器-功率放大器(MOPA)系统,重复频率为10 Hz,脉冲持续时间为8 ns,单脉冲能量为63 mJ。当泵浦能量为63 mJ时,获得的结果最佳,包括:通过单晶切割实现前所未有的超宽调谐范围(2.7~17 μm);闲频光波长λ=5.3 μm时,闲频光单脉冲能量达到4.7 mJ(泵浦-闲频转换效率达到7.5%);闲频光波长λ=7.2 μm时,闲频光单脉冲能量为3.7mJ(泵浦-闲频转换效率达到5.9%,量子转换效率达到40%)[107]。

5.3.2.2 窄带脉冲OPO

与连续波器件相比,由于脉冲OPO的堆积时间有限,想要实现窄线宽输出非常有挑战性。Richman等人开发了一种基于PPLN晶体的脉冲中波红外OPO,该OPO为信号光谐振,并仅使用一个腔内标准具来限制激光,让其在谐振腔内以单纵模形式传播[108]。OPO环形谐振腔(图5.14)由三个反射镜组成。PPLN晶体两侧的两个分色镜(25 mm长, 0.5 mm高, 19 mm宽)透射泵浦光和闲频光,并反射信号光。第三个反射镜输出10%的信号光。气隙标准具由一个凸镜和一个凹镜组成,均带有信号光反射涂层(R>95%),两面镜子的曲率与环形腔TEM_{00}模式的相位前曲率相匹配。镜间距为357 μm(自由光谱范围14 cm^{-1})的标准具的精细度为60,插入损耗为30%。泵浦源为波长1.06 μm、重复频率1 kHz的窄线宽注入式种子Q开关激光器,输出的激光在PPLN晶体中聚焦产生尺寸为240 μm的光斑。标准具镜间距和OPO谐振腔长度均由压电驱动器(PZT)调节,因此可以在不使用电动部件的情况下,将频率连续调节到10 cm^{-1}以上。平移式多光栅PPLN晶片可以接触到1.45~1.8 μm波长范围内的信号光和2.6~4 μm波长范围内的闲频光。仅用200 μJ的泵浦能量,即可产生能量高达18 μJ/脉冲的闲频光和能量高达15 μJ/脉冲的信号光。测得的单模OPO线宽为0.005 cm^{-1}。

Ganikhanov等人展示了基于2.55 μm泵浦的II型ZGP晶体的(闲频波)单谐振宽调谐纳秒OPO输出窄线宽激光的过程。研究人员通过OPO腔内置衍射光栅和硅标准具,采用三种轴向模式切换,输出了波长范围为3.7~8 μm、能量为10~200 μJ/脉冲、线宽为0.1 cm^{-1}的可调谐激光[109]。研究还证明了,即使使用相对宽带的泵浦,该OPO也可以实现窄线宽闲频光的输出。

双谐振嵌套腔OPO的概念能够实现脉冲OPO的单纵模发射,而无须使用任何腔内标准具或注入种子激光。此外,振荡阈值可以低至几个微焦耳[110-111]。由于只有特定波长的激光才能满足双谐振条件,因此传统意义上,人们对其的理解主动排除了连续频率调谐。双谐振嵌套腔OPO解决了这一难题。如图5.16所示,内置镜(M2、M3)沉积在非线性晶体表面上，而外置镜（M1、M4）安装在两个 PZT 驱动器上，用于长度微调，从而使信号光在 M1 和 M3 之间振荡，而闲频光在 M2 和 M4 之间振荡（或者采用三镜设计来完成上述振荡）。信号光和闲频光的模式间隔选择略有不同，因此只有一对信号光-闲频光模式发生谐振。通过微调 PZT 驱动器，可在>100 GHz 范围内实现可调谐无跳模式单纵模振荡。研究证明，以基于高重复频率（4.8~100 kHz）光纤激光器泵浦的紧凑型被动 Q 开关单频微激光器为泵浦源，可以构建基于 PPLN 晶体的低阈值嵌套腔 OPO，该 OPO 已经用于 2~4.3 μm 范围内的各种光谱[112-113]。

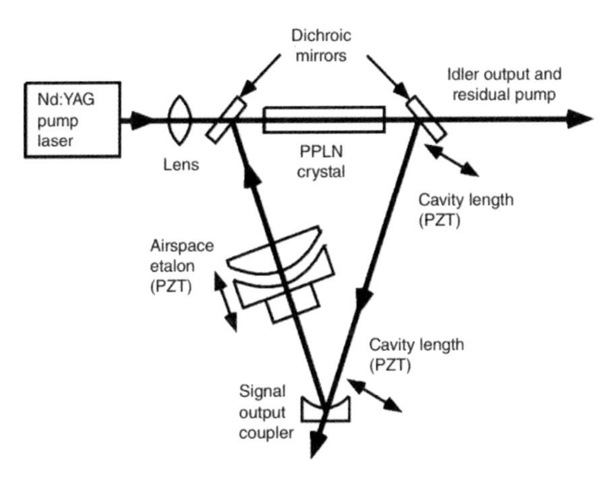

图 5.15 基于 **PPLN** 晶体的脉冲单纵模可调谐 **OPO** 示意图。环形谐振腔由三个反射镜组成。**PPLN** 晶体两侧的两个平面镜能够透射泵浦光和闲频光，并反射信号光。第三个（曲面）反射镜向外耦合约 **10%**的信号光用于光谱表征。气隙标准具由两个透镜组成，每个透镜具有 **95%**的反射涂层，每个透镜的曲率几乎与环形腔 TEM_{00} 模式的相位前曲率相匹配。右旋分色镜和曲面镜位于有 **PZT** 驱动的单个平移台上，以控制光学腔长度。来源：经美国光学学会（**OSA**）许可，转载自参考文献图 **1**。

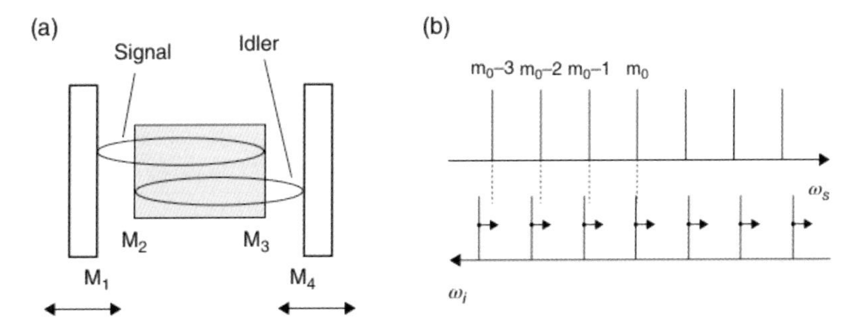

图 5.16 （**a**）单纵模嵌套双腔双谐振 **OPO** 示意图。**M1~M3** 形成“信号”腔，**M2~M4** 形成“闲频”腔。（**b**）信号光和闲频光的模式图片。由于信号光和闲频光的模式间隔不同，因此只有一对信号-闲频模式发生谐振荡。来源：经美国光学学会（**OSA**）许可，转载自参考文献 **110** 图 **16**。

Clément 等人报道了一台基于 10 mm 长 OP-GaAs 晶体的纳秒双谐振嵌套腔 OPO，能够发射单频可调谐长波中波红外激光[114]。以波长 λ=1.94 μm、最大输出能量为 170 μJ、脉冲持续时间为 36ns、重复频率为 100 Hz 的单纵模 Tm: YAP 微激光器为泵浦源，OPO 泵浦阈值能量为 10μJ。在 OP - GaAs QPM 周期为 72.6 μm 的情况下，通过改变晶体温度，可以在 10.3~10.9 μm 波长范围内调谐 OPO 的单纵模输出。研究人员利用该 OPO 产生的波长 λ=10.4 μm 激光，演示了采用差分吸收激光 LIDAR 技术检测氨蒸气[114]。

窄带脉冲 OPO 汇总见表 5.5。

表 5.5 纳秒脉冲光学参量振荡器汇总

OPO crystal	OPO wavelength (μm)	Pump	OPO parameters	Ref.
Broadly tunable				
PPLN	1.36~4.83	1.064 μm (100 μJ, 7 ns, 1 kHz)	6 μJ @ 4 μm; 2 μJ @4.8 μm	[91]
AGS	3.9~11.3	1.064 μm (15 mJ, 12 ns, 10 Hz)	0.37 mJ @ 6 μm	[93]
AGSe	6.1~14.1	1.57 μm (30 mJ, 6 ns, 5 Hz)	1.2 mJ @ 9 μm	[96]
ZGP	3.8~12.4	2.93 μm (10 mJ, 100 ns, 10 Hz)	1.2 mJ @ 6.6 μm; 1 mJ @ 8.1 μm	[97]
OP-GaAs	2~11	1.75~2 μm (60 μJ, 6 ns, 10 Hz)	3 μJ @ 7.9 μm	[101]
OP-GaAs	4~14	~3 μm (120 μJ, 20 ns, 2 kHz)	7 μJ @ 6 μm	[103]
BGSe	2.7~17	1.064 μm (63 mJ, 8 ns, 10 Hz)	4.7 mJ @ 5.3 μm; 3.7 mJ @ 7.2 μm	[107]
Narrow linewidth				
PPLN	~3	1.064 μm (200 μJ, 10 ns, 1 kHz)	18 μJ, 0.01 cm^{-1}	[108]
PPLN	3.8~4.3	1.064 μm (16 μJ, 9.8 ns, 4.8 kHz)	Nested-cavity SLM OPO, 0.3 μJ @ 3.9 μm	[112]
PPLN	3.3~3.5	1.064 μm (4~10 μJ, 1 μs, 40~100 kHz)	Nested-cavity SLM OPO, 0.5 μJ @ 3.5 μm	[113]
ZGP	3.7~8	2.55 μm (12 mJ, 12 ns, 10 Hz)	10 μJ @ 3.7 μm, 0.1 cm^{-1}; 10 μJ @8 μm, 0.1 cm^{-1}	[109]
OP-GaAs	10.3~10.9	1938.5 μm (170 μJ, 36 ns, 100 Hz)	Nested-cavity SLM OPO, 2 μJ/pulse	[114]
High average power				
PPKTP	1.72, 2.76	1.064 μm (7.2 W, 20 kHz, 5.8 ns)	2 W (sig + idler)	[7]
KTP	2.13	1.064 μm (135 W, 20 kHz, 40 ns)	53 W in two polarizations	[115]
ZGP	3.67, 4.67	2.05 μm (20.1 W, 10 kHz, 11 ns)	10.1 W (sig + idler), conv. eff. 50.2%	[116]

续表

OPO crystal	OPO wavelength(μm)	Pump	OPO parameters	Ref.
ZGP	3.7~4.1,4.4~4.8	2.13 μm(25 W,20 kHz, 40 ns)	14 W(sig + idler)	[115]
ZGP	3.8,4.6	2.1 μm(37.7 W,32 ns, 45 kHz)	22 W(sig + idler),M2 ≈ 1.4, conv. eff. 58%(slope 75%)	[117]
ZGP	4.3	2 μm(7.2 W,5 kHz)	2.53 W, cascaded intracavity OPO	[118]
ZGP	Broadband 3.5~5 μm	2.09 μm(43 W,50 ns, 35 kHz)	27 W(slope eff. 67%); 99 W(25% duty cycle)	[119]
OP-GaAs	Broadband 3.5~5 μm	2.09 μm(6.1 W,65 ns, 20 kHz)	2.85 W ave. power (sig + idler)	[120]
OP-GaAs	3.6,4.4	≈2 μm, 60 W ave. power	18 W ave. power (sig + idler)	[18]
OP-GaAs	10.6	1.95 μm(12 W,160 ns, 50 kHz)	800 mW ave. power,conv. eff. 6.8%,quant. eff. 36.8%	[121]
High pulse energy				
KTP L = 15 mm	2.6~3.2	1.064 μm(145 mJ,5 ns, 10 Hz)	17 mJ @ 2.9 μm	[122]
$LiNbO_3$ L = 50 mm	2.13	1.064 μm (600 mJ,15 ns)	300 mJ	[123]
PPLN PPLT L = 40 mm	1.89,2.43 1.84,2.52	1.064 μm(196 mJ,10 ns, 30 Hz)	124 mJ(sig + idler) 118 mJ(sig + idler)	[124]
ZGP L = 25 mm	6.9~9.9	2.8 μm(25 mJ,50 ns,10 Hz)	2.4 mJ @ 6.9 μm, 0.7 mJ @ 9.9 μm	[125]
ZGP RISTRA L = 10 mm	3.4	2.05 μm(55 mJ,14 ns,500 Hz)	10 mJ, near-diffractionlimited	[126]
ZGP RISTRA	Broadband 3.5~5 μm	2.053 μm(45.6 mJ,100 Hz)	23.8 mJ(sig + idler)	[127]
ZGP MOPA	Broadband 3.5~5 μm	2.05 μm(500 mJ,15 ns, 1 Hz)	212 mJ(sig + idler)	[128]

5.3.2.3 高平均功率 OPO

5.3.2.3.1 基于 PPKTP 晶体和 KTP 晶体

在周期性极化氧化物晶体家族中,大孔径 PPKTP 晶体非常适合产生平均功率超过 1 W 的纳秒脉冲。Peltz 等人报道了基于 3 mm 厚 PPKTP 晶体的高平均功率 OPO[7]。以基于二极管泵浦的 Nd: YVO_4 激光系统为泵浦源(泵浦波长为 1.064 μm、脉冲持续时间为

5.8ns、重复频率为 10~20 kHz)。当泵浦光重复频率为 20 kHz、泵浦功率为 7.2 W 时,总输出功率(波长为 1.72 μm 的信号光+波长为 2.76 μm 的闲频光)达到 2 W。

与 PPKTP 晶体相比,块状 KTP 晶体孔径更大,输出的平均功率也更高。Cheung 等人以基于二极管阵列泵浦的 Nd: YAG MOPA 系统作为泵浦源(重复频率为 20 kHz、脉冲持续时间为 40ns、平均功率为 135 W),构建了基于块状 KTP 晶体的 OPO[115]。为了实现走离补偿中 II 型相位匹配,对 6 个尺寸为 3 mm×3 mm×6 mm 的 KTP 晶体进行切割。该 OPO 在波长 $\lambda \approx 2.13$ μm 处,达到简并状态,平均功率为 53 W(两个极化正交),转换效率为 43%。

5.3.2.3.2 基于 ZGP 晶体

除较高的二次非线性外, ZGP 晶体还具有优异的热和机械特性,因此在长波中波红外范围内,非常适合用于缩放 OPO 平均功率。通常,高功率 ZGP OPO 会采用 2 μm 激光器作为泵浦源进行下变频。

Wu 等人开发了一种采用 KTP-OPO 产生的 2 μm 激光泵浦 ZGP-OPO 的耦合串联方法,先将 ZGP-OPO 放置在 KTP-OPO 光学腔内,再将 KTP-OPO 嵌套放入基于二极管泵浦的 Nd: YALO 激光器的光学腔内,如图 5.17 所示[118]。Nd: YALO 激光器产生重复频率为 5 kHz、波长约为 1 μm、输出功率为 58 W 的激光。ZGP-OPO 能够输出在 3~6 μm 波长范围内可调谐的激光,当输出光波长达到 4.3 μm 时,最大输出功率达到 2.53 W,而此时二极管泵浦功率约为 580 W。

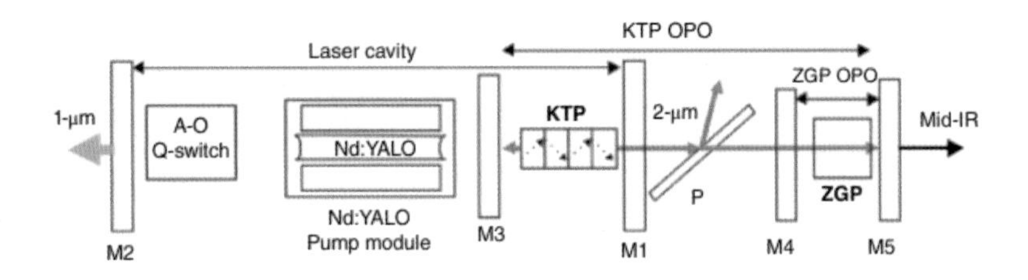

图 5.17 耦合串联 KTP OPO–ZGP OPO 示意图。Nd: YALO 激光腔(泵浦)由高反射镜 M1 和输出耦合镜 M2 形成。KTP OPO 将四个 II 型、51° 切割、扩散键合走离补偿 KTP 晶体(5 mm × 5 mm × 8 mm),放置在反射镜 M3 和 M1 之间。ZGP OPO 腔由反射镜 M4 和 M5 形成,采用 I 型 53° 切割 ZGP 晶体,尺寸为 5 mm × 5 mm × 10 mm。来源:经美国光学学会(OSA)许可,转载自参考文献 118 图 1。

Budni 等人报道了第一台平均输出功率超过 10 W 的 ZGP-OPO[116]。该 OPO 以基于二极管泵浦的 Q 开关 Ho, Tm: YLF 激光器为泵浦源(在 T=77 K 下,泵浦波长 λ=2.05 μm、脉冲持续时间为 11 ns、重复频率为 10 kHz)。通过脉冲激光来泵浦长度为 14 mm 的 I 型 ZGP 晶体,在最大泵浦功率(20.1 W)的驱动下, ZGP 晶体输出的功率为 10.1 W(包含波长为 3.67 μm 的信号光和波长为 4.67 μm 的闲频光),相应的转换效率达到 50.2%。重要的是,该 OPO 的最大运行功率远低于 ZGP 的损伤阈值。Cheung 等人以上述 KTP-OPO 产生的波长

2.13 μm 高功率激光为泵浦光，使用偏振器将两个正交偏振的 2.13 μm 光束从 KTP-OPO 中分离出来（每个光束功率大约为 25 W），并将每个光束分别发送给两台单独的 ZGP-OPO，产生波长在 3~5 μm 波段的宽带输出。在两个 ZGP-OPO 同时运行的情况下，获得了 13 W 和 11 W 的输出光束，光束质量因子 M^2≈4[115]。

Lippert 等人已证明单个 ZGP-OPO 的输出功率也能达到 22 W[117]。该 OPO 以基于掺铥光纤激光器泵浦的 Ho: YAG 激光器为泵浦源，泵浦脉冲波长为 2.1 μm，脉冲持续时间为 32 ns，重复频率为 45 kHz。采用创新的 V 形三镜环腔 OPO 设计，实现了绝佳的光束质量。该环腔位于晶体的非临界平面内，如图 5.18 所示。与其他环形谐振腔相比，V 形三镜环形腔具有往返时间短的优点，且单个 ZGP 晶体可用于构建双通道，通过在正交平面上旋转晶体来调谐输出。当 Ho: YAG 泵浦功率为 37.7 W 时，研究人员获得了在 3~5 μm 范围内可调谐的激光输出（3.8 μm 信号光+4.6 μm 闲频光），（信号光+闲频光）平均功率为 22 W，光束质量因子 M^2≈1.4，绝对转换效率为 58%，斜率效率为 75%。输出斜率在高功率下没有滚降的迹象，这表明该 OPO 在更高的泵浦功率下依然可以保持高效率运行。

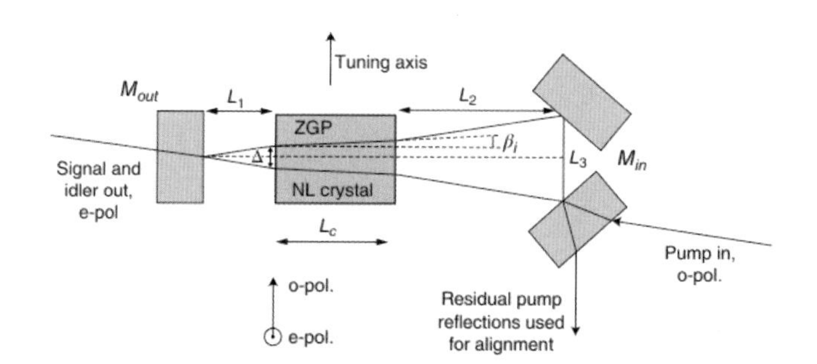

图 5.18 高功率 ZGP OPO 的 V 形三镜环形谐振腔，两次穿过同一晶体，并围绕环形平面内的轴进行角度调谐。来源：经美国光学学会（OSA）许可，转载自参考文献 117 图 1。

Hemming 等人报道的 ZGP-OPO 刷新了该类装置最高输出功率的纪录。其以基于掺铥光纤激光器泵浦的 Q 开关 Ho: YAG 激光器为泵浦源，泵浦光波长为 2.09 μm，重复频率为 35 kHz，泵浦源功率高达 60 W。当在重复 Q 开关模式下连续波运行时，系统在 3~5 μm 波段产生的输出功率达到 27 W，光束质量因子 M^2=4。然而，当 OPO 以 25%的占空比运行时，“开路”循环期间的平均输出功率达到 99 W[119]。

5.3.2.3.3 基于 OP-GaAs 晶体

在 OP-GaAs 的早期工作中，Kieleck 等人报道了由 2.09 μm Ho: YAG 激光器泵浦基于 OP-GaAs 晶体的高效高重复频率中波红外 OPO[120]。OP-GaAs 晶体长 20 mm、宽 5 mm、厚 450 μm，光栅周期为 63 μm。当泵浦波长在 3~5 μm 波段，重复频率为 20 kHz、泵浦功率为 6.1 W 时，该 OPO 可获得高达 2.85 W 的输出功率，相应的光-光转换效率达到 46.5%，OPO 泵浦阈值为 1 W。研究发现,就平均功率而言，OP-GaAs OPO 性能仅受晶体厚度的限制。随着 OP-GaAs 全外延加工工艺的进一步发展,即在外延生长方向上增加晶体厚度并提高取向图案化质量,让基于波长 $\lambda\approx 2$ μm、高重复频率掺铥光纤激光器泵浦的 OP-GaAs OPO 实现(信号光+闲频光)平均功率 18 W 成为可能,信号光和闲频光波长分别为 3.6 μm 和 4.4 μm[18]。

在长波方面，Wueppen 等人报道了一种能够产生波长在 10.6 μm 左右闲频光的高平均功率 OP-GaAs OPO[121]。该系统以波长 1.95 μm、重复频率 50 kHz、脉冲持续时间 150 ns、光谱跨度<100 MHz 的单纵模掺铥光纤激光器作为泵浦源。使用信号光谐振蝴蝶结形光学腔和一块 40 mm 长、5 mm 宽、1.3 mm 厚的 OP-GaAs 晶体,该 OPO 获得波长 10.6 μm、输出功率超过 800 mW、单脉冲能量 16 μJ 的闲频光,相应的量子转换效率为 36.8%[121]。

5.3.2.4 高脉冲能量 OPO

大孔径块状氧化物晶体,如铌酸锂及其同族晶体以及 KTP 及其同族晶体,非常适合产生高能量脉冲。Vysniauskas 等人展示了基于角度调谐 KTA 晶体的高能 OPO[122]。该 OPO 由脉冲持续时间为 5 ns、重复频率为 10 Hz 的 Q 开关 Nd: YAG 激光器泵浦,泵浦光束的直径为 4 mm。该 OPO 通过 15 mm 长的 KTA 晶体以及不稳定的谐振腔来改善空间光束分布,实现闲频光单谐振。当泵浦脉冲能量为 145 mJ 时,闲频光实现了在 2.6~3.2 μm 范围内的可调谐,当闲频光脉冲波长为 2.9 μm 时,单脉冲能量达到 17 mJ。Mennerat 和 Kupecek 报道了输出能量更高的中波红外 OPO[123]。该 OPO 基于 50 mm 长、15 mm 孔径、47° 切割的 $LiNbO_3$ 晶体,在波长为 1.064 μm、脉冲持续时间为 15 ns、泵浦能量为 600 mJ 的脉冲泵浦下,OPO 简并状态(波长 2.13 μm 附近)输出的能量最大(信号光+闲频光),达到 300 mJ。

将纳秒 OPO 的输出光放大为高能量脉冲,需要增加光束直径,以避免发生表面损伤。然而,为了实现高效率和低阈值,需要使 OPO 腔长尽量保持较短的状态。因此,光学腔菲涅耳数($D^2/\lambda L$,其中 D 是光束直径,L 是腔长度)增加,使光束的空间相干性变差。Hansson 等人使用不稳定 OPO 谐振腔来改善基于 PP RTA 晶体的 OPO 的光束质量,如图 5.19 所示[128]。不稳定谐振腔通过激光模式放大和仅最低阶空间模式反馈的组合,有效地滤除了具有高空间频率分量的 OPO 模式。研究证明,与平面平行 OPO 谐振腔相比,波长 λ=3.3 μm OPO 闲频光的 M^2(光束质量因子)提高了 3 倍。

在过去的十年中,由于高压极化技术的成熟，QPM 铁电 PPLN 晶体和 PPLT 晶体在极化 z 轴上的厚度超过了 5 mm,已经可以作为介质使用[124, 130-131]。这一进展,叠加可工程化的相位匹配以及可达到最高非线性系数,使得基于 QPM 晶体的 OPO 能够产生高能量脉冲。Ishizuki 等人基于全等 MgO 掺杂的 PPLT(MgO-PPLT)晶体的 OPO,产生了高能量输出[124]。研究人员使用波长为 1 064 nm、脉冲持续时间为 10 ns、重复频率为 30 Hz 的泵浦脉冲,当脉冲能量为 196 mJ 时,通过 OPO 产生的(波长为 1.84 μm 的信号光+波长为 2.52 μm

的闲频光)能量总输出为118 mJ。QPM晶体之所以使高能脉冲成为可能,是因为在40 mm长的PPLT晶体上可以引入大孔径(5×16 mm)结构[124]。同一研究团队使用相同的设置,包括OPO反射镜、腔和泵浦源,演示了基于大孔径MgO掺杂PPLN(MgO-PPLN)晶体的OPO。在单脉冲能量为193 mJ的脉冲激光泵浦下,输出信号光和闲频光的波长分别为1.89 μm和2.43 μm,测得OPO总输出(信号光+闲频光)能量为124 mJ/脉冲[124]。研究人员认为,与铌酸锂相比,尽管钽酸锂二阶非线性更低,但钽酸锂在紫外区域具有更高的导热率和更短的吸收边缘,且在构建OPO产生单脉冲能量方面,输出能力与铌酸锂类似。

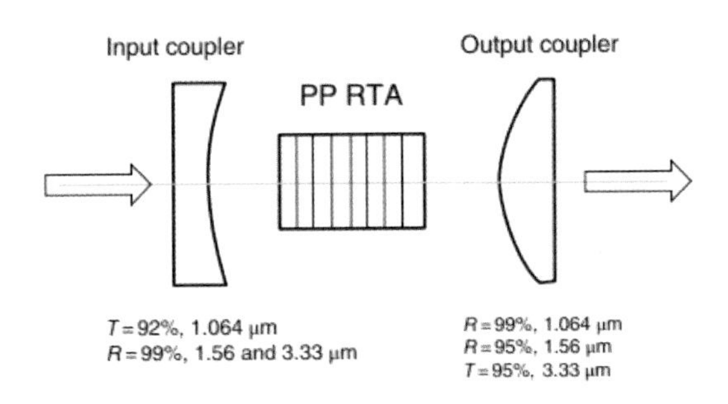

图5.19 具有不稳定谐振腔的基于PP RTA晶体的OPO。来源:经美国光学学会(OSA)许可,转载自参考文献129图1。

基于ZGP晶体的OPO已广泛用于在2.5~12 μm整个范围内产生可调红外辐射。ZGP晶体具有一系列特性,如高非线性(d_{36}=75±8 pm/V)、高导热性(35~36 W/(m·K),高于YAG晶体)和相对较高的硬度(莫氏硬度5.5),是一种非常有前途的高能中波红外脉冲生成材料。Allik等人报道了一种由2.8 μm Er,Cr:YSGG激光器泵浦的高能脉冲ZGP光学参量振荡器,其重复频率为10 Hz、能量为25 mJ、脉冲持续时间为50 ns。在θ=65°处切割25 mm长的ZGP晶体,以进行II型相位匹配[125]。该OPO在6.9~9.9 μm波长范围内产生正向闲频光,单脉冲能量为0.7~2.4mJ,OPO线宽通常为4 cm^{-1},量子转换效率达到29%。

通过探索包含ZGP晶体的非平面OPO光学腔,Dergachev等人报道了重复频率为500 Hz、信号光波长达到λ=3.4 μm(接近衍射极限)时,产生的单脉冲能量为10 mJ[126]。以基于波长1 940 nm、功率100 W掺铥光纤激光器泵浦的2 μm Ho:YLF MOPA系统为泵浦源,重复频率为500 Hz的泵浦光产生了>55 mJ的单脉冲能量。该OPO使用10 mm长的ZGP晶体,该晶体具有抗反射涂层,以尽量减少泵浦光、信号光和闲频光的反射。如图5.20所示,OPO谐振腔基于四镜非平面镜像旋转环形腔,称为旋转镜像单谐振扭曲矩形腔(RIS-TRA)[132]。之所以选择这种腔设计,是因为在腔内图像旋转过程中,光束高度对称、输出质量非常高,否则光束质量将非常差。图像旋转对于提升高能纳秒脉冲OPO中的光束质量特别有效,其中光束直径与腔长的比值导致菲涅耳数非常大。

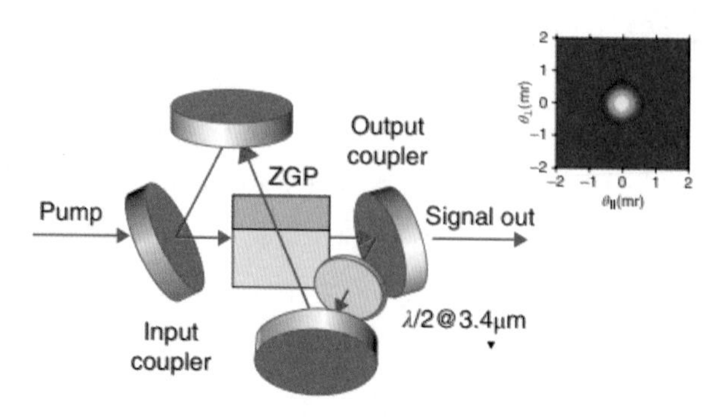

图 5.20 高脉冲能量旋转图像单共振扭曲矩形(RISTRA)ZGP 基 OPO 非平面腔的几何结构。插图为远场光束轮廓。来源:经美国光学学会(OSA)许可,转载自参考文献 126 图 4a。

Stöppler 等人以基于 Ho^{3+}: $LuLiF_4$ 有源介质光纤泵浦的振荡器-放大器系统为泵浦源,开发了基于 ZGP 晶体的 RISTRA-OPO,当泵浦脉冲波长为 λ=2.053 μm、单脉冲能量为 45.6 mJ、重复频率为 100 Hz 时,该 OPO 输出波长为 3~5 μm、总能量为 23.8 mJ 的宽带脉冲[127]。Haakestad 等人报道了以 Q 开关低温 Ho: YLF 振荡器产生的波长为 2.05 μm、单脉冲能量为 0.5 J 的脉冲为泵浦激光,通过近简并 ZGP 基 MOPA 系统中的非线性转换产生宽带(3.5~5 μm)的高能脉冲[128]。单谐振主 OPO 具有 V 形三镜环形谐振腔,并包含两个 ZGP 晶体,而功率放大器使用 1~3 个大孔径 ZGP 晶体(图 5.21)。该 OPO 获得了重复频率为 1 Hz、单脉冲能量高达 212 mJ 的脉冲,脉冲持续时间为 15 ns,光束质量因子 M^2=3。这些是纳秒固态激光源在该波长范围内产生的能量最高的脉冲。这项工作中使用的 V 形三镜环形腔 OPO 的主要优点:①在没有泵反馈的情况下向激光器进行双通道泵浦;②对准简单;③结构紧凑;④由于前向和后向传播光束不重叠,减少了晶体表面的能量通量。

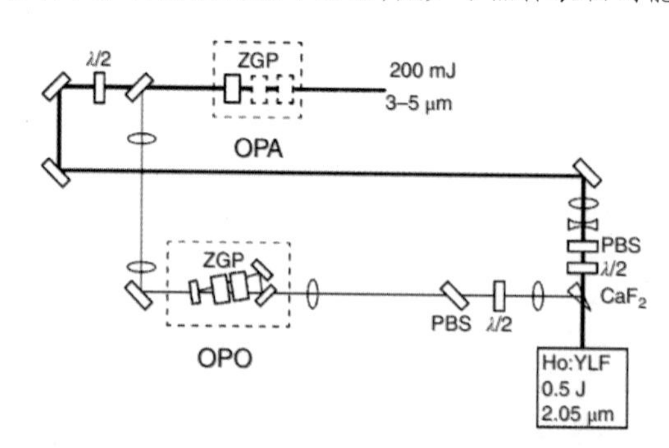

图 5.21 基于 ZGP 晶体的主振荡器-功率放大器系统示意图。Q 开关低温 Ho: YLF 振荡器在 λ=2.05 μm 和重复频率为 1 Hz 下提供 0.5 J 脉冲。OPO 的泵浦光束是使用 CaF_2 楔镜的一次反射获得的,而透射的泵浦光则会被引导到 OPA。环形腔 OPO 使用两个 6 mm 长的 ZGP 晶体; OPA 中 ZGP 晶体的数量在 1~3 变化。其中, PBS 为偏振分束器; λ/2 为 2.05 μm 的半波片。来源:经美国光学学会(OSA)许可,转载自参考文献 128 图 1。

5.3.2.5 波导 OPO

已有研究在基于 PPLN 晶体的波导中完成了单谐振脉冲 OPO 操作($\tau \approx 100$ ns)。依靠波长为 760 nm 泵浦光,泵浦峰值功率为 1.6 W,泵浦脉冲能量为 0.16 μJ,该 OPO 具有非常低的振荡阈值[133]。通过将泵浦波长从 756 nm 调谐到 772 nm,实现了 1.18~2.080 μm 的闲频光调谐范围,闲频光峰值功率为 220 mW,相应的脉冲能量为 22 nJ。

Oron 等人报道了第一台 GaAs 基波导 OPO[134]。其在截面为 12 μm×3 μm 的 OP-GaAs 晶体上构建了 13 mm 长的波导,通过介电刻面涂层形成单片 OPO 腔。在波长接近 2 μm、脉冲持续时间为 25 ns、重复频率为 10 kHz 的脉冲泵浦下, OPO 峰值阈值功率为 7 W、脉冲能量为 175 nJ。当泵浦峰值功率为 11.6 W 时,OPO 输出峰值功率(波长为 3.6 μm 信号光+波长为 4.5 μm 闲频光)达到 0.6 W,脉冲能量为 15 nJ。在准连续波泵浦模式下(占空因数为 5%,斩波率为 1 kHz), OPO 泵浦阈值功率为 5.7 W。在 6.6 W 的最大可用泵浦功率下,检测到的 OPO 信号光功率仅为几毫瓦。低功率输出可能是因为研究人员使用的泵浦功率太接近 OPO 阈值,无法实现有效的能量转换[134]。

表 5.5 总结了纳秒脉冲光学参量振荡器的结果。

5.4 超短(皮秒和飞秒)脉冲机制

5.4.1 超快差频生成(DFG)

通过差频生成(DFG)过程让近红外光发生下变频,目前是获得中波红外超快脉冲的最常见方法之一。差频生成提供了一种简单的单通道几何解决方案,因此在产生超短脉冲方面很有吸引力。在超快 DFG 的早期工作中, Dahinen 等人产生了持续时间为 1 ps 的接近带宽极限的可调谐中红外脉冲,调谐范围为 4~18 μm[22]。输出的中波红外激光是由同一钕激光器泵浦铷玻璃激光器和红外染料激光器后,形成的两种脉冲激光差频混合产生的。通过激光染料和非线性晶体($AgGaS_2$ 和 GaSe)的各种组合实现了 4~18 μm 的调谐。中波红外脉冲的能量达到几微焦耳,光子转换效率约为 2%。使用钛蓝宝石激光器(波长 λ=815 nm, 重复频率为 76 MHz)作为泵浦源,以 2 mm 厚 $AgGaS_2$ 和 1 mm 厚 GaSe 晶体作为非线性介质, Ehret 和 Schneider 通过光学参量振荡器输出的信号光和闲频光差频混频产生中波红外激光[135]。GaSe 调谐范围更大,并且在整个光谱范围内调谐效果比 $AgGaS_2$ 好。在波长 8.5 μm 处, GaSe 晶体和 $AgGaS_2$ 晶体方法产生的平均红外功率分别为 2 mW 和 1.3 mW。Kaindl 等人报道了一种可以提供微焦耳级能量的宽调谐飞秒脉冲,该光源可在 3~20 μm 波长范围内广泛调谐,波长为 5 μm 时,脉冲持续时间短至 50 fs[23]。该研究使用基于 1 kHz 钛蓝宝石放大器系统泵浦参量设备(1 mm 厚 GaSe 晶体作为介质),对获得的近红外信号脉冲和闲频光脉冲先进行相位匹配，再进行差频混频后，输出宽调谐脉冲激光。

在过去的十年中，使用成熟的超快镱、铒、铥光纤，通过DFG产生中波红外超快脉冲的方法，受到了人们广泛的欢迎。Erny等人报道了基于3.2~4.8 μm波长范围内可调谐的中波红外飞秒脉冲。该研究以重复频率为82 MHz、波长为1.58 μm、功率为170 mW、脉冲持续时间为65 fs的双分支锁模掺铒光纤为泵浦源，产生功率为11.5 mW、脉冲持续时间为40 fs、波长在1.05~1.18 μm范围内可调谐的脉冲。DFG过程是通过可调谐脉冲泵浦芯径为3.7 μm的高度非线性光纤，以2 mm厚的MgO: PPLN晶体为非线性介质进行混频实现的[136]。当输出波长为3.6 μm时，DFG产生的平均功率为1.07 mW，与短波泵浦源功率相比，量子效率约为30%。

Winters等人提出了(如前例所示)利用来自同一台1.55 μm掺铒光纤激光器的泵浦脉冲和生成的信号脉冲，基于DFG过程和孤子频率红移过程产生飞秒中波红外脉冲的方法[137]。使用长25 m、模场直径10.5 μm的反常色散单模保偏光纤，通过其中传播的飞秒光孤子的脉冲内拉曼散射效应，产生了光谱位移脉冲。孤子红移与注入泵浦功率存在线性关系(图5.22(a))，所以研究人员能够在泵浦源中生成一个可控的失谐信号脉冲，可控范围达到1 000 cm^{-1}以上。因此，使用1 mm厚的GaSe或5 mm厚的$AgGaSe_2$晶体能够在9.7~14.9 μm范围内产生中波红外脉冲(图5.22(b))。研究发现，$AgGaSe_2$产生的DFG输出功率比GaSe更高(可能是因为晶体长度更大)。Yao等人使用同一台掺镱光纤激光器(波长为1.035 μm，功率为1.3 W，脉冲持续时间为300 fs，重复频率为40 MHz)泵浦的两根光子晶体光纤(PCF)，通过所产生的两束激光混频来进行差频。通过自相位调制，第一根PCF的输出光谱最外侧出现双峰，双峰可以扩展到970 nm和1 092 nm。通过改变耦合功率来实现光谱调谐，从而改变波长。第二根PCF在激光波长附近具有两个紧密间隔的零色散波长，用于在1.24~1.26 μm波长范围内产生强烈的斯托克斯脉冲。两组脉冲在$AgGaS_2$晶体中混频，从而产生可在4.2~9 μm范围内调谐的中波红外脉冲，当波长为4.5 μm时，平均功率达到最大(为640 μW)[138]。

Phillips等人通过在2 mm长的扇形发散OP-GaAs中的DFG过程，产生了调谐范围在6.7~12.7 μm的中波红外激光。使用掺铥光纤振荡器-放大器系统产生波长$\lambda\approx1.95$ μm、脉冲持续时间为150 fs的脉冲激光。脉冲激光通过氟化物光纤中的拉曼孤子自频移产生以$\lambda\approx2.5$ μm为中心的相对宽带输出，然后在OP-GaAs晶体中进行中波红外DFG[139]。该概念如图5.23所示。通过扇形发散OP-GaAs的横向平移(从而改变准相位匹配光栅的周期)，输出了波长可在6.7~12.7 μm范围内调谐的激光，当波长约为9 μm时，平均功率最高(可达1.3 mW)。

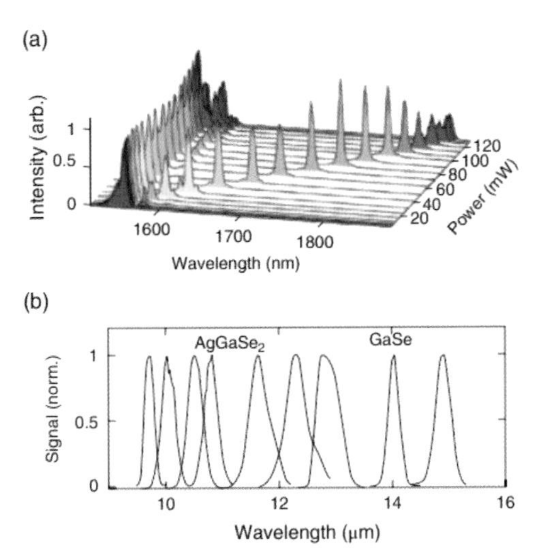

图 5.22 （a）频移孤子的光谱以及泵浦光谱（在不同的泵浦功率下，通过波长 1.55 μm 的激光泵浦单模光纤而产生脉冲内拉曼散射获得）。（b）用 $AgGaSe_2$ 和 GaSe 晶体获得的归一化 DFG 光谱。来源：经美国光学学会（OSA）许可，转载自参考文献 137 图 1 和图 3。

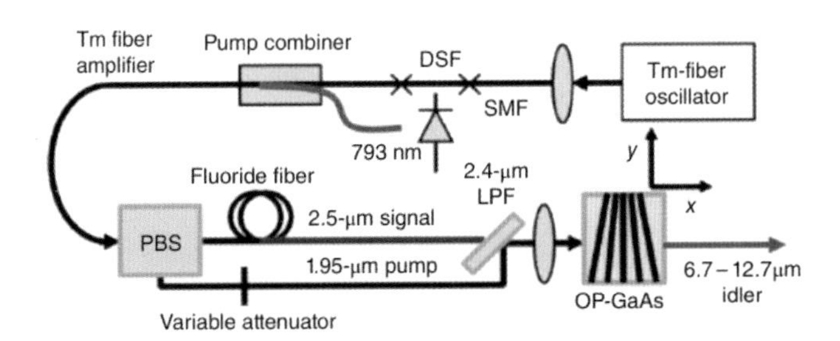

图 5.23 基于掺铥光纤激光器的可调谐波长范围 6.7~12.7 μm DFG 系统的设置。在掺铥放大器之后，将一部分的脉冲耦合到单模氟化物光纤中，以促进拉曼孤子自频移到约 2.5 μm 位置。随后，将脉冲与 OP-GaAs 中的另一部分 1.95 μm 光束重新组合，以产生 DFG。其中，SMF 为单模光纤；DSF 为色散位移光纤；PBS 为偏振分束器；LPF 为长通滤波器。来源：经美国光学学会（OSA）许可，转载自参考文献 139 图 1。

Zhu 等人报道了一种高功率中波红外 DFG 源[140]。研究人员使用了一台普通的 250 MHz 锁模掺铒光纤振荡器，在波长约 1.05 μm 和 1.55 μm 处分别产生了强烈的种子超短脉冲。振荡器的一半输出被 EDFA 放大至约 450 mW，并耦合到高度非线性光纤中，以拓宽光谱，并通过自相位调制过程产生波长为 1.05 μm 的脉冲。这些种子脉冲功率被 YDFA 放大至 1.2 W。掺铒光纤振荡器输出的另一半种子脉冲被另一台 EDFA 放大至约 450 mW（中心波长为 1.55 μm，脉冲持续时间为 60 fs）。DFG 过程发生在 MgO：PPLN 晶体中，在 2.9~3.6 μm 较宽的光谱跨度范围内，最高输出功率高达 120 mW[140]。基于类似的方法，在

3 μm 波长附近产生了更高的 DFG 输出功率，即在光谱带宽范围 2.7~3.45 μm 内，产生的最大输出功率达到 150 mW[141]。由同一振荡器输出的 1.05 μm 和 1.55 μm 脉冲激光，经放大后混频，平均功率分别达到 4 W 和 140 mW，通过 3 mm 长的 MgO：PPLN 晶体，Cruz 等人获得了重复频率为 100 MHz、中心波长可在 2.6~5.2 μm 范围内调谐的 DFG 输出激光，且波长瞬时跨度为 2.8~3.5 μm 时，输出平均功率最高（达到 500 mW）[142]。

Beutler 等人开发了长波高功率超快 DFG 系统。研究人员以波长 1.032 μm、输出功率 7.8 W 的掺镱光纤振荡器-放大器系统为泵浦源，采用同步泵浦方法产生信号光和闲频光，这两束光波在 $AgGaSe_2$ 晶体中进行 DFG，产生了脉冲持续时间皮秒级、重复频率为 80 MHz、波长在 5~18 μm 范围内可连续调谐的激光，且波长为 6 μm 时，平均功率为 140 mW[143]。在重复频率为 53 MHz，实现了飞秒级连续可调谐脉冲输出，调谐范围为 5~17 μm。当波长为 6 μm 时，平均功率为 69 mW。

5.4.2 脉内差频生成（光学整流）

可以通过同一宽带近红外脉冲内不同光谱分量混频的方法产生中波红外辐射，这一过程被称为光学整流、自混频或脉内差频生成。在时域中，数个周期的脉冲会产生非线性偏振，从而导致光学周期达到泵浦脉冲持续时间量级的长波激光前向发射。在频域中，这相当于同一泵浦脉冲内不同光谱分量之间进行差频生成[144-145]。因此，不需要第二个近红外脉冲光源。然而，通过光学整流可以产生的最短中波红外波长受到泵浦脉冲光谱跨度的限制，因此通常使用 10~20 fs 脉冲持续时间的极短（数个光周期）脉冲进行中波红外光学整流。

通过来自锁模钛蓝宝石振荡器的宽带 20 fs 脉冲在 GaSe 晶体中进行相位匹配光学整流，Kaindl 等人产生了可在 88 MHz 重复频率下从 9 μm 调谐至 18 μm 的飞秒脉冲[146]。对中心波长 $\lambda\approx11.5$ μm 处光谱和脉冲持续时间的直接测量表明，持续时间为 140 fs 的脉冲几乎接近带宽极限。Huber 等人利用脉冲持续时间为 10 fs、波长为 780 nm 的脉冲激光，在（厚度为 90 μm）薄片 GaSe 晶体中进行相位匹配光学整流，产生了短至 50 fs 的带宽极限红外脉冲。通过改变 GaSe 相位匹配角，可以连续调谐瞬态的中心频率，波长可以在宽间隔上变化，从 7 μm 一直延伸到远红外长波范围内（λ=3 000 μm）[28]。

最近，1.03 μm 泵浦脉冲的脉冲内 DFG 被用于产生高平均功率的中波红外脉冲。泵浦系统包括一个平均功率为 90 W 的薄片 Yb：YAG 振荡器，后接非线性压缩级，获得平均功率为 50 W、重复频率为 100 MHz、脉冲持续时间为 19 fs 的长脉冲激光。在 1 mm 厚的 $LiGaS_2$（LGS）晶体中通过自混频产生光谱范围在 6.7~18 μm（−30 dB 水平）的中波红外辐射[147]。通过电光采样测量的中波红外脉冲持续时间为 66 fs，相当于中心波长约为 11 μm 的中波红外辐射电场的两个周期。产生的中波红外平均功率为 100 mW，与（未压缩）初始 1.03 μm 泵浦功率相比，转换效率约为 0.1%。

Zhang 等人证明了使用另一种高功率激光源——波长约为 2 μm、平均功率为 18.7 W、重复频率为 77 MHz 的锁模 Ho: YAG 薄片振荡器，输出脉冲经非线性光纤压缩，在 GaSe 晶体中进行脉冲内 DFG，输出宽带长波中波红外激光，脉冲持续时间被压缩至 15 fs，光谱跨度为 4.4~20 μm(−30 dB 水平)，平均功率为 24 mW[148]。

Vasilyev 等人表明，中心波长约为 2.5 μm 的数周期 Cr^{2+}: ZnS 驱动源(脉冲持续时间为 20fs，平均功率为 6 W，重复频率为 78 MHz)输出相对较长的光波，在高度非线性的 ZGP 晶体中，通过 IDFG 产生光谱跨度为 5.8~12.5 μm 的激光，具有较高的转换效率(>3%)和 148 mW 的输出功率；采用相同泵浦源，在 GaSe 晶体中通过差频生成，实现了更宽的光谱(尽管输出功率较小，为 13 mW)：I 型为 4.3~16.6 μm，II 型相位匹配为 5.8~17.6 μm[149]。

表 5.6 总结了超快差频生成(包括 IDFG)的主要结果，其他信息详见参考文献 11 和 6.2.3 节。

表 5.6 超快差频生成系统汇总

Nonlinear crystal	Tuning range(μm)	Pump	Output parameters	Ref.
Ultrafast DFG				
AgGaS2; GaSe	4~10; 6~18	1 064 μm, 1 mJ, 2 ps and 1.1~ 1.4 μm, 1 Hz	1 nJ to 3 μJ/pulse, 1 ps, quant. eff. 2%	[22]
GaSe	5.3~18	1.35~1.6 μm, 300 mW, and 2.05~1.65 μm, 230 mW, 76 MHz	2 mW at 8.5 μm, 300 fs, quant. eff. 3.3%	[135]
GaSe	3~20	1.26~1.54 μm, 50 μJ and 2.2~1.66 μm, 30 μJ, 1 kHz	1 μJ, 54 fs at 5.5 μm, quant. eff. 10%	[23]
PPLN	3.2~4.8	1.58 μm, 170 mW, 65 fs and 1.05~1.18 μm, 11.5 mW, 40 fs, 82 MHz	1.07 mW at 3.6 μm, quant. eff. 30%	[136]
$AgGaSe_2$	9.7~14.9	1.55 μm, 135 mW and 1.7~1.85 μm, 37 MHz	1.5 μW, 420 fs	[137]
$AgGaS_2$	4.2~9	0.97~1.092 μm, and 1.24~1.26 μm, 50 mW, 300 fs, 40 MHz	640 μW at 4.5 μm	[138]
OP-GaAs	6.7~12.7	1.95 μm, 430 mW, 150 fs and ~2.5 μm, 30 mW, 72 MHz	1.3 mW at ~9 μm	[139]
GaSe	8~14	1.55 μm, 550 mW, 50 fs and 1.76~1.93 μm, 100~250 mW, 84 fs, 250 MHz	4 mW at 7.8 μm	[150]
GaSe	4~17	1.55 μm, 360 mW, 100 fs and SC 1.7~2.3 μm, 160 mW, 40 MHz	1 mW	[27]
GaSe $AgGaSe_2$	10.5~16.5	1.56~1.62 μm and 1.8~1.86 μm, total 1.45 W, 250 fs, 42 MHz	4.3 mW at 13 μm	[151]

续表

Nonlinear crystal	Tuning range（μm）	Pump	Output parameters	Ref.
GaSe	16~20	1.04 μm，1.1 W and 1.105 μm，100 mW，500 fs，50 MHz	1.5 mW at 18 μm	[152]
PPLN	2.9~3.6	1.05 μm，1.2 W，90 fs and 1.55 μm，450 mW，60 fs，250 MHz	120 mW，broadband	[140]
PPLN	2.7~3.45	1.048 μm，4 W，210 fs and 1.57 μm，140 mW，60 fs，100 MHz	150 mW，broadband	[141]
PPLN	2.7~4.2	1.04 μm，2.3 W，150 fs and 1.3~1.7 μm，125 MHz	237 mW at ~3.3 μm	[153]
PPLN	2.6~5.2	1.048 μm，4 W，210 fs and 1.57 μm，140 mW，60 fs，100 MHz	500 mW at ~3.15 μm	[142]
$AgGaSe_2$	5~18	1.38~1.98 μm，2 W and 4.1~2.2 μm，1.3 W，2.1~2.6 ps，80 MHz	140 mW at 6 μm	[143]
Ultrafast intra-pulse DFG（optical rectification）				
GaSe	9~18	0.83 μm，100 mW，20 fs，	Ave. power 1 μW，140 fs at 11.5 μm	[146]
GaSe	Broadband 9~12	0.8 μm，500 mW，10 fs	10 μW	[154]
LGS	Broadband 6.7~18	1.03 μm，50 W，19 fs，100 MHz	103 mW	[147]
GaSe	Broadband 4.4~20	2 μm，18.7 W，15 fs，77 MHz	24 mW	[148]
GaSe	Broadband 6~18	2 μm，32 W，16 fs，1.25 MHz	450 mW	[155]
GaSe	Broadband 4.3~16.6；5.8~17.6	2.5 μm，5.9 W，20 fs，78 MHz	13 mW	[149]
ZGP	Broadband 5.8~12.5	2.5 μm，4.5 W，20 fs，78 MHz	148 mW	[149]
Picosecond OPOs				
KTP	1.54 and 3.47	1.064 μm，29 W，7 ps，83 MHz	6.4 W at 3.47 μm quant. eff. 72.5%	[156]
PPLN	2.13；2.32	1.064 μm，30.8 W，37 ps，103 MHz	20.2 W at 2.13 μm 10.5 W at 2.32 μm quant. eff. 76%	[157]
PPLN	3.06~4.16	1.064 μm，16 W，21 ps，81 MHz	4.6 W at 3.33 μm quant. eff. 90%	[158]
PPLN	2.3~3.5	1.035 μm，11 W，150 ps，1 MHz	1.5 W（1.5 μJ at 1 MHz） quant. eff. 43%	[159]
CSP	6.09~6.58	1.064 μm，600 mW；1-μs macropulses at 20 Hz filled with 8.6-ps micropulses at 450 MHz	30 mW（1.5 mJ in macropulse）quant. eff. 29.5%	[160]

续表

Nonlinear crystal	Tuning range（μm）	Pump	Output parameters	Ref.
Femtosecond OPOs				
PPLN	1.7~5.4	790~815 nm，850 mW，90 ps，81 MHz	20 mW at 5.4 μm	[161]
PPLN	2.18~3.73	790 nm，1 W，20 fs，100 MHz	33 mW at 3.72 μm，min. duration 33 fs at 2.7 μm	[162]
$AgGaSe_2$	4.1~7.9	1.55 μm，400 mW，120 fs，82 MHz	35 mW at 4.55 μm，22 mW at 5.25 μm	[163]
CSP	6.54~7.19	1.029 μm，3.7 W，560 fs，43 MHz	110 mW at 7.05 μm，quant. eff. 20%	[164]
CSP	6.32~7.06	1.015~1.074 μm，0.7~1 W，140 fs，80 MHz	32 mW at 6.8 μm，quant. eff. 22%	[165]
OP-GaP	5~12	1.04 μm，150 fs，101 MHz	55 mW（5.4 μm），7.5 mW（11.8 μm）	[166]
OPGs				
AGS	1.2~10	1.064 μm（10 mJ，20 ps）	Quant. eff. 0.1~10%，threshold 3 GW/cm^2	[167]
ZGP	3.9~10	2.8 μm（3 mJ，100 ps，3 Hz）	Quant. eff. 18%，threshold 0.09 GW/cm^2	[168]
ZGP	5~11	3.15 μm（60 μJ，2.7 ps，10 Hz）	Quant. eff. 20%，threshold 0.1 GW/cm^2	[169]
CdSe	3.6~4.3，8~13	2.8 μm（3 mJ，100 ps，3 Hz）	Quant. eff. 10%，threshold 0.47 GW/cm^2	[170]
GaSe	3~19	2.8 μm（3 mJ，100 ps，3 Hz）	Quant. eff. 5%，threshold 1.1 GW/cm^2	[168]
CSP	6.15~6.73	1.064 μm（2.1 mJ，20 ps，5 Hz）	Quant. eff. 8.6%，threshold 0.4 GW/cm^2	[171]
172OPAs				
KTP，OPCPA	3.9	1.03 μm（250 mJ，70 ps，20 Hz）	8 mJ，83 fs	[172]
ZGP two-stage OPA	5	2.05 μm（1.6 mJ，60 fs，100 Hz）	0.2 mJ，450 fs	[173]
ZGP，OPCPA	7	2 μm（40 mJ，70 ps，100 Hz）	0.2 mJ，180 fs	[174]

5.4.3 超快光学参量振荡器

5.4.3.1 皮秒模式

在同步泵浦机制下，使用单谐振光学参量振荡器（SRO）结合超短泵浦脉冲（即当 OPO

的腔长与泵浦的重复频率精确匹配时),可以显著降低OPO阈值,需要的泵浦平均功率最低可达<100 mW,这是由于超短脉冲的峰值功率有效地决定了参量增益[175]。

在中波红外OPO的早期工作中,Ruffing等人基于由二极管泵浦的锁模Nd: YVO_4 振荡器-放大器系统同步泵浦的KTA晶体,构建了一种高效、高稳定性的高峰值和高平均功率光学参量振荡器[156]。泵浦激光器提供波长为1.064 μm、脉冲持续时间为7 ps、重复频率为83 MHz、平均功率为29 W的脉冲激光。同步泵浦的OPO具有一个折叠式信号光谐振线性谐振器(图5.24),以及一块15 mm长、用于II型非临界相位匹配的KTA晶体,腔长失谐公差为100 μm。OPO在固定的信号光-闲频光波长对下工作;信号光(波长为1.54 μm)的平均功率为14.6 W,而闲频光(波长为3.47 μm)的平均功率为6.4 W。OPO总输功率为21 W,相应的光转换效率为72.5%。

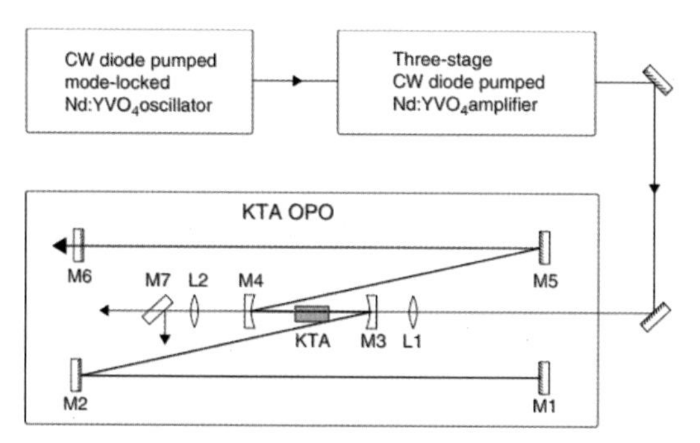

图5.24 一种由锁模Nd: YVO_4 振荡器-放大器系统同步泵浦的、基于KTA晶体的皮秒光学参量振荡器。来源:经Springer许可,转载自参考文献156图1。

Qin等人以Nd: YVO_4 锁模激光器作为泵浦源(脉冲持续时间为37ps、重复频率为103 MHz、平均功率为30.8 W),在50 mm长的MgO掺杂PPLN非线性晶体中,采用简并操作模式,从皮秒光学参量振荡器中获得了波长为2.128 μm、平均功率为20.2 W的脉冲激光[157]。经测量,OPO输出的激光,脉冲持续时间为29 ps,光转换效率为66%。在非简并操作模式下,产生的信号光(波长为1.97 μm)功率为12.8 W和闲频光(波长为2.32 μm)功率为10.5 W,对应的转换效率高达76%。

参考文献159中展示了一种以1 MHz重复频率产生高能量、中波红外皮秒脉冲的绝佳方法。OPO谐振腔的长度仅占匹配1 MHz泵重复频率所需长度的一小部分(1/193)。由波长为1.035 μm、单脉冲能量为11 μJ、脉冲持续时间为150 ps的脉冲光纤MOPA系统泵浦基于掺杂MgO的PPLN晶体,对于1.55 m长的OPO腔,谐振的近红外信号脉冲的重复频率为1 MHz泵浦产生了193次谐波。相反,因为闲频光仅在泵浦光和信号光存在的情况下产生,非谐振的闲频光重复频率与泵浦光的重复频率相同,可在2.3~3.5 μm范围内进行调谐。研究发现,OPO产生的闲频光单脉冲能量高达1.5 μJ,量子效率高达43%。

5.4.3.2 飞秒模式

1997 年，Burr 等人证明了一台高效的高重复频率宽调谐飞秒中波红外光学参量振荡器[161, 176]。该光学参量振荡器以重复频率 81 MHz、脉冲持续时间 90 fs、平均功率 850 mW、中心波长在 790~815 nm 可调的锁模钛蓝宝石激光器为泵浦源，通过同步泵浦方式运行，使用 PPLN 晶体作为介质配合环形谐振腔。在泵浦光和信号光之间存在一个非常小的非共线角（图 5.25），通过与谐振信号光成一定角度的方式提取长波闲频光。OPO 腔包含用于群速度色散补偿的棱镜序列（在飞秒泵浦的情况下，OPO 光谱跨度足够大，需要考虑谐振光不同光谱分量的往返时间不同从而产生色散）。在晶体内部测得的泵浦光和信号光之间的非共线角变化范围为 1.0°~1.6°，PPLN 长度变化范围为 0.3~0.8 mm，因此闲频光可在 1.7~5.4 μm 波长范围内进行调谐。发生简并时，在波长约为 1.6 μm 附近产生的平均功率最大（达到 200 mW）；当波长 λ=5.4 μm 时，平均功率超过 20 mW。干涉自相关（图 5.25）用于表征中波红外闲频光脉冲，脉冲持续时间通常为 125 fs。在接近简并的情况下，OPO 平均泵浦功率阈值低至 65 mW，且泵浦损耗高达 85%。

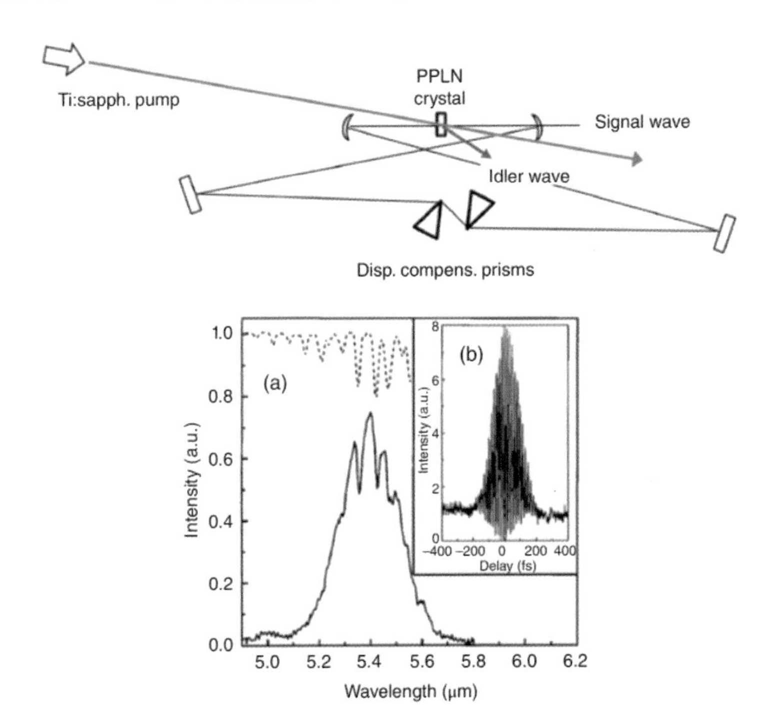

图 5.25 基于 PPLN 晶体的钛蓝宝石激光器同步泵浦的飞秒中波红外光学参量振荡器。棱镜序列用于群速度色散补偿。插图：（a）闲频光谱（实线）和空气中的背景透射（虚线）；（b）波长约 5.4 μm 处闲频光的干涉自相关。来源：经美国光学学会（OSA）许可，转载自参考文献 161 图 2。

参考文献 162 中报道了一种基于 PPLN 晶体的可提供极短（几个光学周期）中波红外

脉冲的光学参量振荡器。以 OPO 脉冲持续时间为 20 fs 钛蓝宝石激光器同步泵浦,在长度短至 250 μm 的 PPLN 晶体中,通过仔细的色散管理,产生了可在 2.18~3.73 μm 范围内调谐的、接近变换极限的、数个周期的闲频光脉冲。当波长 λ=2.7 μm 时,脉冲持续时间为 33 fs。

Marzenell 等人使用 $AgGaSe_2$(一种红外线截止比 PPLN 更大的晶体)构建了可在 2~8 μm 波长范围内调谐的超快光学参量振荡器(3~4 μm 附近的小间隙除外)[163]。为了确保 $AgGaSe_2$ 晶体中的双光子吸收最少,采用(钛蓝宝石激光器输出)波长为 1.55 μm 脉冲激光泵浦光学参量振荡器。通过波长范围为 1.93~2.49 μm 的信号光和波长范围为 4.1~7.9 μm 的闲频光产生飞秒脉冲。当信号光和闲频光波长分别为 2.35 μm 和 4.55 μm 时,平均输出功率分别为 67 mW 和 35 mW,脉冲持续时间分别为 230~520 fs 和 300~640 fs。对于低损耗腔(损耗功率小于输出耦合功率),光学参量振荡器阈值功率<100 mW。

Kumar 等人报道了一种基于 CSP 晶体的飞秒光学参量振荡器。泵浦波长约为 1 μm,闲频光可调谐范围为 6.3~7.2 μm——由于人体组织蛋白质酰胺 II 的吸收峰出现在波长 6.45 μm 处,这一范围的可调谐性对光谱学和医学应用都非常重要[164-165]。当波长 λ=7.05 μm 时,光学参量振荡器最大平均功率达到 100 mW。

Maidment 等人报道了一种基于新型半导体非线性材料 OP-GaP 的宽调谐飞秒光学参量振荡器,该振荡器能够产生覆盖长波中波红外区大部分范围(5~12 μm)的飞秒脉冲[166]。研究采用波长为 1.04 μm、重复频率为 101 MHz、脉冲持续时间为 150 fs 的镱激光器为泵浦源。为了获得更宽的光谱覆盖范围,研究使用了 7 个 1 mm 长的 OP-GaP 晶体,其取向反转周期 Λ=21.5~34.0 μm 不等。图 5.26 显示了中心波长为 5.4~11.8 μm 的闲频光光谱,以及每个晶体的平均功率数据。当波长为 5.4 μm 时,输出平均功率为 55 mW;当波长为 11.8 μm 时,输出平均功率为 7.5 mW[166]。

表 5.6 总结了超快光学参量振荡器的主要结果。更多关于超快光学参量光源的信息详见参考文献 11 和 177 以及本书 6.2.4 节和 6.2.5 节。

5.4.4 超快光参量发生器

行波"超荧光"光参量发生器的工作原理是通过较强的短激光脉冲泵浦,进一步放大非线性晶体中量子噪声的单通道增益(>10^{10})。

行波光参量发生器的主要特征包括:

- 简单(无须谐振腔);
- 能够以单个脉冲的形式输出较高的峰值功率(>1 MW);
- 宽调谐,仅受相位匹配和晶体透明度的限制;
- 无堆积时间,这允许从同一激光器泵浦的不同光参量发生器产生同步的、独立可调谐的脉冲,对于时间分辨光谱(泵浦-探针光谱)来说,具有很大的吸引力;

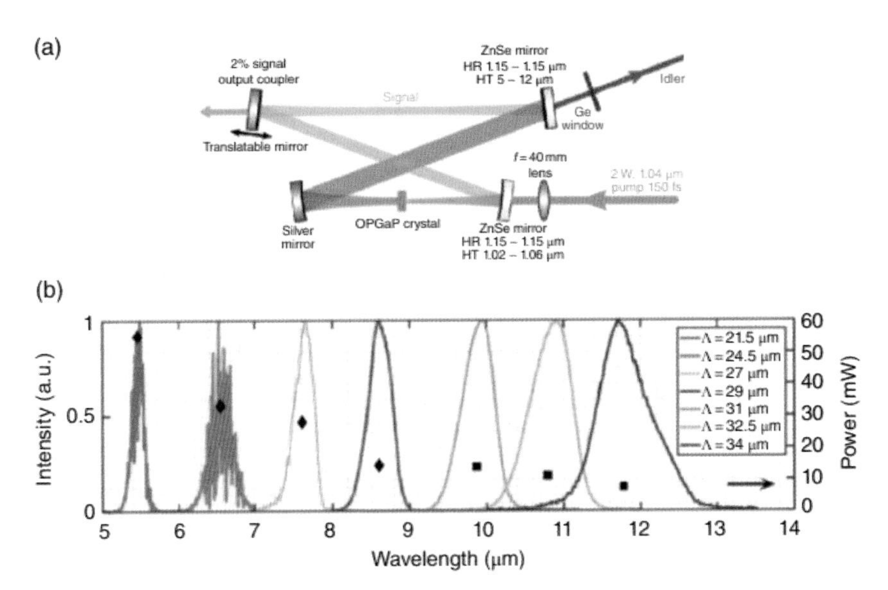

图 5.26 （a）基于 OP-GaP 晶体的同步泵浦单谐振飞秒光学参量振荡器示意图。（b）在 OP-GaP 的 7 个取向反转周期下获得的闲频光谱。其中，菱形和正方形表示测量的平均功率。来源：经美国光学学会（OSA）许可，转载自参考文献 166 图 3 和图 4。

● 需要泵浦功率密度较高，通常>1 GW/cm^2 才能达到光参量发生器的阈值。

在 Elsaesser 等人的早期工作中，报道了一种工作波长在 1.2~8 μm 范围内可调谐、基于硫砷银矿（Ag_3AsS_3）晶体的行波光参量发生器，由（波长 λ=1.06 μm、脉冲持续时间为 21ps）Nd:YAG 激光辐射单脉冲泵浦，阈值泵浦强度为 6 GW/cm^2[178]。该光参量发生器的能量转换效率达到 10^{-4}~10^{-2}，脉冲频谱带宽为 10~40 cm^{-1}，脉冲持续时间为 8 ps。当使用 AGS 晶体时，光参量发生器的能量转换效率显著提高（达到 10^{-3}~10^{-1}）。将两个长度分别为 1.5 cm 和 3 cm 的 AGS 晶体串联放置，并通过皮秒 Nd:YAG 激光辐射泵浦[167]。光参量发生器输出在 1.2~10 μm 波长范围内可调谐的激光，泵浦阈值为 3 GW/cm^2。

随后，以波长 λ=2.8 μm、脉冲持续时间为 100 ps 的自锁模 Er, Cr: YSGG 激光器为泵浦源，开发出基于各种晶体（ZGP、CdSe 和 GaSe）的行波光参量发生器[24, 168, 170, 179]。在泵浦阈值方面，ZGP 晶体表现极佳，需要的泵浦阈值最小，4 cm 长的晶体泵浦阈值仅为 0.09 GW/cm^2，即能产生在 3.9~10 μm 范围内可调谐，量子转换效率达到 18%的激光（见表 5.6）[168]。使用相同的泵浦源和 CdSe 晶体，产生调谐范围为 3.6~4.3 μm 的信号光和调谐范围为 8~13 μm 的闲频光[170]。研究还表明，在 8~12 μm 的重要光谱范围内，CdSe 在 GaSe 中的转换效率更高，线宽更窄，优于 ZGP。

当泵浦脉冲波长 λ=2.8 μm 时，基于 GaSe 晶体的光参量发生器保持了 3.3~19 μm 的最宽连续可调谐范围的纪录。该研究采用基于单个 z 切型角度调谐 GaSe 晶体的双通道光参量发生器结构[168]。尽管 GaSe 只能沿着(001)平面(z 切,θ=0°)解理,但其超高的双折射率(Δn≈0.35)让处于透明度范围的三波,不论相互作用如何,相位也能够相互匹配。以波长为 2.8 μm、脉冲持续时间为 100 ps、单脉冲能量为 3 mJ 的脉冲激光泵浦长度为 14 mm 的 GaSe 晶体,采用长宽比为 1∶20 的椭圆聚焦,从而确保在偏离平面内光束尺寸足够大(内部相位匹配角 θ=12° 时,偏离达到 0.8 mm)。光参量发生器阈值强度为 1.1 GW/cm^2。在 4~11 μm 波长范围内,当泵浦强度约为 5 GW/cm^2 时,量子转换效率为 5%(且随波长增加而下降)[168,179]。

光参量发生器的主要缺点是由于缺少光学腔而造成发散性强。例如,当泵浦几何结构相同时,共线和非共线三波会发生相互作用,从而导致光谱加宽(尤其是对于 I 型相位匹配,作用更为明显)。然而,这个问题可以通过双晶体或单晶体双通道的方法来解决(即在同一晶体中,利用第二条通道滤除第一条通道中产生的光束的离轴分量)。光参量发生器通常被用作高功率超快光参量放大器系统的"种子"光源,具体参见参考文献 173。

主要光参量发生器结果汇总见表 5.6。

5.4.5 超快光参量放大器

中波红外相干辐射的超快脉冲在强场物理和通过高次谐波产生相干 X 射线等领域发挥着越来越重要的作用。光参量放大器(OPA)方法让具有优异空间、时间和光谱特性的高峰值功率(高达>100 GW)飞秒脉冲得以产生。尤其是光学参量啁啾脉冲放大器(OPCPA),效果尤为明显。啁啾脉冲放大器的概念最初是为激光放大器开发的,但人们很快就意识到,它也适用于光参量放大器。首先,种子脉冲在时间上被拉伸至脉冲持续时间 100 ps~1 ns。这使得工作在纳秒范围内的、相对简单的 Q 开关激光器,可以接收更高的泵浦能量,从而输出能量更高的放大脉冲。经过光参量放大后,啁啾的中波红外脉冲受到压缩,在某些情况下(例如采用衍射光栅对),脉冲持续时间可以被压缩到数个光学周期。

Andriukaitis 等人展示了一台紧凑型中心波长为 3.9 μm、重复频率为 20 Hz 的中波红外 OPCPA 系统,该系统可提供脉冲持续时间为 83 fs(<7 个光学周期)、单脉冲能量为 8 mJ 的脉冲激光[172]。在单脉冲能量为 2 μJ 的激光泵浦长 6 mm 的 YAG 晶体产生白光的过程中生成种子脉冲,种子脉冲经过(波长为 1 030 nm、脉冲持续时间为 190 fs 的脉冲激光器驱动)三级串联 KTP 晶体光参量放大器,产生波长为 1.4 μm、单脉冲能量为 65 μJ 的信号光。最后, OPCPA 部分分为两级,以单脉冲能量为 250 mJ、脉冲持续时间为 70 ps 的 Nd 系统为泵浦源,在长 10 mm 的 KTA 晶体中,产生了波长为 1.4 μm、单脉冲能量为 22 mJ 的信号光和波长为 3.9 μm、单脉冲能量为 13 mJ 的闲频光。随后,闲频光的脉冲持续时间被压缩至 83 fs[172]。

Sanchez 等人使用 OPCPA 架构产生了中心波长为 7 μm、重复频率为 100 Hz、脉冲持续时间<8 个光周期的长波脉冲[174]。由掺铒光纤激光器和掺铥光纤激光器分别产生的两束飞秒激光，在 CSP 晶体中相干，通过差频生成过程产生波长为 7 μm 的中波红外激光，作为光参量放大器的种子脉冲激光。依靠波长为 2 μm、单脉冲能量为 40 mJ、脉冲持续时间为 11 ps 的 Ho：YLF 激光器对 OPCPA 进行同步泵浦。种子脉冲激光经过三级连续的非共线 ZGP 晶体光参量放大器（ZGP 晶体长度分别为 5 mm、5 mm 和 3 mm），被放大拉伸至皮焦耳级（持续时间为 6 ps），然后再经压缩获得能量为 0.2 mJ、脉冲持续时间为 180 fs、波长为 7 μm 的脉冲激光。此外，就载波包络相位而言，该系统产生了本质上相位稳定的脉冲[174]。其他超快光参量放大器结果见表 5.6。

5.5 拉曼频率转换器

受激拉曼散射现象（SRS）是一种三阶非线性光学效应，一直以来都是相对成熟的激光源产生长波激光的重要方法，已被成功运用了几十年[180-181]。拉曼频率转换器是一种基于放大介质的受激拉曼散射过程来产生激光的相干光源[180]。拉曼活性介质可以是块状晶体、光纤、波导、液体或气体。拉曼频率转换既可以通过受激拉曼散射引起的单通道超辐射来实现，也可以通过振荡器输出实现。因此，经过拉曼频率转换的振荡器也被人们称为“拉曼激光器”。在光纤或波导中，光的相干长度很大，可以让相关参数轻松的超过振荡阈值，产生激光振荡，即使在连续波模式下也是如此[182]。由于玻璃和其他固体中拉曼增益带宽较大，即使采用固定波长的泵浦源，拉曼振荡器也可以对成百的波数进行调谐。此外，通过受激拉曼散射，可以在同一设备中来级联多阶拉曼斯托克斯波，这让短波长泵浦源产生中波长激光成为可能。

5.5.1 晶体拉曼转换器

由于拉曼增益与波长成反比[180]，而材料的红外光透过率有限，一般来说，与可见光和近红外波长范围相比，在中波红外区进行拉曼转换是非常有挑战性的，这也是由于材料的红外透明度有限。目前，最常见的拉曼晶体包括 $SrWO_4$、$KGdWO_4$、$BaWO_4$、$PbWO_4$、$Ba(NO_3)_2$、YVO_4、$GdVO_4$、$LiIO_3$ 和金刚石。在这些晶体中，$BaWO_4$ 因良好的光学特性和较高的拉曼增益而备受关注。当用波长 λ=1.56 μm、脉冲持续时间为 10 ns 的脉冲激光泵浦 $BaWO_4$ 时，在阈值泵浦能量范围为 2.7~8 mJ 的情况下，观察到多级受激拉曼效应产生第一、第二、第三和第四斯托克斯线，新生成的波长分别为 1.8、2.2、2.75 和 3.7 μm[183]。此外，使用 $BaWO_4$ 晶体开发出了具有 Tm，Ho：$GdVO_4$ 激光增益介质的二极管端泵浦主动 Q 开关腔内拉曼激光器（工作波长为 2.053 μm）[184]。第一斯托克斯波（波长为 2.53 μm），在能量 2.8 W、波长 802 nm 二极管激光器的泵浦下，平均输出功率达到 186 mW，重复频率为 1 kHz，脉冲持续时间为 7.8 ns，拉曼激光功率阈值为 2 W，与二极管功率相比，从二极管到斯托克斯波的光学转换效率为 6.6%。

5.5.2 光纤拉曼转换器

Rakich 等人证明了通过二氧化硅光纤和放大器，单通道拉曼过程可以发生级联作用，作为一种切实有效的方法，将能量从通信波长的光转换至中波红外光波[185]。已有研究证明，二氧化硅光纤可以促进拉曼功率转换，采用脉冲持续时间为 2 ns、重复频率为 680 kHz 的全光纤脉冲激光源，波长范围为 1.53~2.15 μm 时，拉曼功率转换效率高达 37%；波长范围为 1.53~2.41 μm 时，拉曼功率转换效率为 16%。在高功率下，反常色散效应和克尔非线性效应会导致调制不稳定性，产生显著的光谱增宽和脉冲失真。因此，对于纳秒时间尺度上受控和效率最高的级联拉曼，普通色散光纤更为理想。研究表明，通过适当选择光纤截止波长 λ_c 和数值孔径，可以在整个二氧化硅透射窗口上获得正常的光纤色散[185]。图 5.27 所示光谱强度图总结了随泵浦功率增加而产生的级联拉曼过程的光谱演化情况。随着激光功率逐渐增加，通过更高阶级联拉曼功率不断转换，光谱发生显著且可控的红移；从基础的泵浦波长 1.531 μm 以 14.7 THz（490 cm^{-1}）的跨度，逐步阶跃移动到 1.64、1.78、1.94、2.14 和 2.41 μm 波段。虽然每阶拉曼过程的光谱宽度确实变宽了，但生成的光谱带却非常清晰，表明向生成连续谱方向转换的功率可以忽略不计。尽管二氧化硅在波长 2.41 μm 处的材料损耗很高，但仍形成了很强的五阶受激拉曼散射，与泵浦功率相比，功率转换效率非常显著（达到 16%）。

有关光纤拉曼转换器的更多信息，参阅 3.2.5 节。

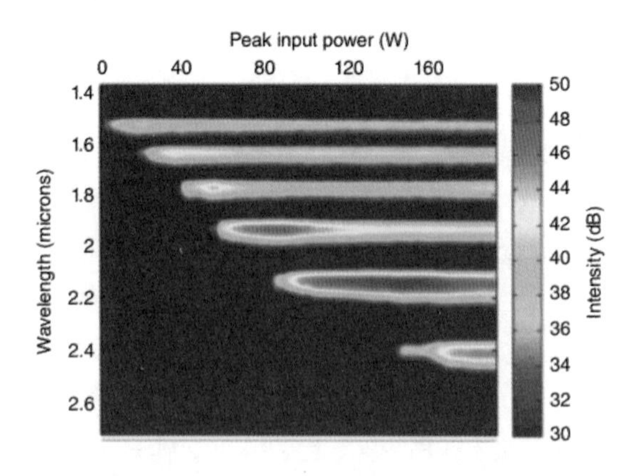

图 5.27 二氧化硅光纤中的级联拉曼过程：光谱强度图显示了随着泵浦激光功率的增加，泵浦功率（1.531 μm）和 1.64、1.78、1.94、2.14 和 2.41 μm 处斯托克斯波的测量分数。来源：经美国光学学会（OSA）许可，转载自参考文献 185 图 3a。

5.5.3 硅基拉曼转换器

波长覆盖 2.2~6.5 μm 中波红外区域范围（这一范围小于硅中的多声子吸收波长，硅中的多声子吸收在 6.5 μm 以上变得显著），拉曼频移量达到 520 cm^{-1}，让硅拉曼激光器在技术上的竞争能力非常强劲。硅具有拉曼增益系数高、晶体质量好、导热性强、光学损伤阈值高等优点，即使与最好的拉曼晶体相比，硅也依然是一种非常有吸引力的拉曼介质[186-187]。与硅电子制造基础设施的兼容性，让硅基光子器件生产又具备了一个很大的优势，这也为制造集成低损耗波导、微腔和谐振腔提供了可能性。

Boyraz 和 Jalali 报道了第一台在近红外范围内运行硅基拉曼激光器[188]。该激光器的组成包含了并入光纤环腔的硅增益介质（即 2 cm 长的肋形波导）和波长为 1 540 nm、重复频率为 25 MHz、脉冲持续时间为 30 ps 的脉冲同步泵浦增益介质，产生斯托克斯波长为 1 675 nm 的输出脉冲。激光功率阈值为峰值功率 9 W，斜率效率为 8.5%。随后，第一台连续波硅基拉曼激光器也问世了（泵浦波长 $\lambda_{泵浦}$=1 550 nm，产生的拉曼波长 $\lambda_{拉曼}$=1 686 nm），泵浦功率阈值为 180 mW[189]。硅的双光子吸收过程会产生自由载流子，从而导致严重的能量损耗。研究人员沿着波导引入了反向偏置 PIN 二极管，以去除双光子过程产生的自由载流子。Takahashi 等人报道了一种具有高质量因子（Q）纳米腔的连续波近红外硅拉曼激光器（$\lambda_{泵浦}$=1 428 nm，$\lambda_{拉曼}$=1 543 nm），产生了一种腔尺寸小于 10 μm、激光阈值非常低的（1 μW）器件[190]。使用环腔“跑道”配置中的硅基肋形波导，Rong 等人在 1 550 nm 泵浦的情况下，获得了 1 686 nm（第一斯托克斯）和 1 848 nm（第二斯托克斯）的级联拉曼激光，相对于耦合泵浦功率，第二个斯托克斯的输出功率为 5 mW，功率阈值为 120 mW[191]。

在中波红外波段，Raghunathan 等人展示了一种硅基拉曼放大器，在 2.5 cm 长的块状晶体硅样品中，波长为 3.39 μm 时输入信号光被放大了 12 dB。采用波长为 2.88 μm、脉冲持续时间为 5 ns 的脉冲激光泵浦块状晶体硅，泵浦强度峰值为 217 MW/cm^2（接近样品表面的损伤阈值）[192]。基于另一种三阶非线性效应——Kerr 非线性的四波混频（FWM）效应，可以实现中波红外光的参量放大和参量生成，有两个研究团队已经分别通过硅基波导，使用接近带隙能量一半处的泵浦波长（E≈0.55 eV，λ≈2.2 μm）证明了这一过程，因此不存在“寄生”双光子吸收[193-194]。在参考文献 193 中，使用脉冲持续时间为 2 ps、峰值功率为 28 W 的脉冲泵浦在 4 mm 长的硅晶片上获得了 25.4 dB 的参量增益。

Griffith 等人使用硅基微谐振腔展示了基于晶体硅中受激拉曼散射的斯托克斯和反斯托克斯频率之间产生相干光束，与四波混频效应相互作用，生成具有近倍频程跨度、相干中波红外频率梳[195]。硅微谐振腔由 2.6 μm 的单色 OPO 源以 180 mW 的功率泵浦，产生 2.46~4.28 μm 的宽带输出。研究人员发现，硅在 2.2~3.3 μm 波长范围内受到三光子吸收（3PA）的影响，产生的长寿命光载流子可以引起显著的中波红外吸收[195]。为了缓解这种情况，将硅基微谐振腔嵌入集成 PIN 二极管接头中，以提取产生的自由载流子。当向 PIN 接头施加-12 V 的反向偏置电压时，将载流子从二极管耗尽层中扫出，从而显著提高了器件性能。

5.5.4 金刚石拉曼转换器

金刚石具有多种特性，包括透射窗口宽、导热性强、损伤阈值高、拉曼增益系数高，以及由于其晶体对称性，不存在一阶红外晶格吸收，因此非常适合于产生非线性中波红外光。金刚石的带隙很大（5.4 eV），确保不会出现双光子吸收，并且拉曼位移频率大（1 332 cm^{-1}），因此可以让泵浦波长发生较大的波长偏移。然而，块状金刚石中存在两个中波红外吸收带，三声子吸收带从 2.5 μm 延伸到 3.75 μm，而更强烈的二声子吸收带在 3.75~6 μm 范围内表现非常突出。

Sabella 等人报道了一台脉冲中波红外金刚石拉曼激光器，其输出光束可以从 3.38 μm 调谐到 3.80 μm（即两个多声子吸收带之间的局部极小值）[196]。21 mm 长的空腔包含一个 8 mm 长、未镀膜、通过化学气相沉积（CVD）生长的金刚石晶体。研究人员使用波长 2.5 μm 附近的可调谐 OPO 作为泵浦源，泵浦光单脉冲能量最高可达 1mJ，重复频率为 10 Hz，脉冲持续时间为 5 ns，线宽为 0.55 cm^{-1}（小于金刚石的拉曼线宽，即 1.5 cm^{-1}）。通过在 2.33~2.52 μm 范围内改变泵浦波长，获得了 3.38~3.80 μm 范围内可调谐的拉曼激光。当波长调谐至 3.7 μm 时，获得的脉冲能量最高达到 80 μJ，与相应的泵浦功率相比，转换效率达到 15%（量子效率达到 22%），单脉冲能量阈值接近 250 μJ。

Latawiec 等人报道了一台波长 2 μm 附近运行的连续金刚石拉曼激光器。研究人员使用了一种高质量因子（Q）“跑道”金刚石微谐振腔（路径长度为 600 μm，波导宽度为 800 nm，高度为 700 nm），嵌入在硅晶片上的二氧化硅中。在连续波泵浦阈值功率为 85 mW 的情况下，通过调整处在通信范围内的泵浦波长（约 1.6 μm），获得在 2 μm 的斯托克斯波长附近约 100 nm 带宽上不连续可调激光，输出功率为 250 μW[197]。

5.5.5 其他拉曼转换器

由于质量因子高（高 Q）、模式体积小，回音壁式（WGM）光学微腔，如微球、微盘和微环，为产生 SRS 激光提供了充分的可能性。在近红外范围内，在二氧化硅微环腔[198]和 CaF_2 微盘腔[199]中分别观察到低至 74 μW 和 15 μW 的 SRS 功率阈值。硫族化合物玻璃（如 As_2S_3 和 As_2Se_3）对于 SRS 激光的发射非常有利。As_2S_3 拉曼增益系数很高，几乎是二氧化硅的 100 倍，并且透射窗口高达 6 μm。Vanier 等人首次报道了在 CO_2 激光熔融制备的、高质量因子、40 μm 直径的 As_2S_3 微球光学腔中，观察到受激拉曼散射[200]。在耦合波长为 1 550 nm、泵浦功率阈值为 13 μW 的情况下，在正向和反向上均观察到拉曼激光发射，内部转换效率为 10.7%。尽管拉曼发射波长仍在近红外区域(1 640.7 nm),但考虑到 As_2S_3 可观的中波红外透明度,由这种材料制成的微球光学腔不失为产生中波红外拉曼激光的一种好光源,例如通过级联 SRS 过程。

Kuyanov 等人利用 T=4 K 下固态仲氢中的受激反向拉曼散射(拉曼位移 4 149.7 cm^{-1},线宽 7 MHz),开发了一种可在 4.4~8 μm 范围内调谐的中波红外单程拉曼转换器[201]。该器件由可调谐近红外光学参量振荡器(OPO)泵浦,泵浦源输出能量为 20 mJ,脉冲持续时间为 7 ns,重复频率为 20 Hz。通过在 1.56~1.85 μm 范围内调谐泵浦激光来实现输出波长调谐(4.4~8 μm,光谱线宽 0.4 cm^{-1})。中波红外输出能量从波长 4.4 μm 的 1.7 mJ 到波长 8 μm 的 120 μJ 不等,对应量子效率分别为 53%和 8%。SRS 产生的能量阈值在 2~8 mJ;此外,SRS 辐射的主要部分都转为后向传播。

Gladyshev 等人开发了一种基于填充氢气的二氧化硅空芯光纤(HCF)的、波长 λ=4.4 μm 的拉曼激光源[202]。其中,空芯直径为 77 μm,光纤包层由 10 个壁厚为 1.15 μm 的非接触二氧化硅毛细管形成("左轮手枪式"设计)。计算得到,泵浦(波长 1.56 μm)和斯托克斯(波长 4.4 μm)的基本模式光学损耗分别为 0.002 5 dB/m 和 0.92 dB/m。在 30 atm 的压力下,用分子氢填充 HCF 至 15 m。光纤末端被密封地粘合到带有蓝宝石窗口的微型气池中,用于光的输入耦合和输出耦合。在单程几何结构的掺铒光纤脉冲激光器的泵浦下(波长为 1.56 μm,脉冲持续时间为 2 ns,重复频率为 25 kHz,泵浦功率为 1.2 W),拉曼量子转换效率达到 15%,波长 λ=4.4 μm 时,峰值功率达到 0.6 kW,相应的平均功率为 30 mW[202]。

5.6 总结

差频生成可以方便地将近红外激光器的辐射转换为中波红外辐射,从而保持泵浦的相干特性(例如窄线宽),并且由于可以宽调谐和连续调谐,广泛应用于光谱学中。差频生成光源的主要缺点通常是转换效率低,且需要两个驱动激光源。另一方面,光学参量振荡器只需要一个泵浦激光器,效率更高(泵浦的量子转换效率可高达 80%),并且可以产生较高的平均功率(>10 W)或较高的脉冲能量(>100 mJ)。然而,这是以对谐振腔的要求为代价的。对于非线性晶体 QPM 材料(如 PPLN 和 PPLT 以及 PPKTP 晶体及其家族),由于其坚固、非线性高,且成本较合理,可以在 1~5 μm 整个波长范围内作为频率转换的主力。通过外延法生长的 OP-GaAs 和 OP-GaP 晶体非常坚固,并多次参与长波(>5 μm)应用。OP-GaAs(类似于块状 ZGP)在 3~10 μm 整个范围内多次在高功率 OPO 中应用。新开发的非线性晶体 CSP,允许在非临界相位匹配下从 1 μm 泵浦直接下变频到 6 μm 输出。此外,硅基拉曼频率转换器还拥有覆盖 2~6.5 μm 技术重要区域的潜力。

参考文献

[1] Fejer, M.M., Magel, G.A., Jundt, D.H., and Byer, R.L. (1992). Quasi-phase-matched 2nd harmonic-generation: tuning and tolerances. IEEE J. Quantum Electron. 28: 2631.

[2] Lim, E., Hertz, H., Bortz, M., and Fejer, M. (1991). Infrared radiation generated by quasi-phasematched difference-frequency-mixing in a periodically-poled lithium niobate waveguide. Appl. Phys. Lett. 59: 2207.

[3] Yariv, A. (1989). Quantum Electronics, 3e. New York: Wiley.

[4] Vodopyanov, K.L. (2003). Pulsed mid-IR optical parametric oscillators. In: Solid-State Mid-Infrared Laser Sources (ed. I.T. Sorokina and K.L. Vodopyanov), Topics Appl. Phys., vol. 89. Berlin: Springer.

[5] Myers, L.E. and Bosenberg, W.R. (1997). Periodically poled lithium niobate and quasi-phase-matched optical parametric oscillators. IEEE J. Quantum Electron.33: 1663.

[6] Shoji, I., Kondo, T., Kitamoto, A., Shirane, M., and Ito, R. (1997). Absolute scale of second-order nonlinear-optical coefficients. J. Opt. Soc. Am. B 14: 2268.

[7] Peltz, M., Bäderl, U., Borsutzky, A., Wallenstein, R., Hellström, J., Karlsson, H., Pasiskevicius, V., and Laurell, F. (2001). Optical parametric oscillators for high pulse energy and high average power operation based on large aperture periodically poled KTP and RTA. Appl. Phys. B 73: 663.

[8] Roberts, D.A. (1992). Simplified characterization of uniaxial and biaxial nonlinear optical crystals: a plea for standardization of nomenclature and conventions. IEEE J. Quantum Electron. 28: 2057.

[9] Petrov, V., Noack, F., Tunchev, I., Schunemann, P., and Zawilski, K. (2009). The nonlinear coefficient d_{36} of $CdSiP_2$. Proc. SPIE 7197: 719721.

[10] Fossier, S., Salaün, S., Mangin, J., Bidault, O., Thenot, I., Zondy, J.J., Chen, W., Rotermund, F., Petrov, V., Petrov, P., Henningsen, J., Yelisseyev, A., Isaenko, L., Lobanov, S., Balachninaite, O., Slekys, G., and Sirutkaitis, V. (2004). Optical, vibrational, thermal, electrical, damage and phase-matching properties of lithium thioindate. J. Opt. Soc. Am. B 21: 1981.

[11] Petrov, V. (2015). Frequency down-conversion of solid-state laser sources to the mid-infrared spectral range using non-oxide nonlinear crystals. Prog. Quantum Electron. 42: 1.

[12] Nikogosyan, D.N. (1997). Properties of Optical and Laser - Related Materials. Chichester, NY: Wiley.

[13] Skauli, T., Vodopyanov, K.L., Pinguet, T.J., Schober, A., Levi, O., Eyres, L.A., Fejer, M.M., Harris, J.S., Gerard, B., Becouarn, L., Lallier, E., and Arisholm, G. (2002). Measurement of the nonlinear coefficient of orientation - patterned GaAs and demonstration of highly efficient second-harmonic generation. Opt. Lett. 27: 628.

[14] Wagner, H.P., Kühnelt, M., Langbein, W., and Hvam, J.M. (1998). Dispersion of the second-order nonlinear susceptibility in ZnTe, ZnSe, and ZnS. Phys. Rev. B 58: 494.

[15] Zhang, H.Y., He, X.H., Shih, Y.H., Schurman, M., Feng, Z.C., and Stall, R.A. (1996). Study of nonlinear optical effects in GaN: Mg epitaxial film. Appl. Phys. Lett. 69: 2953.

[16] Miller, R.C. (1964). Optical second harmonic generation in piezoelectric crystals. Appl. Phys. Lett. 5: 17.

[17] Byer, R.L. (1997). Quasi-phasematched nonlinear interactions and devices. J. Nonlinear Opt. Phys. Mater. 6: 549.

[18] Schunemann, P.G., Zawilski, K.T., Pomeranz, L.A., Creeden, D.J., and Budni, P.A. (2016). Advances in nonlinear optical crystals for mid-infrared coherent sources. J. Opt. Soc. Am. 33: D36.

[19] Schunemann, P.G. and Zawilski, K.T. (2013). Nonlinear optical $CdSiP_2$ crystal and producing method and devices therefrom. U.S. patent 8,379,296, 19 February 2013.

[20] Auerhammer, J.M. and Eliel, E.R. (1996). Frequency doubling of mid - infrared radiation in gallium selenide. Opt. Lett. 21: 773.

[21] Eckhoff, W.C., Putnam, R.S., Wang, S.X., Curl, R.F., and Tittel, F.K. (1996). A continuously tunable long - wavelength cw IR source for high - resolution spectroscopy and trace-gas detection. Appl. Phys. B 63: 437.

[22] Dahinten, T., Plodereder, U., Seilmeier, A., Vodopyanov, K.L., Allakhverdiev, K.R., and Ibragimov, Z.A. (1993). Infrared pulses of 1 picosecond duration tunable between 4 μm and 18 μm. IEEE J. Quantum Electron. 29: 2245.

[23] Kaindl, R.A., Wurm, M., Reimann, K., Hamm, P., Weiner, A.M., and Woerner, M. (2000). Generation, shaping, and characterization of intense femtosecond pulses tunable from 3 to 20 μm. J. Opt. Soc. Am. B 17: 2086.

[24] Vodopyanov, K.L. (1993). Parametric generation of tunable infrared radiation in $ZnGeP_2$ and GaSe pumped at 3 μm. J. Opt. Soc. Am. B 10: 1723.

[25] Keilmann, F., Gohle, C., and Holzwarth, R. (2004). Time - domain mid - infrared frequency - comb spectrometer. Opt. Lett. 29: 1542.

[26] Ruehl, A., Gambetta, A., Hartl, I., Fermann, M.E., Eikema, K.S.E., and Marangoni, M. (2012). Widely - tunable mid - infrared frequency comb source based on difference frequency generation. Opt. Lett. 37: 2232.

[27] Keilmann, F. and Amarie, S. (2012). Mid - infrared frequency comb spanning an octave based on an Er fiber laser and difference - frequency generation. J. Infrared Milli. Terahz Waves 33: 479.

[28] Huber, R., Brodschelm, A., Tauser, F., and Leitenstorfer, A. (2000). Generation and field - resolved detection of femtosecond electromagnetic pulses tunable up to 41 THz. Appl. Phys. Lett. 76: 3191.

[29] Reimann, K., Smith, R.P., Weiner, A.M., Elsaesser, T., and Woerner, M. (2003). Direct field - resolved detection of terahertz transients with amplitudes of megavolts per centimeter. Opt. Lett. 28: 471.

[30] Shi, W., Ding, Y.J., Fernelius, N., and Vodopyanov, K.L. (2002). Efficient, tunable, and coherent 0.18~5.27 - THz source based on GaSe crystal. Opt. Lett.27: 1454.

[31] Schubert, O., Hohenleutner, M., Langer, F., Urbanek, B., Lange, C., Huttner, U., Golde, D., Meier, T., Kira, M., Koch, S.W., and Huber, R. (2014). Sub - cycle control of terahertz high - harmonic generation by dynamical Bloch oscillations. Nat. Photon. 8: 119.

[32] Kubler, C., Huber, R., Tubel, S., and Leitenstorfer, A. (2004). Ultrabroadband detection of multi - terahertz field transients with GaSe electro - optic sensors: approaching the near infrared. Appl. Phys. Lett. 85: 3360.

[33] Ebert, C.B., Eyres, L.A., Fejer, M.M., and Harris, J.S. (1999). MBE growth of antiphase GaAs films using GaAs/Ge/GaAs heteroepitaxy. J. Cryst. Growth 201: 187.

[34] Koh, S., Kondo, T., Ebihara, M., Ishiwada, T., Sawada, H., Ichinose, H., Shoji, I., and Ito, R. (1999). GaAs/Ge/GaAs sublattice reversal epitaxy on GaAs (100) and (111) substrates for nonlinear optical devices. Jpn. J. Appl. Phys. 38: L508.

[35] Eyres, L.A., Tourreau, P.J., Pinguet, T.J., Ebert, C.B., Lallier, E., Harris, J.S., Fejer, M.M., and Gerard, B. (2000). Quasi - phasematched frequency conversion in thick all - epitaxial, orientation - patterned GaAs films, Technical Digest. In: Advanced Solid State Lasers. Washington, DC: Optical Society of America, Paper TuA2.

[36] Lynch, C., Bliss, D.F., Zens, T., Lin, A., Harris, J.S., Kuo, P.S., and Fejer, M.M.

(2008). Growth of mm-thick orientation-patterned GaAs for IR and THz generation. J. Cryst. Growth 310: 241.

[37] Schunemann, P.G. and Setzler, S.D. (2011). Future directions in quasi-phasematched semiconductors for mid-infrared lasers. Proc. SPIE 7917: 79171F.

[38] Kanner, G.S., Marable, M.L., Singh, N.B., Berghmans, A., Kahler, D., Wagner, B., Lin, A., Fejer, M.M., Harris, J.S., and Schepler, K.L. (2009). Optical probes of orientation-patterned ZnSe quasi-phase-matched devices. Opt. Eng. 48: 114201.

[39] Miragliotta, J., Wickenden, D.K., Kistenmacher, T.J., and Bryden, W.A. (1993). Linear- and nonlinear-optical properties of GaN thin films. J. Opt. Soc. Am. B 10: 1447.

[40] Abe, M., Sato, H., Shoji, I., Suda, J., Yoshimura, M., Kitaoka, Y., Mori, Y., and Kondo, T. (2010). Accurate measurement of quadratic nonlinear-optical coefficients of gallium nitride. J. Opt. Soc. Am. B 27: 2026.

[41] Chowdhury, A., Ng, H.M., Bhardwaj, M., and Weimann, N.G. (2003). Second-harmonic generation in periodically poled GaN. Appl. Phys. Lett. 83: 1077.

[42] Mita, S., Collazo, R., and Sitar, Z. (2009). Fabrication of a GaN lateral polarity junction by metalorganic chemical vapor deposition. J. Cryst. Growth 311: 3044.

[43] Katayama, R., Kuge, Y., Onabe, K., Matsushita, T., and Kondo, T. (2006). Complementary analyses on the local polarity in lateral polarity-inverted GaN heterostructure on sapphire (0001) substrate. Appl. Phys. Lett. 89: 231910.

[44] Hite, J., Twigg, M., Mastro, M., Freitas, J. Jr., Meyer, J., Vurgaftman, I., O'Connor, S., Condon, N., Kub, F., Bowman, S., and Eddy, C. Jr. (2012). Development of periodically oriented gallium nitride for non-linear optics. Opt. Mater. Express 2: 1203.

[45] Sanders, S., Lang, R.J., Myers, L.E., Fejer, M.M., and Byer, R.L. (1996). Broadly tunable mid-IR radiation source based on difference frequency mixing of high power wavelength-tunable laser diodes in bulk periodically poled $LiNbO_3$. Electron. Lett. 32: 218.

[46] Weibring, P., Richter, D., Walega, J.G., and Fried, A. (2007). First demonstration of a high performance difference frequency spectrometer on airborne platforms. Opt. Express 15: 13476.

[47] Weibring, P., Richter, D., Fried, A., Walega, J.G., and Dyroff, C. (2006). Ultra-high-precision mid-IR spectrometer II: system description and spectroscopic performance. Appl. Phys. B 85: 207.

[48] Guha, S., Barnes, J.O., and Gonzalez, L.P. (2014). Multiwatt-level continuous-wave midwave infrared generation using difference frequency mixing in periodically poled MgO-doped lithium niobate. Opt. Lett. 39: 5018.

[49] Tadanaga, O., Yanagawa, T., Nishida, Y., Miyazawa, H., Magari, K., Asobe, M., and Suzuki, H. (2006). Efficient 3-μm difference frequency generation using direct-bonded quasi-phase-matched $LiNbO_3$ ridge waveguides. Appl. Phys. Lett. 88: 061101.

[50] Richter, D., Weibring, P., Fried, A., Tadanaga, O., Nishida, Y., Asobe, M., and Suzuki, H. (2007). High-power, tunable difference frequency generation source for absorption spectroscopy based on a ridge waveguide periodically poled lithium niobate crystal. Opt. Express 15: 564.

[51] Denzer, W., Hancock, G., Hutchinson, A., Munday, M., Peverall, R., and Ritchie, G.A.D. (2007). Mid-infrared generation and spectroscopy with a PPLN ridge waveguide. Appl. Phys. B 86: 437.

[52] Asobe, M., Tadanaga, O., Yanagawa, T., Umeki, T., Nishida, Y., and Suzuki, H. (2008). High-power mid-infrared wavelength generation using difference frequency generation in damage-resistant Zn:$LiNbO_3$ waveguide. Electron. Lett. 44: 288.

[53] Levi, O., Pinguet, T.J., Skauli, T., Eyres, L.A., Parameswaran, K.R., Harris, J.S. Jr., Fejer, M.M., Kulp, T.J., Bisson, S.E., Gerard, B., Lallier, E., and Becouarn, L. (2002). Difference frequency generation of 8-μm radiation in orientation-patterned GaAs. Opt. Lett. 27: 2091.

[54] Bisson, S.E., Kulp, T.J., Levi, O., Harris, J.S., and Fejer, M.M. (2006). Long-wave IR chemical sensing based on difference frequency generation in orientation-patterned GaAs. Appl. Phys. B 85: 199.

[55] Vasilyev, S., Schiller, S., Nevsky, A., Grisard, A., Faye, D., Lallier, E., Zhang, Z., Boyland, A.J., Sahu, J.K., Ibsen, M., and Clarkson, W.A. (2008). Broadly tunable single-frequency cw mid-infrared source with milliwatt-level output based on difference-frequency generation in orientation-patterned GaAs. Opt. Lett. 33: 1413.

[56] Sowade, R., Breunig, I., Mayorga, I.C., Kiessling, J., Tulea, C., Dierolf, V., and Buse, K. (2009). Continuous-wave optical parametric terahertz source. Opt. Express 17: 22303.

[57] Smith, R.G., Geusic, J.E., Levinstein, H., Rubin, J.J., Singh, S., and Van Uiter, L. (1968). Continuous optical parametric oscillation in $Ba_2NaNb_5O_{15}$. Appl. Phys. Lett. 12: 308.

[58] Bosenberg, W.R., Drobshoff, A., Alexander, J.I., Myers, L.E., and Byer, R.L. (1996). Continuous-wave singly resonant optical parametric oscillator based on periodically poled $LiNbO_3$. Opt. Lett. 21: 713.

[59] Bosenberg, W.R., Drobshoff, A., Alexander, J.I., Myers, L.E., and Byer, R.L. (1996). 93% pump depletion, 3.5-W continuous-wave, singly resonant optical parametric oscillator. Opt. Lett. 21: 1336.

[60] Kumar, S.C., Das, R., Samanta, G., and Ebrahim-Zadeh, M. (2011). Optimally-output-coupled, 17.5 W, fiber-laser-pumped continuous-wave optical parametric oscillator. Appl. Phys. B 102: 31.

[61] Kumar, S.C. and Ebrahim-Zadeh, M. (2011). High-power, continuous-wave, mid-infrared optical parametric oscillator based on MgO:sPPLT. Opt. Lett. 36: 2578.

[62] Henderson, A. and Stafford, R. (2006). Low threshold, singly-resonant CW OPO pumped by an all-fiber pump source. Opt. Express 14: 767.

[63] Popp, A., Müller, F., Kühnemann, F., Schiller, S., von Basum, G., Dahnke, H., Hering, P., and Mürtz, M. (2002). Ultra-sensitive mid-infrared cavity leak-out spectroscopy using a cw optical parametric oscillator. Appl. Phys. B 75: 751.

[64] Ngai, A.K.Y., Persijn, S.T., von Basum, G., and Harren, F.J.M. (2006). Automatically tunable continuous-wave optical parametric oscillator for high-resolution spectroscopy and sensitive trace-gas detection. Appl. Phys. B 85: 173.

[65] Lindsay, I., Adhimoolam, B., Groß, P., Klein, M., and Boller, K. (2005). 110 GHz rapid, continuous tuning from an optical parametric oscillator pumped by a fiber-amplified DBR diode laser. Opt. Express 13: 1234.

[66] Siltanen, M., Vainio, M., and Halonen, L. (2010). Pump-tunable continuous-wave singly resonant optical parametric oscillator from 2.5 to 4.4 μm. Opt. Express 18: 14087.

[67] Scheidt, M., Beier, B., Boller, K.-J., and Wallenstein, R. (1997). Frequency-stable operation of a diode-pumped continuous-wave $RbTiOAsO_4$ optical parametric oscillator. Opt. Lett. 22: 1287.

[68] Turnbull, G.A., McGloin, D., Lindsay, I.D., Ebrahimzadeh, M., and Dunn, M.H. (2000). Extended mode-hop-free tuning by use of a dual-cavity, pump-enhanced optical parametric oscillator. Opt. Lett. 25: 341.

[69] Lindsay, I.D., Petriokes, C., Dunn, M.H., and Ebrahimzadeh, M. (2001). Continuous-wave pump-enhanced singly resonant optical parametric oscillator pumped by an extended-cavity diode laser. Appl. Phys. Lett. 78: 871.

[70] Stothard, D.J.M., Lindsay, I.D., and Dunn, M.H. (2004). Continuous - wave pump - enhanced optical parametric oscillator with ring resonator for wide and continuous tuning of single-frequency radiation. Opt. Express 12: 502.

[71] Rihan, A., Andrieux, E., Zanon - Willette, T., Briaudeau, S., Himbert, M., and Zondy, J.-J. (2011). A pump-resonant signal-resonant optical parametric oscillator for spectroscopic breath analysis. Appl. Phys. B 102: 367.

[72] Schunemann, P.G., Pomeranz, L.A., Setzler, S.D., Jones, C.W., and Budni, P.A. (2013). CW mid - IR OPO based on OP - GaAs, Technical Digest. In: The European Conference on Lasers and Electro - Optics. Washington, DC: Optical Society of America, Paper JSII_2_3.

[73] Meisenheimer, S. - K., Fürst, J.U., Buse, K., and Breunig, I. (2017). Continuous - wave optical parametric oscillation tunable up to an 8 μm wavelength. Optica 4: 189.

[74] Breunig, I., Haertle, D., and Buse, K. (2011). Continuous - wave optical parametric oscillators: recent developments and prospects. Appl. Phys. B 105: 99.

[75] Fürst, J.U., Strekalov, D.V., Elser, D., Aiello, A., Andersen, U.L., Marquardt, C., and Leuchs, G. (2010). Low - threshold optical parametric oscillations in a whispering gallery mode resonator. Phys. Rev. Lett. 105: 263904.

[76] Beckmann, T., Linnenbank, H., Steigerwald, H., Sturman, B., Haertle, D., Buse, K., and Breunig, I. (2011). Highly tunable low - threshold optical parametric oscillation in radially poled whispering gallery resonators. Phys. Rev. Lett. 106: 143903.

[77] Werner, C.S., Buse, K., and Breunig, I. (2015). Continuous-wave whispering-gallery optical parametric oscillator for high-resolution spectroscopy. Opt. Lett. 40: 772.

[78] Hanna, D.C., Rampal, V.V., and Smith, R.C. (1973). Tunable infrared down - conversion in silver thiogallate. Opt. Commun. 8: 151.

[79] Seymour, R.J. and Zernike, F. (1976). Infrared radiation tunable from 5.5 to 18.3 μm generated by mixing in $AgGaS_2$. Appl. Phys. Lett. 29: 705.

[80] Kato, K. (1984). High - power difference - frequency generation at 5~11 μm in $AgGaS_2$. IEEE J. Quantum Electron. QE-20: 698.

[81] Haidar, S., Nakamura, K., Niwa, E., Masumoto, K., and Ito, H. (1999). Mid - infrared (5~12 - μm) and limited (5.5~8.5 - μm) single - knob tuning generated by difference - frequency mixing in single-crystal $AgGaS_2$. Appl. Opt. 38: 1798.

[82] Shi, W. and Ding, Y. (2004). A monochromatic and high - power terahertz source tunable in the ranges of 2.7~38.4 and 58.2~3540 μm for variety of potential applications.

Appl. Phys. Lett. 84: 1635.

[83] Vodopyanov, K.L. and Schunemann, P.G. (1998). Efficient difference frequency generation of 7~20-μm radiation in $CdGeAs_2$. Opt. Lett. 23: 1096.

[84] Kung, A.H. (1994). Narrowband mid-infrared generation using $KTiOAsO_4$. Appl. Phys. Lett. 65: 1082.

[85] Miyamoto, Y., Hara, H., Masuda, T., Hiraki, T., Sasao, N., and Uetake, S. (2017). Injection-seeded tunable mid-infrared pulses generated by difference frequency mixing. Jpn. J. Appl. Phys. 56: 032101.

[86] Belden, P., Chen, D.W., and Di Teodoro, F. (2015). Watt-level, gigahertz-linewidth difference-frequency generation in PPLN pumped by a nanosecond-pulse fiber laser source. Opt. Lett. 40: 958.

[87] Fischer, C. and Sigrist, M.W. (2003). Mid-IR difference frequency generation. In: Solid-state Mid-infrared Laser Sources (ed. I.T. Sorokina and K.L. Vodopyanov). Topics Appl. Phys., vol. 89. Berlin: Springer.

[88] Brosnan, S.J. and Byer, R.L. (1979). Optical parametric oscillator threshold and linewidth studies. IEEE J. Quantum Electron. QE-15: 415.

[89] Hanna, D.C., Luther-Davies, B., and Smith, R.C. (1973). Singly resonant proustite parametric oscillator tuned from 1.22 to 8.5 μm. Appl. Phys. Lett. 22: 440.

[90] Myers, L.E., Eckardt, R.C., Fejer, M.M., Byer, R.L., Bosenberg, W.R., and Pierce, J.W. (1995). Quasi-phase-matched optical parametric oscillators in bulk periodically poled $LiNbO_3$. J. Opt. Soc. Am. B 12: 2102.

[91] Myers, L.E., Eckardt, R.C., Fejer, M.M., Byer, R.L., and Bosenberg, W.R. (1996). Multi-grating quasi-phase-matched optical parametric oscillators in periodically poled $LiNbO_3$. Opt. Lett. 21: 591.

[92] Fan, Y.X., Eckardt, R.L., Byer, R.L., Route, R.K., and Feigelson, R.S. (1984). $AgGaS_2$ infrared parametric oscillator. Appl. Phys. Lett. 45: 313.

[93] Vodopyanov, K.L., Maffetone, J.P., Zwieback, I., and Ruderman, W. (1999). $AgGaS_2$ optical parametric oscillator continuously tunable from 3.9 to 11.3 μm. Appl. Phys. Lett. 75: 1204.

[94] Eckardt, R.C., Fan, Y.X., Byer, R.L., Marquardt, C.L., Storm, M.E., and Esterowitz, L. (1986). Broadly tunable infrared parametric oscillator using $AgGaSe_2$. Appl. Phys. Lett. 49: 608.

[95] Quarles, G.J., Marquardt, C.L., and Esterowitz, L. (1990). 2-μm pumped $AgGaSe_2$

with continuous tuning 2.49~12.05 μm. In: Proc. LEOS. Boston, MA, Paper ELT7.1.

[96] Chandra, S., Allik, T.H., Catella, G., Utano, R., and Hutchinson, J.A. (1997). Continuously tunable, 6~14 μm silver - gallium selenide optical parametric oscillator pumped at 1.57 μm. Appl. Phys. Lett. 71: 584.

[97] Vodopyanov, K.L., Ganikhanov, F., Maffetone, J.P., Zwieback, I., and Ruderman, W. (2000). $ZnGeP_2$ optical parametric oscillator with 3.8~12.4 - μm tunability. Opt. Lett. 25: 841.

[98] Vodopyanov, K.L. (2001). OPOs target the longwave infrared. Laser Focus World 37: 225.

[99] Vodopyanov, K.L. and Schunemann, P.G. (2003). Broadly tunable noncritically phase - matched ZGP optical parametric oscillator with a 2 - microjoule pump threshold. Opt. Lett. 28: 441.

[100] Vodopyanov, K.L., Levi, O., Kuo, P.S., Pinguet, T.J., Harris, J.S., Fejer, M.M., Gerard, B., Becouarn, L., and Lallier, E. (2004). Optical parametric oscillation in quasi-phase-matched GaAs. Opt. Lett. 29: 1912.

[101] Vodopyanov, K.L., Levi, O., Kuo, P.S., Pinguet, T.J., Harris, J.S., Fejer, M.M., Gerard, B., Becouarn, L., and Lallier, E. (2004). Optical parametric oscillator based on orientation-patterned GaAs. Proc. SPIE 5620: 63-69.

[102] Skauli, T., Kuo, P.S., Vodopyanov, K.L., Pinguet, T.J., Levi, O., Eyres, L.A., Harris, J.S., and Fejer, M.M. (2003). Determination of GaAs refractive index and its temperature dependence, with application to quasi - phasematched nonlinear optics. J. Appl. Phys. 94: 6447.

[103] Vodopyanov, K.L., Makasyuk, I., and Schunemann, P.G. (2014). Grating tunable 4~14 μm GaAs optical parametric oscillator pumped at 3 μm. Opt. Express 22: 4131.

[104] Zawilski, K.T., Schunemann, P.G., Pollak, T.C., Zelmon, D.E., Fernelius, N.C., and Hopkins, F.K. (2010). Growth and characterization of large $CdSiP_2$ single crystals. J. Cryst. Growth 312: 1127.

[105] Petrov, V., Schunemann, P.G., Zawilski, K.T., and Pollak, T.M. (2009). Noncritical singly resonant optical parametric oscillator operation near 6.2 μm based on a $CdSiP_2$ crystal pumped at 1064 nm. Opt. Lett. 34: 2399.

[106] Marchev, G., Tyazhev, A., Petrov, V., Schunemann, P.G., Zawilski, K.T., Stöppler, G., and Eichhorn, M. (2012). Optical parametric generation in $CdSiP_2$ at 6.125 μm pumped by 8 ns long pulses at 1064 nm. Opt. Lett. 37: 740.

[107] Kostyukova, N.Y., Boyko, A.A., Badikov, V., Badikov, D., Shevyrdyaeva, G., Panyutin, V., Marchev, G.M., Kolker, D.B., and Petrov, V. (2016). Widely tunable in the mid - IR $BaGa_4Se_7$ optical parametric oscillator pumped at 1064 nm. Opt. Lett. 41: 3667.

[108] Richman, B.A., Aniolek, K.W., Kulp, T.J., and Bisson, S.E. (2000). Continuously tunable, single - longitudinal - mode, pulsed mid - infrared optical parametric oscillator based on periodically poled lithium niobate. J. Opt. Soc. Am. B 17: 1233.

[109] Ganikhanov, F., Caughey, T., and Vodopyanov, K.L. (2001). Narrow - linewidth middle-infrared $ZnGeP_2$ optical parametric oscillator. J. Opt. Soc. Am. B 18: 818.

[110] Scherrer, B., Ribet, I., Godard, A., Rosencher, E., and Lefebvre, M. (2000). Dual - cavity doubly resonant optical parametric oscillators: demonstration of pulsed single-mode operation. J. Opt. Soc. Am. B 17: 1716.

[111] Drag, C., Desormeaux, A., Lefebvre, M., and Rosencher, E. (2002). Entangled cavity optical parametric oscillator for mid - infrared pulsed single - longitudinal - mode operation. Opt. Lett. 27: 1238.

[112] Hardy, B., Berrou, A., Guilbaud, S., Raybaut, M., Godard, A., and Lefebvre, M. (2011). Compact, single - frequency, doubly resonant optical parametric oscillator pumped in an achromatic phase-adapted double-pass geometry. Opt. Lett. 36: 678.

[113] Barria, J.B., Roux, S., Dherbecourt, J. - B., Raybaut, M., Melkonian, J.-M., Godard, A., and Lefebvre, M. (2013). Microsecond fiber laser pumped, single-frequency optical parametric oscillator for trace gas detection. Opt. Lett. 38: 2165.

[114] Clément, Q., Melkonian, J. - M., Dherbecourt, J. - B., Raybaut, M., Grisard, A., Lallier, E., Gérard, B., Faure, B., Souhaité, G., and Godard, A. (2015). Longwave infrared, single - frequency, tunable, pulsed optical parametric oscillator based on orientation-patterned GaAs for gas sensing. Opt. Lett. 40: 2676.

[115] Cheung, E., Palese, S., Injeyan, H., Hoefer, C., Hilyard, R., Komine, H., Berg, J., and Bosenberg, W. (1999). High power conversion to mid - IR using KTP and ZGP OPOs, Technical Digest. In: Advanced Solid - State Lasers. Washington, DC: Optical Society of America, Paper WC1.

[116] Budni, P.A., Pomeranz, L.A., Lemons, M.L., Schunemann, P.G., Pollak, T.M., and Chicklis, E.P. (1998). 10 W mid - IR holmium pumped $ZnGeP_2$ OPO, Technical Digest. In: Advanced Solid State Lasers. Washington, DC: Optical Society of America, Paper FC1.

[117] Lippert, E., Fonnum, H., Arisholm, G., and Stenersen, K. (2010). A 22 - watt mid - infrared optical parametric oscillator with V - shaped 3 - mirror ring resonator. Opt. Express 18: 26 475.

[118] Wu, R., Lai, K.S., Lau, W.E., Wong, H.F., Lim, Y.L., Lim, K.W., and Chia, L.C.L. (2002). A novel laser integrated with a coupled tandem OPO configuration, Technical Digest. In: Conference on Lasers and Electro - Optics. Washington, DC: Optical Society of America, Paper CTuD6.

[119] Hemming, A., Richards, J., Davidson, A., Carmody, N., Bennetts, S., Simakov, N., and Haub, J. (2013). 99 - W mid - IR operation of a ZGP OPO at 25% duty cycle. Opt. Express 21: 10062.

[120] Kieleck, C., Eichhorn, M., Hirth, A., Faye, D., and Lallier, E. (2009). High - efficiency 20~50 kHz mid - infrared orientation - patterned GaAs optical parametric oscillator pumped by a 2 - μm holmium laser. Opt. Lett. 34: 262.

[121] Wueppen, J., Nyga, S., Jungbluth, B., and Hoffmann, D. (2016). 1.95 μm - pumped OP - GaAs optical parametric oscillator with 10.6 μm idler wavelength. Opt. Lett. 41: 4225.

[122] Vysniauskas, G., Burns, D., and Bente, E. (2002). Development of a nanosecond high energy KTA OPO system operating 2.9 μm, Technical Digest. In: Conference on Lasers and Electro - Optics. Washington, DC: Optical Society of America, Paper CWA28.

[123] Mennerat, G. and Kupecek, P. (1998). High - energy narrow - linewidth tunable source in the mid infrared, Technical Digest. In: Advanced Solid - State Lasers. Washington, DC: Optical Society of America, Paper FC13.

[124] Ishizuki, H. and Taira, T. (2010). High energy quasi - phase matched optical parametric oscillation using mg - doped congruent $LiTaO_3$ crystal. Opt. Express 18: 253.

[125] Allik, T.H., Chandra, S., Rines, D.M., Schunemann, P.G., Hutchinson, J.A., and Utano, R. (1997). Tunable 7~12 - μm optical parametric oscillator using a Cr, Er: YSGG laser to pump CdSe and $ZnGeP_2$ crystals. Opt. Lett. 22: 597.

[126] Dergachev, A., Armstrong, D., Smith, A., Drake, T., and Dubois, M. (2007). 3.4 - μm ZGP RISTRA nanosecond optical parametric oscillator pumped by a 2.05 - μm ho: YLF MOPA system. Opt. Express 15: 14 404.

[127] Stöppler, G., Schellhorn, M., and Eichhorn, M. (2013). Ho^{3+}: LLF MOPA pumped RISTRA ZGP OPO at 3~5 μm. Proc. SPIE 8604: 86 040I.

[128] Haakestad, M., Fonnum, H., and Lippert, E. (2014). Mid - infrared source with 0.2 J pulse energy based on nonlinear conversion of Q - switched pulses in ZnGeP2. Opt. Express 22: 8556.

[129] Hansson, G., Karlsson, H., and Laurell, F. (2001). Unstable resonator optical parametric oscillator based on quasi-phase-matched RbTiOAsO4. Appl. Opt.40: 5446.

[130] Ishizuki, H. and Taira, T. (2005). High-energy quasi-phase-matched optical parametric oscillation in a periodically poled MgO: $LiNbO_3$ device with a 5 mm × 5 mm aperture. Opt. Lett. 30: 2918.

[131] Saikawa, J., Miyazaki, M., Fujii, M., Ishizuki, H., and Taira, T. (2008). High - energy, broadly tunable, narrow - bandwidth mid - infrared optical parametric system pumped by quasi-phase-matched devices. Opt. Lett. 33: 1699.

[132] Smith, A.V. and Armstrong, D.J. (2002). Nanosecond optical parametric oscillator with 90° image rotation: design and performance. J. Opt. Soc. Am. B 19: 1801.

[133] Arbore, M.A. and Fejer, M.M. (1997). Singly resonant optical parametric oscillation in periodically poled lithium niobate waveguides. Opt. Lett. 22: 151.

[134] Oron, M.B., Blau, P., Pearl, S., and Katz, M. (2012). Optical parametric oscillation in orientation patterned GaAs waveguides. Proc. SPIE 8240: 82400C-11.

[135] Ehret, S. and Schneider, H. (1998). Generation of subpicosecond infrared pulses tunable between 5.2 μm and 18 μm at a repetition rate of 76 MHz. Appl. Phys. B 66: 27.

[136] Erny, C., Moutzouris, K., Biegert, J., Kühlke, D., Adler, F., Leitenstorfer, A., and Keller, U. (2007). Mid - infrared difference - frequency generation of ultrashort pulses tunable between 3.2 and 4.8 μm from a compact fiber source. Opt. Lett. 32: 1138.

[137] Winters, D.G., Schlup, P., and Bartels, R.A. (2010). Subpicosecond fiber - based soliton-tuned mid-infrared source in the 9.7~14.9 μm wavelength region. Opt. Lett. 35: 2179.

[138] Yao, Y. and Knox, W.H. (2013). Broadly tunable femtosecond mid - infrared source based on dual photonic crystal fibers. Opt. Express 21: 26612.

[139] Phillips, C.R., Jiang, J., Mohr, C., Lin, A.C., Langrock, C., Snure, M., Bliss, D., Zhu, M., Hartl, I., Harris, J.S., Fermann, M.E., and Fejer, M.M. (2012). Widely tunable midinfrared difference frequency generation in orientation - patterned GaAs pumped with a femtosecond Tm-fiber system. Opt. Lett. 37: 2928.

[140] Zhu, F., Hundertmark, H., Kolomenskii, A.A., Strohaber, J., Holzwarth, R., and Schuessler, H.A. (2013). High-power mid-infrared frequency comb source based on a

femtosecond Er:fiber oscillator. Opt. Lett. 38: 2360.

[141] Meek, S.A., Poisson, A., Guelachvili, G., Hänsch, T.W., and Picqué, N. (2014). Fourier transform spectroscopy around 3 μm with a broad difference frequency comb. Appl. Phys. B 114: 573.

[142] Cruz, F.C., Maser, D.L., Johnson, T., Ycas, G., Klose, A., Giorgetta, F.R., Coddington, I., and Diddams, S.A. (2015). Mid - infrared optical frequency combs based on difference frequency generation for molecular spectroscopy. Opt. Express 23: 26814.

[143] Beutler, M., Rimke, I., Büttner, E., Farinello, P., Agnesi, A., Badikov, V., Badikov, D., and Petrov, V. (2015). Difference - frequency generation of ultrashort pulses in the mid-IR using Yb-fiber pump systems and $AgGaSe_2$. Opt. Express 23: 2730.

[144] Bonvalet, A., Joffre, M., Martin, J.L., and Migus, A. (1995). Generation of ultrabroadband femtosecond pulses in the mid - infrared by optical rectification of 15 fs light pulses at 100 MHz repetition rate. Appl. Phys. Lett.67: 2907.

[145] Nahata, A., Weling, A.S., and Heinz, T.F. (1996). A wideband coherent terahertz spectroscopy system using optical rectification and electro - optic sampling. Appl. Phys. Lett. 69: 2321.

[146] Kaindl, R.A., Smith, D.C., Joschko, M., Hasselbeck, M.P., Woerner, M., and Elsaesser, T. (1998). Femtosecond infrared pulses tunable from 9 to 18 μm at an 88 - MHz repetition rate. Opt. Lett. 23: 861.

[147] Pupeza, I., Sánchez, D., Zhang, J., Lilienfein, N., Seidel, M., Karpowicz, N., Paasch-Colberg, T., Znakovskaya, I., Pescher, M., Schweinberger, W., Pervak, V., Fill, E., Pronin, O., Wei, Z., Krausz, F., Apolonski, A., and Biegert, J. (2015). High - power sub - two - cycle mid - infrared pulses at 100 MHz repetition rate. Nat. Photon. 9: 721.

[148] Zhang, J., Mak, K., Nagl, N., Seidel, M., Bauer, D., Sutter, D., Pervak, V., Krausz, F., and Pronin, O. (2018). Multi - mW, few - cycle mid - infrared continuum spanning from 500 to 2 250 cm^{-1}. Light Sci. Appl. 7: 17180.

[149] Vasilyev, S., Moskalev, I.S., Smolski, V.O., Peppers, J.M., Mirov, M., Muraviev, A.V., Zawilski, K., Schunemann, P.G., Mirov, S.B., Vodopyanov, K.L., and Gapontsev, V.P. (2019). Super - octave longwave mid - infrared coherent transients produced by optical rectification of few-cycle 2.5-μm pulses. Optica 6: 111.

[150] Gambetta, A., Coluccelli, N., Cassinerio, M., Gatti, D., Laporta, P., Galzerano, G., and Marangoni, M. (2013). Milliwatt-level frequency combs in the 8~14 μm range

via difference frequency generation from an Er:fiber oscillator. Opt. Lett. 38: 1155.

[151] Hegenbarth, R., Steinmann, A., Sarkisov, S., and Giessen, H. (2012). Milliwatt-level mid-infrared (10.5~16.5 μm) difference frequency generation with a femtosecond dual-signal-wavelength optical parametric oscillator. Opt. Lett. 37: 3513.

[152] Hajialamdari, M. and Strickland, D. (2012). Tunable mid-infrared source from an ultrafast two-color Yb:fiber chirped-pulse amplifier. Opt. Lett. 37: 3570.

[153] Soboń, G., Martynkien, T., Mergo, P., Rutkowski, L., and Foltynowicz, A. (2017). High-power frequency comb source tunable from 2.7 to 4.2 μm based on difference frequency generation pumped by an Yb-doped fiber laser. Opt. Lett. 42: 1748.

[154] Schliesser, A., Brehm, M., and Keilmann, F. (2005). Frequency-comb infrared spectrometer for rapid, remote chemical sensing. Opt. Express 13: 9029.

[155] Gaida, C., Gebhardt, M., Huermann, T., Stutzki, F., Jauregui, C., AntonioLopez, J., Schülzgen, A., Amezcua-Correa, R., Tünnermann, A., Pupeza, I., and Limpert, J. (2018). Watt-scale super-octave mid-infrared intrapulse difference frequency generation. Light Sci. Appl. 7: 94.

[156] Ruffing, B., Nebel, A., and Wallenstein, R. (1998). All-solid-state cw mode-locked picosecond $KTiOAsO_4$ (KTA) optical parametric oscillator. Appl. Phys. B 67: 537.

[157] Qin, Z., Xie, G., Ge, W., Yuan, P., and Qian, L. (2015). Over 20-W mid-infrared picosecond optical parametric oscillator. IEEE Photon. J. 7: 1400506.

[158] Kokabee, O., Esteban-Martin, A., and Ebrahim-Zadeh, M. (2010). Efficient, high-power, ytterbium-fiber-laser-pumped picosecond optical parametric oscillator. Opt. Lett. 35: 3210.

[159] Xu, L., Chan, H.-Y., Alam, S.-U., Richardson, D.J., and Shepherd, D.P. (2015). Fiber-laser-pumped, high-energy, mid-IR, picosecond optical parametric oscillator with a high-harmonic cavity. Opt. Lett. 40: 3288.

[160] Kumar, S.C., Agnesi, A., Dallocchio, P., Pirzio, F., Reali, G., Zawilski, K.T., Schunemann, P.G., and Ebrahim-Zadeh, M. (2011). Compact, 1.5 mJ, 450 MHz, $CdSiP_2$ picosecond optical parametric oscillator near 6.3 μm. Opt. Lett. 36: 3236.

[161] Burr, K.C., Tang, C.L., Arbore, M.A., and Fejer, M.M. (1997). Broadly tunable mid-infrared femtosecond optical parametric oscillator using all-solid-state-pumped periodically poled lithium niobate. Opt. Lett. 22: 1458.

[162] Kumar, S.C., Esteban-Martin, A., Ideguchi, T., Yan, M., Holzner, S., Hänsch, T.W., Picqué, N., and Ebrahim-Zadeh, M. (2014). Few-cycle, broadband, mid-in-

frared optical parametric oscillator pumped by a 20 - fs Ti: sapphire laser. Laser Photon. Rev. 91: 86.

[163] Marzenell, S., Beigang, R., and Wallenstein, R. (1999). Synchronously pumped femtosecond optical parametric oscillator based on $AgGaSe_2$ tunable from 2 μm to 8 μm. Appl. Phys. B 69: 423.

[164] Kumar, S.C., Krauth, J., Steinmann, A., Zawilski, K.T., Schunemann, P.G., Giessen, H., and Ebrahim-Zadeh, M. (2015). High - power femtosecond mid - infrared optical parametric oscillator at 7 μm based on $CdSiP_2$. Opt. Lett. 40: 1398.

[165] Kumar, S.C., Esteban - Martin, A., Santana, A., Zawilski, K.T., Schunemann, P.G., and Ebrahim-Zadeh, M. (2016). Pump - tuned deep - infrared femtosecond optical parametric oscillator across 6~7 μm based on $CdSiP_2$. Opt. Lett. 41: 3355.

[166] Maidment, L., Schunemann, P.G., and Reid, D.T. (2016). Molecular fingerprint - region spectroscopy from 5 to 12 μm using an orientation - patterned gallium phosphide optical parametric oscillator. Opt. Lett. 41: 4261.

[167] Elsaesser, T., Seilmeier, A., Kaiser, W., Koidl, P., and Brandt, G. (1984). Parametric generation of tunable picosecond pulses in the medium infrared using $AgGaS_2$ crystals. Appl. Phys. Lett. 44: 383.

[168] Vodopyanov, K.L. and Chazapis, V. (1997). Extra - wide tuning range optical parametric generator. Opt. Commun. 135: 98.

[169] Petrov, V., Tanaka, Y., and Suzuki, T. (1997). Parametric generation of 1 - ps pulses between 5 and 11 μm with a $ZnGeP_2$ crystal. IEEE J. Quantum Electron. 33: 1749.

[170] Vodopyanov, K.L. (1998). Megawatt peak power 8~13 μm CdSe optical parametric generator pumped at 2.8 μm. Opt. Commun. 150: 210.

[171] Kumar, S.C., Jelínek, M., Baudisch, M., Zawilski, K.T., Schunemann, P.G., Kubeček, V., Biegert, J., and Ebrahim-Zadeh, M. (2012). Tunable, high - energy, mid - infrared, picosecond optical parametric generator based on $CdSiP_2$. Opt. Express 20: 15703.

[172] Andriukaitis, G., Balčiūnas, T., Ališauskas, S., Pugžlys, A., Baltuška, A., Popmintchev, T., Chen, M.-C., Murnane, M.M., and Kapteyn, H.C. (2011). 90 GW peak power few - cycle mid - infrared pulses from an optical parametric amplifier. Opt. Lett. 36: 2755.

[173] Wandel, S., Lin, M.W., Yin, Y., Xu, G., and Jovanovic, I. (2016). Parametric generation and characterization of femtosecond mid - infrared pulses in $ZnGeP_2$. Opt. Ex-

press 24: 5287.

[174] Sanchez, D., Hemmer, M., Baudisch, M., Cousin, S.L., Zawilski, K., Schunemann, P., Chalus, O., Simon-Boisson, C., and Biegert, J. (2016). 7 μm, ultrafast, sub-millijoule - level, mid-infrared optical parametric chirped pulse amplifier pumped at 2 μm. Optica 3: 147.

[175] McCarthy, M.J. and Hanna, D.C. (1993). All - solid - state synchronously pumped optical parametric oscillator. J. Opt. Soc. Am. B 10: 2180.

[176] Burr, K.C., Tang, C.L., Arbore, M.A., and Fejer, M.M. (1997). High - repetition - rate femtosecond optical parametric oscillator based on periodically poled lithium niobate. Appl. Phys. Lett. 70: 3341.

[177] Kumar, S.C., Schunemann, P.G., Zawilski, K.T., and Ebrahim - Zadeh, M. (2016). Advances in ultrafast optical parametric sources for the mid - infrared based on $CdSiP_2$. J. Opt. Soc. Am. B 33: D44.

[178] Elsaesser, T., Seilmeier, A., and Kaiser, W. (1983). Parametric generation of tunable picosecond pulses in proustite between 1.2 and 8 μm. Opt. Commun. 44: 293.

[179] Vodopyanov, K.L. (1999). Mid - IR optical parametric generator with extrawide (3~19 μm) tunability: applications for spectroscopy of two - dimensional electrons in quantum wells. J. Opt. Soc. Am. B 16: 1579.

[180] Shen, Y.R. (2003). The Principles of Nonlinear Optics. Hoboken, NJ: Wiley.

[181] Stolen, R.H., Ippen, E.P., and Tynes, A.R. (1972). Raman oscillation in glass optical waveguide. Appl. Phys. Lett. 20: 62.

[182] Agrawal, G.P. (2013). Nonlinear Fiber Optics, 5e. Oxford: Academic Press.

[183] Basiev, T.T., Basieva, M.N., Doroshenko, M.E., Fedorov, V.V., Osiko, V.V., and Mirov, S.B. (2006). Stimulated Raman scattering in mid IR spectral range 2.31~2.75~3.7 μm in $BaWO_4$ crystal under 1.9 and 1.56 μm pumping. Laser Phys. Lett. 3: 17.

[184] Zhao, J., Zhang, X., Guo, X., Bao, X., Li, L., and Cui, J. (2013). Diode - pumped actively Q - switched Tm, Ho: $GdVO_4/BaWO_4$ intracavity Raman laser at 2533 nm. Opt. Lett. 38: 1206.

[185] Rakich, P.T., Fink, Y., and Soljacic, M. (2008). Efficient mid - IR spectral generation via spontaneous fifth - order cascaded - Raman amplification in silica fibers. Opt. Lett. 33: 1690.

[186] Jalali, B., Raghunathan, V., Shori, R., Fathpour, S., Dimitropoulos, D., and Staf-

sudd, O. (2006). Prospects for silicon mid - IR Raman lasers. IEEE J. Selected Topics Quantum Electron. 12: 1618.

[187] Leuthold, J., Koos, C., and Freude, W. (2010). Nonlinear silicon photonics. Nat. Photon. 4: 535.

[188] Boyraz, O. and Jalali, B. (2004). Demonstration of a silicon Raman laser. Opt. Express 12: 5269.

[189] Rong, H., Jones, R., Liu, A., Cohen, O., Hak, D., Fang, A., and Paniccia, M. (2005). A continuous-wave Raman silicon laser. Nature 433: 725.

[190] Takahashi, Y., Inui, Y., Chihara, M., Asano, T., Terawaki, R., and Noda, S. (2013). A micrometre - scale Raman silicon laser with a microwatt threshold. Nature 498: 470.

[191] Rong, H., Xu, S., Cohen, O., Raday, O., Lee, M., Sih, V., and Paniccia, M. (2008). A cascaded silicon Raman laser. Nat. Photon. 2: 170.

[192] Raghunathan, V., Borlaug, D., Rice, R.R., and Jalali, B. (2007). Demonstration of a mid-infrared silicon Raman amplifier. Opt. Express 15: 14355.

[193] Liu, X., Osgood Jr, R.M., Vlasov, Y.A., and Green, W.M.J. (2010). Mid - infrared optical parametric amplifier using silicon nanophotonic waveguides, Nat. Photon. 4, 557(2010).

[194] Chavez Boggio, J.M., Zlatanovic, S., Gholami, F., Aparicio, J.M., Moro, S., Balch, K., Alic, N., and Radic, S. (2010). Short wavelength infrared frequency conversion in ultra-compact fiber device. Nat. Photon. 4: 561.

[195] Griffith, A.G., Yu, M., Okawachi, Y., Cardenas, J., Mohanty, A., Gaeta, A.L., and Lipson, M. (2016). Coherent mid - infrared frequency combs in silicon - microresonators in the presence of Raman effects. Opt. Express 24: 13044.

[196] Sabella, A., Piper, J.A., and Mildren, R.P. (2014). Diamond Raman laser with continuously tunable output from 3.38 to 3.80 μm. Opt. Lett. 39: 4037.

[197] Latawiec, P., Venkataraman, V., Burek, M.J., Hausmann, B.J.M., Bulu, I., and Lončar, M. (2015). On-chip diamond Raman laser. Optica 2: 924.

[198] Kippenberg, T.J., Spillane, S.M., Armani, D.K., and Vahala, K.J. (2004). Ultralow-threshold microcavity Raman laser on a microelectronic chip. Opt. Lett. 29: 1224.

[199] Grudinin, I.S. and Maleki, L. (2007). Ultralow - threshold Raman lasing with CaF_2 resonators. Opt. Lett. 32: 166.

[200] Vanier, F., Rochette, M., Godbout, N., and Peter, Y. - A. (2013). Raman lasing in

As_2S_3 high-Q whispering gallery mode resonators. Opt. Lett. 38: 4966.

[201] Kuyanov, K.E., Momose, T., and Vilesov, A.F. (2004). Solid hydrogen Raman shifter for the mid-infrared range 4.4~8 μm. Appl. Opt. 43: 6023.

[202] Gladyshev, A.V., Kosolapov, A.F., Khudyakov, M.M., Yatsenko, Yu.P., Kolyadin, A.N., Krylov, A.A., Pryamikov, A.D., Biriukov, A.S., Likhachev, M.E., Bufetov, I.A., and Dianov, E.M. (2017). 4.4 - μm Raman laser based on hollow - core silica fibre. Quantum Electron. 47: 491.

6 超连续谱和频率梳光源

6.1 超连续谱光源

由于在光谱学、多种痕量气体检测、高光谱成像以及纳米成像等领域中具有重要的应用价值,中红外(尤其是在 3~20 μm 波段“分子指纹区”范围)宽带和空间相干光源,正引起研究人员越来越多的重视。脉冲形式的窄带宽入射光,经历极端的非线性光谱展宽过程后,可以产生宽带、光谱连续分布的“白光”输出,超连续谱(Supercontinuum, SC)也随之出现。SC 光源通常使用具有纳秒、皮秒或飞秒脉冲作为单一泵浦激光,并且利用固体、液体和气体等介质中的非线性效应产生,最常见的是通过波导结构中介质的非线性效应产生 SC 光源。在中红外领域, SC 光源光谱覆盖范围横跨多倍频程,输出波长可以达到 20 μm 以上。与传统的宽带黑体源(例如碳硅棒)不同, SC 光源具有空间相干性,其光谱集激光的高亮度与黑体辐射的超宽带于一身。由于辐射强度(以 $W/(Sr \cdot m^2)$表示)显著增加,SC 辐射可以实现衍射极限的光斑聚焦。因此,SC 光源对于遥感探测、时间分辨光谱学、超材料及纳米红外光谱学的研究应用具有重要价值。

超连续谱(SC)覆盖了 0.4~0.7 μm 的可见光波段, Alfano 和 Shapiro 是首次报道发现 SC 的研究人员[1]。他们通过 0.53 μm 皮秒脉冲在硼硅酸盐 BK-7 玻璃中传输,形成了光强密度高达 10^{13} W/cm^2 的短尺度自聚焦细丝。从而激发多种非线性效应,产生可见光波段的 SC 光谱输出。Alfano 和 Shapiro 等人认为超连续谱是由于玻璃中的三阶极化率 $\chi^{(3)}$引起了非简并四波参量变化过程而产生的。Corkum 等人通过将皮秒脉冲激光(CO_2 激光器产生,波长 9.3 μm)聚焦于 6 cm 长的块状 GaAs 晶体上,聚焦强度为 10^{11} W/cm^2,首次观察到中红外超连续谱辐射,超连续谱覆盖范围为 3~14 μm[2]。光谱展宽机制涉及多种非线性光学过程,诸如自相位调制(SPM)、四波混频参量变换、高次谐波生成和受激拉曼散射。

由于超连续谱是由非线性效应产生的,因此波导和光纤中的强光束约束使得这些材料中的非线性效应更易发生。与块状材料相比,波导和光纤中的超连续谱生成所需峰值功率低得多。此外,波导材料允许通过调节自身结构修改群速度色散(GVD),而群速度色散是超连续谱生成过程中极为重要的影响参数。

从很大程度上讲，以下物理过程（主要是涉及三阶非线性极化率 $\chi^{(3)}$ 的物理效应）有助于超连续谱的生成[3-8].

● 自相位和交叉相位调制，与强度相关的折射率 $n(I)=n_0+n_2I$ 的结果，其中 n_0 表示线性折射率；n_2 表示非线性折射率，与材料的三阶非线性极化率有关。

● 四波混频，从时域角度观察，则与调制不稳定性相同。

● 拉曼散射（即涉及晶格振动的非线性时延共振响应），产生光谱红移分量。

● 孤子的产生和孤子裂变，在反常色散区域中是可行的。

● 孤子自频移（反常色散区域中的脉冲内拉曼散射），导致孤子频谱的低频部分放大，高频部分衰减。

● 色散波（Cherenkov 波），脉冲光在具有克尔非线性、反常色散、高阶群速度色散等特性的材料中传输时发生的一种类共振频率偏移散射过程，此过程要求发射的色散波与激发脉冲之间的波失量匹配。

● 在材料正常色散区发生的光学强度休克和波形分裂效应。

上述物理过程对超连续谱生成的贡献受脉冲持续时间、材料群速度色散、介质长度、泵浦波长等影响。对于飞秒脉冲而言，光谱展宽主要是由自相位调制引起的。在反常色散区（即当群延迟随波长增加），自相位调制和色散的共同作用会导致复杂的孤子动力学，包括将高阶孤子分裂为多个基阶孤子（孤子裂变）。对于皮秒或纳秒泵浦脉冲而言，拉曼散射和四波混频是造成光谱展宽的两种主要物理过程。

由于光子晶体光纤（Photonic crystal fiber，PCF）、锥形光纤以及波导材料的有效模场面积非常小（几平方微米或更小），从而极大地增强了光场能量密度以及光场与材料的有效作用长度，进而有效地增强了非线性的发生，因此上述材料特别适合超连续谱的产生。在上述几种材料中，还可以通过调节波导轮廓来改变群速度的大小和方向。对于光纤而言，根据脉冲持续时间和峰值功率，可以通过从几毫米到几米的光纤长度来产生超连续谱[3-5]。

尽管光纤在现代通信网络中广泛应用，但在中红外领域中，使用二氧化硅玻璃光纤产生超连续谱一直受到 2.4 μm 以上强材料吸收的限制。在过去的十年中，研究人员开发并使用诸如亚碲酸盐、氟化物、硫化物等非二氧化硅玻璃光纤产生中红外超连续谱，这些材料在中红外波段具有更高的透过率。下面分别对其进行介绍。

6.1.1 基于铅硅酸盐玻璃光纤的超连续谱

Omenetto 等人使用由铅硅酸盐肖特 SF6 玻璃（Schott SF6 glass）制成的具有内置微结构的高非线性光子晶体光纤获得了 0.35～3 μm 波长范围内的光滑超连续谱[9]。铅硅酸盐玻璃的非线性折射率 $n_2 = 2.2\times10^{-19}$ m²/W，比普通光纤所用的熔融石英玻璃的非线性折射率高几乎一个数量级。所使用的泵浦源波长 λ=1.55 μm,脉冲持续时间为 110 fs,重复频率为 80 MHz。PCF 的纤芯直径为 2.6 μm,通过设计使得零色散波长(ZDW)蓝移至 1.3 μm 处,从而使泵浦脉冲位于光纤的反常色散区。

在长度为 5.7 mm 的光纤输出端,测得的超连续谱脉冲平均功率为 70 mW。研究人员分析并明确了该光纤中非线性脉冲变换的两种方式:①当光纤长度远小于色散长度时,光纤中的孤子传输几乎不起作用,具有对称分布的超连续谱几乎完全由自相位调制作用产生,实验中所用的光子晶体光纤色散长度可以近似表示为 $L_D \sim \tau^2/\beta_2$(其中,τ 表示脉冲持续时间,$\beta_2 = d^2k/d\omega^2$ 表示群速度色散),在泵浦波长 λ=1.55 μm 处的色散长度约为 40 cm;②当使用较长的光纤时,超连续谱主要由多个拉曼频移孤子分裂形成。

6.1.2 基于亚碲酸盐光纤的超连续谱

除上述铅硅酸盐玻璃外,亚碲酸盐玻璃同样适用于中红外光子晶体光纤的制作,并适用于产生中红外超连续谱。Domachuk 等人报道了一种基于亚碲酸盐光纤的覆盖 0.8~4.9 μm 的中红外超连续谱光源[10]。该超连续谱光源中,泵浦脉冲的中心波长为 1.55 μm,脉冲持续时间为 110 fs,平均功率为 250 mW(光纤入射端面处功率为 150 mW),重复频率为 80 MHz,通过使用数值孔径(NA)为 0.5 的非球面透镜将泵浦脉冲聚焦至 8 mm 长的亚碲酸盐光子晶体光纤中。光子晶体光纤微结构类似“车轮”设计,光子晶体光纤微结构由六根 120 nm 宽、16 μm 长的细丝支撑直径 2.5 μm 的纤芯,再由外径为 120 μm 的纤维外层包裹而成。光纤模式的有效面积为 1.7 μm^2,通过结构设计使得光子晶体光纤的零色散波长位于 1.38 μm,从而使得 1.55 μm 的泵浦脉冲波长位于光纤的反常色散区。光纤微结构和块状亚碲酸盐玻璃高非线性系数(n_2=2.5×10^{-19} m^2/W)的结合,增强了波导的非线性系数,从而使得泵浦脉冲在其中传输仅 8 mm 后便产生了超连续谱。更短的光纤可以产生由自相位调制效应主导的超连续谱,由于自相位调制效应通常保持泵浦光的相干性,因此产生的超连续谱一般较为平滑,并且极短的光纤可以抵消亚碲酸盐玻璃相对较高的损耗。图 6.1 所示为基于亚碲酸盐光子晶体光纤的超连续谱,在−25 dB 处,光谱覆盖范围从 0.79 μm 延伸至 4.87 μm,实测超连续谱输出功率为 90 mW[10]。

6.1.3 基于 ZBLAN 光纤的超连续谱

被称为 ZBLAN 的一系列玻璃主要成分为 ZrF_4-BaF_2-LaF_3-AlF_3-NaF。ZBLAN 玻璃是已知的最稳定的氟化物玻璃,通常用于制造中红外光纤。ZBLAN 玻璃透射窗口范围为 0.3~7 μm,具有折射率低(n=1.5)和色散少的特点。在 2.6 μm 处,ZBLAN 玻璃的衰减可以低至 3 dB/km。ZBLAN 玻璃的非线性折射率为 n_2=2.1×10^{-20} m^2/W。

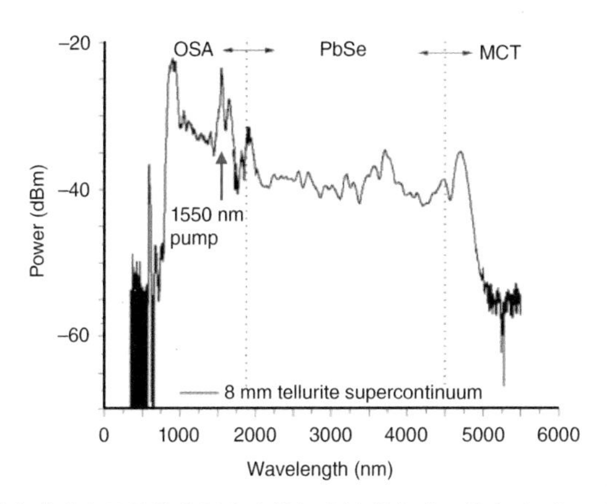

图 6.1　8 mm 长亚碲酸盐玻璃光子晶体光纤产生的超连续谱光谱。其中，标出了由美国光学学会、单色仪使用硒化铅（PbSe）或碲镉汞（MCT）检测器分析的波长区域。来源：经美国光学学会（OSA）许可，转载自参考文献 10 图 3。

Hagen 等人将 ZBLAN 光纤串联在二氧化硅光纤之后，利用两根连接光纤中的级联拉曼自频移效应，产生了覆盖 1.8~3.4 μm 的超连续谱[11]。其实验装置如图 6.2 所示，首先将掺铒光纤激光器输出的高功率泵浦脉冲（波长 λ=1.55 μm，能量为 1.5 μJ，重复频率为 200 kHz，脉冲持续时间为 900 fs）耦合到普通二氧化硅光纤（Corning SMF-28，L=21 cm），产生大于 ZBLAN 光纤零色散波长（1.63 μm）的初始红移；然后将普通二氧化硅光纤输出的光通过透镜或对接耦合的方式耦合到 ZBLAN 光纤（KDD Fiberlabs 05 C-09，L=91 cm）中，从而产生更进一步的红移。利用上述装置产生了覆盖 1.8~3.4 μm 的超连续谱，如图 6.3 所示。当泵浦脉冲平均功率为 300 mW 时，耦合进普通二氧化硅光纤中的功率为 195 mW，耦合进氟化物光纤中的功率为 37 mW，在经过锗片长通滤波后产生平均功率为 5 mW、波长范围为 1.8~3.4 μm 的超连续谱。

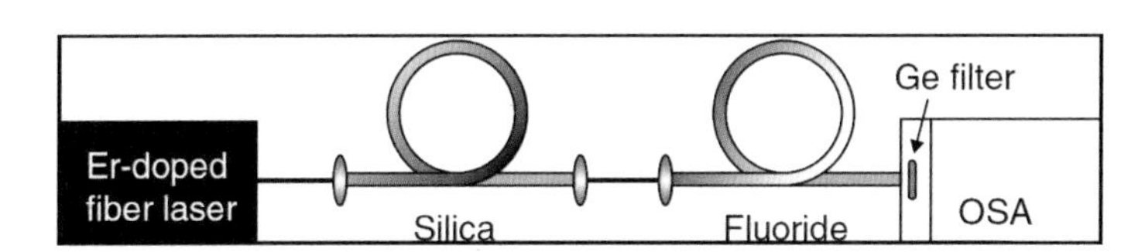

图 6.2　产生中红外超连续谱的级联光纤系统示意图。锗（Ge）滤波器用作光谱分析仪（OSA）中的长通滤波器。来源：经美国电气与电子工程师学会（IEEE）许可，转载自参考文献 11 图 1。

Xia 等人使用纳秒脉冲泵浦两种光纤（二氧化硅光纤+ZBLAN 光纤），同样产生了中红外超连续谱[12]。其泵浦源是一个多级掺铒光纤放大器的种子源（λ=1.553 μm），输出脉冲重复频率为 5 kHz，峰值功率为 4 kW，平均功率为 40 mW，脉冲持续时间为 2 ns。第一阶段的频率转换发生在 1~2 m 长的普通二氧化硅单模光纤（SMF）中，通过在反常色散区泵浦单模光纤的方式,利用相位匹配的调制不稳定性使得纳秒脉冲分解为飞秒脉冲;第二阶段的频率转换发生在 2~8 m 长的 ZBLAN 光纤中,超连续谱展宽主要由光纤非线性效应(特别是自相位调制效应和受激拉曼散射效应)产生。其输出的超连续谱如图 6.4(a)所示,光谱范围为 0.8~4.5 μm,平均功率为 23 mW,泵浦至超连续谱的功率转换效率超过 50%。随着泵浦功率的增加, Xia 等人将超连续谱的平均功率放大到 1.3 W,光谱范围为 0.8~4 μm,如图 6.4(b)所示。此外,通过将脉冲重复频率放大到 3.3 MHz, Xia 等人将超连续谱的平均功率放大到 10.5 W[14]。

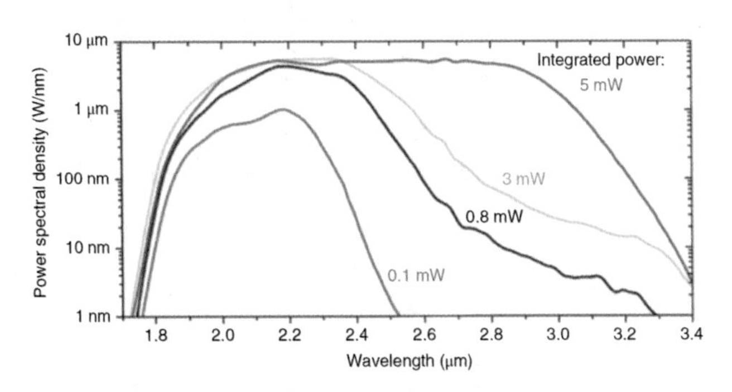

图 6.3 氟化物光纤输出端测得的输出光谱,图中标注了每条光谱曲线对应的平均输出功率。来源:经美国电气与电子工程师学会(IEEE)许可,转载自参考文献 11 图 2。

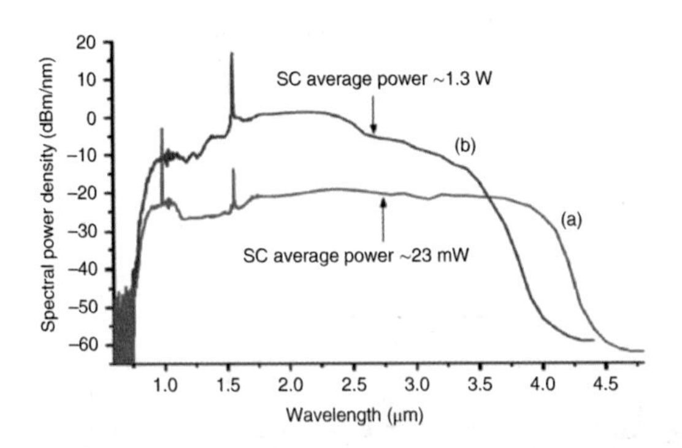

图 6.4 (a)1 m 二氧化硅单模光纤和 8 m ZBLAN 氟化物光纤级联输出的超连续谱, 980 nm 处峰值是由于掺铒光纤放大器(EDFA)未耗尽的泵浦光造成的。(b)3 m 二氧化硅单模光纤和 13 m ZBLAN 氟化物光纤级联,更高功率泵浦时的超连续谱。来源:经美国光学学会(OSA)许可,转载自参考文献 13 图 2。

Liu 等人使用 2 μm 的皮秒脉冲泵浦单模 ZBLAN 光纤,实现了波长范围为 1.9~3.8 μm、平均功率为 21.8 W 的超连续谱输出[15]。掺铥光纤主振荡器功率放大系统作为泵浦源,输出脉冲持续时间为 24 ps,重复频率为 94 MHz。首先,在平均功率为 42 W 掺铥光纤放大器驱动下,种子激光光谱被扩展到 2.4 μm 以上,放大器中的初始光谱展宽是由皮秒脉冲分解为飞秒孤子、调制不稳定性、受激拉曼散射和自相位调制等引起的;然后,输出光谱在单模 ZBLAN 光纤中进一步扩展到 3.8 μm 以上。ZBLAN 光纤中的频谱展宽由多种非线性效应造成,例如孤子自频移效应、受激拉曼散射效应、四波混频效应等。总体而言,与掺铥光纤系统的泵浦源(793 nm 的二极管激光器)泵浦功率相比,产生宽带超连续谱的光-光转换效率为 17%[15]。与之相似,Yang 等人利用 2 μm 皮秒脉冲泵浦单模 ZBLAN 光纤,获得了光谱范围为 1.9~4.3 μm、平均功率为 13 W 的超连续光谱[16]。

通过将光纤长度减小到 2 cm,并且使用高功率飞秒泵浦(波长 λ=1.45 μm,脉冲持续时间为 180 fs,单脉冲能量为 9 μJ,峰值功率为 50 mW), ZBLAN 光纤产生的超连续谱可以扩展到 6.3 μm,沿光纤的初始光谱展宽主要是由自相位调制效应引起的,之后进一步的光谱展宽则由拉曼散射和四波混频引起[17]。

6.1.4 基于硫族化合物光纤的超连续谱

硫族化合物玻璃是一种基于重元素的非晶半导体,由硫(S)、硒(Se)和碲(Te)等硫族元素与砷(As)、锗(Ge)、锑(Sb)、镓(Ga)、硅(Si)或磷(P)元素组成,非常适合产生中红外超连续谱,一方面是由于硫族化合物玻璃具有较低的声子能量,通常在 300~450 cm^{-1},从而具有较高的长波红外透过率;另一方面是由于硫族化合物玻璃三阶非线性极化率 $\chi^{(3)}$较高。通常,在红外波段,硫化物透过波长约为 11 μm,硒化物透过波长约为 15 μm,碲化物透过波长可以达到 20 μm 以上[18-22]。对于光学波导而言,非线性响应的强度由非线性参数 $\gamma=n_2\omega_0/cA_{eff}$ 表示,其中 n_2 表示材料的非线性折射率, A_{eff} 表示传播模式的有效模场面积, c 表示光速,ω_0 表示中心角频率[3]。

光子晶体光纤中对传输光束的约束性很强,再加上纤芯周围的空气微孔的影响,使得光纤非线性参数 γ 急剧增大。此外,人们可以对光子晶体光纤的总色散进行优化设计,例如将正常色散区域改为反常色散区域。El-Amraoui 等人利用 1.56 μm 飞秒脉冲泵浦类悬浮结构的 As_2S_3 光纤,实现了光谱范围为 1~2.6 μm 的超连续谱输出[23]。其中, As_2S_3 光子晶体光纤长 68 cm,纤芯直径 2.6 μm,由三个空气孔包围。通过调节 1.56 μm 飞秒泵浦脉冲的输入功率(峰值功率为 0.5~5.6 kW,平均功率 3.4~38 mW),可以在光纤输出端观察到初始光谱的连续展宽,期间泵浦脉冲最大时光谱从 1 μm 展宽到 2.6 μm。由于光子晶体光纤几何微结构的影响,光纤零色散波长向短波长方向移动,对于实验中所用的 2.6 μm 纤芯直径而言,光子晶体光纤的零色散波长预计在 2.2 μm 附近。(作为对比,块状 As_2S_3 玻璃的零色散波长在 5 μm 附近。)

(在加热的同时拉伸形成的)锥形光纤由于横截面逐渐减小,可以显著增加光纤的非线性参数 γ,外加可以调控色散,使其成为光子晶体光纤很好的替代产品[24-25]。Hudson 等人通过使用掺铒光纤锁模激光器输出的脉冲(脉冲持续时间为 250 fs,重复频率为 38.6 MHz,最大平均功率为 17 mW)泵浦 As_2S_3 锥形光纤，产生了超宽范围的超连续光谱。研究人员制作了直径 1.3 μm、长度 50 mm 的锥形光纤区域，相应的模场面积为 A_{eff} 为 0.8 μm^2，1.55 μm 处的非线性参数 γ=12.4 m^{-1}·W^{-1}，零色散波长位于 1.4 μm 附近。随着泵浦功率逐渐增加，光谱仅需相对较低的峰值功率(<1 kW)即可展宽到几百纳米，如图 6.5 所示。在上述过程中，超连续谱的产生机制包括四波混频过程和高阶孤子裂变过程，而拉曼孤子自频移效应则主要是扩展超连续谱中长波侧的带宽[26]。

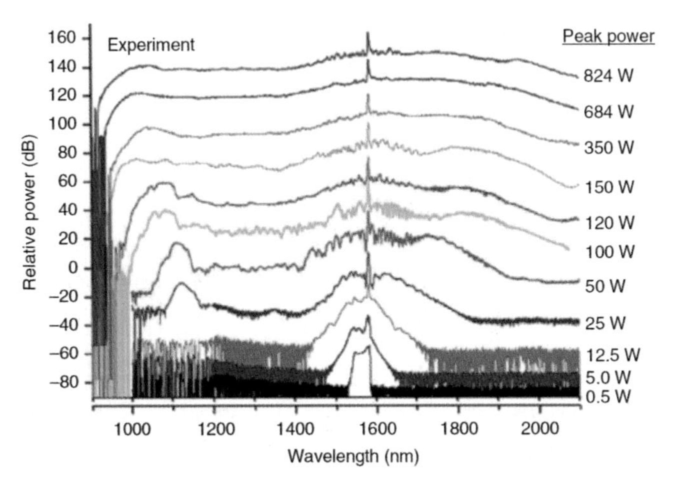

图 6.5 As_2S_3 锥形光纤输出的超连续光谱随泵浦峰值功率变化的函数关系。来源：经美国光学学会(OSA)许可，转载自参考文献 26 图 4。

Shabahang 等人使用波长为 1.55 μm、脉冲持续时间为 1 ps、峰值功率为 3.5 kW 的脉冲泵浦由 $As_2Se_{1.5}S_{1.5}/As_2S_3$ 合成材质制成的锥形光纤，实现了波长范围为 0.85~2.35 μm 的超连续谱输出[27]。在光纤拉锥过程中并未移除光纤结构的聚合物护套。由于折射率对比度非常悬殊，传输光场被紧紧约束在直径为 480 nm 的硫族化合物纤芯中，未移除的聚合物护套则保障了锥形光纤的机械稳定性。

使用波长更长的泵浦光有望获得中红外范围的超连续光谱。Sanghera 等人使用波长为 2.5 μm、脉冲持续时间为 100 fs、单脉冲能量为 100 pJ、峰值功率为 1 kW 的脉冲光泵浦 1 m 长小芯径硫族化合物光纤，实现 2~3.4 μm 范围内的中红外超连续谱输出[28]。Mouawad 等人利用 20 mm 长的类悬浮纤芯 As_2S_3 光纤实现 0.6~4.1 μm 范围内(−40 dB)的超连续谱生成，所使用的泵浦脉冲波长为 2.5 μm，脉冲持续时间为 200 fs，峰值功率为 4.9 kW[29]。其光纤纤芯直径为 3.4 μm，周围排布三个空气孔，最外层为光纤包层。该光子晶体光纤的零色散波长位于 2.4 μm 附近，因此泵浦波长 2.5 μm 位于该光子晶体光纤的反常色散区。在超连续谱生成过程中，首先表现出较强的自相位调制特征，然后表现出孤子裂变特征，后期的光纤传输过程中超连续谱生成与孤子动力学和色散波生成有关。研究认为，由于调制不稳定性的影响，孤子裂变是随机发生的，从而导致超连续谱相干性的严重退化[29]。

Marandi 等人在 As_2S_3 锥形光纤中实现瞬时光谱宽度达到 2.2~5 μm 的超连续谱生成[30]。实验中，利用基于 PPLN 的简并光参量振荡器作为 1.56 μm 掺铒光纤源，产生的次生谐波（波长为 3.1 μm、脉冲持续时间为亚 100 fs）作为泵浦脉冲，如图 6.6（a）所示。通过使用光谱实时监测的原位拉锥方式，可以在输出光谱最宽时停止拉锥。锥形光纤的锥区长度为 18 mm，束腰位置光纤直径约为 2.3 μm，因此锥形光纤的零色散波长位于 3.1 μm 附近。图 6.6（b）所示为泵浦脉冲光谱以及锥形光纤输出光谱，可以看出，−40 dB 宽度的超连续光谱范围覆盖 2.2~5 μm，相比原泵浦脉冲光谱宽度展宽了 3 倍左右。实测锥形光纤输出端超连续谱的平均功率约为 15 mW。根据模拟结果可知，在光谱展宽过程中，孤子裂变占主导地位，表明产生的超连续谱具有高相干性[30]。

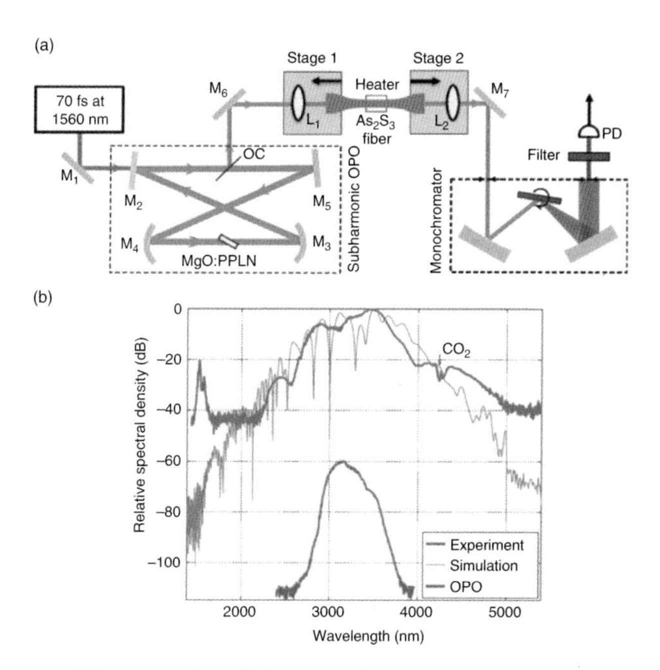

图 6.6 （a）基于 OPO 波长 3.1 μm 次生谐波泵浦 As_2S_3 光纤产生超连续谱的实验装置示意图。其中，M2~M5 为 OPO 腔镜；OC 为 OPO 输出耦合器。（b）锥形光纤输出超连续谱与模拟超连续谱对比，红色曲线表示泵浦脉冲光谱。来源：经美国光学学会（OSA）许可，转载自参考文献 30 图 5。

一项类似的研究也采用原位光纤拉锥的方式产生超连续谱，以亚 100 fs 脉冲激光泵浦 2.1 mm 长 As_2S_3 锥形光纤，产生光谱范围 1~3.7 μm 的超连续光谱。其中，泵浦脉冲由掺铥锁模光纤激光器产生，重复频率为 75 MHz，中心波长为 2.04 μm，平均功率为 23 mW，单脉冲能量为 300 pJ。为了使泵浦脉冲波长转移至 As_2S_3 光纤的反常色散区，拉锥后的光纤直径降至 1.95 μm[31]。此外，Al-Kadry 等人利用直径 1.6 μm、长度 10 cm 的 As_2Se_3 锥形光纤产生了光谱范围 1.1~4.4 μm(−30 dB)的超连续谱,所使用的泵浦光由掺铥锁模光纤激光器产生,波长为 1.94 μm,脉冲持续时间为 800 fs[32]。

Yu 等人利用小芯径、折射率阶跃硫族化合物光纤实现超连续谱生成,光纤纤芯由 Ge-As-Se 制成,光纤包层由 Ge-As-S 制成。两种材料在超过 9 μm 的中红外波段均表现出良好的透过率和低损耗特性。其光纤纤芯为 4.1 μm×4.6 μm 的椭圆形,光纤外径为 190 μm,具有两个零色散波长,分别为 3.2 μm 和 6 μm。泵浦脉冲由飞秒光学参量放大器(OPA)产生,脉冲持续时间为 330 fs,峰值功率为 3 kW,中心波长为 4 μm。使用该飞秒脉冲泵浦 11 cm 长光纤,产生光谱覆盖范围为 1.8~10 μm 的超连续光谱[33]。将泵浦波长调谐至 4.4 μm,使用相同泵浦源泵浦 18 cm 长 $As_{38}Se_{62}$ 类悬浮光纤(芯径 4.5 μm,零色散波长 3.5 μm),实现 1.7~7.5 μm 的超连续谱输出,平均功率为 15.6 mW,峰值功率为 5.2 kW。在超连续谱生成过程中,起初由自相位调制效应主导,之后由孤子动力学和孤子自频移效应主导[34]。

通过保持光纤几何形状简单和坚固的特性,但以更高功率的泵浦光为代价, Hudson 等人在芯径 9 μm、包层直径 170 μm 的标准 As_2S_3 光纤中产生了宽带超连续谱。该研究以光学参量啁啾放大器(OPCPA)作为泵浦光源,产生波长为 3.1 μm,单脉冲能量为 18 μJ,脉冲持续时间为 67 fs 的泵浦脉冲。泵浦峰值功率为 520 kW 时,超连续光谱的−20 dB 带宽为 1.6~5.9 μm[35]。超连续谱的平均功率为 8 mW。由于泵浦波长 3.1 μm 位于光纤的正常色散区,因此在超连续谱生成过程中,光谱展宽主要由自相位调制效应引起,拉曼频移扩展了超连续谱的长波边缘。

Robichaud 等人使用低损耗商用 As_2Se_3 折射率阶跃光纤(零色散波长 8.9 μm)产生了覆盖 3~8 μm 光谱范围的级联中红外超连续光谱,其中泵浦源为另一超连续谱光源(光谱范围为 3~4.2 μm)。泵浦光由输出波长 980 nm 的掺铒 ZrF_4 光纤激光器产生,种子源激光波长为 2.8 μm,掺铒 ZrF_4 光纤同时用作放大介质和超连续谱产生介质[36]。在 2 kHz 重复频率下,3~8 μm 超连续谱的最大平均输出功率为 1.5 mW。输出的超连续谱波长大于 5 μm 的部分为单模。由于 As_2Se_3 光纤的正常色散区高达 8.9 μm,因此光谱展宽主要由自相位调制效应引起。

Petersen 等人利用高强度 100 fs 脉冲泵浦 85 mm 长高数值孔径阶跃折射率硫族化合物光纤,生成了超过 13 μm 的中红外超连续光谱,泵浦脉冲重复频率为 1 kHz,中心波长为 4.5 μm 或 6.3 μm[37]。其光纤芯径为 16 μm,由 $As_{40}Se_{60}$ 材料制成,光纤包层由 $Ge_{10}As_{23.4}Se_{66.6}$ 材料制成。由于光纤芯径较大,光纤可以支持多个传输模式,计算得到的光纤零色散波长为 5.83 μm。当泵浦脉冲波长为 4.5 μm,峰值功率为 3.3 mW(平均功率为 350 μW,单脉冲能量为 350 nJ)时,由于泵浦波长位于光纤的正常色散区域,脉冲起始阶段受强自相位调制效应的影响;又由于自变陡效应和三阶色散的影响,使得脉冲出现明显的蓝移,导致脉冲产生波形分裂。红移部分最终跨越光纤零色散点,使得孤子动力学对光谱展宽起主导作用,其中拉曼散射引起的孤子自频移效应所起的作用尤为明显，如图 6.7(a)和(b)所示。当使用光纤反常色散区的 6.3 μm 脉冲作为泵浦光时，泵浦光峰值功率高达 7.15 mW，平均功率为 760 μW，单脉冲能量为 760 nJ，由于泵浦光波长位于光纤零色散波长 5.83 μm 右侧并靠近光纤零色散波长，因此光纤中传输的泵浦脉冲形成高阶孤子，并通过孤子分裂的形式分裂成多个基阶孤子，同时在与孤子相位匹配的正常色散区波长位置处辐射色散波，如图 6.7(c)和(d)所示。

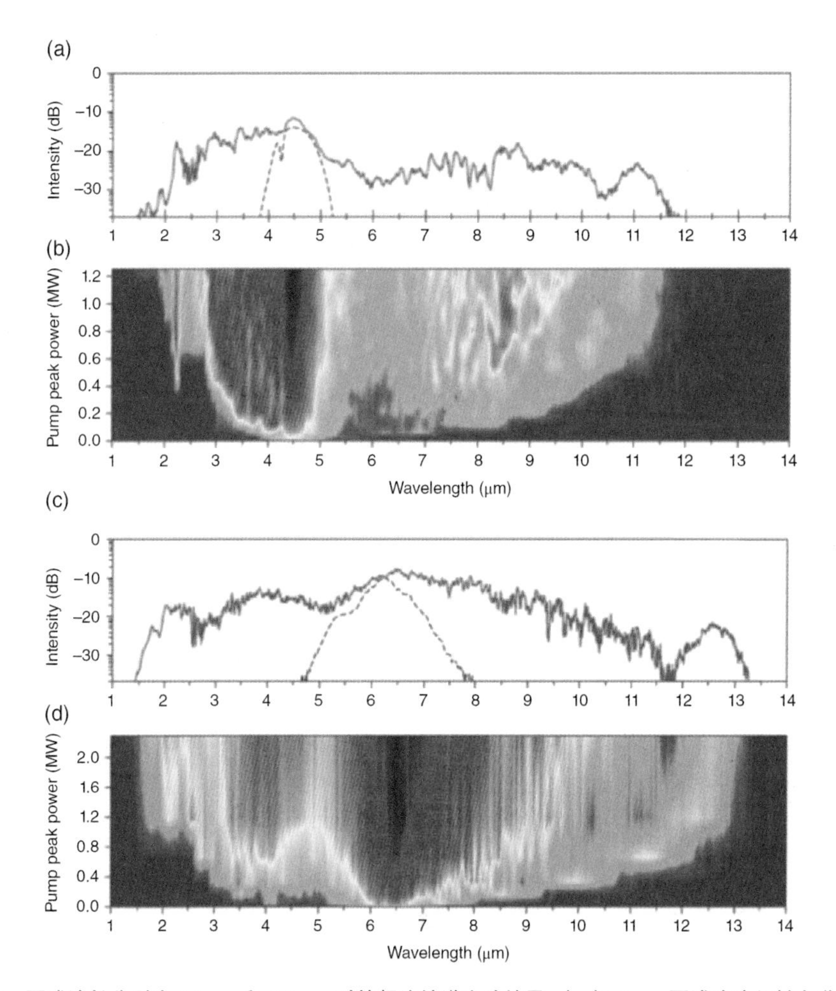

图 6.7 泵浦波长分别为 **4.5 μm** 和 **6.3 μm** 时的超连续谱实验结果。(a)**4.5 μm** 泵浦脉冲入射光谱(虚线)和最大泵浦功率时的光谱分布(实线)。(b)光谱随 **4.5 μm** 泵浦脉冲峰值功率增加的演化结果，表明在大于零色散波长的区域孤子波长逐渐红移，而在小于泵浦波长的区域主要发生自相位调制效应，并辐射色散波。(c)**6.3 μm** 泵浦脉冲入射光谱(虚线)和最大泵浦功率时的光谱分布(实线)，表明产生宽范围的、平坦的超连续光谱(**1.64~11.38 μm@-20 dB**)，长波方向的边缘有一延伸到 **13.3 μm** 的强光谱峰值。(d)超连续光谱随泵浦脉冲功率的增加而变化的函数关系，表明长波边缘处具有明显的光谱红移以及相应的色散波的形成和蓝移。来源：经 **Springer Nature** 许可，转载自参考文献 **37** 图 **4** 和图 **5**。

Hudson 等人利用最近开发的基于 2.9 μm 脉冲激光泵浦含聚合物保护层的全硫族化合物锥形光纤，产生了光谱范围为 1.8~9.5 μm（−20 dB），平均功率大于 30 mW 的超连续光谱。以基于铁 $^5I_6$-$^5I_7$ 的超快光纤激光器为泵浦源，泵浦脉冲的脉冲持续时间为 230 fs，峰值功率为 4.2 kW，重复频率为 42 MHz。锥形光纤的纤芯由 As_2Se_3 制成，光纤包层由 As_2S_3 制成，原始纤芯直径为 14 μm，拉锥后的纤芯直径为 3 μm[38]。光纤拉锥使得光纤的最小色散（β_2=0.29 ps^2/m）位于 2.87 μm，进而使得泵浦波长位于光纤的正常色散区。在全正常色散区产生超连续谱的过程主要由两种效应导致：相干自相位调制-光波分裂和非相干受激拉曼散射-四波混频效应。

Cheng 等人利用“管棒法”拉伸工艺制作了一种具有近零平坦色散特性的折射率阶跃光纤，该光纤纤芯由 As_2Se_3 制成，包层由 As_2Se_2 制成。其利用差频生成原理产生了波长可以在 2.4~7 μm 范围调谐的泵浦脉冲，脉冲持续时间为 170 fs，重复频率为 1 kHz。当泵浦脉冲波长为 9.8 μm、平均功率为 3 mW 时，3 cm 长光纤产生了覆盖 2~15.1 μm 光谱范围的超连续光谱。研究认为，光谱展宽主要发生在光纤的反常色散区，由高阶孤子分裂引起[39]。Zhao 等人使用 OPA 输出的 7 μm 飞秒脉冲（脉冲持续时间为 150 fs，重复频率为 1 kHz）泵浦低损耗双包层碲化物光纤，生成了 2~16 μm 范围的中红外超连续光谱，其中泵浦波长位于光纤的正常色散区。光纤使用复合挤出法制作，纤芯直径 20 μm，由（$Ge_{10}Te_{43}$）$_{90}$-AgI_{10} 制成，光纤具有双包层结构，第一层由（$Ge_{10}Te_{40}$）$_{90}$-AgI_{10} 制成，第二层由 $Ge_{10}Sb_{10}Se_{80}$ 制成[40]。

6.1.5 基于波导的超连续谱

非线性波导由于具有较小的芯径尺寸（通常小于 1 μm），因此可以在中等平均功率泵浦下产生较高的峰值功率密度，使得紧凑型超连续谱发生器具有广阔的应用前景。硫族化合物玻璃、硅等高非线性材料非常适合产生超连续谱。与光纤相似，波导色散的可设计优化特性也是基于波导的超连续谱生成过程中至关重要的一环。

Lamont 等人使用 1.55 μm 脉冲泵浦色散优化的高非线性 As_2S_3 平面波导，产生了中红外超连续光谱[41]。其所使用的平面波导长度为 60 mm，横截面尺寸为 2 μm×0.87 μm，非线性参数 γ=10 m^{-1} · W^{-1}（根据 $\gamma=\omega n_2/cA_{\rm eff}$，其中 n_2 表示非线性折射率，c 表示光速，$A_{\rm eff}$ 表示传输模式的有效模场面积，ω 表示角频率），平面波导的反常色散区位于 1.51~2.17 μm（TM 模）。当 1.55 μm 的泵浦脉冲峰值功率为 68 W、单脉冲能量为 60 pJ、平均功率为 0.6 mW 时，平面波导产生的超连续光谱覆盖 1.1~2.5 μm 波长范围（−60 dB）。超连续谱生成过程中的主要非线性过程为四波混频效应，此外拉曼频移和孤子裂变也有一定的贡献。

Xie 等人使用锁模 Cr: ZnS 激光器产生的脉冲泵浦 As_2S_3-SiO_2 “double-nanospike” 波导，产生了覆盖 1.2~3.6 μm 范围的超连续光谱，泵浦脉冲波长为 2.35 μm，平均功率为 360 mW，重复频率为 90 MHz，单脉冲能量为 4 nJ，脉冲持续时间为 100 fs[42]。实验中所使

用的波导具有 As_2S_3-SiO_2 混合结构，在玻璃毛细管中形成直径 3.2 μm 的硫族化合物线。为了提高具有高数值孔径的波导的耦合效率，在波导的两端分别构造了反常纳米锥（即“double-nanospike”结构）。优化设计的群速度色散和高非线性系数的结合，使得 As_2S_3-SiO_2 混合波导尽管泵浦脉冲能量阈值仅为 100 pJ，但也获得了较宽范围的光谱展宽。数值模拟结果表明，生成的超连续光谱在整个光谱范围内具有高度的相干性，因此这对日后宽带频率梳产生具有重要意义。作为对比，研究人员使用相同的泵浦脉冲泵浦商用单模 As_2S_3 光纤（IRFlex IRF-S-5，有效模场面积为 28 μm^2）中，虽然泵浦脉冲能量（1.23 nJ）比原来高出 6 倍，但产生的超连续光谱范围仅有 1.7~3 μm，仅为 nanospike 波导产生的超连续光谱的一半宽（以频率为单位）[42]。

使用 OPA 生成的波长为 4 μm、脉冲持续时间为 320 fs 的脉冲泵浦由 GeAsSe 硫族化合物玻璃制成的波导，产生波长覆盖范围为 1.8~>7.5 μm 的超连续光谱，如图 6.8 所示[43]。波导长度为 1 cm，横截面尺寸 2.5 μm×4 μm，并且通过色散设计使得在 3.06~5.8 μm 具有反常色散特性。考虑到所使用的脉冲持续时间较短以及波导长度较短，超连续谱生成过程主要由孤子裂变产生。当泵浦功率为 160 mW（波导内的峰值功率为 3.3 kW）时，波导输出的超连续光谱总功率为 20 mW。

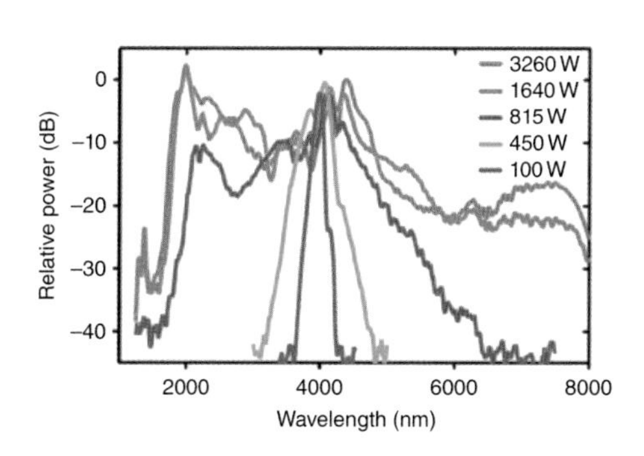

图 6.8　GeAsSe 硫族化合物波导输出的超连续光谱。来源：经 Wiley 许可，转载自参考文献 43 图 3。

近二十年来，硅基材料在线性和非线性集成光子学领域引起极大关注。虽然硅的主要应用是在 1.5 μm 的通信窗口附近，但是由于硅具有 8 μm 的透明窗口传输能力，使其在中红外波段的应用仍然具有极大的吸引力。与 As_2S_3 硫族化合物玻璃类似，硅具有较高的高三阶非线性，并且本身具有与互补金属氧化物半导体（CMOS）兼容的能力，使其在超连续谱波导中具有重要优势。Lau 等人使用硅片波导，实现了光谱超过 3.6 μm 的超连续谱输出[44]。该绝缘体上的硅（SOI）波导长度为 2 cm，横截面尺寸为 320 nm×1 210 nm，经优化后在 2.5 μm 泵浦波长两侧各有一个群速度色散为零的波长。图 6.9（a）所示为波导在基本横向电场（TE）模式下的群速度色散。泵浦脉冲的脉冲持续时间为 300 fs，重复频率为

80 MHz，平均功率为 3 mW，峰值功率为 125 W。超连续谱呈现明显的横跨两个零色散波长的孤子裂变和色散波辐射特征。如图 6.9(b)所示，2.5 μm 泵浦光作用下产生的超连续光谱覆盖范围从 1.5 μm 延伸至 3.67 μm(尽管光谱中存在一些间隙)。

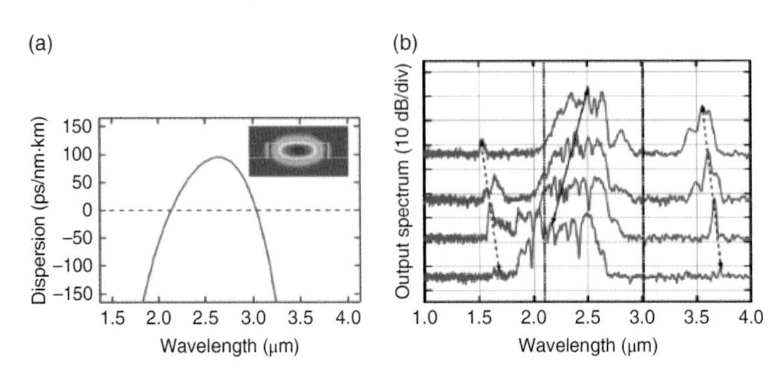

图 6.9 (a)SOI 波导基本横向电场(TE)模式群速度色散曲线，插图为波导横截面及模式轮廓图。(b)当泵浦脉冲波长从 2.165 μm 调谐至 2.5 μm 时，实验测量的输出光谱，虚线标出了在 1.5 μm 和 3.6 μm 附近产生的色散波偏移。来源：经美国光学学会(OSA)许可，转载自参考文献 44 图 2。

Singh 等人利用色散修正的硅-蓝宝石(SOS)纳米线生成了宽范围超连续光谱[45]。实验中所使用的 SOS 波导横截面尺寸为 2 400 nm×480 nm，经优化零群速度色散波长分别为 3.3 μm 和 7.1 μm。泵浦脉冲由 OPA 产生，中心波长为 3.7 μm，重复频率为 20 MHz，脉冲持续时间为 320 fs，平均功率为 12 mW。−30 dB 带宽位置最宽的连续光谱覆盖 1.9~5.5 μm 范围。光谱宽度主要受四光子吸收效应(4PA)限制，造成损耗增大和光谱变窄(本实验中的泵浦强度最大达到 100 GW/cm^2)。总之，上述结果表明，SOS 有望成为中红外领域集成非线性光子学的新平台。

通常，超连续谱利用波导材料的三阶非线性极化率 $\chi^{(3)}$ 产生。而 Phillips 等人利用周期极化铌酸锂晶体(PPLN)波导实现超连续谱生成，该材料具有很高的非线性极化率 $\chi^{(2)}$[46]。泵浦脉冲由掺铥光纤振荡-放大系统产生，波长 λ=1.94 μm，脉冲持续时间为 97 fs，重复频率为 72 MHz，单脉冲能量为 9 nJ，平均功率为 650 mW。泵浦脉冲在长度为 18.5 mm、准相位匹配周期为 22.1 μm 的 PPLN 波导中传输，生成的超连续光谱覆盖 1.35~2.8 μm(−40 dB 位置)的超连续光谱。根据研究，光谱展宽主要是由与泵浦光相关的、相位不匹配的二次谐波产生的级联相位偏移引起的。级联的 $\chi^{(2)}$ 非线性极化率引出了 $\chi^{(3)}$ 非线性极化率。此外，材料固有的三阶非线性极化率 $\chi^{(3)}$ 引起的受激拉曼散射和自相位调制效应增强了超连续光谱的展宽。更进一步，超连续光谱保留了泵浦脉冲的时间相干特性，并且可以通过 f~$2f$ 和 $2f$~$3f$ 干涉测量，用于自参考光谱干涉的掺铥光纤振荡器[46]。

6.1.6 基于块状晶体的超连续谱

宽带中红外超连续光谱可以通过泵浦块状晶体材料产生，但是需要泵浦脉冲峰值功率高且重复频率低。Silva 等人利用光束成丝效应在 2 mm 厚的 YAG 材料上产生了光谱范围为 0.45~4.5 μm 的超连续光谱，泵浦脉冲中心波长为 3.1 μm，脉冲持续时间为 85 fs，重复频率为 160 kHz，单脉冲能量为 6.9 μJ，聚焦至 YAG 上的光斑直径为 50 μm（更多相关信息，见表 6.1）[47]。Yu 等人利用 5 mm 长的 GeAsS 晶体获得了光谱范围为 2.7~7.5 μm 的超连续谱，所使用的泵浦脉冲峰值功率为 20 mW，脉冲持续时间为 150 fs，中心波长为 5.3 μm，泵浦波长位于材料的反常色散区[49]。根据该研究，在上述超连续光谱生成过程中，四波混频效应和自相位调制效应起主导作用，此外自聚焦效应也有助于超连续光谱的生成。Liao 等人在一块 18 mm 厚的 ZBLAN 氟化物玻璃晶体中，利用光束成丝效应实现了覆盖 0.2~8.0 μm 光谱范围的超连续光谱输出，泵浦脉冲峰值功率为 1.13 mW，脉冲持续时间为 180 fs，中心波长为 1.6 μm（位于材料的正常色散区），重复频率为 1 kHz，泵浦光至超连续谱的转换效率为 67%[50]。

表 6.1 超连续谱光源总结

超连续谱介质	泵浦光	SC 谱宽（μm）	SC 平均功率	参考文献
光纤介质				
铅硅酸盐玻璃光子晶体光纤，$L = 5.7$ mm	$\lambda = 1.55$ μm，$\tau = 110$ fs，80 MHz，230 mW，26 kW（峰值）	0.35~3	70 mW	[9]
具有类悬浮结构纤芯的亚碲酸盐光纤，$L = 8$ mm	1.55 μm，80 MHz，250 mW，28 kW（峰值）	0.79~4.87	90 mW	[10]
具有类悬浮结构纤芯的亚碲酸盐光纤，L=3 cm	2.4 μm，90 fs，80 MHz，290 mW，6.8 kW（峰值）	1.9~3.4	49 mW	[48]
二氧化硅光纤，$L = 21$ cm；ZBLAN 光纤 $L = 91$ cm	1.55 μm，900 fs，1.5 μJ/pulse，200 kHz，300 mW，1.7 MW（峰值）	1.8~3.4	5 mW	[11]
二氧化硅光纤，$L = 2$ m；ZBLAN 光纤，$L = 7$ m	1.542 μm，1 ns，3.3 MHz，20.2 W，6 kW（峰值）	0.8~4	10.5 W	[14]
ZBLAN 光纤，数米	2 μm，24 ps，94 MHz，42 W，19 kW（峰值）	1.9~3.8	21.8 W	[15]
ZBLAN 光纤，$L = 8.4$ m	2 μm，27 ps，29 MHz，62 W，79 kW（峰值）	1.9~4.3	13 W	[16]
ZBLAN 光纤，$L = 20$ mm	1.45 μm，180 fs，1 kHz，50 mW（峰值）	0.4~6.3	约 10 mW	[17]

续表

超连续谱介质	泵浦光	SC 谱宽(μm)	SC 平均功率	参考文献
Ag_2S_3 锥形光纤，$L = 5$ cm	1.55 μm，250 fs，39 MHz，3 mW，77 pJ，308 W(峰值)	0.97~2	约 3 mW	[26]
Ag_2S_3 锥形光纤，$L = 10$ cm	1.94 μm，800 fs，30 MHz，15 mW，625 W(峰值)	1.1~4.4	约 10 mW	[32]
Ag_2S_3 锥形光纤，$L = 2.1$ mm	2.04 μm，<100 fs，75 MHz，15 mW，2 kW(峰值)	1~3.7	约 15 mW	[31]
Ag_2S_3 锥形光纤，$L = 18$ mm	3.1 μm，100 fs，100 MHz，47 mW，4.7 kW(峰值)	2.2~5	15 mW	[30]
Ag_2S_3 类悬浮结构纤芯光纤，$L = 20$ mm	2.5 μm，200 fs，80 MHz，80 mW，5 kW(峰值)	0.6~4.1	72 mW	[29]
$Ge_{12}As_{24}Se_{64}$ 折射率阶跃光纤，$L = 11$ cm	4 μm，330 fs，21 MHz，1.3 mW，3 kW(峰值)	1.8~10	约 1 mW	[33]
$As_{38}Se_{62}$ 类悬浮结构纤芯光纤，$L = 18$ cm	4.4 μm，330 fs，21 MHz，100 mW，5.2 kW(峰值)	1.7~7.5	15.6 mW	[34]
As_2S_3 折射率阶跃光纤，$L = 7.2$ cm	3.1 μm，67 fs，160 kHz，18 μJ，520 kW(峰值)	1.6~5.9	8 mW	[35]
As_2S_3 折射率阶跃光纤，$L = 3.5$ m	3~4.2 μm SC，400 ps，2 kHz，27 mW，34 kW(峰值)	3~8	1.5 mW	[36]
$As_{40}Se_{60}$ 折射率阶跃光纤，$L = 8.5$ cm	6.3 μm，100 fs，1 kHz，0.76 mW，7 mW(峰值)	1.4~13.3	0.24 mW	[37]
As_2Se_3/As_2S_3 锥形光纤，$L = 5$ cm	2.9 μm，230 fs，42 MHz，140 mW，4.2 kW(峰值)	1.8~9.5	30 mW	[38]
$As_2Se_3/AsSe_2$ 折射率阶跃光纤，$L = 3$ cm	9.8 μm，170 fs，1 kHz，3 mW，2.9 mW(耦合峰值)	2~15.1	μW 水平	[39]
Ge–Te–AgI 双包层光纤，$L = 14$ cm	7 μm，150 fs，1 kHz，11.5 mW，77 mW(峰值)	2~16	—	[40]
波导介质				
As_2S_3 波导，$L = 6$ cm	1.55 μm，610 fs，10 MHz，1.2 mW，68 W(峰值)	1.1~2.5	0.6 mW	[41]
As_2S_3-SiO_2 nanospike 波导，$L = 5$ mm	2.35 μm，约 100 fs，90 MHz，200 pJ，2 kW(峰值)	1.2~3.6	—	[42]
GeAsSe 波导，$L = 10$ mm	4 μm，320 fs，21 MHz，160 mW，3.3 kW(峰值)	1.8~7.5	20 mW	[43]
硅片波导，$L = 20$ mm	2.5 μm，300 fs，80 MHz，3 mW，125 W(峰值)	1.51~3.67	0.36 mW	[44]
硅-蓝宝石(SOS)纳米线，$L = 16$ mm	3.7 μm，320 fs，20 MHz，12 mW，1.8 kW(峰值)	1.9~5.5	—	[45]

续表

超连续谱介质	泵浦光	SC 谱宽(μm)	SC 平均功率	参考文献
PPLN 波导, L = 18.5 mm	1.94 μm, 97 fs, 72 MHz, 650 mW, 93 kW	1.35~2.8	—	[46]
块状晶体				
块状 YAG, L = 2 mm	3.1 μm, 85 fs, 160 kHz, 6.9 μJ, 76 mW(峰值)	0.45~4.5	—	[47]
块状 GeAsS, L = 5 mm	5.3 μm, 150 fs, 3 μJ, 20 mW(峰值)	2.5~7.5	—	[49]
块状 ZBLAN, L = 18 mm	1.6 μm, 180 fs, 1 kHz, 0.2 μJ, 1.1 mW(峰值)	0.2~8	—	[50]
块状 ZnS, L = 8 mm	2.1 μm, 5 μJ, 27 fs, 1 kHz, 185 mW(峰值)	0.5~4.5	—	[51]
块状 ZnSe, L = 5 mm	2.4 μm, 3 μJ, 100 fs, 1 kHz, 30 mW(峰值)	0.6~4.2	—	[52]
块状 ZnSe, L = 8 mm	5 μm, 10 μJ, 67 fs, 1 kHz, 150 mW(峰值)	0.5~11	—	[53]
掺铬 ZnSe 增益元件, L = 30 mm	2.35 μm, 10 μJ, 50 fs, 1 kHz, 约 200 mW(峰值)	1.8~4.5	—	[54]
块状 GaAs, L = 10 mm	5 μm, 3 μJ, 100 fs, 30 mW(峰值), 聚焦强度 6×10^{10} W/ cm^2	3.5~7	—	[55]
块状 GaAs, L = 6 cm	9.3 μm, 600 μJ, 2.5~8 ps, 5~240 mW(峰值), 聚焦强度 10^{11} W/cm^2	3~14	—	[2]
块状 GaAs, L = 6.7 cm	10.6 μm, 6 mJ, 3 ps, 2 GW(峰值), 聚焦强度 10^{10} W/ cm^2	2~20	—	[56]
其他介质				
氩气, p = 4.5 bar, L = 80 cm	3.9 μm, 6.5 mJ, 80 fs, 100 GW(峰值), 聚焦强度 10^{14} W/ cm^2	0.35~5	—	[57]

研究人员在泵浦飞秒脉冲峰值功率(约 100 mW)远超材料自聚焦临界功率(约 0.5 mW)情况下,对块状 ZnS 和 ZnSe 晶体产生多倍程中红外超连续光谱进行了研究,结果表明,光束成丝效应对光谱展宽具有重要影响[51-54]。Liang 等人在 ZnS 晶体中实现了 0.5~4.5 μm 光谱范围(该跨度包括泵浦的二阶和三阶谐波)的超连续谱输出,泵浦脉冲由光参量啁啾放大器(OPCPA)产生,中心波长为 2.1 μm,单脉冲能量为 5 μJ,脉冲持续时间为 27 fs,重复频率为 1 kHz[51]。Suminas 等人在 ZnSe 晶体中实现了 0.6~4.2 μm 光谱范围的超连续光谱输出,泵浦脉冲波长为 2.4 μm,单脉冲能量为 3 μJ,脉冲持续时间为 100 fs,重复频

率为 1 kHz[52]。Mouawad 等人利用高峰值功率飞秒脉冲泵浦 8 mm 长的块状 ZbSe 晶体实现了超宽光谱范围 0.5~11 μm 的超连续光谱输出，如图 6.10 所示。其泵浦脉冲重复频率为 1 kHz，单脉冲能量为 10 μJ，波长为 5 μm，泵浦脉冲波长位于 ZnSe 晶体零色散波长 4.8 μm 的右侧，并靠近零色散波长。该超连续光谱产生的潜在机制主要是多光束成丝效应，同时还有电子和拉曼引起的自相位调制、自变陡效应以及介质电离效应[53]。

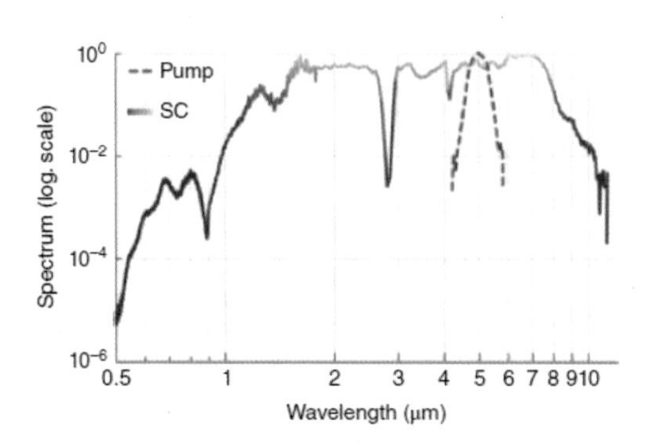

图 6.10　中心波长为 5 μm、峰值功率为 100 mW 的泵浦脉冲在块状 ZnSe 玻璃中产生的超连续光谱，其中虚线为泵浦脉冲光谱。来源：经 Elsevier 许可，转载自参考文献 53 图 2。

Vasiyev 等人利用激光放大器中的自展宽效应开发出紧凑型中红外超连续光源，输出脉冲能量为 10 μJ，重复频率为 1 kHz[54]。该设备使用了一个 30 mm 长的多晶掺铬 ZnSe 增益元件构建单程放大器，由调 Q 开关的 Er: YAG 激光器泵浦，泵浦脉冲波长为 1.6 μm，脉冲持续时间为 100 ns，单脉冲能量为 2 mJ；调 Q 开关的 Er: YAG 激光器所使用的种子激光由 Cr: ZnS 振荡器产生，种子激光单脉冲能量为 20 nJ，波长为 2.38 μm，脉冲持续时间为 50 fs。图 6.11 所示为放大器输出的 1.8~4.5 μm 范围的超连续光谱。光谱展宽主要由 ZnSe 放大介质中光束自聚焦引起的自相位调制效应引起。超连续光源中的多晶 Cr: ZnSe 经过特殊处理，以获得大的平均晶粒尺寸（500~1 000 μm），从而减少近红外和可见光发射，例如由于随机相位匹配引起的二次谐波、三次谐波、四次谐波发生等，从而减少了 ZnSe 中有害的多光子电离[54]。

Ashihara 等人使用波长为 5 μm 的高峰值功率飞秒脉冲泵浦块状 GaAs 晶体，利用晶体的高非线性参数（$n_2=10^{-17}$ m²/W）获得了光谱范围 3.5~7.0 μm 的超连续光谱，如图 6.12 所示[55]。其泵浦脉冲波长为 5 μm，位于 GaAs 晶体的正常色散区。泵浦脉冲的单脉冲能量为 3 μJ，脉冲持续时间为 100 fs，聚焦至 10 mm 长的 GaAs 晶体中，光束直径为 240 μm，传播方向<110>，因此入射表面的峰值功率密度为 60 GW/cm²。在光谱的半高（−3 dB 带宽），泵浦脉冲光谱展宽了四倍，从 220 cm⁻¹ 展宽至 910 cm⁻¹。在上述过程中，光谱的展宽主要是由 GaAs 晶体中的自相位调制效应引起的。级联 $\chi^{(2)}$ 过程对自相位调制的贡献很小，估计仅为本征克尔非线性效应的 7%。

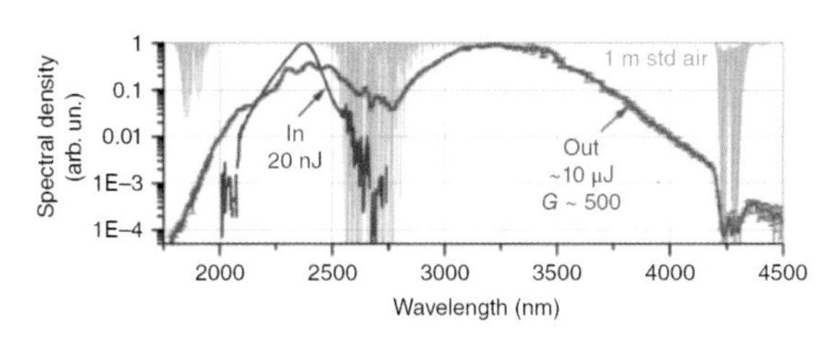

图 6.11　在 1 kHz 重复频率的单通高增益(*G*=500)Cr：ZnSe 放大器中产生的 SC 频谱(红色曲线)以及中心波长 2.38 μm 泵浦脉冲的光谱(蓝色曲线)。来源：经美国光学学会(OSA)许可，转载自参考文献 54 图 10。

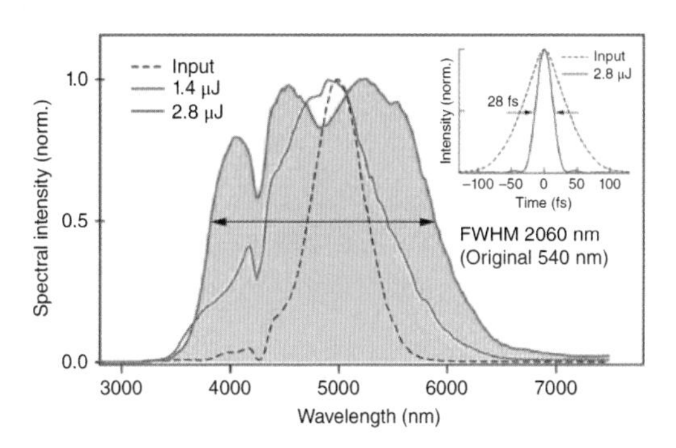

图 6.12　泵浦波长为 5 μm 时，块状 GaAs 晶体产生的超连续光谱，泵浦脉冲入射能量(虚线为入射光谱)和输出能量(实线为输出光谱)分别为 1.4 μJ 和 2.8 μJ。插图为变换极限脉冲强度(与测量光谱相对应，由实测值计算获得)。来源：经美国光学学会(OSA)许可，转载自参考文献图 1。

Pigeon 等人利用脉冲持续时间为 3 ps、波长为 10.6 μm 的 CO_2 激光脉冲泵浦 67 mm 长的块状 GaAs 晶体，实现了 2~20 μm 光谱范围的超连续光谱输出，泵浦脉冲波长位于块状 GaAs 晶体的反常色散区，峰值功率为 2 GW，入射峰值功率密度为 10 GW/cm^2[56]。时域测量表明，原始脉冲在谐波生成、四波混频、受激拉曼散射的作用下发生分裂，形成亚皮秒脉冲，从而主导了超连续光谱的生成。

6.1.7　其他超连续谱来源

Kartashev 等人利用氩气中的光束成丝，实现了中红外超连续光谱输出。实验中所使用的泵浦脉冲由 OPCPA 产生，脉冲中心波长为 3.9 μm，单脉冲能量为 12 mJ，脉冲持续时间为 80 fs，峰值功率>130 GW，重复频率为 20 Hz。当泵浦脉冲在 4.5 个标准大气压的氩气中传输时，实验观测到被环锥形辐射包围的白光光束，实测超连续光谱覆盖范围为 0.35~5 μm。氩气中形成的光束细丝长度为 80 cm，直径为 200~300 μm，光束成丝发生的氩气压力阈值约为 3.5 个标准大气压。光束形成的细丝中能量密度约为 45 TW/cm^2[57]。

表 6.1 总结了主要的中红外超连续光谱生成结果,更为详细的中红外超连续谱实验见参考文献 49 中的概述。

6.2 光学频率梳光源

频率梳通常由高度稳定的飞秒激光器产生,其特征在于由均匀分布的相位相干窄谱线组成宽带光谱,每条谱线的光谱宽度可以窄至几毫赫兹[58]。如果激光重复频率(f_{rep})和梳状偏移量[即载波包络偏移(CEO)频率(f_{CEO})]都以很高的精度保持稳定(即模式间距保持恒定的同时,每个模式的绝对位置也保持固定),则可以将锁模激光器的输出激光视为频率梳。(也就是说,不仅模式间距离保持恒定,同时每个模式的绝对位置也要保持恒定。)在时域中, CEO 与脉冲包络的电场具体位置直接相关,从而可以产生具有确定电场轮廓的光学波形[59]。将宽带频率梳的工作范围扩展到中红外领域,具有重要且广泛的应用价值,脉冲之间的光场时间相干性和再现性对其应用具有重要的影响。这些应用包括高次谐波生成 X 射线[60]、阿秒物理学[61]、激光驱动粒子加速[62]、双频梳激光光谱学[63-64]和分子指纹学[65]。

宽带频率梳和宽带超连续谱之间的核心区别是所发射光波的波形是否有精准的重现性。例如,如果通过非线性(NL)光纤或波导中的光谱展宽产生频率梳,则要求在非线性光谱演化之后,脉冲应保持相位稳定。驱动激光器发射激光难免出现波动,相位稳定性要求频率梳对这类问题不敏感[66]。例如,自相位调制过程可以被视为一种确定的相干保持过程[67],而由于真空场的随机波动造成了调制不稳定性,从而导致超连续光谱不能保持一致性。相干性的一种测试方式是观察相邻脉冲是否表现出稳定的干涉。事实上,超连续谱的相干性在很大程度上取决于泵浦脉冲的持续时间、波长、波导介质的长度以及其他实验条件[5,66]。

在本章中,我们将考虑如下几种用于产生频率梳的技术:

- 锁模激光器;
- 基于二阶非线性效应的频率变换;
- 非线性光纤和波导;
- 微谐振器;
- 量子级联和带间级联激光器。

Schliesser 等人对中红外波段频率梳的产生技术及应用进行了突出的总结和概括[68]。

6.2.1 来自锁模激光器的直接梳状光源

掺铥光纤激光器工作波长在 $\lambda\approx2$ μm 附近,并且通过多种技术实现了这类激光器的模式锁定(参阅第 3 章)。基于掺铥光纤放大器可以将这类激光器的功率提高到数瓦。Lee 等人使用快速腔内石墨烯电光调制器(EOM)在 1.95 μm 处实现了稳定的频率梳输出[69-70]。如图 6.13 所示,作为泵浦光源的掺铒光纤振荡器波长为 1 564 nm,总功率为 1.3 W。此外,采用另一台功率约为 10 mW 的单频二极管激光器,对泵浦脉冲进行快速调制。通过饱和吸收镜实现了稳定的锁模操作,此时振荡器输出激光重复频率为 100 MHz,平均功率为 20 mW。之后,将振荡器输出激光放大到 200 mW,泵浦高非线性光纤,产生光谱覆盖范围为 1.1~2.4 μm 的超连续光谱。使用 *f*-2*f* 干涉仪和 PPLN 倍频晶体测量 1 100 nm 处的载波包络偏移频率(f_{CEO})。通过对腔内石墨烯 EOM 的反馈,f_{CEO} 拍频相位锁定至稳定的 RF 合成器(反馈调节的插入损耗为 5%,调制深度为 2%,调制带宽为 600 kHz),如图 6.13 所示。也可以通过快速泵浦功率调制来锁定 f_{CEO}。此外,还可以通过一部分生成的 1.55 μm 超连续光谱,将光学频率梳的相位锁定至 1.5 μm 附近的窄线宽(3 kHz)参考激光。此时,通过检测光学频率梳某一谱线与参考激光之间的外差拍频信号,并且通过相位锁定的方式,将该差频信号反馈至控制腔长的压电驱动器(PZT)即可。目前,基于 2 μm 掺铥光纤的光学频率梳可以产生脉冲持续时间为亚 70 fs 的频率梳脉冲光,光谱宽度为 100 nm(260 cm^{-1}),谱线间隔为 100 MHz 时,平均功率为 400 mW;谱线间隔为 400 MHz 时,平均功率为 2.5 W[71-72]。

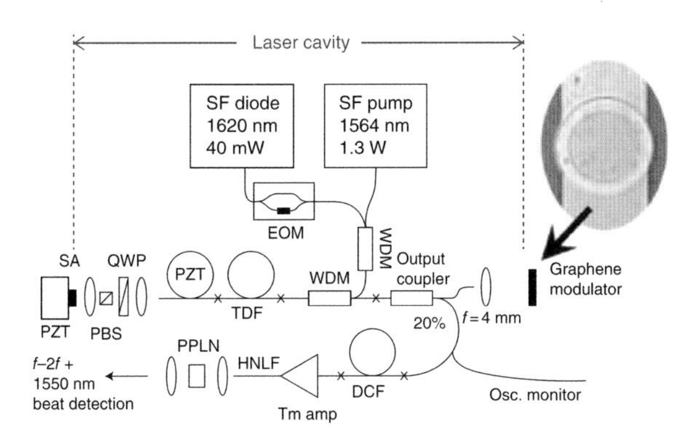

图 6.13　基于 2 μm 锁模掺铥光纤激光器和石墨烯调制器的完全稳定光学频率梳。其中,WDM 为波分复用器;TDF 为掺铥光纤;DCF 为色散补偿光纤;PZT 为用于稳定频率的压电驱动器;QWP 为四分之一波片;PBS 为偏振分束器;SA 为可饱和吸收镜;HNLF 为用于产生超连续光谱的高非线性光纤;PPLN 为周期性极化铌酸锂晶体。插图为调制器的光学显微镜图像(直径 280 μm)。来源:经美国光学学会(OSA)许可,转载自参考文献 69 图 1。

基于过渡金属离子(如 Cr^{2+}或 Fe^{2+})的激光器是适用于生产宽带频率梳的一类有前途的固态模式锁定激光器,这些过渡金属离子分别掺杂到 II-VI 族聚合物中,相应的可以产生 2~3 μm 或 4~5 μm 波长范围的光谱(参见第 2 章)。例如,中心波长为 2.3~2.5 μm 的 Cr^{2+}:ZnSe 和 Cr^{2+}:ZnS 激光器,具有超过 1 000 nm 的宽带发射谱,极宽的发射谱和高受激发射截面,使其成为公认的中红外区钛蓝宝石激光器类似产品[73]。此外,基于过渡金属离子的固态锁模激光器能够使用掺铒或掺铥光纤激光器作为泵浦源,既可靠,又非常方便。利用克尔透镜锁模 Cr: ZnS 振荡器产生了光谱范围为 1.9~2.7 μm(带宽>1 500 cm^{-1})的光学频率梳,输出脉冲时域宽度可以降到仅为几个光学周期[54]。最近,Vasilyev 等人在 Cr: ZnS 振荡器中产生了宽光谱范围 1.6~3.2 μm(−40 dB)的光学频率梳,脉冲时域宽度仅为几个光学周期,平均功率为 4 W,重复频率为 78 MHz[74]。该系统的独特之处在于,其可以进行固有的共光路非线性干涉测量。通过对波长 633 nm 附近的 $3f$-$4f$ 拍频信号进行检测,可以实现 CEO 频率(f_{CEO})的测量,信噪比为 40 dB。633 nm 波长处的可见光信号直接来自激光谐振腔,拍频信号由宽带中红外光谱的三次和四次谐波相互作用产生,两者都是通过 Cr: ZnS 多晶材料 $\chi^{(2)}$中的随机相位匹配产生的。参考文献 75 中报道了一种完全参考的 Cr: ZnS 光学频率梳。

对超快掺铒氟化物光纤激光器的研究也在进行中,这些激光器的工作波长更长(约 3 μm),同样有望产生光学频率梳[76](参见第 3 章)。

6.2.2 基于非线性光纤和波导的光学频率梳

相位相干激光泵浦光纤所产生的超连续光谱并不能保证光学频率梳的相位相干性,这是由于超连续光谱生成过程中存在额外噪声。使用短距离(几厘米)的非线性光纤以及短持续时间(约 100 fs 或更短)的脉冲,可以保证产生的光学频率梳的相干性。Washburn 等人使用有效面积小(约 14 μm^2)的高非线性掺锗光纤,生成了覆盖 1 100~2 200 nm 光谱范围的相位锁定光学频率梳[77-78]。泵浦脉冲由波长为 1.55 μm、平均功率为 100 mW、脉冲持续时间为 70 fs 的锁模掺铒光纤激光器产生,输出的超连续光谱为光学频率梳,谱线间距和 CEO 频率由泵浦激光器设定。使用 f-$2f$ 外差干涉技术测量拍频信号,结果表明,所产生的光学频率梳具有较高的相干性。

Marandi 等人分析了 18 mm 长的 As_2S_3 锥形光纤产生的超连续光谱(光谱范围为 2.2~5 μm)的相干特性。该泵浦光波长为 3.1 μm,由 1.56 μm 飞秒掺铒光纤激光器的次生谐波产生(参见第 6 章 6.1.4 节)[30]。为了验证输出的宽带中红外超连续谱是否保留了激光器的频率梳特性,将超连续光谱倍频后,与窄线宽(3 kHz)、波长 1 564 nm 的连续波激光进行干涉,并测量拍频频率。另一拍频信号通过锁模掺铒光纤激光器输出光信号和连续激光器输出光信号干涉获得。结果表明,两个拍频干涉信号完全相同,并且在掺铒光纤激光器 CEO 频率调谐过程中同步变化。由此说明,1.56 μm 泵浦光的相干性在两种频率下转换过程中得到保留:①次谐波 OPO 中生成次谐波频率下转换过程;②锥形光纤中的光谱展开频率下转换过程。

研究表明,使用嵌入 SiO_2 基底的 As_2S_3 波导,可以产生相位锁定的 1.8~3.8 μm 范围宽带超连续光谱[79]。非线性波导由填充 As_2S_3 的锥形毛细玻璃管组成。为了形成上述结构,利用氩气加压的方式,将熔融的硫族化合物玻璃推入毛细管。该波导装置长 2 mm,并且前端的 0.3 mm 为锥形区域,未拉锥区域的内径为 1 μm,如图 6.14(a)所示。波导具有两个零色散波长,分别为 1.35 μm 和 2.5 μm。泵浦脉冲由 2 μm 掺铥光纤激光器产生,脉冲持续时间为 65 fs,重复频率为 100 MHz。泵浦脉冲从波导的锥形区域一侧入射,从而可以无损耗的使泵浦脉冲转换为波导的基阶模式,耦合效率约为 12%。沿均匀波导截面的孤子分裂以及色散波生成,使得光谱展宽至接近 4 μm,当总泵浦平均功率为 7 mW 时,超连续光谱的发射单脉冲能量约为 18 pJ,如图 6.14(b)所示。另一实验中,研究人员对"nanospike"波导产生的超连续光谱的相干性进行了测试。其泵浦光为 2 μm 稳态光纤光学频率梳。"nanospike"波导中产生的波长在 3.3 μm 附近的超连续谱光束,与(使用同一泵浦激光器的)自相干 OP-GaAs OPO 光源输出的波长相同的光束进行干涉,超连续光谱和 OPO 输出光之间强烈的干涉信号,表明波导产生的超连续光谱具有相干性[80]。

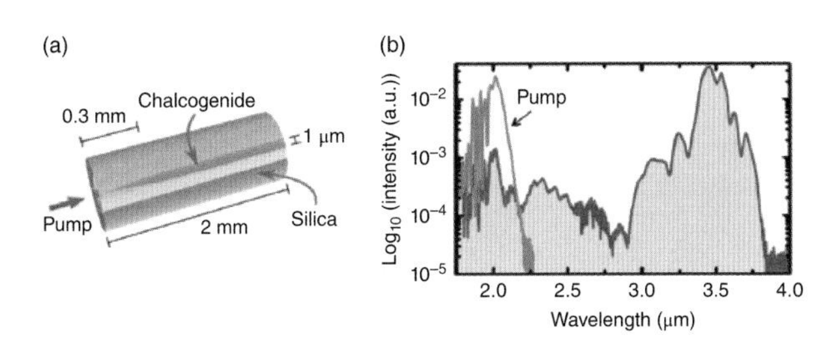

图 6.14 (a)嵌入二氧化硅中的硫族化合物纳米尖峰;泵浦光从左侧的锥形区耦合进波导结构。(b)基于硫族化合物-硅波导产生的超连续光谱(样品长度 1.7 mm)。来源:经美国光学学会(OSA)许可,转载自参考文献 79 图 6。

Kuyken 等人使用 SOI 波导生成了相位相干宽带光学频率梳,与前面的示例一样,梳状发生器需要低功率泵浦源,−30 dB 光谱宽度覆盖 1.54~3.2 μm 范围[81]。长于氧化物顶部、长约 1 cm 的空气包层光导纤维,矩形横截面尺寸为 1 600 nm×390 nm。调节泵浦波长至 2.29 μm,靠近波导结构的零色散波长为 2.18 μm,泵浦脉冲平均功率为 35 mW,重复频率为 100 MHz,脉冲持续时间为 70 fs。当耦合进波导的单脉冲能量为 16 pJ 时,即可产生宽带光谱。通过对一组窄线宽连续波激光的测量,证明产生的超连续光谱具有相干性。研究认为,使用短飞秒脉冲有助于保持泵浦过程中色散波和自相位调制效应的相干性。

6.2.3 基于差频生成的频率梳

差频生成(DFG)是一种使用较为广泛的产生中红外光学频率梳的方法。由于三光子过程本身具有相干性,近红外泵浦频梳的相干性可以直接转移到中红外频率梳上。例如,可以通过混合锁模和连续激光的输出来实现差频生成。利用上述方式, Maddaloni 等人将具有稳定 CEO 频率的 1.56 μm 光学频率梳与基于 PPLN 晶体的可调谐(1 030~1 070 nm)连续波激光进行差频,生成了一个新的中心波长在 2.9~3.5 μm 的光学频率梳,光谱瞬时范围达到 180 nm,输出光梳平均功率为 5 μW[82]。

Galli 等人利用腔内差频生成过程,产生了高相干度的中红外光学频率梳[83]。首先,通过光子晶体光纤将锁模钛蓝宝石激光器的输出光谱扩展到 500~1 100 nm;然后,使用掺镱光纤放大光谱的 1 040 nm 部分,并将该部分光束通过 MgO: PPLN 非线性晶体与锁模钛蓝宝石激光器的腔内振荡光束混合,从而产生了平均功率为 0.5 mW,光谱范围横跨 27 nm,谱线宽度为 2 kHz 的光学频率梳。该中红外光学频率梳的中心波长可在 4.2~5 μm 范围内调谐。此外,该中红外光学频率梳具有较高的重复频率(1 GHz),确保了光谱具有高亮度(每条谱线的功率为 1 μW)[83]。

在差频生成过程中,使用两个来自同一振荡器的、相位相干的放大脉冲串,可以实现高效率转化[84-89]。在这一过程中,其中一个脉冲串频率在非线性光纤中红移或蓝移。由于两个近红外光学频率梳的频率相减可以消除 CEO 频率,因此在上述差频生成过程中,预计中红外脉冲串会呈现出“谐波”梳状结构($f_{CEO}=0$)。

Erny 等人将两个近红外相干光源锁定至同一飞秒锁模光纤振荡腔,利用两个近红外光源输出激光的差频生成作用,产生中红外光学频率梳[84]。如图 6.15(a)所示,振荡腔为两个单独的放大级提供种子光,每个放大级的发射脉冲中心波长约为 1.58 μm,平均功率为 250 mW,重复频率为 82 MHz,脉冲持续时间 65 fs。将第二个放大级的输出光耦合到高非线性光纤中(HNLF,纤芯直径 3.7 μm,零色散波长约 1.52 μm)。高非线性光纤输出光在 1 μm 附近可调,并且利用一对棱镜将脉冲持续时间压缩至 40 fs 以下。在 2 mm 长的 PPLN 晶体中,将 1.58 μm 脉冲(平均功率 170 mW)与可在 1.05~1.18 μm(平均功率 11.5 mW)调谐的近红外脉冲进行非线性混频,产生了在 3.2~4.8 μm 范围内可调谐的飞秒脉冲,平均功率为 1.1 mW,如图 6.15(b)所示。

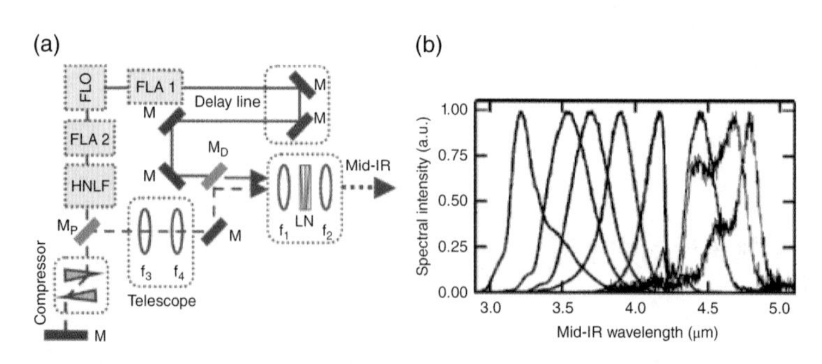

图 6.15 (a)参考文献 84 的实验差频生成设置。其中,FLO 为光纤激光振荡器;FLA1 和 FLA2 为光纤激光放大器;HNLF 为高度非线性光纤;LN 为掺氧化镁的 PPLN 非线性晶体。(b)归一化红外 DFG 光谱。来源:经美国光学学会(OSA)许可,转载自参考文献 84 图 1 和图 2。

使用相同的方式,以同一振荡器作为种子光源,分别输入两台(掺铒光纤/掺镱光纤)近红外光纤放大器,然后将两台光纤放大器输出的激光混频,研究人员已经在 3~4.4 μm [85]、2.9~3.6 μm[86]以及 2.3~3.6 μm[87]等光谱范围内,实现了高功率(>100 mW)中红外光学频率梳生成。Cruz 等人使用 3 mm 长的 MgO: PPLN 晶体,产生了平均功率为 530 mW(谱线间隔 100 MHz,每谱线功率 3 μW)的中红外飞秒频率梳,光谱覆盖范围为 2.8~3.5 μm[88]。Maser 等人开发了一种适用于中红外分子光谱的双梳差频生成系统,中心波长可在 2.6~5.2 μm 范围内调谐,瞬时带宽在 33~230 cm^{-1}[89]。

Lee 等人在具有多个光栅周期的、1 mm 长的定向图案磷化镓(OP-GaP)器件中,通过差频生成技术,产生了中心波长在 6~11 μm 范围的光学频率梳,瞬时频率范围为 350~400 cm^{-1},平均功率达到 60 mW[90]。在差频生成过程中,种子激光由一台掺铒光纤锁模振荡器泵浦,经掺铒和掺铥光纤放大器后,分别成为输出光和信号光,振荡器的重复频率通过与窄线宽激光器参考的方式严格稳定到约 1 Hz。

使用 GaSe 作为混频器,可以通过差频生成方式产生长波(>10 μm)的光学频率梳,主要是由于 GaSe 具有较宽范围(0.6~20 μm)的红外光谱透过率,并且具有较高的光学非线性系数[91-94]。Keilmann 和 Amarie 在 4~17 μm 范围内实现了极宽泛的波长调谐,该红外光谱范围覆盖了大多数分子振动"指纹"区域[94]。混频发生在 1 mm 长的角度调谐 GaSe 晶体中,通过改变驱动 1.55 μm 脉冲的啁啾来调谐近红外超连续谱,进而调整了差频生成的脉冲频谱。泵浦脉冲分别为 1.55 μm 放大的飞秒脉冲和非线性光纤产生的 1.7~2.3 μm 超连续光谱脉冲,如图 6.16(a)所示。通过改变 1.55 μm 泵浦脉冲的线性啁啾,对红外超连续光谱进行连续调谐,从而差频生成的对近红外超连续谱使得通过差频生成效应产生的脉冲具备光谱调谐的能力。所产生的宽调谐中红外谐波光学频率梳,瞬时频谱宽度约为 700 cm^{-1}(-20 dB),平均功率为 1 mW,如图 6.16(b)所示。

产生长波红外(LWIR, 5~20 μm)光学频率梳的另一种方法是通过脉冲内差频生成(即光学校正,参见第 5 章 5.4.2 节)。Timmers 等人提出了一种可靠的长波红外光学频率梳的方法:通过对掺铒光纤系统产生的脉冲(脉冲持续时间为 10.6 fs)光谱进行几个脉冲周期的光谱展宽和压缩,利用脉冲内差频生成方式产生超宽光谱范围的长波红外光学频率梳[65]。由于长波红外光学频率梳通过泵浦光的 n 阶和 m 阶模式差频产生(m 和 n 为整数),因此可以通过消除泵浦脉冲的 CEO 频率产生无频偏(谐波)长波红外光学频率梳。该光学频率梳由具有激光重复频率的精确谐波组成,其中谐波可以表示为 $v_k=k_{\text{frep}}$, k 为整数。将 350 mW 泵浦脉冲入射至 1 mm 厚的 OP-GaP 晶体,利用频率自混频的方式,可以产生光谱范围为 4~12 μm 的光学频率梳,平均功率为 0.25 mW[65]。

关于差频生成光学频率梳的主要结果总结在表 6.2 中。

表 6.2 中红外光学频率梳总结

生成方式	泵浦源	瞬时光梳谱宽	平均功率	谱线间距	参考文献
基于锁模激光器直接生成的光学频率梳					
锁模掺铥光纤激光器	连续波铒光纤	1.9~2.0 μm	2.5 W	418 MHz	[72]
克尔透镜锁模 Cr:ZnS 激光器	连续波铒光纤	1.79~2.86 μm	3.25 W	80 MHz	[75]
克尔透镜锁模 Cr:ZnS 激光器	连续波铒光纤	1.6~3.2 μm	4.1 W	78 MHz	[74]
基于超连续谱生成的光学频率梳					
Nanospike As_2S_3-SiO_2, L = 1.7 mm	2 μm, 65 fs, 7 mW, 1 kW（峰值）	1.8~3.7 μm	1.8 mW	100 MHz	[79]
硅片波导, L = 10 mm	2.3 μm, 70 fs, 35 mW, 230 W（峰值）	1.54~3.2 μm	1.6 mW	100 MHz	[81]
基于差频生成的光学频率梳					
DFG, PPLN	连续波 1.03~1.07 μm（0.7 W）, fs 1.56 μm（0.7 W）	180 nm, 调谐范围 2.9~3.5 μm	5 μW	100 MHz	[82]
谐振 DFG, PPLN	fs 0.8 μm（30 W 腔内）, fs 1 μm SC	27 nm, 调谐范围 4.2~5 μm	0.5 mW	1 GHz	[83]
DFG, PPLN	fs 1.05~1.18 μm SC（11 mW）, fs 1.58 μm（170 mW）	500 nm, 调谐范围 3.2~4.8 μm	1.1 mW	82 MHz	[84]
DFG, PPLN	fs 1 μm + fs 1.5 μm 拉曼（2.4 W total）	170 nm, 调谐范围 3~4.4 μm	128 mW	100 MHz	[85]
DFG, PPLN	fs 1.55 μm（450 mW）, fs 1.05 μm SC（1.2 W）	2.9~3.6 μm	120 mW	250 MHz	[86]
DFG, PPLN	fs 1.04 μm（1.4 W）, fs 1.55 μm（400 mW）	750 nm, 调谐范围 2.3~3.6 μm	150 mW（3.1 μm）	100 MHz	[87]
DFG, PPLN	fs 1.06 μm（4 W）, fs 1.55 μm（140 mW）	700 nm, 调谐范围 2.8~3.5 μm	530 mW（3 μm）	100 MHz	[88]
DFG, PPLN 双频梳	fs 1 μm SC（735 mW）, fs 1.3~1.5 μm SC（81 mW）	33~230 cm^{-1}, 调谐范围 2.6~5.2 μm	20 mW（3.5 μm）	100 MHz	[89]
DFG, OP-GaP	fs 1.55 μm（1.6 W）, fs 1.8~2.1 μm（0.6 W）	35~400 cm^{-1}, 调谐范围 6~11 μm	60 mW（8 μm）	93 MHz	[90]
DFG, GaSe	fs 1.55 μm（250 mW）, fs 1.75~1.95 μm SC	200 cm^{-1}, 调谐范围 5~12 μm	160 μW（6.3 μm）	100 MHz	[91]
DFG, GaSe	fs 1.55 μm（550 mW）, fs 1.76~1.93 μm SC（250 mW）	约 300 cm^{-1}, 调谐范围 8~14 μm	4 mW（7.8 μm）	250 MHz	[92]

续表

生成方式	泵浦源	瞬时光梳谱宽	平均功率	谱线间距	参考文献
DFG, GaSe	fs 1.055 μm(1.9 W), fs 1.18~1.63 μm SC(20 mW)	约 300 cm^{-1}, 调谐范围 3~10 μm	1.5 mW(4.7 μm)	151 MHz	[93]
DFG, GaSe	fs 1.5 μm(360 mW), fs 1.7~2.3 μm SC(160 mW)	约 700 cm^{-1}, 调谐范围 4~17 μm	1 mW	40 MHz	[94]
自混合, OP-GaP	10.6 fs, 1.56 μm, 350 mW	4~12 μm	0.25 mW	100 MHz	[65]
基于光学参量振荡器的光学频率梳					
PPLN OPO	fs Yb-fiber, 1.07 μm, 10 W	300 nm, 调谐范围 2.8~4.8 μm	1.5 W	136 MHz	[95]
PPKTP OPO	20 fs, Ti:Sapph., 0.8 μm, 1.4 W	200 nm, 调谐范围 0.4~3.2 μm	mW 级	100 MHz	[96]
PPLN OPO	Chirped 3 ps, Yb-fiber, 1.05 μm, 2.2 W	200 nm, 3.6 μm	144 mW	94 MHz	[97]
PPLN OPO	fs, Yb-fiber, 1.04 μm, 5 W	300 nm, 调谐范围 2.25~4 μm	160 mW	51 MHz	[98]
PPLN OPO	fs, Yb-fiber, 1.04 μm, 2 W	350 nm, 调谐范围 2.7~4.7 μm	250 mW	90 MHz	[99,100]
PPLN OPO	fs, Er-fiber, 1.56 μm, 580 mW	100~200 nm, 调谐范围 2.25~2.6 和 4.1~4.9 μm	20~60 mW	250 MHz	[101]
$AgGaSe_2$ OPO	fs, Tm-fiber, 1.95 μm, 2.5 W	500~700 nm, tune 8.4~9.5 μm	100 mW	110 MHz	[101]
基于次生谐波 OPO 的光学频率梳					
PPLN OPO	fs Er-fiber, 1.56 μm, 300 mW	2.5~3.8 μm	60 mW	100 MHz	[102]
OP-GaP OPO	fs Er-fiber, 1.56 μm, 300 mW	2.35~4.8 μm	29 mW	100 MHz	[103]
OP-GaAs OPO	fs Tm-fiber, 1.93 μm, 330 mW	2.6~7.5 μm	75 mW	115 MHz	[104]
OP-GaAs OPO	fs Cr:ZnS, 2.35 μm, 650 mW	2.85~8.4 μm	110 mW	80 MHz	[105]
OP-GaAs OPO	fs Cr:ZnS, 2.35 μm, 6 W	3~8 μm	500 mW	900 MHz	[106]
OP-GaP OPO	fs Cr:ZnS, 2.35 μm, 1.2 W	3~12.5 μm	31 mW	79 MHz	[107]
微谐振腔光学频率梳					
SiO_2 toroid	1.56 μm, 2.5 W	1~2.17 μm	—	850 GHz	[108]
SiN microring	1.56 μm, 2 W	1.17~2.35 μm	—	226 GHz	[109]
Si waveguide resonator	CW OPO, 2.59 μm, 1.2 W, 100 kHz linewidth	2.1~3.5 μm	—	127 GHz	[110]
Si waveguide resonator	CW OPO, 2.6 μm, 180 mW	2.46~4.28 μm	—	127 GHz	[111]

续表

生成方式	泵浦源	瞬时光梳谱宽	平均功率	谱线间距	参考文献
MgF_2 microresonator	CW OPO，2.45 μm，600 mW	2.35~2.55 μm	—	107 GHz	[112]
MgF_2 disk	QCL，4.4 μm，80 mW	4.16~4.76 μm	—	14.3 GHz	[113]
MgF_2 disk	QCL，4.5 μm，55 mW	3.7~5.5 μm	—	2 100 GHz	[114]
基于 QCL 激光器的光学频率梳					
InGaAs/InAlAs	电流	6.8~7.3 μm	mW 级	7.5 GHz	[115]
InGaAs/InAlAs	电流	$110\ cm^{-1}$，8 μm	880 mW	11.2 GHz	[116]
基于 ICL 激光器的光学频率梳					
InAs/GaInSb/AlSb	电流	$35\ cm^{-1}$，3.6 μm	约 6 mW	9.7 GHz	[117]

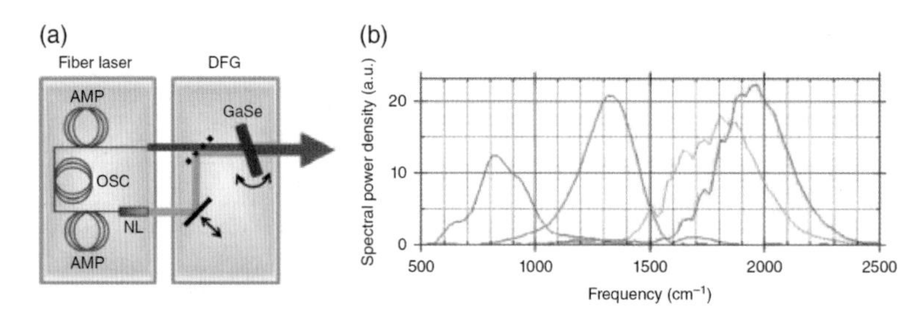

图 6.16 （a）长波中红外光学频率梳生成示意图。光纤激光系统包含一个共用振荡器（OSC）、两个放大器（AMP）和一个产生红移近红外连续谱的非线性光纤（NL）。差频生成单元将两个自由空间输出光束以零脉冲延迟在 GaSe 晶体中混频生成中红外光梳。（b）对应的差频生成光谱。来源：经 Springer 许可，转载自参考文献 94 图 1 和图 2。

6.2.4 基于光参量振荡（OPO）的光学频率梳

与差频生成相比，光学参量振荡（OPO）仅需一个泵浦激光器，即可获得高得多的转换效率和平均功率，但必须增加一个稳定同步泵浦（Sync-pumped）的谐振腔才能进行精细调节。虽然光参量振荡与泵浦激光器具有本质的相同重复频率，但是固定的泵浦载波包络偏移（CEO）频率，无法确保光参量振荡产生的信号光和闲频光也拥有固定的 CEO 频率。根据光子能量守恒定律，通过以下方式将三个 CEO 频率连接起来：

$$f_{\mathrm{CEO}}(p)=f_{\mathrm{CEO}}(s)+f_{\mathrm{CEO}}(i) \tag{6.1}$$

其中，“p”、“s”和“i”分别代表泵浦光、信号光和闲频光。同样也是根据光子能量守恒定律，各自对应的角频率 ω_p，ω_s 和 ω_i 满足 $\omega_p=\omega_s+\omega_i$。因此，需要对光学参量振荡产生光波的 CEO 频率进行单独控制。

Sun 等人通过将泵浦激光器和同步泵浦光学参量振荡器锁相到同一参考频率，产生了从紫色到中红外（波长范围为 0.4~2.4 μm）的光学频率梳[118]。锁模钛蓝宝石激光器输出 800 nm 泵浦光，平均功率为 1.3 W，脉冲持续时间为 50 fs，重复频率锁定至 200 MHz 的外部时钟。部分泵浦脉冲耦合至 30 cm 长的光子晶体光纤中，产生超连续光谱，以通过 f-$2f$ 干涉方式稳定激光器 CEO 频率。主激光器输出光用于泵浦基于掺 MgO 的 PPLN 光学参量振荡器，输出的信号光可以从 1.2 μm 调谐至 1.37 μm，闲频光可以从 2.4 μm 调谐至 1.9 μm。通过使用频率为 $2\omega_s$（红色）和 $\omega_p+\omega_i$（黄色）的 OPO 输出组合，并利用同一超连续光谱作为拍频测量时的参考光。基于光学参量振荡器产生的光学频率梳，可以通过安装在光学参量振荡腔端面镜上的压电传感器（PZT）进行 CEO 频率锁定。

Adler 等人基于光学参量振荡方式开发了一种全稳定的高功率（约 1.5 W）光学频率梳[95, 119]。线性光学参量振荡腔由一个基于极化周期可变的 PPLN 晶体掺镱飞秒激光器泵浦，其中 PPLN 晶体厚 7 mm，同步泵浦激光器波长为 1.07 μm，功率为 10 W。光学参量振荡器输出的闲频光可以从 2.8 μm 调谐至 4.8 μm，瞬时光谱宽度约为 300 nm。通过上述装置，光学参量振荡腔内产生的可见光（$\omega_p+\omega_s$）、近红外光（$\omega_p+\omega_i$）与光子晶体光纤输出的一部分超连续光谱混频，来实现所产生光学频率梳的稳定。由于超连续光谱的 f_{CEO} 与泵浦脉冲的 f_{CEO} 相对应，因此测得信号光和闲频光的外差拍频分别对应 $f_{CEO}(s)$ 和 $f_{CEO}(i)$。通常，通过压电驱动的反射镜实现 OPO 腔长稳定，从而使 $f_{CEO}(s)$ 被锁定到稳定的参考射频频率。另一方面，通过将误差信号反馈作用于光纤激光泵浦功率的 $f_{CEO}(p)$，根据式（6.1）即可实现 $f_{CEO}(i)$ 的频率稳定。实验测得，当闲频光波长位于 3.2 μm 时，输出功率最大，约为 1.5 W；而当闲频光波长位于 3.6 μm 时，光子转换效率最高（51%）。图 6.17 为典型的光学参量振荡器输出的闲频光光谱。

Iwakuni 等人利用角相匹配的 $AgGaSe_2$ 晶体，在同步泵浦的单共振光学参量振荡器中，产生了长波相位稳定光学频率梳[120]。其泵浦光由 1.95 μm 锁模掺铥光纤激光器产生，重复频率为 110 MHz，最大输出功率为 2.5 W。该光学参量振荡器输出波长可在 8.4~9.5 μm 范围内连续调谐，瞬时光谱带宽为 500~700 nm，当波长位于 8.5 μm 附近时，闲频光功率最大，约为 100 mW。光学参量振荡器输出的闲频光重复频率和 f_{CEO} 频率均被锁相至 Cs 时钟输出的微波信号。闲频光的 CEO 通过对 OPO 腔内同步产生的泵浦光和闲频光的频率之和（$\omega_p+\omega_i$），并利用泵浦光（ω_p）在高非线性光纤中传输产生的宽带光谱信号，进行光学外差拍频测量。

表 6.2 总结了基于钛蓝宝石[96]、掺镱光纤[97-100]以及掺铒光纤激光器[101]泵浦的单共振光学参量振荡器生成的光学频率梳光源参数，参考文献 121 也充分总结了基于飞秒光学参量振荡器的光学频率梳，可以作为参考。

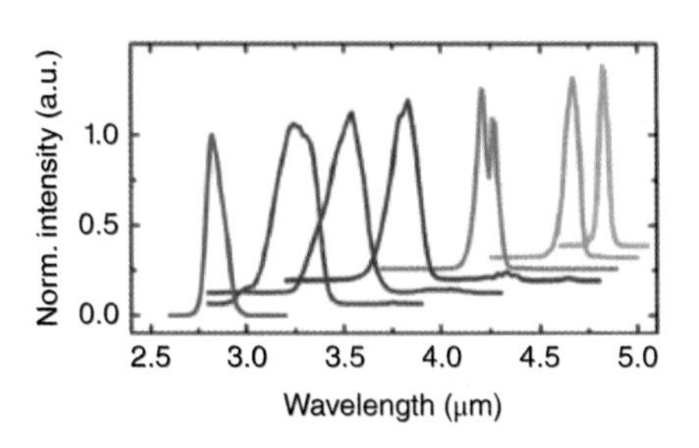

图 6.17 典型的基于 PPLN 的光学参量振荡器的闲频光光谱，对原始图像进行了归一化和纵向移动。来源：经美国光学学会（OSA）许可，转载自参考文献 95 图 3。

6.2.5 基于光学次生谐波的光学频率梳

研究人员基于简并（次生谐波）同步泵浦的光学参量振荡器，实现了极宽中红外光的相干输出[102, 122-123]。图 6.18 所示为该种光学参量振荡器的装置示意图。下半部分从上到下为当 OPO 从非简并到部分简并，再到最后简并（次谐波）运行状态时，输出光谱的演变。当光学参量振荡器工作于简并状态时，信号光和闲频光融合在一起，无法区分，从而产生了一些有趣的特性。

例如，次生谐波光学参量振荡器通过频率下转换（从中心频率 ω_p 到 $\omega_p/2$），可以显著增强由锁模泵浦激光器提供的光学频率梳的频谱。简并同步泵浦光学参量振荡器的主要优点：①由于信号光和闲频光的双共振，使得泵浦阈值较低（通常约为 10 mW）；②由于三波转换过程的无耗散性和生成光子的循环再利用性，潜在转换效率较高（>50%）；③简并 OPO 的增益谱带较宽；④与泵浦激光器的相位锁定（可以将次生谐波光学参量振荡器视为理想的相干分频器）。由于双共振，上述优点是以牺牲腔长对准的干涉灵敏度为代价获得的。然而，可以通过诸如在光学参量振荡腔镜上引入压电驱动器进行“抖动锁定”的方法对双共振谐振腔的腔长进行主动稳定[102]。

简单而言，当信号光和闲频光在简并条件下无法区分时，式（6.1）和式 $f_{\mathrm{CEO}}(s)=f_{\mathrm{CEO}}(i)=f_{\mathrm{CEO}}(\mathrm{OPO})$ 具有两个确定的解[122]：

$$f_{\mathrm{CEO}}(\mathrm{OPO})=\frac{f_{\mathrm{CEO}}(p)}{2} \tag{6.2}$$

$$f_{\mathrm{CEO}}(\mathrm{OPO})=\frac{f_{\mathrm{CEO}}(p)}{2}+\frac{f_{\mathrm{rep}}}{2} \tag{6.3}$$

相邻腔相隔距离约等于泵浦波长，以腔往返长度作为相邻腔长度。当满足双共振条件的相邻腔长度发生切换时，上述两个解相互切换[122]。以类似的方式，通过三波非线性转换过程来建立 OPO 的运转模式与泵浦光模式之间的确定性相位关系（为简单起见，省略了模式指数）：

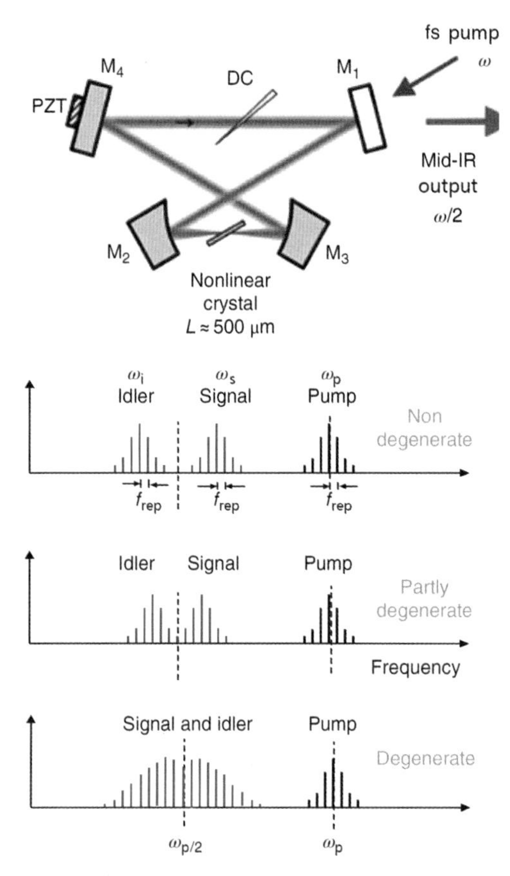

图 6.18 （顶部）环腔同步泵浦次生谐波光学参量振荡器示意图。其中，M1 为用于泵内耦合的介电镜；M2 和 M3 为镀金凹面镜；M4 为镀金平面镜；DC 为合适的电介质制成的色散补偿器；PZT 为压电驱动器。（底部）泵浦光简并度与信号光、闲频光状态示意图，显示了当 OPO 从非简并到部分简并再到简并（次谐波）状态时的频谱演变。

$$\varphi_p = \varphi_s + \varphi_i + \frac{\pi}{2} \tag{6.4}$$

由于 $\varphi_p = \varphi_i (= \varphi_{OPO})$，因此光学参量振荡器的任何模式都通过以下公式将相位锁定到泵浦光：

$$\varphi_p = 2\varphi_{OPO} + \frac{\pi}{2} \tag{6.5}$$

通过结合不同的 $\chi^{(2)}$ 非线性材料（诸如 PPLN、OP-GaAs 以及 OP-GaP 晶体），多种 1.5~2.5 μm 波长可调谐的超快激光器，可以通过同步泵浦光学参量振荡器中的次生谐波，产生宽带中红外光学频率梳[102, 103, 124-125]。基于上述工作原理，第一个产生宽带中红外频率梳的系统是由锁模 1.56 μm 掺铒光纤激光器泵浦 PPLN 晶体（增益介质）实现的，泵浦光重复频率为 100 MHz,脉冲持续时间为 70 fs,平均功率为 300 mW。由于使用的小尺寸(0.2~0.5 mm)PPLN 晶体简并引起的腔内色散低,增益带宽参数大,再加上梳状成分的广泛交叉混合,造成输出中红外光梳的瞬时带宽达到 2.5~3.8 μm,并且平均功率高达 60 mW[102]。使用相同的泵浦激光器,以 OP-GaP 作为光学参量振荡器的增益元件,可以将光学频率梳输出的带宽扩展到极宽的范围(2.3~4.8 μm)[103]。与 PPLN 晶体相比,OP-GaP 晶体具有更好的红外透过率以及更小的中红外群速度色散,从而可以实现更大的带宽。使用定向图案 GaAs(OP-GaAs)晶体作为非线性增益介质,以锁模掺铥光纤激光频率梳作为泵浦源,可以产生具有高相干度、光谱范围为 2.6~4.7 μm 的中波红外光学频率梳,泵浦光中心波长为 1.93 μm,脉冲持续时间为 90 fs,重复频率为 115 MHz,平均功率为 330 mW[104],泵浦阈值低至 7 mW,在全泵浦功率下,光学频率梳平均输出功率达到 73 mW。图 6.19 所示为 FTIR 光谱仪测量的光学频率梳光谱。

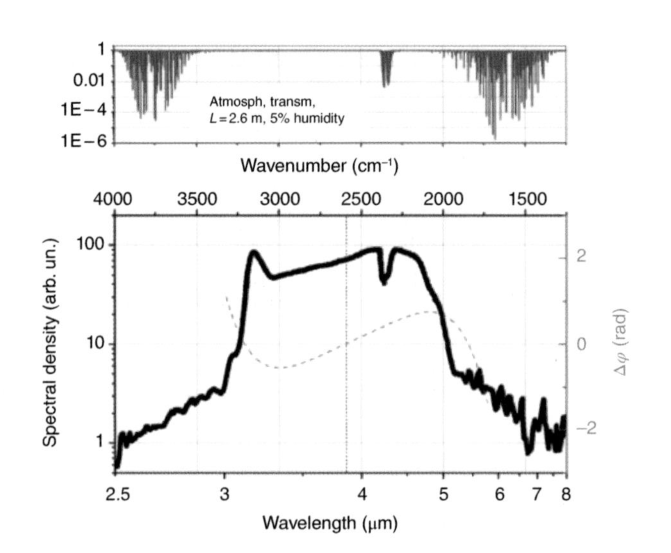

图 6.19 基于 OP-GaAs 晶体的掺铥光纤激光器(波长 1.93 μm)泵浦次生谐波光学参量振荡器产生的光学频率梳的光谱。光谱跨度为 2.6~7.5 μm(-20 dB 带宽)。垂直虚线表示光学参量振荡器的简并波长 3.86 μm。虚曲线表示根据群速度色散计算的腔内每次往返过程中产生的寄生相位。上部图像表示吹扫用空气湿度为 5%,腔往返长度为 2.6 m 时的模拟传输。来源:经美国光学学会(OSA)许可,转载自参考文献 104 图 5。

运行波长在 2.4 μm 附近的 Cr^{2+}:ZnSe 和 Cr^{2+}:ZnS 超快激光器(见第 2 章)非常适合在 OP-GaAs 和 OP-GaP 晶体中产生次生谐波光学频率梳,这是由于 OP-GaAs 和 OP-GaP 晶体在波长约 4.8 μm 处的群速度色散接近泵浦频率的一半[105, 106, 126]。基于 OP-GaAs 光学参量振荡器的次生谐波泵浦,可以产生瞬时光谱宽度为 2.85~8.40 μm 的光学频率梳,泵浦脉冲中心波长为 2.35 μm,脉冲持续时间为 62 fs,平均功率为 800 mW,重复频率为 79 MHz,光学参量振荡器的工作阈值为 8 mW,平均输出功率最高可达 110 mW[105]。当光学参量振荡器以高重复频率(0.9 GHz)工作时,泵浦脉冲平均功率为 6 W,脉冲持续时间为 77 fs,产生的光学频率梳平均功率达 500 mW,光谱宽度为 3~8 μm[106]。使用 OP-GaP 晶体甚至可以产生光谱范围更宽(3~12.5 μm)的光学频率梳,泵浦光中心波长为 2.35 μm,重复频率为 79 MHz,平均功率为 1.2 W,脉冲持续时间为 62 fs[107]。由于泵浦光束的 f_{CEO} 尚未稳定,到目前为止,仅实现了使用 2.35 μm 次生谐波泵浦的光学参量振荡器,产生自由运转的宽带光学频率梳。

参考文献 72、103、104、127 和 128 中对次生谐波光学参量振荡器的相干性进行了详细研究,实验表明,与泵浦激光器相比,频率梳的谱线相对线宽可以达到亚赫兹级别,在分频过程中不存在多余的相位噪声。因此,次生谐波发生器是产生低噪声中波红外光学频率梳的理想相干分频器。

关于基于次生谐波光学参量振荡器产生光学频率梳的主要结果总结在表 6.2 中,以供参考。

6.2.6 基于微谐振腔的克尔光学频率梳

光学频率梳产生的另一个新原理是克尔光学频率梳 Kerr combs)[129-130]。在具有高品质因子(Q)的回音壁谐振腔中基于光学三阶非线性极化率 $\chi^{(3)}$ 的参量频率变换可产生克尔光学频率梳。在这种以微盘、微球、微形环芯和微环为代表的谐振器中,光被空气-电介质或包层-电介质界面的周边全内反射所约束,并且可以实现极高的 Q 因子($>10^8$)。用窄线宽连续激光泵浦光学微谐振腔,如果将激光频率调谐到某一腔模式,仅需中等强度的泵浦光功率(毫瓦至瓦量级),(共振增强的)强度增量可以达到 GW/cm² 的水平,并且导致四波混频(参量频率变换),也称为光学超参量振荡[131-132],该振荡源自与光强相关的折射率变化以及光学克尔效应,$n=n_0+n_2I$。光学参量频率变换通过两个角频率为 ω_p 的泵浦光子湮灭,产生一对新的光子,即频率上移的信号光 ω_s 和频率下移的闲频光 ω_i,过程如下:

$$2\omega_p=\omega_s+\omega_i \tag{6.6}$$

或者,非简并泵浦情况下:

$$\omega_{p1}+\omega_{p2}=\omega_s+\omega_i \tag{6.7}$$

上述频率转换机理可导致均匀间隔的振荡频率大量级联,如图 6.20 所示。如果信号光和闲频光的频率与光学微谐振腔的模式一致,则参量过程得到加强,从而实现光谱的有效展宽。然而,为了达到上述目的,需要对微谐振腔的色散进行精细调节,以满足相位匹配条件。一般来说,与基于锁模激光器产生的光学频率梳相比,基于微谐振腔的光学频率梳在 10~1 000 GHz 范围具有更大的谱线间隔。

如今,利用连续激光器泵浦多种介质微谐振腔,已经能够生成输出波长处于通信波段范围的光学频率梳，介质材料包括二氧化硅[129]、高折射率掺杂的二氧化硅玻璃[133]、结晶氟化钙[134-135]、氮化硅[136]、氮化铝[137] 和金刚石[138]。

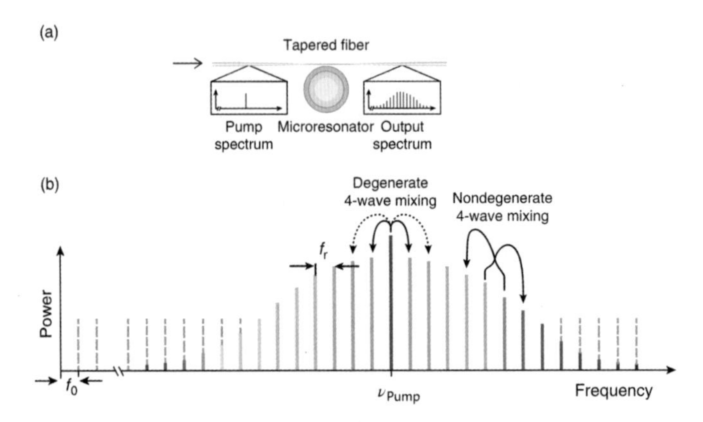

图 6.20 使用微谐振腔产生的光学频率梳。(a)用连续波激光器泵浦光学微谐振器示意图，谐振器中的高强度光(约 GW/cm²)发生参量频率变换过程；(b)由简并和非简并四波混频过程生成的光学频率梳，及其重复频率(f_r)和载波包络频率(f_0)。来源：经美国科学促进会许可，转载自参考文献 130 图 2。

Del'Haye 等人利用连续激光泵浦环形熔融石英谐振腔，实现了宽带中红外光学频率梳生成[108]。将二极管激光器发出的波长为 1 560 nm 的泵浦激光，通过锥形光纤放大到 2.5 W 后，再耦合到微谐振腔中。微谐振腔尺寸为半径 40 nm，横截面半径 2.8 μm，模式间距 850 GHz，光学品质因子 $Q=2\times10^8$，微谐振腔显微图如图 6.21(a)所示，生产的梳状光谱如图 6.21(b)所示，通过对微谐振腔群速度色散的优化(调节横截面尺寸等)，使得输出的光学频率梳覆盖 1.0~2.17 μm 光谱范围。

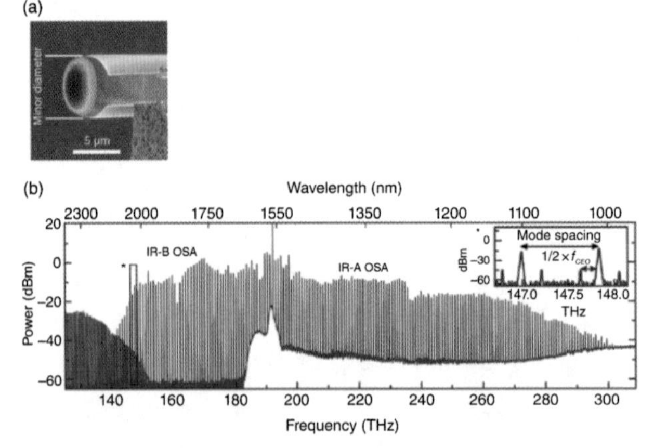

图 6.21 (a)裂解的熔融石英微谐振腔的扫描电子显微镜图像，其中也显示出了模拟模式分布。(b)基于半径为 40 μm 的二氧化硅微谐振腔产生的光学频率梳光谱，模式间距为 850 GHz，低频侧(<140 THz)的特征是由二阶衍射引起的光谱仪伪影。来源：经美国物理学会(APS)许可，转载自参考文献 108 图 1。

参考文献 109 和参考文献 139 使用 CMOS 兼容的集成氮化硅(Si_3N_4)微谐振腔产生了中红外光学频率梳,使用电子束光刻技术在单片层氮化硅中制造微谐振腔和耦合波导,然后用二氧化硅包覆。如图 6.22(a)所示,微环谐振腔半径为 112 μm 或 200 μm 时,自由光谱范围分别为 204 GHz 或 226 GHz,微环谐振腔的 Q 因子优于 10^5。通过优化设计耦合波导和微环谐振腔的尺寸(高 750 nm、宽 1 500 nm),使其在波长 1 550 nm 处产生反常群速度色散。将来自放大器的可调谐激光器输出的高达 2 W 功率的激光耦合进波导结构中,调谐泵浦激光波长,使其与微谐振腔模式共振时,发生级联四波混频效应,生成新的频率成分,所产生的光学频率梳光谱跨度为 1.17~2.35 μm,结果如图 6.22(b)所示。与参考文献 139 产生的中心光梳频率相比,上述方式产生的光学频率梳的模式等距优于 3×10^{-15}。

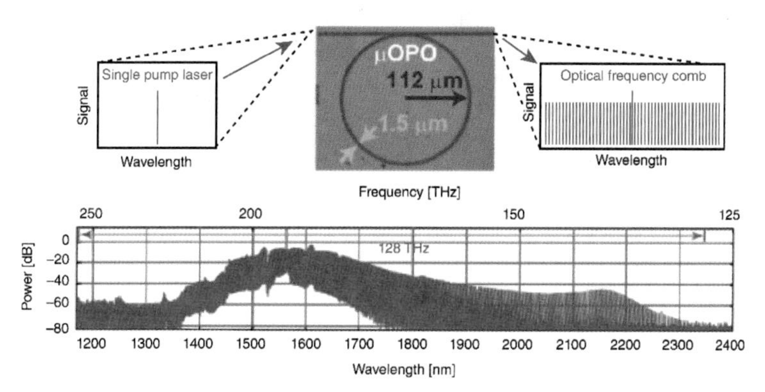

图 6.22　CMOS 兼容的氮化硅微谐振腔结构示意图以及实验测量的光学频率梳光谱。来源:经美国光学学会(OSA)许可,转载自参考文献 139 图 2。

Luke 等人使用由二氧化硅包层的氮化硅(Si_3N_4)波导制成微型环状谐振腔,产生了光谱范围 2.3~3.5 μm(−60 dB)、自由光谱范围 99 GHz 的光学频率梳,其中所使用的泵浦光由光学参量振荡器产生,波长为 2.6 μm。Luke 等人所使用的微型环状谐振腔,半径为 230 μm,波导横截面尺寸为 950 nm×2 700 nm,微环谐振腔和波导之间的间距为 860 nm[140]。当泵浦功率为 500 mW 时,光学频率梳产生的阈值功率为 80 mW。当光谱展宽发生时,使用快速光电二极管对光学频率梳的射频噪声进行测量,观察到光梳射频噪声并未降低,表明此时光梳尚未进入相位锁定状态。因此,为了实现光学频率梳的相关性,还需要进一步改进。

Griffith 等人使用 2.59 μm 激光泵浦硅微谐振腔产生了宽带光学频率梳[110]。微谐振腔具有 SOI 波导内核,宽度为 1.4 μm,腔内模式间距为 127 GHz,如图 6.23(a)所示。通过优化波导的几何结构使其在 2.2~3 μm 范围具有反常色散,从而可以产生宽带光学频率梳。在这一光谱区域,硅材料的损耗主要来自三光子吸收。为了减少这种非线性损耗,将硅微谐振腔嵌入反向偏置光电二极管(PIN)接头中,以清除由三光子吸收引起的载流子。使用该

CMOS 兼容的微谐振腔产生了光谱范围 2.1~3.5 μm 的光学频率梳，如图 6.23(b)所示。

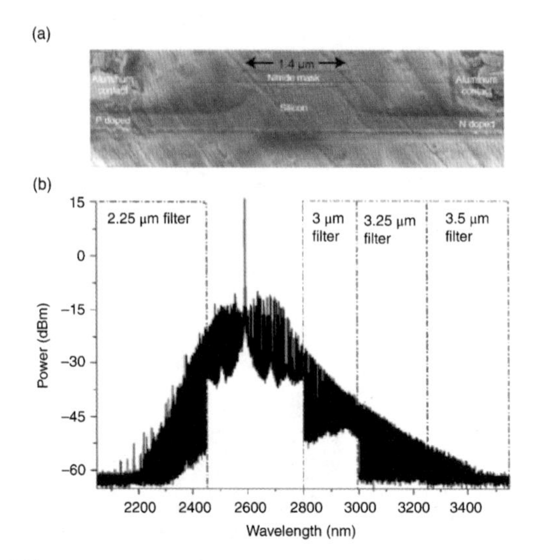

图 6.23 (a)硅波导的横截面 SEM 图像。(b)2.59 μm 激光泵浦的硅微谐振腔产生的光学频率梳的光谱，其中使用了一系列光学带通滤波器来测量光谱。来源：经 Springer Nature 许可，转载自参考文献 110 图 1 和图 3。

Wang 等人使用超高 *Q* 因子的氟化镁(MgF_2)晶体谐振腔生产了光谱范围为 2.35~2.55 μm 的克尔光学频率梳，该谐振腔由波长为 2.45 μm、平均功率为 600 mW 的光学参量谐振腔输出连续激光泵浦，光学频率梳的模式间距为 107 GHz，具有较低的相位噪声[112]。

Lecaplain 等人报道了一种基于高 *Q* 因子 MgF_2 晶体的谐振腔中红外克尔光学频率梳，该谐振器由量子级联激光器(QCL)输出的 4.4 μm 连续激光泵浦[113]，来自 QCL 的激光经由硫族化合物锥形光纤逐阶耦合到 MgF_2 微型谐振腔。当泵浦功率为 80 mW 时，产生的中波红外光学频率梳光谱范围为 4.1~4.7 μm，模式间距为 14.3 GHz，包含超过 700 条的梳状谱线。

与之相似，Savchenkov 等人在高品质因子(Q=2×10^8)CaF_2 和 MgF_2 组成的低噪声回音壁谐振腔中产生了中红外克尔光学频率梳，采用分布反馈量子级联激光器输出的 4.5 μm 连续激光泵浦，泵浦功率仅为 2 mW 时就可产生克尔光学频率梳。当泵浦功率为 55 mW 时，在 MgF_2 微谐振器获得了最大的克尔光学频率梳，光谱范围从 3.7 μm 延伸至 505 μm[114]，然而所产生的光学频率梳的谱线间距很大，达到 2.1 THz，是微谐振器自由光谱振荡频率 19.3 GHz 的数倍，因此需要进一步研究光学频率梳的相干性。

6.2.7 基于量子级联激光器的光学频率梳

量子级联激光器(QCL)是通过输电形式获得光学增益的直接、紧凑型中红外光源(参见第4章)。Hugi等人首次采用QCL生成了中红外光学频率梳[115]。在某些泵浦电流驱动下,自由运转的宽带连续QCL可以实现被动锁相。相干性测量表明,光学频率梳谱线之间的相位关系与调频激光器的相位关系类似,形成频率梳的锁相机制是四波混频[115]。这种锁相机制使QCL结构具有三阶光学非线性效应强和群速度延时低的特性,从而促进了QCL的相位锁定。光学频率梳的光谱范围为6.8~7.3 μm(−20 dB),模式间距为7.5 GHz,测量得到的模间拍频线宽小于250 kHz[115]。在随后的工作中,同一研究团队已经证明,梳状谱线的等距可以保留到7.5×10^{-16}的分数精度[141]。

最近,Lu等人基于可在室温条件下运行的、波长为8.8 μm高功率(880 mW)色散补偿式QCL结构产生了光学频率梳[116]。QCL光学频率梳的光谱覆盖范围为110 cm^{-1},模式间距为11.2 GHz,对应于约290梳状谱线。该光学频率梳具有较小的拍频线宽(50.5 Hz)以及较大的壁塞效率(6.5%)。与之前的结果相比,效率增加了6倍。此外,在泵浦电流较大的调节范围内(总量的25%),观察到窄内模拍频线宽较小(<305 Hz)。

6.2.8 基于带间级联激光器的光学频率梳

带间级联激光器(ICL)是另一类电泵浦半导体激光器(参阅第4章),工作波长为3~6 μm,由于其驱动功率比QCL小得多,从而成为许多低功率光谱应用的理想选择,对于依靠电池供电的传感系统以及需要体积小、轻便型产品的应用场景尤其有利。在波长3~4 μm范围内,集中了大量与C-H键相关的特征吸收谱线,QCL在该波段性能下降,应用效果不理想,而ICL在该范围内操作性强,恰好填补了这项空白。

Bagheri等人开发了基于ICL的电驱动光学频率梳,3.6 μm波长处的光谱范围超过1 THz(35 cm^{-1}, 52 nm)。其中,ICL工作于被动锁模状态,激光器的增益和可饱和吸收体集成于同一芯片[117]。图6.24(a)所示为具有增益和可饱和吸收体部分的激光腔的局部示意图,其中可饱和吸收体利用强度相关损耗机制实现对脉冲的锁模操作。图6.24(c)和(d)所示为锁模ICL的FTIR光谱,ICL电流I=325 mA,工作温度T=15 ℃,结果表明,ICL输出光谱带宽为35 cm^{-1},具有>120个梳状谱线输出,模式间隔为9.7 GHz。对其进行强度自相关检测,结果表明锁模ICL输出光脉冲的时间宽度约为750 fs。

光学频率梳激光源的主要结果见表6.2。

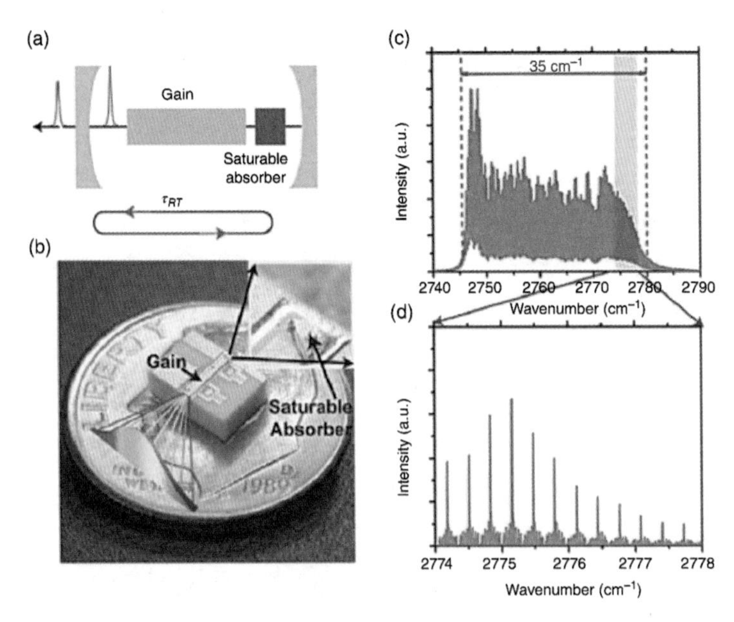

图 6.24 基于被动锁模带间级联激光器(ICL)的光学频率梳。(a)具有增益和可饱和吸收体部分的激光腔示意图,其中可饱和吸收体通过强度相关损耗对腔内脉冲施加操作。(b)具有增益(前)和可饱和吸收体部分(后)的 ICL 锁模激光器。(c)在 I=325 mA 和 T=15 ℃下工作的 ICL 的 FTIR 光谱局部图,具有 35 cm^{-1} 的带宽和> 120 梳状谱线。(d)通过高分辨率(100 MHz)FTIR 测量的部分频谱。来源:经 Springer Nature 许可,转载自参考文献 117 的图 1 和图 2。

6.3 总结

可以通过在各种介质中生成超连续谱的方式在中红外波段产生“白光”,连续光谱波长可达数倍频程,极限波长超过 10 μm。超连续光谱可以通过合适峰值功率的脉冲泵浦高非线性光纤和波导结构产生,这为开发满足中红外光谱和传感所需的紧凑型光源提供了可能性。中红外波段的相位锁定光学频率梳作为一种特殊的时间相干超连续光谱,在高精度、高分辨率和高灵敏度的分子光谱学研究方面具有巨大的潜力。基于锁模光纤激光器、固态激光器、参量变换器件(晶体 $\chi^{(2)}$)以及高次谐波器件(光纤、波导、微谐振器中的 $\chi^{(3)}$)等技术均可以直接产生光学频率梳,多种来源让光学频率梳成为具有最优应用前景的技术。电泵浦量子级联激光器、带间级联激光器等新技术的发展,为光学频率梳提供了更加高效、紧凑的光源。

参考文献

1 Alfano, R.R. and Shapiro, S.L. (1970). Emission in the region 4000 to 7000 Å via four - photon coupling in glass. Phys. Rev. Lett. 24: 584.

2 Corkum, P.B., Ho, P.P., Alfano, R.R., and Manassah, J.T. (1985). Generation of infrared supercontinuum covering 3~14 μm in dielectrics and semiconductors. Opt. Lett. 10: 624.

3 Agrawal, G.P. (2013). Nonlinear Fiber Optics, 5e. Oxford: Academic Press.

4 Dudley, J.M., Genty, G., and Coen, S. (2006). Supercontinuum generation in photonic crystal fiber. Rev. Mod. Phys. 78: 1135.

5 Dudley, J.M. and Taylor, J.R. (eds.)(2010). Supercontinuum Generation in Optical Fibers. Cambridge: Cambridge University Press.

6 Islam, M.N., Sucha, G., Bar - Joseph, I., Wegener, M., Gordon, J.P., and Chemla, D.S. (1989). Femtosecond distributed soliton spectrum in fibers. J. Opt. Soc. Am. B 6: 1149.

7 Paschotta, R, Encyclopedia of Laser Physics and Technology, http: //www. rp - photonics. com, accessed 21 November 2018.

8 Rothenberg, J.E. and Grischkowsky, D. (1989). Observation of the formation of an optical intensity shock and wave breaking in the nonlinear propagation of pulses in optical fibers. Phys. Rev. Lett. 62: 531.

9 Omenetto, F.G., Wolchover, N.A., Wehner, M.R., Ross, M., Efimov, A., Taylor, A.J., Kumar, V.V.R.K., George, A.K., Knight, J.C., Joly, N.Y., and Russell, P.St.J. (2006). Spectrally smooth supercontinuum from 350 nm to 3 μm in sub - centimeter lengths of soft-glass photonic crystal fibers. Opt. Express 14: 4928.

10 Domachuk, P., Wolchover, N.A., Cronin - Golomb, M., Wang, A., George, A.K., Cordeiro, C.M.B., Knight, J.C., and Omenetto, F.G. (2008). Over 4000 nm bandwidth of mid - IR supercontinuum generation in sub - centimeter segments of highly nonlinear tellurite PCFs. Opt. Express 16: 7161.

11 Hagen, C.L., Walewski, J.W., and Sanders, S.T. (2006). Generation of a continuum extending to the midinfrared by pumping ZBLAN fiber with an ultrafast 1550-nm source. IEEE Photon. Technol. Lett. 18: 91.

12 Xia, C., Kumar, M., Kulkarni, O.P., Islam, M.N., Terry, F.L. Jr., Freeman, M.J.,

Poulain, M., and Mazé, G. (2006). Mid - infrared supercontinuum generation to 4.5 μm in ZBLAN fluoride fibers by nanosecond diode pumping. Opt. Lett. 31: 2553.

13 Xia, C., Kumar, M., Cheng, M. - Y., Hegde, R.S., Islam, M.N., Galvanauskas, A., Winful, H.G., Terry Jr, F.L., Freeman, M.J., Poulain, M., and Mazé, G. (2007). Power scalable mid - infrared supercontinuum generation in ZBLAN fluoride fibers with up to 1.3 watts time-averaged power. Opt. Express 15: 865.

14 Xia, C., Xu, Z., Islam, M.N., Terry, F.L. Jr., Freeman, M.J., Zakel, A., and Mauricio, J. (2009). 10.5 W time - averaged power mid - IRsupercontinuum generation extending beyond 4 μm with direct pulse pattern modulation. IEEE J. Sel. Topics Quantum Electron. 15: 422.

15 Liu, K., Liu, J., Shi, H., Tan, F., and Wang, P. (2014). High power mid - infrared supercontinuum generation in a single - mode ZBLAN fiber with up to 21.8 W average output power. Opt. Express 22: 24384.

16 Yang, W., Zhang, B., Xue, G., Yin, K., and Hou, J. (2014). Thirteen watt all - fiber mid - infrared supercontinuum generation in a single mode ZBLAN fiber pumped by a 2 μm MOPA system. Opt. Lett. 39: 1849.

17 Qin, G., Yan, X., Kito, C., Liao, M., Chaudhari, C., Suzuki, T., and Ohishia, Y. (2009). Ultrabroadband supercontinuum generation from ultraviolet to 6.28 μm in a fluoride fiber. Appl. Phys. Lett. 96: 161103.

18 Eggleton, B.J., Luther - Davies, B., and Richardson, K. (2011). Chalcogenide photonics. Nat. Photonics 5: 141.

19 Snopatin, G.E., Shiryaev, V.S., Plotnichenko, V.G., Dianov, E.M., and Churbanov, M.F. (2009). High - purity chalcogenide glasses for fiber optics. Inorg. Mater. 45: 14391460.

20 Shiryaev, V.S. and Churbanov, M.F. (2013). Trends and prospects for development of chalcogenide fibers for mid - infrared transmission. J. Non - Cryst. Solids 377: 225.

21 Hu, J., Menyuk, C.R., Shaw, L.B., Sanghera, J.S., and Aggarwal, I.D. (2010). Computational study of 3~5 μm source created by using supercontinuum generation in As_2S_3 chalcogenide fibers with a pump at 2 μm. Opt. Lett. 35: 2907.

22 Shabahang, S., Tao, G., Marquez, M.P., Hu, H., Ensley, T.R., Delfyett, P.J., and Abouraddy, A.F. (2014). Nonlinear characterization of robust multimaterial chalcogenide nanotapers for infrared supercontinuum generation. J. Opt. Soc. Am. B 31: 450.

23 El - Amraoui, M., Gadret, G., Jules, J.C., Fatome, J., Fortier, C., Désévédavy, F.,

Skripatchev, I., Messaddeq, Y., Troles, J., Brilland, L., Gao, W., Suzuki, T., Ohishi, Y., and Smektala, F. (2010). Microstructured chalcogenide optical fibers from As_2S_3 glass: towards new IR broadband sources. Opt. Express 18: 26 655.

24 Yeom, D., Mägi, E.C., Lamont, M.R.E., Roelens, M.A.F., Fu, L., and Eggleton, B.J. (2008). Low-threshold supercontinuum generation in highly nonlinear chalcogenide nanowires. Opt. Lett. 33: 660.

25 Mägi, E.C., Fu, L.B., Nguyen, H.C., Lamont, M.R., Yeom, D.I., and Eggleton, B.J. (2007). Enhanced Kerr nonlinearity in sub-wavelength diameter As_2Se_3 chalcogenide fiber tapers. Opt. Express 15: 10324.

26 Hudson, D.D., Dekker, S.A., Mägi, E.C., Judge, A.C., Jackson, S.D., Li, E., Sanghera, J.S., Shaw, L.B., Aggarwal, I.D., and Eggleton, B.J. (2011). Octave spanning supercontinuum in an As_2S_3 taper using ultralow pump pulse energy. Opt. Lett. 36: 1122.

27 Shabahang, S., Marquez, M.P., Tao, G., Piracha, M.U., Nguyen, D., Delfyett, P.J., and Abouraddy, A.F. (2012). Octave-spanning infrared supercontinuum generation in robust chalcogenide nanotapers using picosecond pulses. Opt. Lett. 37: 4639.

28 Sanghera, J.S., Shaw, L.B., and Aggarwal, I.D. (2009). Chalcogenide glass-fiber-based mid-IR sources and applications. IEEE J. Sel. Topics Quantum Electron. 15: 114.

29 Mouawad, O., Picot-Clemente, J., Amrani, F., Strutynski, C., Fatome, J., Kibler, B., Dsvdavy, F., Gadret, G., Jules, J.-C., Deng, D., Ohishi, Y., and Smektala, F. (2014). Multioctave midinfrared supercontinuum generation in suspended-core chalcogenide fibers. Opt. Lett. 39: 2684.

30 Marandi, A., Rudy, C.W., Plotnichenko, V.G., Dianov, E.M., Vodopyanov, K.L., and Byer, R.L. (2012). Mid-infrared supercontinuum generation in tapered chalcogenide fiber for producing octave-spanning frequency comb around 3 μm. Opt. Express 20: 24218.

31 Rudy, C.W., Marandi, A., Vodopyanov, K.L., and Byer, R.L. (2013). Octave-spanning supercontinuum generation in in situ tapered As_2S_3 fiber pumped by a thulium-doped fiber laser. Opt. Lett. 38: 2865.

32 Al-Kadry, A., Amraoui, M.E., Messaddeq, Y., and Rochette, M. (2014). Two octaves mid-infrared supercontinuum generation in As_2Se_3 microwires. Opt. Express 22: 31131.

33 Yu, Y., Zhang, B., Gai, X., Zhai, C., Qi, S., Guo, W., Yang, Z., Wang, R., Choi, D.-Y., Madden, S., and Luther-Davies, B. (2015). 1.8-10 μm mid-infrared supercon-

tinuum generated in a step - index chalcogenide fiber using low peak pump power. Opt. Lett. 40: 1081.

34 Møller, U., Yu, Y., Kubat, I., Petersen, C.R., Gai, X., Brilland, L., Méchin, D., Caillaud, C., Troles, J., Luther-Davies, B., and Bang, O. (2015). Multi - milliwatt mid - infrared supercontinuum generation in a suspended core chalcogenide fiber. Opt. Express 23: 3282.

35 Hudson, D.D., Baudisch, M., Werdehausen, D., Eggleton, B.J., and Biegert, J. (2014). 1.9 octave supercontinuum generation in a As_2S_3 step - index fiber driven by mid-IR OPCPA. Opt. Lett. 39: 5752.

36 Robichaud, L. - R., Fortin, V., Gauthier, J. - C., Châtigny, S., Couillard, J.-F., Delarosbil, J.-L., Vallée, R., and Bernier, M. (2016). Compact 3 - 8 μm supercontinuum generation in a low-loss As_2Se_3 step-index fiber. Opt. Lett. 41: 4605.

37 Petersen, C.R., Møller, U., Kubat, I., Zhou, B., Dupont, S., Ramsay, J., Benson, T., Sujecki, S., Abdel-Moneim, N., Tang, Z., Furniss, D., Seddon, A., and Bang, O. (2014). Mid - infrared supercontinuum covering the 1.4~13.3 μm molecular fingerprint region using ultra-high NA chalcogenide step-index fibre. Nat. Photonics 8: 830.

38 Hudson, D.D., Antipov, S., Li, L., Alamgir, I., Hu, T., El Amraoui, M., Messaddeq, Y., Rochette, M., Jackson, S.D., and Fuerbach, A. (2017). Toward all - fiber supercontinuum spanning the mid-infrared. Optica 4: 1163.

39 Cheng, T., Nagasaka, K., Tuan, T.H., Xue, X., Matsumoto, M., Tezuka, H., Suzuki, T., and Ohishi, Y. (2016). Mid - infrared supercontinuum generation spanning 2.0 to 15.1 μm in a chalcogenide step-index fiber. Opt. Lett. 41: 2117.

40 Zhao, Z., Wu, B., Wang, X., Pan, Z., Liu, Z., Zhang, P., Shen, X., Nie, Q., Dai, S., and Wang, R. (2017). Mid - infrared supercontinuum covering 2.0-16 μm in a low - loss telluride single-mode fiber. Laser Photonics Rev. 11: 1700005.

41 Lamont, M.R.E., Luther - Davies, B., Choi, D. - Y., Madden, S., and Eggleton, B.J. (2008). Supercontinuum generation in dispersion engineered highly nonlinear ($\gamma = 10$ / W/m) As_2S_3 chalcogenide planar waveguide. Opt. Lett. 16: 14938.

42 Xie, S., Tolstik, N., Travers, J.C., Sorokin, E., Caillaud, C., Troles, J., Russell, St.P.J., and Sorokina, I.T. (2016). Coherent octave-spanning mid-infrared supercontinuum generated in As_2S_3-silica double-nanospike waveguide pumped by femtosecond Cr: ZnS laser. Opt. Express 24: 12406.

43 Yu, Y., Gai, X., Ma, P., Choi, D.Y., Yang, Z.Y., Wang, R.P., Debbarma, S., Mad-

den, S.J., and Luther-Davies, B. (2014). A broadband, quasi - continuous, mid - infrared supercontinuum generated in a chalcogenide glass waveguide. Laser Photonics Rev. 8: 792.

44 Lau, R.K.W., Lamont, M.R.E., Griffith, A.G., Okawachi, Y., Lipson, M., and Gaeta, A.L. (2014). Octave - spanning mid - infrared supercontinuum generation in silicon nanowaveguides. Opt. Lett. 39: 4518.

45 Singh, N., Hudson, D.D., Yu, Y., Grillet, C., Jackson, S.D., Casas-Bedoya, A., Read, A., Atanackovic, P., Duvall, S.G., Palomba, S., Luther-Davies, B., Madden, S., Moss, D.J., and Eggleton, B.J. (2015). Midinfrared supercontinuum generation from 2 to 6 μm in a silicon nanowire. Optica 2: 797.

46 Phillips, C.R., Langrock, C., Pelc, J.S., Fejer, M.M., Jiang, J., Fermann, M.E., and Hartl, I. (2011). Supercontinuum generation in quasi - phase - matched $LiNbO_3$ waveguide pumped by a Tm-doped fiber laser system. Opt. Lett. 36: 3912.

47 Silva, F., Austin, D.R., Thai, A., Baudisch, M., Hemmer, M., Faccio, D., Couairon, A., and Biegert, J. (2012). Multi-octave supercontinuum generation from mid-infrared filamentation in a bulk crystal. Nat. Commun. 3: 807.

48 Belal, M., Xu, L., Horak, P., Shen, L., Feng, X., Ettabib, M., Richardson, D.J., Petropoulos, P., and Price, J.H.V. (2015). Mid - infrared supercontinuum generation in suspended core tellurite microstructured optical fibers. Opt. Lett. 40: 2237.

49 Yu, Y., Gai, X., Wang, T., Ma, P., Wang, R., Yang, Z., Choi, D.-Y., Madden, S., and Luther-Davies, B. (2013). Mid - infrared supercontinuum generation in chalcogenides. Opt. Mater. Express 3: 1075.

50 Liao, M., Gao, W., Cheng, T., Xue, X., Duan, Z., Deng, D., Kawashima, H., Suzuki, T., and Ohishi, Y. (2013). Five - octave - spanning supercontinuum generation in fluoride glass. Appl. Phys. Express 6: 032503.

51 Liang, H., Krogen, P., Grynko, R., Novak, O., Chang, C.-L., Stein, G.J., Weerawarne, D., Shim, B., Kärtner, F.X., and Hong, K.-H. (2015). Three - octave spanning supercontinuum generation and sub - two - cycle self - compression of mid - infrared filaments in dielectrics. Opt. Lett. 40: 1069.

52 Suminas, R., Tamošauskas, G., Valiulis, G., Jukna, V., Couairon, A., and Dubietis, A. (2017). Multi - octave spanning nonlinear interactions induced by femtosecond filamentation in polycrystalline ZnSe. Appl. Phys. Lett. 110: 241 106.

53 Mouawad, O., Béjot, P., Billard, F. Mathey, P., Kibler, B., Désévédavy, F., Gadret,

G., Jules, J.-C., Faucher, O., and Smektala, F. (2016). Filament-induced visible-to-mid-IR supercontinuum in a ZnSe crystal: towards multioctave supercontinuum absorption spectroscopy. Opt. Mater. 60: 355.

54 Vasilyev, S., Moskalev, I., Mirov, M., Smolski, V., Mirov, S., and Gapontsev, V. (2017). Ultrafast middle-IR lasers and amplifiers based on polycrystalline Cr: ZnS and Cr:ZnSe. Opt. Mater. Express 7: 2636.

55 Ashihara, S. and Kawahara, Y. (2009). Spectral broadening of mid-infrared femtosecond pulses in GaAs. Opt. Lett. 34: 3839.

56 Pigeon, J.J., Tochitsky, S.Ya., Gong, C., and Joshi, C. (2014). Supercontinuum generation from 2 to 20 μm in GaAs pumped by picosecond CO_2 laser pulses. Opt. Lett. 39: 3246.

57 Kartashov, D., Ališauskas, S., Pugžlys, A., Voronin, A., Zheltikov, A., Petrarca, M., Béjot, P., Kasparian, J., Wolf, J.-P., and Baltuška, A. (2012). White light generation over three octaves by femtosecond filament at 3.9 μm in argon. Opt. Lett. 37: 3456.

58 Hänsch, T.W. (2006). Nobel lecture: Passion for precision. Rev. Mod. Phys. 78: 1297.

59 Cundiff, S.T. and Ye, J. (2003). Colloquium: Femtosecond optical frequency combs. Rev. Mod. Phys. 75: 325.

60 Popmintchev, T., Chen, M.-C., Arpin, P., Murnane, M.M., and Kapteyn, H.C. (2010). The attosecond nonlinear optics of bright coherent X-ray generation. Nat. Photonics 4: 822.

61 Corkum, P.B. and Krausz, F. (2007). Attosecond science. Nat. Phys. 3: 381.

62 Sears, C.M.S., Colby, E., England, R.J., Ischebeck, R., McGuinness, C., Nelson, J., Noble, R., Siemann, R.H., Spencer, J., Walz, D., Plettner, T., and Byer, R.L. (2008). Phase stable net acceleration of electrons from a two-stage optical accelerator. Phys. Rev. Spec. Topics Accelerators Beams 11: 101301.

63 Coddington, I., Newbury, N., and Swann, W. (2016). Dual-comb spectroscopy. Optica 3: 414.

64 Muraviev, A.V., Smolski, V.O., Loparo, Z.E., and Vodopyanov, K.L. (2018). Massively parallel sensing of trace molecules and their isotopologues with broadband subharmonic mid-infrared frequency combs. Nat. Photonics 12: 209.

65 Timmers, H., Kowligy, A., Lind, A., Cruz, F.C., Nader, N., Silfies, M., Ycas, G., Allison, T.K., Schunemann, P.G., Papp, S.B., and Diddams, S.A. (2018). Molecular fingerprinting with bright, broadband infrared frequency combs. Optica 5: 727.

66 Dudley, J.M. and Coen, S. (2002). Coherence properties of supercontinuum spectra generated in photonic crystals and tapered optical fibers. Opt. Lett. 27: 1180.

67 Bellini, M. and Hänsch, T.W. (2000). Phase - locked white - light continuum pulses: toward a universal optical frequency-comb synthesizer. Opt. Lett. 25: 1049.

68 Schliesser, A., Picqué, N., and Hänsch, T.W. (2012). Mid - infrared frequency combs. Nat. Photonics 6: 440.

69 Lee, C. - C., Mohr, C., Bethge, J., Suzuki, S., Fermann, M.E., Hartl, I., and Schibli, T.R. (2012). Frequency comb stabilization with bandwidth beyond the limit of gain lifetime by an intracavity graphene electro-optic modulator. Opt. Lett. 37: 3084.

70 Bethge, J., Jiang, J., Mohr, C., Fermann, M., and Hartl, I. (2012). Optically referenced Tm-fiber-laser frequency comb, Technical Digest. In: Advanced Solid-State Photonics. Washington, DC: Optical Society of America, Paper AT5 A.3.

71 Lee, K.F., Jiang, J., Mohr, C., Bethge, J., Fermann, M.E., Leindecker, N., Vodopyanov, K.L., Schunemann, P.G., and Hartl, I. (2013). Carrier envelope offset frequency of a doubly resonant, nondegenerate, mid - infrared GaAs optical parametric oscillator. Opt. Lett. 38: 1191.

72 Lee, K.F., Mohr, C., Jiang, J., Schunemann, P.G., Vodopyanov, K.L., and Fermann, M.E. (2015). Midinfrared frequency comb from self - stable degenerate GaAs optical parametric oscillator. Opt. Express 23: 26596.

73 Mirov, S., Fedorov, V., Martyshkin, D., Moskalev, I., Mirov, M., and Vasilyev, S. (2015). Progress in mid-IR lasers based on Cr and Fe doped II-VI Chalcogenides. IEEE J. Sel. Topics Quantum Electron. 21: 1601719.

74 Vasilyev, S., Moskalev, I., Smolski, V., Peppers, J., Mirov, M., Fedorov, V., Martyshkin, D., Mirov, S., and Gapontsev, V. (2019). Octave - spanning Cr: ZnS femtosecond laser with intrinsic nonlinear interferometry. Optica 6: 126.

75 Vasilyev, S., Smolski, V., Peppers, J., Moskalev, I., Mirov, M., Barnakov, Y., Mirov, S., and Gapontsev, V. (2019). Middle-IR frequency comb based on Cr: ZnS laser. Opt. Express. 27: 35079.

76 Duval, S., Bernier, M., Fortin, V., Genest, J., Piché, M., and Vallée, R. (2015). Femtosecond fiber lasers reach the midinfrared. Optica 2: 623.

77 Washburn, B.R., Diddams, S.A., Newbury, N.R., Nicholson, J.W., Yan, M.F., and Jørgensen, C.G. (2004). Phase - locked, erbium - fiber - laser - based frequency comb in the near infrared. Opt. Lett. 29: 250.

78 Nicholson, J.W., Yan, M.F., Wisk, P., Fleming, J., DiMarcello, F., Monberg, E., Yablon, A., Jørgensen, C., and Veng, T. (2003). All-fiber, octave-spanning supercontinuum. Opt. Lett. 28: 643.

79 Granzow, N., Schmidt, M.A., Chang, W., Wang, L., Coulombier, Q., Troles, J., Toupin, P., Hartl, I., Lee, K.F., Fermann, M.E., Wondraczek, L., and Russell, P.St.J. (2013). Mid-infrared supercontinuum generation in As_2S_3-silica nano-spike step-index waveguide. Opt. Express 21: 10969.

80 Lee, K.F., Granzow, N., Schmidt, M.A., Chang, W., Wang, L., Coulombier, Q., Troles, J., Leindecker, N., Vodopyanov, K.L., Schunemann, P.G., Fermann, M.E., Russell, P.St.J., and Hartl, I. (2014). Midinfrared frequency combs from coherent supercontinuum in chalcogenide and optical parametric oscillation. Opt. Lett. 39: 2056.

81 Kuyken, B., Ideguchi, T., Holzner, S., Yan, M., Hänsch, T.W., Van Campenhout, J., Verheyen, P., Coen, S., Leo, F., Baets, R., Roelkens, G., and Picqué, N. (2015). An octave-spanning mid-infrared frequency comb generated in a silicon nanophotonic wire waveguide. Nat. Commun. 6: 6310.

82 Maddaloni, P., Malara, P., Gagliardi, G., and De Natale, P. (2006). Mid-infrared fibre-based optical comb. New J. Phys. 8: 262.

83 Galli, I., Cappelli, F., Cancio, P., Giusfredi, G., Mazzotti, D., Bartalini, S., and De Natale, P. (2013). High-coherence mid-infrared frequency comb. Opt. Express 21: 28877.

84 Erny, C., Moutzouris, K., Biegert, J., Kühlke, D., Adler, F., Leitenstorfer, A., and Keller, U. (2007). Mid-infrared difference-frequency generation of ultrashort pulses tunable between 3.2 and 4.8 μm from a compact fiber source. Opt. Lett. 32: 1138.

85 Neely, T.W., Johnson, T.A., and Diddams, S.A. (2011). Mid-infrared optical combs from a compact amplified Er-doped fiber oscillator. Opt. Lett. 36: 4020.

86 Zhu, F., Hundertmark, H., Kolomenskii, A.A., Strohaber, J., Holzwarth, R., and Schuessler, H.A. (2013). High-power midinfrared frequency comb source based on a femtosecond Er:fiber oscillator. Opt. Lett. 38: 2360.

87 Meek, S.A., Poisson, A., Guelachvili, G., Hänsch, T.W., and Picqué, N. (2014). Fourier transform spectroscopy around 3 μm with a broad difference frequency comb. Appl. Phys. B 114: 573.

88 Cruz, F.C., Maser, D.L., Johnson, T., Ycas, G., Klose, A., Giorgetta, F.R., Coddington, I., and Diddams, S.A. (2015). Mid-infrared optical frequency combs based on

difference frequency generation for molecular spectroscopy. Opt. Express 23：26814.

89 Maser, D.L., Ycas, G., Depetri, W.I., Cruz, F.C., and Diddams, S.A. (2017). Coherent frequency combs for spectroscopy across the 3-5 μm region. Appl. Phys. B 123：142.

90 Lee, K.F., Hensley, C.J., Schunemann, P.G., and Fermann, M.E. (2017). Midinfrared frequency comb by difference frequency of erbium and thulium fiber lasers in orientation-patterned gallium phosphide. Opt. Express 25：17411.

91 Gambetta, A., Ramponi, R., and Marangoni, M. (2008). Mid - infrared optical combs from a compact amplified Er-doped fiber oscillator. Opt. Lett. 33：2671.

92 Gambetta, A., Coluccelli, N., Cassinerio, M., Gatti, D., Laporta, P., Galzerano, G., and Marangoni, M. (2013). Milliwatt-level frequency combs in the 8-14 μm range via difference frequency generation from an Er:fiber oscillator. Opt. Lett. 38：1155.

93 Ruehl, A., Gambetta, A., Hartl, I., Fermann, M.E., Eikema, K.S.E., and Marangoni, M. (2012). Widely - tunable mid - infrared frequency comb source based on difference frequency generation. Opt. Lett. 37：2232.

94 Keilmann, F. and Amarie, S. (2012). Mid - infrared frequency comb spanning an octave based on an Er fiber laser and difference - frequency generation. J. Infrared Milli. Terahz Waves 33：479.

95 Adler, F., Cossel, K.C., Thorpe, M.J., Hartl, I., Fermann, M.E., and Ye, J. (2009). Phase-stabilized, 1.5 W frequency comb at 2.8-4.8 μm. Opt. Lett. 34：1330.

96 McCracken, R.A., Sun, J., Leburn, C.G., and Reid, D.T. (2012). Broadband phase coherence between an ultrafast laser and an OPO using lock - to - zero CEO stabilization. Opt. Express 20：16269.

97 Zhang, Z., Sun, J., Gardiner, T., and Reid, D.T. (2011). Broadband conversion in an Yb：KYW - pumped ultrafast optical parametric oscillator with a long nonlinear crystal. Opt. Express 19：17127.

98 Gu, C., Hu, M., Zhang, L., Fan, J., Song, Y., Wang, C., and Reid, D.T. (2013). High average power, widely tunable femtosecond laser source from red to mid - infrared based on an Yb-fiber-laser-pumped optical parametric oscillator. Opt. Lett. 38：1820.

99 Jin, Y., Cristescu, S.M., Harren, F.J.M., and Mandon, J. (2014). Two-crystal mid-infrared optical parametric oscillator for absorption and dispersion dual - comb spectroscopy. Opt. Lett. 39：3270.

100 Jin, Y., Cristescu, S.M., Harren, F.J.M., and Mandon, J. (2015). Femtosecond optical parametric oscillators toward real-time dual-comb spectroscopy. Appl. Phys. B 119：

65.

101 Coluccelli, N., Fonnum, H., Haakestad, M., Gambetta, A., Gatti, D., Marangoni, M., Laporta, P., and Galzerano, G. (2012). 250 - MHz synchronously pumped optical parametric oscillator at 2.25-2.6 μm and 4.1-4.9 μm. Opt. Express 20: 22042.

102 Leindecker, N., Marandi, A., Byer, R.L., and Vodopyanov, K.L. (2011). Broadband degenerate OPO for mid-infrared frequency comb generation. Opt. Express 19: 6296.

103 Ru, Q., Loparo, Z.E., Zhang, X., Crystal, S., Vasu, S., Schunemann, P.G., and Vodopyanov, K.L. (2017). Self - referenced octave - wide subharmonic GaP optical parametric oscillator centered at 3 μm and pumped by an Er - fiber laser. Opt. Lett. 42: 4756.

104 Smolski, V.O., Yang, H., Gorelov, S.D., Schunemann, P.G., and Vodopyanov, K.L. (2016). Coherence properties of a 2.6-7.5 μm frequency comb produced as a subharmonic of a Tm-fiber laser. Opt. Lett. 41: 1388.

105 Ru, Q., Zhong, K., Lee, N.P., Loparo, Z.E., Schunemann, P.G., Vasilyev, S., Mirov, S.B., and Vodopyanov, K.L. (2017). Instantaneous spectral span of 2.85-8.40 μm achieved in a Cr: ZnS laser pumped subharmonic GaAs OPO, Technical Digest (Online). In: Conference on Lasers and Electro-Optics. Washington, DC: Optical Society of America, Paper SM4M.3.

106 Smolski, V., Vasilyev, S., Moskalev, I., Mirov, M., Ru, Q., Muraviev, A., Schunemann, P., Mirov, S., Gapontsev, V., and Vodopyanov, K. (2018). Half - watt average power femtosecond source spanning 3-8 μm based on subharmonic generation in GaAs. App. Phys. B 124: 101.

107 Ru, Q., Schunemann, P.G., Vasilyev, S., Mirov, S.B., and Vodopyanov, K.L. (2019). A 2.35 - μm pumped subharmonic OPO reaches the spectral width of two octaves in the mid-IR, Technical Digest (Online). In: Conference on Lasers and Electro-Optics. Washington, DC: Optical Society of America, Paper SF1H.1.

108 Del'Haye, P., Herr, T., Gavartin, E., Gorodetsky, M.L., Holzwarth, R., and Kippenberg, T.J. (2011). Octave spanning tunable frequency comb from a microresonator. Phys. Rev. Lett. 107: 063901.

109 Okawachi, Y., Saha, K., Levy, J.S., Wen, Y.H., Lipson, M., and Gaeta, A.L. (2011). Octave - spanning frequency comb generation in a silicon nitride chip. Opt. Lett. 36: 3398.

110 Griffith, A.G., Lau, R.K.W., Cardenas, J., Okawachi, Y., Mohanty, A., Fain, R.,

Lee, Y.H.D., Yu, M., Phare, C.T., Poitras, C.B., Gaeta, A.L., and Lipson, M. (2015). Silicon - chip mid - infrared frequency comb generation. Nat. Commun. 6: 6299.

111 Griffith, A.G., Yu, M., Okawachi, Y., Cardenas, J., Mohanty, A., Gaeta, A.L., and Lipson, M. (2016). Coherent mid - infrared frequency combs in silicon - microresonators in the presence of Raman effects. Opt. Express 24: 13044.

112 Wang, C.Y., Herr, T., Del'Haye, P., Schliesser, A., Hofer, J., Holzwarth, R., Hänsch, T.W., Picqué, N., and Kippenberg, T.J. (2013). Mid - infrared optical frequency combs at 2.5 μm based on crystalline microresonators. Nat. Commun. 4: 1345.

113 Lecaplain, C., Javerzac - Galy, C., Lucas, E., Jost, J.D., and Kippenberg, T.J. (2015). Quantum cascade laser Kerr frequency comb. ArXiv:1506.00626.

114 Savchenkov, A.A., Ilchenko, V.S., Di Teodoro, F., Belden, P.M., Lotshaw, W.T., Matsko, A.B., and Maleki, L. (2015). Generation of Kerr combs centered at 4.5 μm in crystalline microresonators pumped with quantum - cascade lasers.Opt. Lett. 40: 3468.

115 Hugi, A., Villares, G., Blaser, S., Liu, H.C., and Faist, J. (2012). Midinfrared frequency comb based on a quantum cascade laser. Nature 492: 229.

116 Lu, Q., Wu, D., Slivken, S., and Razeghi, M. (2017). High efficiency quantum cascade laser frequency comb. Sci. Rep. 7: 43806.

117 Bagheri, M., Frez, C., Sterczewski, L.A., Gruidin, I., Fradet, M., Vurgaftman, I., Canedy, C.L., Bewley, W.W., Merritt, C.D., Kim, C.S., Kim, M., and Meyer, J.R. (2018). Passively mode - locked interband cascade optical frequency combs. Sci. Rep. 8: 3322.

118 Sun, J.H., Gale, B.J.S., and Reid, D.T. (2007). Composite frequency comb spanning 0.4-2.4 μm from a phase controlled femtosecond Ti: sapphire laser and synchronously pumped optical parametric oscillator. Opt. Lett. 32: 1414.

119 Adler, F., Maslowski, P., Foltynowicz, A., Cossel, K.C., Briles, T.C., Hartl, I., and Ye, J. (2010). Mid - infrared Fourier transform spectroscopy with a broadband frequency comb. Opt. Express 18: 21861.

120 Iwakuni, K., Porat, G., Bui, T.Q., Bjork, B.J., Schoun, S.B., Heckl, O.H., Fermann, M.E., and Ye, J. (2018). Phase - stabilized 100 mW frequency comb near 10 μm. Appl. Phys. B 124: 128.

121 Kobayashi, Y., Torizuka, K., Marandi, A., Byer, R.L., McCracken, R.A., Zhang,

Z., and Reid, D.T. (2015). Femtosecond optical parametric oscillator frequency combs. J. Opt. 17: 94010.

122 Wong, S.T., Vodopyanov, K.L., and Byer, R.L. (2010). Self - phase - locked divide - by - 2 optical parametric oscillator as a broadband frequency comb source. J. Opt. Soc. Am. B 27: 876.

123 Vodopyanov, K.L., Wong, S.T., and Byer, R.L. (2013). Infrared frequency comb methods, arrangements and applications. U.S. patent 8,384,990 (26 February 2013).

124 Leindecker, N., Marandi, A., Byer, R.L., Vodopyanov, K.L., Jiang, J., Hartl, I., Fermann, M., and Schunemann, P.G. (2012). Octave - spanning ultrafast OPO with 2.6-6.1 μm instantaneous bandwidth pumped by femtosecond Tm - fiber laser. Opt. Express 20: 7047.

125 Vodopyanov, K.L., Sorokin, E., Sorokina, I.T., and Schunemann, P.G. (2011).Mid - IR frequency comb source spanning 4.4-5.4 μm based on subharmonic GaAs OPO. Opt. Lett. 36: 2275.

126 Smolski, V.O., Vasilyev, S., Schunemann, P.G., Mirov, S.B., and Vodopyanov, K.L. (2015). Cr: ZnS laser - pumped subharmonic GaAs optical parametric oscillator with the spectrum spanning 3.6-5.6 μm. Opt. Lett. 40: 2906.

127 Marandi, A., Leindecker, N., Pervak, V., Byer, R.L., and Vodopyanov, K.L. (2012). Coherence properties of a broadband femtosecond mid - IR optical parametric oscillator operating at degeneracy. Opt. Express 20: 7255.

128 Wan, C., Li, P., Ruehl, A., and Hartl, I. (2018). Coherent frequency division with a degenerate synchronously pumped optical parametric oscillator. Opt. Lett. 43: 1059.

129 Del'Haye, P., Schliesser, A., Arcizet, O., Wilke, T., Holzwarth, R., and Kippenberg, T.J. (2007). Optical frequency comb generation from a monolithic microresonator. Nature 450: 1214.

130 Kippenberg, T.J., Holzwarth, R., and Diddams, S.A. (2011). Microresonator - based optical frequency combs. Science 332: 555.

131 Kippenberg, T.J., Spillane, S.M., and Vahala, K.J. (2004). Kerr - nonlinearity optical parametric oscillation in an ultrahigh - Q toroid microcavity. Phys. Rev. Lett. 93: 083904.

132 Savchenkov, A.A., Matsko, A.B., Strekalov, D., Mohageg, M., Ilchenko, V.S., and Maleki, L. (2004). Low threshold optical oscillations in a whispering gallery mode CaF_2 resonator. Phys. Rev. Lett. 93: 243905.

133 Ferrera, M., Razzari, L., Duchesne, D., Morandotti, R., Yang, Z., Liscidini, M., Sipe, J.E., Chu, S., Little, B.E., and Moss, D.J. (2008). Low - power continuous - wave nonlinear optics in doped silica glass integrated waveguide structures. Nat. Photonics 2: 737.

134 Savchenkov, A.A., Matsko, A.B., Ilchenko, V.S., Solomatine, I., Seidel, D., and Maleki, L. (2008). Tunable optical frequency comb with a crystalline whispering gallery mode resonator. Phys. Rev. Lett. 101: 093902.

135 Grudinin, I.S., Yu, N., and Maleki, L. (2009). Generation of optical frequency combs with a CaF_2 resonator. Opt. Lett. 34: 878.

136 Levy, J.S., Gondarenko, A., Foster, M.A., Turner-Foster, A.C., Gaeta, A.L., and Lipson, M. (2010). CMOS-compatible multiple-wavelength oscillator for on-chip optical interconnects. Nat. Photonics 4: 37.

137 Jung, H., Xiong, C., Fong, K.Y., Zhang, X.F., and Tang, H.X. (2013). Optical frequency comb generation from aluminum nitride microring resonator. Opt. Lett. 38: 2810.

138 Hausmann, B.J.M., Bulu, I., Venkataraman, V., Deotare, P., and Lončar, M. (2014). Diamond nonlinear photonics. Nat. Photonics 8: 369.

139 Foster, M.A., Levy, J.S., Kuzucu, O., Saha, K., Lipson, M., and Gaeta, A.L. (2011). Silicon - based monolithic optical frequency comb source. Opt. Express 19: 14233.

140 Luke, K., Okawachi, Y., Lamont, M.R.E., Gaeta, A.L., and Lipson, M. (2015). Broadband mid - infrared frequency comb generation in a Si_3N_4 microresonator. Opt. Lett. 40: 4823.

141 Villares, G., Hugi, A., Blaser, S., and Faist, J. (2014). Dual - comb spectroscopy based on quantum-cascade-laser frequency combs. Nat. Commun. 5: 5192.

7 中红外应用

中红外激光源的发展为许多领域开辟了前所未有的可能性,包括光谱学和痕量气体检测、大气科学、温室气体和污染监测、国土安全、高光谱成像、红外对抗、自由空间光通信、生物医学诊断、外科和神经外科学、工业过程控制、燃烧动力学研究、有机材料加工以及对超材料的研究。本章对中红外最重要的应用进行综述。

7.1 光谱传感与成像

振动光谱为分子结构提供了“指纹”,因此在科学技术中得到了广泛的应用。中红外相干激光光源,特别是3~20 μm光谱范围内的相干激光光源,长期以来一直被认为是基础和应用光谱学及传感的重要工具。绝大多数气态化学物质在这一区域都具有基本振动吸收带,这为它们的检测提供了一种通用手段。光学技术的主要优点是提供了对痕量气体及其同位素(含有同位素的分子)的非侵入式原位检测。图7.1所示为11个小分子的基本吸收光谱,其与旋转-振动状态之间的能级跃迁有关。

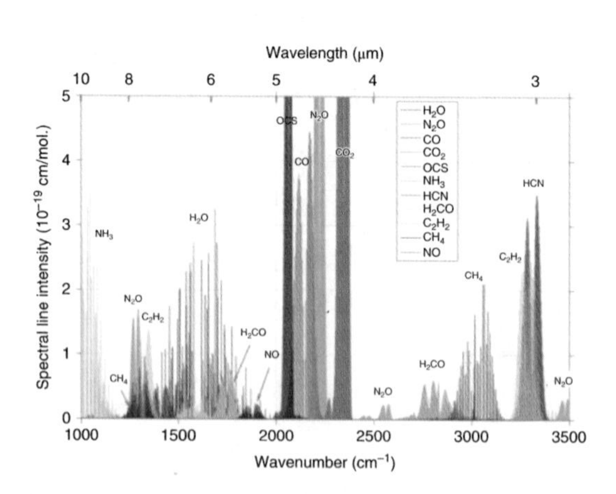

图7.1 11种气体分子的基本吸收特征(根据谱线强度进行绘制)。该图基于HITRAN数据库的数据[1]。来源:经Elsevier授权转载。

中红外区域包含两个重要的窗口(3~5 μm 和 8~14 μm),窗口波长下的地球大气相对透明。在各种大气、安全和工业应用中,当以指纹区中旋转-振动(“振-转”)最强的分子吸收为目标时,检测痕量蒸气的灵敏度可以达到十亿分之一(ppb)甚至万亿分之一(ppt)。

迄今为止,研究人员已经发表了大量关于中红外光谱应用的文献。Tittel 等人[2]撰写了一篇完备的综述,为人们深入了解各种中红外激光源光谱技术的应用提供了丰富的内容。在本章中,我们将聚焦中红外光谱最新的发展,尤其是新技术和最先进的激光源。

7.1.1 用于光谱和痕量气体分析的量子级联激光器

量子级联激光器(QCL)由于体积小、光谱纯度高,在单纵模(SLM)下工作时,几乎是痕量气体监测的理想光源。近年来, QCL 的发展为开发可在室温下运行的、高输出功率且强劲的中红外光谱光源提供了可能性[3-7]。QCL 输出波长范围覆盖了 3.5~19 μm 的中红外区域,大多数分子在此范围内都具有基本吸收带。为了进行精确的光谱分析,在大多数情况下, QCL 都需要以单横模和单纵模方式运转,后者可以通过分布式反馈(DFB)QCL[8-9]或使用外腔配置[10]来实现。通过不同技术, QCL 可以输出多种吸收光谱,包括多通光谱、波长和频率调制光谱、腔增强光谱、光腔衰荡光谱(CRDS)、腔内光谱、磁旋转光谱、光声光谱(PAS)和光热光谱[2,11]。

利用中红外直接光学吸收特性,基于 QCL 的痕量气体传感器在大气痕量气体的实际检测中获得了广泛的应用。Nelson 等人[12]报道了用波长 λ=5.26 μm 热电冷却 QCL 和 DFB 光栅,采用脉冲扫频模式(脉冲持续时间约 10 ns),测量外部空气中的一氧化氮(NO),检测极限小于 1 ppb,“瞬时”半值全宽(FWHM)降至 0.02 cm^{-1}。在 210 m 长的多通道吸收池内充满(压力 50 托)NO 气体,使用液氮冷却检测器,检测精度可以达到 0.12 $ppbHz^{-1/2}$。

Daylight Solutions 公司开发了一台基于外腔式量子级联激光器(EC-QCL)的高分辨率量子级联激光器光谱仪, QCL 组件中包含衍射光栅,且可以单频模式发射连续波激光。该仪器可以在无模式跳变的情况下连续调谐(光频率超过>100 cm^{-1},线宽可窄至 0.001 cm^{-1})。采用带反馈的闭环伺服系统进行腔长优化,可以在任一光栅角度选择和支持所需的单模。图 7.2 所示为在 10 托(13 mbar)压力下,该仪器输出的 N_2O 气体多普勒分辨光谱的一部分[13]。Wysocki 等人使用室温连续波无跳模的 EC-QCL 对 NO 分子进行了高分辨率无背景磁旋转(法拉第旋转)光谱分析,该 QCL 单模调谐范围为 155 cm^{-1}(波长 λ=5.3 μm 附近),输出最大功率为 11 mW。研究人员还使用了另一种单模无跳模的 EC-QCL(调谐范围为 7.77~9.05 μm,跨度为 182 cm^{-1},最大功率为 50 mW),通过直接吸收光谱测量得到高分辨率 N_2O 光谱[14]。Chao 等人采用波长调制光谱(WMS)对排气温度为 600 K 的燃烧气体中的 NO 进行了实时原位检测[15]。这些实验所用的激光器都是 Daylight Solutions 公司生产的商用 EC - QCL,可以在 1 895~1 951 cm^{-1}(5.125 6~5.277 0 μm)进行无跳模调谐,归一化谱线宽

<0.001 5 cm^{-1}。该调谐区域可覆盖 NO 吸收跃迁基本振动带 R 支中的 20 对跃迁。

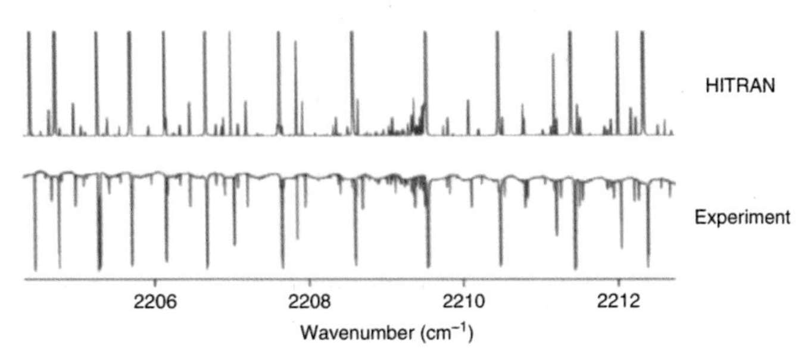

图 7.2　通过 EC-QCL 单次扫描得到的 10 托压力下氧化亚氮（N_2O）的部分吸收光谱，包括 HITRAN 模拟（上）和实验吸收光谱（下，倒置）。来源：经 Elsevier 许可，转载自参考文献 13 图 4。

光声光谱（PAS）与光学吸收光谱相似，也是基于共振光学的吸收过程，但基于的物理原理不同。当特定波长的光被气体样品吸收后，激发态分子随后通过非辐射过程跃迁到基态，这会在气体局部产生热量，进而产生声波。这种技术的主要优点：①不需要光学探测器，产生的声波可以用廉价的麦克风检测到；②它是一种无背景干扰技术，光声信号仅在有吸收发生的情况下出现，与被测样品的吸收系数成正比。最近开发的一种利用石英音叉的新型光声探测方法，可以作为谐振声学检测器[11, 17-18]。石英增强光声光谱（QEPAS）的基本思想是将声能积累在一个高 Q 的谐振系统（即石英音叉）中。石英音叉可以在电子时钟中作为频率标准（其谐振频率约为 32.77 kHz）。如果将入射光强调制到相同的频率，可以显著增强石英音叉发出的光声信号。QEPAS 目前广泛应用于各种化学物质的检测，如 NH_3、H_2O、CO_2、N_2O、CO、CH_2O 和 NO 分子。通过添加声学微谐振管（图 7.3）来进一步增强声学信号，可以获得气体最小可检测浓度的最佳结果。通过这种方法，几种小分子最小可检测气体浓度能够达到 ppb 级别[19,20]。例如，Dong 等人将 EC-QCL 与 QEPAS 系统相结合，并增加了声学谐振器。通过针对 NO 的 1 900.08 cm^{-1}（5.26 μm）吸收线，在 210 托的最佳气体压力下，实现了在 1 s 平均时间内检测灵敏度 5 ppb[21]。

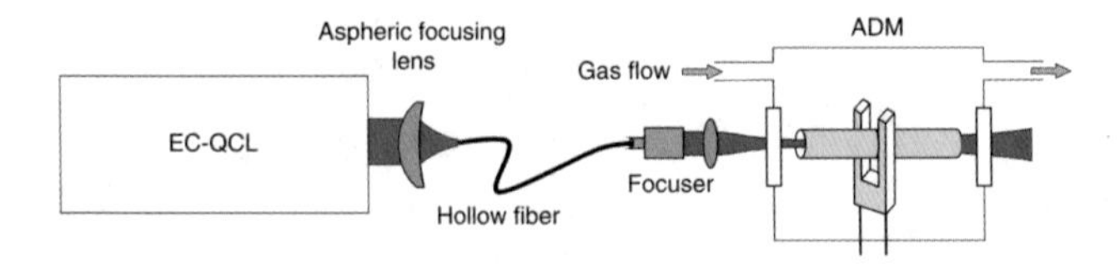

图 7.3　石英增强光声光谱（QEPAS）系统。入射光子以共振波长激发目标分子，碰退激将吸收的能量转换为压力波，由石英音叉检测。其中，EC-QCL 为外腔式量子级联激光器；ADM 为吸收检测模块。来源：经美国光学学会（OSA）许可，转载自参考文献 19 图 11。

CRDS 方法是基于低损耗光学腔中光强度衰减时间的测量方法[22-23]。激光被注入由一对高反射镜（*R*>99.9%）形成的光学腔中。（使用窄线宽连续波激光器，激光频率应该与空腔共振频率之一相匹配。）光学腔捕获的光线在两个反射镜之间来回反射，只有一小部分通过每个反射镜透射出来。监测后发现漏光与时间存在函数关系，这使得光学腔中的光强度衰减时间得以测定。通过在两个反射镜之间加入吸收介质（如气体分子）并记录光学腔频率和衰减时间之间的函数关系，将该设备转换为一台灵敏度极高的吸收光谱仪。通过测量衰荡时间，可以高精度地测定腔体的绝对单次传输系数。当激光波长超出分子共振波长时，通过减去腔的基线吸收来获得吸收强度。

CRDS 方法配合 QCL 被广泛应用。Kosterev 等人[24]展示了一台基于光腔衰荡技术的、可以获取 1921.599 和 1921.601 cm^{-1} 吸收线的 NO 光谱气体传感器，以输出波长在 5.2 μm 附近的连续波 DFB-QCL 作为可调谐单频光源。对氮气中 ppb 级 NO 浓度进行测量，数据收集时间为 8 s，标准误差为 0.7 ppb。

Galli 等人利用 CRDS 方法使用波长为 4.5 μm 中红外激光测量含有 ^{14}C 同位素的二氧化碳（"放射性二氧化碳"，$^{14}CO_2$），灵敏度达到了前所未有的千万亿分之一（10^{-15}）[25]。该光谱仪由一个高精密腔体组成，腔体的衰荡时间常数为 17.5 μs（有效相互作用路径为 5.2 km）。该系统采用窄线宽（9 kHz）稳频 QCL，调谐范围为 2208~2 212 cm^{-1}，输出功率为 100 mW。在 170 K 温度下，样品气体压力保持在 12 mbar。研究人员采用了一种新开发的饱和吸收光腔衰荡光谱技术。其中，在衰荡过程开始时，腔内强度非常高，样品气体的吸收达到饱和；而在衰荡过程结束时，衰减速率由线性气体吸收决定。这使得可以将线性气体吸收衰减速率从被动腔损失造成的衰减速率中提取出来。通过这种方式，相比于主要同位素，$^{14}CO_2$ 浓度测量的灵敏度可以达到 5×10^{-15} [25]。

7.1.2 带间级联激光器光谱学

带间级联激光器（ICL）目前广泛应用于 3~5 μm 波段的光谱分析。由于 ICL 的驱动功率阈值远低于 QCL，因此对于那些对输出功率要求不高、需要便携式仪器（最好是用电池供电）的应用领域，ICL 就成为中红外激光光谱学激光器的首选。

Horstjann 等人[26]使用波长 λ=3.53 μm（2 832.5 cm^{-1}）的连续波中红外 DFB-ICL，采用石英增强光声光谱法（QEPAS）检测甲醛（H_2CO）。在液氮（*T*=77 K）温度下，该激光器发出输出功率高达 12 mW、线宽<20 MHz 的单模激光。研究人员还证明了环境空气中甲醛检测的可行性，采集时间为 10 s，检测限为 0.6 百万分之一体积（ppmv）。Wysocki 等人利用安装在同一杜瓦瓶中的一对 ICL（波长分别为 3.56 μm 和 3.33 μm），采用波长调制光谱法（WMS）和 100 m 的 Herriott 多通池，实现了大气中两种痕量气体——甲醛（H_2CO）和乙烷（C_2H_6）的同时测定[27]。在 1 s 的积分时间内，H_2CO 的最低检测限为 3.5 ppb，C_2H_6 的最低检测限为 150 ppt。

在室温下工作的可调谐 ICL 最适合用于外部实验室,例如有必要进行无人值守的工业过程监控。Lundqvist 等人已经证明了在室温条件下,使用波长 3.493 μm 左右的 DFB-ICL 检测甲醛,其检测极限优于 1 ppm×m[28]。

7.1.3 差频发生(DFG)和光学参量振荡器(OPO)光谱学

基于差频发生(DFG)的中红外光源在光谱学中得到了广泛的应用。通常,基于连续波 DFG 以先进的光通信激光器作为泵浦源,并结合坚固的光纤元件进行工作。与直接激光源如 QCL 和 ICL 相比,由于 DFG 具有亚 MHz 固有线宽且不需要主动反馈,可以在室温下运行,因此在高精度光谱测量方面具有一定的优势。Richter 等人以近红外二极管和光纤激光器作为双泵浦源(泵浦波长分别为 1 083 nm 和 1 562 nm),在周期极化的 $LiNbO_3$ 中构建 λ=3.5 μm 的紧凑型 DFG 中红外系统[29]。WMS 法配合散光 Herriott 多通道气体吸收池,该紧凑型 DFG 系统实现了甲醛的检测,平均 1 min 时间内,最小检测浓度为 74 pptv。有关连续波中红外 DFG 光源在光谱学上的应用,详见高水平综述[30-31]。

许多研究团队都证实,光学参量振荡器(OPOs)作为相干光源在痕量气体检测中具有多功能的特性。例如,基于连续波光学参量振荡器的光谱源已经被开发出来,该光源可以在波长 2.5~4.7 μm 范围内进行调谐,线宽窄(1 MHz)、功率高(约为瓦级)、平滑、无模跳调谐可达 60 GHz,适用于 PAS 和 CRDS 技术[32-34]。利用 CRDS 技术,von Basum 等人在 3 μm 波长区域对乙烷进行了分级检测,在 3 min 积分时间下,可检测浓度为 0.5 ppt[35]。

Todd 等人报道了一种中红外 CRDS 系统,该系统由脉冲持续时间可调、长波(6 ~ 10 μm)OPO 和低损耗 CRDS 腔组合,衰荡衰减时间为 20 μs,相当于 6 km 的路径长度。通过气相中红外光谱,能够检测到水平在 ppb 级的常见炸药(TNT、TATP、RDX、PETN 和 Tetryl)[36]。

7.1.4 频率梳宽带光谱学

光频率梳(OFCs)最初是为了获取紫外线中氢原子的精密光谱而设计的,现在通常用于探测整个中红外分子指纹区的振-转跃迁[37]。宽带 OFC 的光谱应用场景包括:

●通过将频谱分散为二维,并用探测器阵列进行测量,最终由频率梳直接判定吸收样品[38-40];

●基于迈克尔逊干涉仪的傅里叶变换光谱提高检测灵敏度[41-46],该技术可以使用多通池[41]或外部高精密光学腔[45,47],也可以在梳状光源内进行腔内光谱分析[43];

●双梳光谱(DCS),这是一种高速傅里叶变换光谱,不涉及移动部件,能够将极高的分辨率和极宽的光谱覆盖范围组合在一起[48-65],该技术能够使用同一高速光电探测器,同时探测分子在数千个狭窄间隔波长上的吸收。

通过使用在 2.7~4.8 μm 光谱范围内运行的 OPO 宽带梳（跨度约 300 cm^{-1}），结合多通道气体池和傅里叶变换光谱仪（FTS），Adler 等人演示了分辨率为 0.005 6 cm^{-1} 的快速痕量气体检测。在 30 s 积分时间内，包括甲烷、乙烷、异戊二烯和一氧化二氮在内的几种重要分子检测极限可以达到 ppb 级[41]。图 7.4 所示为该系统检测甲烷光谱 Q 支的例子。

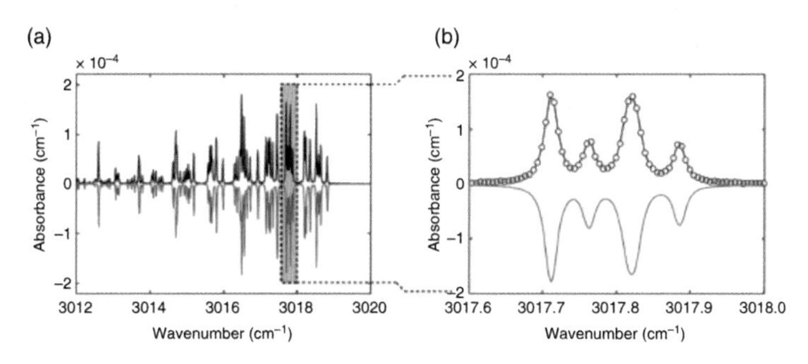

图 7.4 （a）使用多通池和基于 OPO 的频率梳傅里叶变换光谱仪获得的甲烷 Q 支光谱（压力 100 托，以 N_2 作为缓冲气体），分辨率为 0.005 6 cm^{-1}（168 MHz）。（b）光谱放大图，圆圈是测量的数据点。为清晰起见，以 HITRAN 数据库的理论光谱为负值。来源：经美国光学学会（OSA）许可，转载自参考文献 41 图 3。

基于定向图案 GaP（OP-GaP）晶体与差频混合产生的、以 8.5 μm 为中心的梳状源，结合腔增强直接频率梳状光谱，Changala 等人获得了富勒烯 C_{60} 分子的首个高分辨率振-转光谱[51]。

双梳光谱（DCS）——最先进的频率梳技术，具有较小模式间距偏移（例如脉冲重复频率），第二频率梳在傅里叶变换光谱仪中有效地发挥了时间延迟旋臂的作用。由于双梳光谱要求两个频率梳之间具有高度的相干性，直到最近才在近红外领域多种应用（包括宽光谱覆盖、梳齿分辨光谱和快速扫描的）方面同时涌现出大量利用双梳技术的报道[52-54]。双梳光谱真正的应用前景在于使用中红外技术对分子进行高灵敏度的检测。在中红外的不同光谱区已经有不少分子检测方面的证据。其中包括：10 μm 波长区域（瞬时光谱跨度 250 cm^{-1}，光谱分辨率 2 cm^{-1}）[49]，2.4 μm 波长区域（瞬时光谱跨度 200 cm^{-1}，光谱分辨率 2 cm^{-1}）[55]，3 μm 波长区域（瞬时光谱跨度 150 cm^{-1}，光谱分辨率 0.2 cm^{-1}[56]；瞬时光谱跨度 250 cm^{-1}，光谱分辨率 0.8 cm^{-1}[57]；瞬时光谱跨度 350 cm^{-1}，光谱分辨率 0.2 cm^{-1}[58]；瞬时光谱跨度 250 cm^{-1}，光谱分辨率 0.07 cm^{-1}[59]；瞬时光谱跨度 160 cm^{-1}，光谱分辨率 0.5 cm^{-1}[60]），以及 6.5~7.5 μm 区域（瞬时光谱跨度 85 cm^{-1}，光谱分辨率 0.3 cm^{-1}）[61]。基于差频生成的双频梳在 3.4 μm 区域具有非常高的分辨率，尽管同时光谱覆盖率减小（光谱跨度 30 cm^{-1}，分辨率 10 kHz≈3×10^{-7} cm^{-1}）[62]，基于 QCL 的双频梳在波长 7 μm 区域，产生的光谱跨度 16 cm^{-1}，分辨率 0.003 cm^{-1}[63]。参考文献 64 报道了一种双频梳通过差频生成过程产生宽带（2.6~5.2 μm）双梳光谱。通过合理而多次地调整混频晶体极化周期，逐步实现上述光谱跨度。

最近，使用一对基于 OP-GaAs 晶体、相干性高的宽带宽次谐波 OPO 梳（图 7.5），在 3.1~5.5 μm（光谱跨度>1 300 cm^{-1}，光谱分辨率<0.003 8 cm^{-1}）的整个（无间隙）范围内获得了 350 000 个梳齿分辨率数据点[65]。有研究展示了采用双频率梳技术在混合气体中并行检测 22 种分子（包括同位素），测量时间从 7 ms 到 1 000 s 不等；研究也展示了双梳技术在中红外应用中的全部潜力（光谱覆盖率、光谱分辨率、速度和绝对频率参考，例如原子钟）。用 76 m 多通道获得的分子光谱如图 7.6 所示。此外，两个次谐波 OPO 之间的高相干度（剩余线宽 25 MHz，相干时间 40 s）允许以 4 000 的精细度解析频率梳模式。

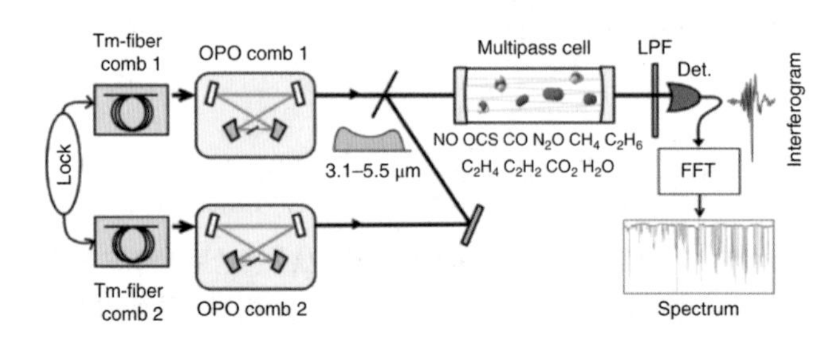

图 7.5　波长 3.1~5.5 μm DCS 安装示意图。一对锁相掺铥光纤激光梳泵浦一对亚谐波 OPO。它们的光束合束后，通过一个 76 m 的多通道气体池，用 InSb 探测器检测，数字化并进行傅里叶变换后成为检测光谱。其中，LPF 为长通（>2.5 μm）滤波器。来源：经 Springer Nature 许可，转载自参考文献 65 图 2a。

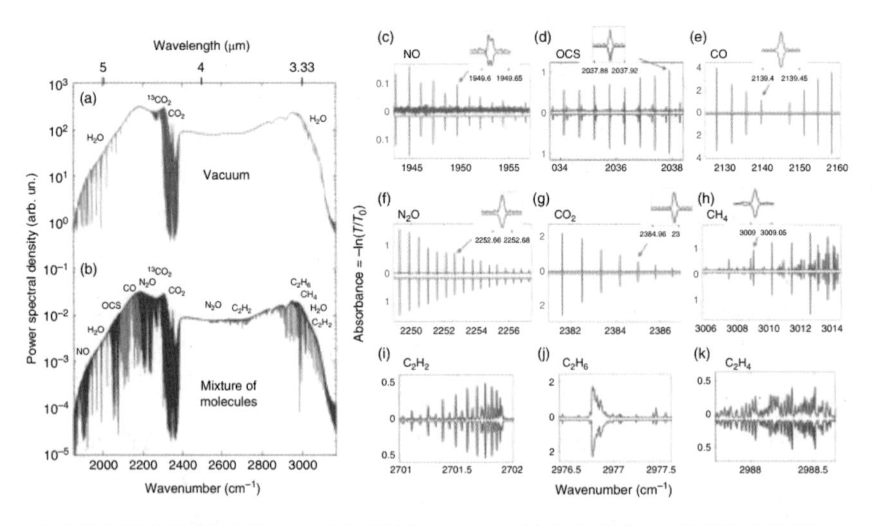

图 7.6　气体混合物的双梳状光谱。（a）当多通池（L=76 m）被抽空时，从单个相干平均干涉图（10 万个平均值）中提取的光谱（对数尺度）。吸收下降源于气体池外的大气气体。（b）在 3 mbar 总压力下，气体池内 N_2 缓冲气体中充满混合气体（OCS、N_2O、NO、CO、CH_4、C_2H_6、C_2H_4、C_2H_2、CO_2 和 H_2O）的光谱。为了清晰起见，对两条曲线进行了纵向移动。（c）至（k）通过将“样品”光谱归一化为“真空”光谱，获得的 9 个分子（在 22 个检测到的分子中）的吸光度光谱，还展示了 HITRAN 数据库中的理论光谱（为清晰起见倒置）。来源：经 Springer Nature 许可，转载自参考文献 65 图 3。

Vainio 和 Halonen 的一篇论文对基于非线性光学制造频率梳的不同方法进行了综述，并给出了频率梳用于分子光谱学的实例[66]。另一篇由 Cossel 等人撰写的优秀论文，概述了宽带光谱学方法和应用，列举了其在大气测量、化学动力学、呼吸分析、天体化学、基础实验室光谱学和工业应用[67]。

7.1.5 高光谱成像

高光谱成像的目的是为场景二维图像的每个像素添加光谱信息，以达到发现隐藏物体、识别材料、检测痕量气体等目的。Stothard 等人演示了一种中红外主动实时高光谱成像扫描系统[68]，将连续波可调谐 OPO、机电扫描成像仪和单个探测器组合在一起，通过周期性极化 RTA（PP-RTA）晶体结合泵浦增强型连续波 OPO 的“绝佳设计”，让泵浦光和信号光产生谐振，因此只需一台波长 1 064 nm、泵浦功率<500 mW 的 Nd: YVO_4 激光器，就能达到 OPO 能量阈值。在泵浦功率为 1 W 的情况下，OPO 为 2D 扫描提供了足够的中红外闲频光功率（约 50 mW）。

扫描仪的几何构造如下，通过带有 10 个面和 1 个倾斜镜的多边形扫描仪，将来自 OPO 的激光导入场景监控上。通过相同的倾斜镜和多边形扫描仪，收集从场景返回的反向散射光（可以近似为 2π 立体角的朗伯反射），然后由收集透镜聚焦到中红外探测器上，数字化采样率为 200 kHz。由于光谱覆盖范围较宽（3.18~3.5 μm），且光谱分辨率高（<1 GHz），该系统能够选择性地调谐到大气中各种气体窄峰附近（约 5 GHz）。例如，作者展示了如何测量甲烷在 3 057.7 cm^{-1}（3.27 μm）处表现出的强吸收峰，以及如何在几米的距离上让浓度低至 30 ppm 的气体羽流成像。

Dam 等人演示了一种紧凑成像系统，通过与波长 1 064 nm 的 Nd: YVO_4 谐振激光束混合，入射的中红外光（相干或非相干）通过周期性极化的铌酸锂（PPLN）非线性晶体进行单通道上转换，从而使此过程的中红外二维图像信息得以保存[69]。然后，通过电荷耦合器件（CCD）相机检测 800 nm 波长附近上转换近红外图像，量子转换效率为 20%。该系统可以在 2.85~5 μm 范围的调谐，带宽由相位匹配决定，相位匹配从 2.9 μm 的 5 nm 到 3.8 μm 的 25 nm 不等。根据该研究，通过结合图像上转换和现代低噪声电子倍增 CCD 相机，可以获得灵敏度约为每像素一个光子的中红外图像。

7.2 医疗应用

7.2.1 激光与人体组织的相互作用

在首次展示后不久，人们就将激光设想为一种手术工具。激光手术为人们提供了一种非接触、高精度(能够以单细胞)的组织切割方法。短脉冲中红外激光器能够在对周围组织损伤相对较小的情况下消融目标组织,光化学副作用小,还可以与其他医疗激光器互相辅助使用,因此在人体手术应用方面前景非常广阔。

考虑到残余组织损伤需要最小化,因此对医用激光来说,最重要的参数是波长、脉冲持续时间和脉冲通量(单位面积的脉冲能量)。光(尤其是中红外范围内的光波)在人体内吸收程度高、穿透长度小,这对降低使组织过热以及消融所需的脉冲通量非常有益;此外,光吸收度高且脉冲持续时间短,有助于减少残余组织损伤。使用中红外激光光源,可以在周围组织损伤最小的情况下,消融富含水分、脂肪及蛋白质的组织。

7.2.1.1 钬、铥外科激光器

波长 2 μm 的掺钬激光器和掺铥激光器在外科手术中应用最为广泛。以下内容摘自美国国立卫生研究院《关于广泛使用多瓦脉冲 Ho: YAG 激光器(λ = 2.1 μm)的报告》:“Ho: YAG 激光器,像 CO_2 激光器一样,能够提供精确切割,对邻近组织的伤害最小;然而,与 CO_2 激光器不同的是,它们还能够光纤传输(非常适合内窥镜使用),并能够在充满液体的环境(如生理盐水、血液)中治疗组织。Ho: YAG 激光器最初用于关节镜手术,特别是椎间盘切除术(切除压迫神经根或脊髓的椎间盘突出物质的手术)。今天,它已被有效地应用于多个外科专业学科,包括普通外科、泌尿外科、腹腔镜、神经外科、碎石术、血管成形术、整形外科(如半月板切除术、骨雕刻、整形手术,以及一些如软骨收缩以收紧松动的关节的实验性手术)和牙科。由于应用前景非常广泛,它被称为激光中的“瑞士军刀”[70]。

此外,由于掺铥硅酸盐光纤激光器的发射波长(1.94 μm)与水中 O-H 键组合振动的吸收波长重叠,其在软组织医学中已得到广泛的应用。高功率掺铥光纤激光器能够汽化前列腺,切开输尿管-膀胱组织。与 Ho: YAG 激光器相比,这种激光器有几个潜在的优势,包括体积更小、操作更高效、组织切口更精准,且能够在脉冲或连续波模式下运行。掺铥光纤激光器具有平均功率高和脉冲持续时间短的优点,对于临床应用中需要快速汽化的前列腺手术和需要切口更精准的尿道-膀胱狭窄部位手术来说大有裨益[71]。

7.2.1.2 Er:YAG 激光器(λ=2.9 μm)

2.9 μm 附近的波长接近水中拉伸振动的基波吸收峰,在激光手术方面的益处显而易见。人体组织中通常 70%是水,波长 2.9 μm 附近的光学穿透深度约为 1 μm(水是人体组织中的天然发色团)。这意味着热损伤区域能被最小化,特别是当使用短脉冲激光时。

图 7.7 显示了从紫外到太赫兹的大频率跨度(6 个数量级)内液态水的吸收系数。在临床应用中,与紫外准分子激光辐射相比,波长 2.9 μm 的中红外辐射主要优势在于不存在诱变或致癌作用[72-73]。

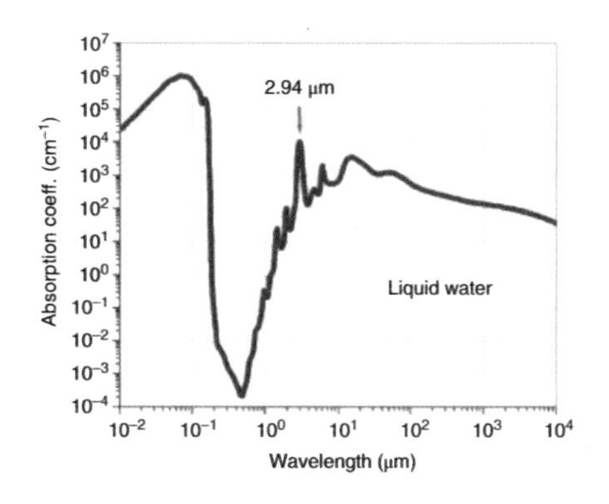

图 7.7 从紫外到太赫兹区域内液态水的吸收系数（http: //en.wikipedia.org/ wiki/File: Absorption_spectrum_of_liquid_water.png），两轴的刻度都是对数。来源：经维基百科授权转载。

Kaufmann 等人表明，脉冲 2.94 μm Er: YAG 脉冲激光手术可以极其精准地消融皮肤浅表病变，也可用于皮肤表面修复[74]。Franjic 等人报道了利用波长 $\lambda \approx 2.95$ μm、脉冲持续时间 55 s 的激光脉冲高效消融牙釉质[75]。实验中使用的 2.95 μm 波长既与水的 OH-伸缩振动模式发生共振，也接近羟基磷灰石晶体的吸收峰（羟基磷灰石是牙釉质的主要矿物）。报道的激光脉冲持续时间为纳秒和微秒，实现消融所需的通量为 0.75 J/cm^2，比长脉冲激光典型消融阈值小了数倍。

3 μm 范围的光纤激光器（见第 3 章）所具备的潜力，对激光手术产生了极大的影响。Pierce 等人对波长 3 μm 左右的连续波掺铒光纤激光器与软组织之间的相互作用进行了初步研究[76]。这种以纳秒为脉冲周期的激光对激光手术价值尤为巨大。此外，由于效率高、重复频率高，在组织切除方面，波长调谐至 2.9 μm 的固态脉冲 Cr^{2+}: ZnS/ZnSe 激光器（见第 2 章）可以作为 Er:YAG 激光器的良好替代品。

7.2.1.3 6~7 μm 光谱波段的重要性

医用激光消融的最终目标是以效率最高、附带损伤最小的方式，去除一定数量的物质。研究集中在两个特定的中红外波长，即 6.1 μm 和 6.45 μm。这些波长分别与蛋白质酰胺 I 和酰胺 II 吸收带重合，并且与水在 6.1 μm 处的剪式振动模式重合[77]。在这些波长下，能量被耦合到蛋白质基质以及组织内的结合水和非结合水中。

Edwards 等人报道，将激光辐射波长定为蛋白质酰胺 II 吸收带（6.45 μm），可以在保持高速率消融的同时，以最小的附带损伤消融大鼠大脑皮层组织[78]。研究发现，相同剂量下，在 λ=6.45 μm 时的附带损伤（凝固性坏死）明显小于波长 λ=2.94 μm 时的附带损伤。研究人员在实验中使用了自由电子激光器（FEL）。FEL 是一种非常灵活的电磁波来源，调谐范围从紫外到太赫兹，因为涉及电子加速器，所以既笨重，又非常昂贵。FEL 输出的激光为一系列重复频率为 2.85 GHz、脉冲持续时间为 1 ps 的微脉冲组成的宏脉冲激光。每个宏脉冲由约 15 000 个微脉冲组成，每个宏脉冲的能量约为 20 mJ，重复频率约为 4 Hz。

Peavy 等人使用不同的 FEL 波长（λ=2.9~9.2 μm）对骨皮质消融进行了比较[79]。其主要结论是使用波长在酰胺 I（λ=6.1 μm）到酰胺 II（λ= 6.45 μm）区域的激光皮质骨效率最高，并且比用外科骨锯切割产生的附带热损伤更少。

已有研究证明，由于 FEL 过于昂贵和复杂，无法广泛用于外科手术，因此研究人员开发了几种波长在 6~7 μm、附带损伤小、具备软组织切口清晰特点的替代激光系统[80-81]。Mackanos 等人[81]使用 2.8 μm Er: YSGG 激光泵浦可调谐（6~8 μm）$ZnGeP_2$-光学参量振荡器，以 5 Hz 重复频率产生毫焦耳级、脉冲持续时间为 100 ns 的脉冲。在研究的几个波长中，λ=6.1 μm（高吸水和蛋白质酰胺 I 带吸收范围）和 λ=6.45 μm（中等吸水和蛋白质酰胺 II 带吸收范围）两个波长的效果最好。当使用猪角膜时，在波长 λ=6.1 μm 时，OPO 和 FEL 平均热损伤区分别为 4.1 μm 和 5.4 μm；在波长 λ=6.45 μm 时，OPO 和 FEL 的损伤区均为 7.2 μm。因此，与 FEL 相比，OPO 造成的热损伤相似或更小，同时产生了明显更深的坑。

Edwards 等人开发了一种四级激光系统，该系统从 Nd: YLF 激光器开始，使用受激拉曼散射和差频混合的组合，产生 6.45 μm 的脉冲（脉冲持续时间为 3~5 ns，脉冲能量为 2 mJ，重复频率为 0.5 Hz）[82]。激光系统被用于消融大鼠脑组织，其中的附带损伤和消融率都比以前用 FEL 观察到的要好。Kozub 等人展示了一种在 6~7 μm 波长范围内用于软组织消融的拉曼位移翠绿宝石激光器（本研究以山羊角膜、大鼠心脏、大鼠皮肤和大鼠肾脏为研究对象）[83]。在该装置中，一个可调谐的翠绿宝石激光器泵浦一个二阶拉曼转换器；在氘（D_2）转换器中产生一阶斯托克斯位移（接近 1 μm）；然后，通过多道氢（H_2）转换器中产生二阶斯托克斯光束，从而产生中红外光。通过将翠绿宝石激光器的波长从 771 nm 调至 785 nm，实现了 6~7 μm 的可调输出。中红外脉冲具有高达 9 mJ 的脉冲能量，10~20 ns 的脉冲持续时间和 10 Hz 的重复频率。

7.2.2 医学呼气分析

中红外激光的一个新应用就是基于痕量气体检测的光谱检测的医学呼气分析。呼出中含有约 1 000 种痕量级挥发性有机化合物（VOC），这些（生物标记物）分子中的大部分的异常浓度已经与特定疾病和健康状况相关[84-93]。这些疾病包括心血管疾病、哮喘、胃肠道疾病、慢性阻塞性肺病（COPD）、糖尿病、幽门螺杆菌感染、氧化应激和不同类型的癌症。这种相关性允许人们对各种各样的医疗状况进行快速、非侵入性的健康筛查。在临床应用中，光谱学方法完全可以媲美气相色谱-质谱法（GC/MS）、电化学方法、化学发光和电子“鼻子”等一系列现有的、基于传感列阵的方法。

呼气中的生物标记物浓度变化很大，除非常高的水（5%）和二氧化碳（5%）浓度外，通常浓度水平为甲烷（CH_4）1~100 ppm（体积百万分之一），一氧化碳（CO）1~5 ppm，丙酮

0.3~2.5 ppm，一氧化二氮（N_2O）0.3~1.6 ppm，氨（NH_3）0.1~3 ppm，甲醇约 500 ppb（体积十亿分之一），异戊二烯 30~300 ppb，一氧化氮（NO）1~80 ppb，2，3 - 丁二酮 1~200 ppb，乙烷（C_2H_6）2~ 20 ppb[88-90，92-93]。虽然临床呼气分析目前还处于起步阶段，但因为呼吸采样是非侵入性的、受试者本身安全性高、对采样人风险最小，也为医学领域贡献着一份独特的力量。

7.2.2.1　乙烷（C_2H_6）

乙烷是生物体中脂质过氧化的挥发性标记物，可引起机体氧化应激和氧化损伤。von Basum 等人使用可调谐 CO 泛频边带激光器调谐到 3 000.3 cm^{-1}（乙烷特征吸收峰），通过光腔衰荡光谱（CRDS）测量了人体呼出气体中的乙烷浓度[94-95]。研究人员证明，在时间分辨率约为 1 s 时，痕量乙烷的可检测浓度低至 0.5 ppb。与之类似，Halmer 等人使用基于体 DFG 的中红外光源，结合 CRDS 法进行了呼吸测量，检测限为 0.27 ppb/$Hz^{1/2}$[96]。Skeldon 等人使用了一种基于 3.4 μm 铅盐可调谐二极管激光器的技术，并结合 170 m 的多通光学单元池，测量了呼气中乙烷的浓度，检测精度可达 0.1 ppb[97]。量子级联激光器（QCL）和带间级联激光器（ICL）都是可用于超灵敏和高选择性痕量气体监测的、便捷的中红外光源。这些激光器克服了铅盐可调谐二极管激光器在高分辨率红外吸收中遇到的许多困难，稳定性更强、可重复性更佳，且无须低温即可运行。临床研究已经证明，基于 QCL 和 ICL 的紧凑型化学传感器能够有效地检测呼气中的多种生物标记物（如 NO、CO、CO_2、NH_3、C_2H_6 和 OCS）[12，98-99]。Parameswaran 等人使用 ICL 结合离轴积分腔输出光谱（ICOS）法，完成了呼气乙烷的实时测量，检测灵敏度达到 0.48 ppb/$Hz^{1/2}$（即在 1 s 的积分时间内，灵敏度为 0.48 ppb）[100]。

7.2.2.2　一氧化氮（NO）

一氧化氮呼气测定已经成为呼吸道疾病（如哮喘和其他肺部疾病）炎症状态监测的一种新方法。研究人员开发了一台基于离轴 ICOS 方法和波长 5.45 μm（1 835 cm^{-1}）热电冷却连续波 DFB-QCL 的一氧化氮传感器，用于测定人体呼气中低于 ppbv 水平的一氧化氮[99，101-103]。参考文献 104 报道了采用热电冷却的连续波 QCL（1 847~1 854 cm^{-1}）与 WMS 法相结合，达到了类似的最小可检测 NO 浓度水平。Halmer 等人利用波长 λ=5 μm 的 CO 连续波激光器和 CRDS 法，实现了包含氮的两种同位素（^{14}N 和 ^{15}N）的 NO 浓度测定[105]。研究实现了在平均时间 1 s 内 ^{14}NO 和 ^{15}NO 灵敏度分别达到 800 ppt 和 40 ppt。^{15}NO 同位素的检测已作为生化过程中的分子示踪剂被人们广泛应用。

7.2.2.3　氨（NH_3）

呼气中的氨气（NH_3）是肝肾功能以及消化性溃疡疾病的潜在非侵入性标记物。研究人员开发了一种基于波长 10.3 μm(970 cm^{-1})的热电冷却脉冲 QCL 和 CRDS 法的气体分析仪,用于检测呼气中的 NH_3。其灵敏度约为 50 ppb,时间分辨率为 20 s[106]。

7.2.2.4 一氧化碳(CO)

呼气中的一氧化碳(CO)是用于评估心血管疾病、糖尿病、肾炎、氧化应激和炎症等疾病的生物标记物。Moeskops 等人开发出一台波长约 4.6 μm(2 176~2 183 cm^{-1})的热电冷却脉冲式 DFB-QCL,利用 CO 分子在 2 176.283 5 cm^{-1} 处的强振-转跃迁测量呼气中的 CO,在 0.2 s 的积分时间内,仪器的检测限达到 175 ppb[107]。

7.2.2.5 羰基氧化物(OCS)

羰基氧化物(OCS)是公认的肝功能衰竭和急性肺移植排斥反应的生物标记物, Roller 等人报道了一种可调谐激光吸收光谱系统,用于检测羰基化合物,检测浓度最低可达约 30 ppb。该激光传感系统包括一台波长 4.86 μm(2 054 cm^{-1})的热电冷却脉冲式 QCL 及一个 36 m 长的光学多通气体池[108]。实验还证明了两种稳定同位素($^{12}C^{16}O^{32}S$ 和 $^{12}C^{16}O^{34}S$)在空气中的吸收具有选择性。

Shorter 等人开发出一台基于可调谐红外激光差分吸收光谱的、能进行多种挥发性有机化合物检测的呼气分析仪。该仪器包含两台室温脉冲 QCL(Alpes 激光器)[109]。一台 QCL 工作波长为 1 900 cm^{-1},用于监测 NO 和 CO;另一台 QCL 工作波长为 2 190 cm^{-1},用于监测 CO 和 N_2O。研究人员获得的 NO、CO 和 N_2O 的检测精度分别为 0.5 ppb、0.8 ppb 和 0.8 ppb,仪器响应时间约为 1 s,灵敏度水平足以用于实际状态下的呼吸分析。

7.2.2.6 用于呼吸分析的光学频率梳光谱

虽然 QCL 和 ICL 系统能够对痕量分子进行稳定且高灵敏度的检测,但它们通常在窄线光谱区域工作。通过巨大的光谱覆盖范围与高光谱分辨率相结合,光学频率梳(QFC)在分子检测领域具有巨大的潜力。Thorpe 等人[110]发现,近红外范围(1.5~1.7 μm)宽带宽频率梳、高精密外部光学腔和 InGaAs 探测器阵列相结合,可以检测人类呼气中的 CO_2、CO 和 NH_3(包含两种稳定同位素)等几种生物标记物。该团队后来将基于频率梳的传感技术扩展到中红外光谱区域,显著提高了仪器检测的灵敏度(约 3 个数量级)。该研究采用基于光学频率梳的傅里叶变换光谱仪(FC-FTS),工作波长在 2.7~4.8 μm(2 100~3 700 cm^{-1})的光谱区域,瞬时光谱覆盖范围约为 300 cm^{-1}[41-42, 47]。频率梳基于高功率光纤激光泵浦中红外光学参量振荡器(OPO),并使用快速扫描迈克尔逊干涉仪的傅里叶变换光谱仪(FTS)组合。为了最大限度地减少测量过程中的频谱漂移,使用 OPO 频率梳对泵浦激光器进行相位稳定;为了保持相位的长期稳定,将重复频率反向锁定到微波参考上。通过多通道气体池或外部增强腔, FC-FTS 系统能够检测 ppb 级浓度的多种分子,光谱分辨率高达 0.003 5 cm^{-1},足以在低气体压条件下分辨多普勒加宽的精细光谱特征。

总体来说,光学频率梳(OFC)光谱已经广泛应用于呼气分析中不同挥发性化合物的检测。其中,基于光学参量振荡器的光学频率梳+FTS,采用腔增频梳状吸收光谱法,可以检测过氧化氢(H_2O_2)、乙炔(C_2H_2)、甲烷(CH_4)和一氧化二氮(N_2O)[47];采用腔内吸收法(将研究分子放置在光频梳谐振器内)+FTS 可以检测甲烷、甲醛(CH_2O)、乙烯(C_2H_4)和一氧化碳(CO)[43];基于差频发生器的光学频率梳+光谱分析仪可以检测甲烷[57];OPO 结合多池+FTS 可以检测甲烷、一氧化碳和 NO[45]。

由于反应迅速、测量精度高,基于虚拟成像相控阵(VIPAs)[39]、游标光谱学[111]和双梳光谱[56,65,112-114]的宽带光学频率梳新方法,在未来的呼气分析中具有广阔的前景。

Henderson 等人对激光光谱学在呼气分析中的应用及其临床应用前景进行了高水平的综述[115]。

7.3 纳米红外成像和化学制图

由于红外光谱技术能够在宏观尺度上通过化学键的振动反应来表征和识别材料,其已经成为科学和工业中广泛应用的基准技术。由于衍射限制,传统的中红外技术,如傅里叶变换红外(FTIR)显微镜,无法测量低于几个波长的光谱。在原子力显微镜(AFM)的尖端下以纳米级分辨率识别材料,一直是 AFM 界迫切希望实现的目标。虽然 AFM 可以测量材料的机械、电、磁、热和其他性质,但它缺乏对未知材料进行化学表征的强大能力。Keilmann 和同事开发了一种可以提供光谱识别的新型显微镜,其空间分辨率远远超出经典阿贝衍射极限的 1/2 波长($\lambda/2$),也超出了孔径扫描近场光学显微镜(SNOM)的实际极限(约 $\lambda/10$)[116-119]。该显微镜工作原理:AFM 尖端受到光照后,可以在其附近表现出增强的光场,这种近场因样品的存在而发生改变。由于这种近场-样品相互作用,在远场中测量的散射光也携带了样品局部光学特性信息。这种近场散射是散射型扫描近场光学显微镜(s-SNOM)的基础。在实践中,AFM 的金属化尖端作为散射体,其顶点曲率半径(通常为 20 nm 或更小)决定了机械和光学分辨率。因此,不存在与波长相关的分辨率限制,在中红外 λ=10 μm 时分辨率可以达到 $\lambda/500$[117]。s - SNOM 的原理如图 7.8 所示。此处,聚焦的红外光束照亮 AFM 的尖端区域,在尖端附近接近并扫描样品,产生形貌图像。通过记录反向散射光,同时在不同波长下生成光学图像。为了提高信噪比,尖端以悬臂的机械共振频率 Ω(轻敲模式)振荡,以便以 Ω 及其谐波调制近光场信号,这可以实现同步锁定检波。红外激光波长对红外图像有明显的影响(图 7.8(c)和(e))。由于波长被调谐到与聚甲基丙烯酸甲酯(PMMA)中的聚苯乙烯分子的振动产生共振,红外图像更暗。这种效应在无吸收波长处消失,为近场振动图像对比度提供了明确的证明[116]。

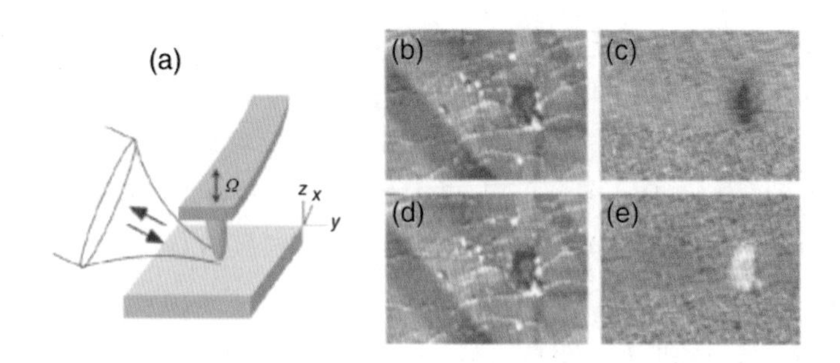

图 7.8 (a)s-SNOM 原理。聚焦的激光束照亮 AFM 的尖端区域,在尖端附近接近并扫描样品,产生形貌图像。通过记录反向散射光,同时在不同波长的激光下生成光学图像。尖端以悬臂的机械共振频率 Ω(轻敲模式)振荡,以便能以 Ω 及其谐波调制近场光信号,从而实现同步锁定检波。(b)和(d)形貌图像和(c)和(e)嵌在聚甲基丙烯酸甲酯(PMMA)中的聚苯乙烯(PS)对应的红外图像。图(c)在 λ=9.68 μm 波长下拍摄,图(e)在 λ=10.17 μm 波长下拍摄。人们可以观察到波长相关的成像差别,从而识别化学成分。(b)至(e)中的区域范围 3.5 μm × 2.5 μm。来源:经 Springer Nature 许可,转载自参考文献 116 图 1 和图 4。

Dazzi 及其同事利用光声(光热)效应介绍了一种不同的 AFM 纳米化学制图原理[120-123]。当脉冲(纳秒级)激光的波长被调谐到吸收共振时,热量的快速积累导致吸收区域发生快速热膨胀。然后,通过在谐振模式下检测旋臂的振荡,用 AFM 的尖端检测膨胀脉冲。因此,该系统充当了由光学吸收引起的极小运动的探测器。这里使用的检测方案类似于光声光谱,两者的不同之处在于,用于检测热膨胀的工具是 AFM 尖端和悬臂,而不是气体池中的麦克风。在生命科学中,AFM-IR 技术提供了一种可以对生物材料中的中红外吸收物进行无标记绘制的方法。例如,Dazzi 等人在亚细胞水平上进行了化学光谱分析,并展示了病毒在受感染的大肠杆菌中分布的化学图谱[123]。通过将激光调谐到 DNA 吸收峰处(大约 1 080 cm^{-1}/9.26 μm),研究人员能够定位细菌内的单个病毒(噬菌体 T5)。图 7.9 表明,虽然 AFM 的形貌图无法直接使病毒成像,但 AFM-IR 能够做到这一点。在 AFM-IR 实验中,研究人员使用了位于法国奥赛激光红外中心(CLIO)的脉冲中红外自由电子激光器(FEL)作为可调谐源[121-123]。2010 年,Anasys Instruments, Inc. 公司实现了紧凑型 AFM-IR 设备的商业化,该设备使用基于纳秒级光学参量振荡器的宽谱可调台式中红外光源[124]。

Lu 和 Belkin 报道了一项光热技术,该技术允许通过可调谐脉冲 QCL(单脉冲能量 4 nJ,脉冲持续时间 40 ns)获得在低平均功率照射的 AFM-IR 光谱[125]。为了检测沉积在硅基板上的聚合物的微小热膨胀,研究人员调整了 QCL 的重复频率,使其与 AFM 悬臂的机械振荡(在 10~200 kHz 频率范围内)发生共振。与单脉冲激发相比,AFM 响应的增强等于 Q,其中 $Q\approx100$ 是悬臂振荡的品质因子。激光脉冲持续时间内的样品热扩散长度决定了空间分辨率为 50 nm(λ/170);使用更短的 QCL 脉冲可以进一步改善空间分辨率[125]。该项技术可以被视为 QEPAS[17]的"纳米版"。

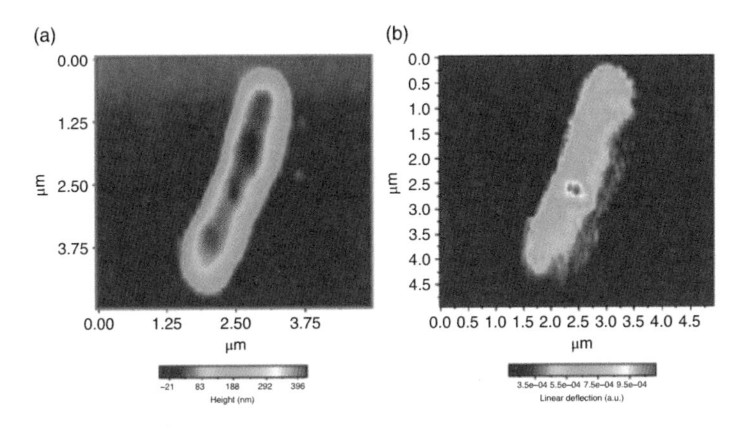

图 7.9 （a）感染大肠杆菌细胞的形貌图和（b）相应的 AFM-IR 化学图谱。虽然 AFM 的形貌不能成像病毒，但 AFM-IR 可以通过红外吸收对比成像病毒。来源：经 Elsevier 许可，转载自参考文献 122 图 4。

7.4 中红外中的等离子体

等离子体激元是指介电介质和金属界面上的电荷振荡，最初是在可见光区域进行研究的，现在越来越多人的研究兴趣扩展到中红外范围[126]。等离子体激元可以产生非常强的局部场，并能以行波的形式沿界面传导，即表面等离子体激元极化子。中红外等离子体产生的来自电路（天线）理论和波动光学之间的相互作用。迄今为止，中红外等离子体的研究主要集中在发射源（特别是与 QCL 相关的发射源）、改进的红外探测器和化学传感表面。中红外等离子体的另一个目标是增加给定体积材料对中红外辐射的吸收：在中红外探测器中，体积越小，产生的噪声越低，材料对中红外辐射的吸收量越大，输出的信号越强。实现这一目标的方法之一是使用类似天线的结构将等离子体激元聚焦到一片很小的探测区域，然后将入射光耦合到等离子体激元上。

Yu 等人展示了一种具有改进光束特性的中红外等离子体 QCL，其是通过在 QCL 的切割基板上（波导的下方）构建特殊设计的积分等离子体结构实现的[127]。等离子体结构通过将激光辐射耦合到基板上传播的表面波中，并将波的能量相干地散射到自由空间中，从而产生理想的远场辐射。图 7.10（a）所示为波长 λ=9.9 μm 的 QCL 扫描电子显微镜（SEM）图像，该 QCL 采用（金材质）一维积分等离子体准直器。该准直器几何参数如下：孔径大小=2×25 μm，光栅周期=8.9 μm，孔径与第一光栅槽之间的距离=7.3 μm，槽宽度=0.8 μm，槽深度=1.5 μm。从图 7.10（c）可以看出，使用等离子体准直器，测得光束的散度在“快速”（垂直）方向上有显著改善。

等离子体的另一种应用途径是使用超材料的表面增强红外吸收，从而进行光谱化学传感。超材料是人工构建的、由亚波长元素组成的材料，其空间平均响应使其可以作为具有有效介电常数和渗透率特征的均匀介质。这让人们可以对其光学特性(如表面的单位吸光度)进行设计[128-129]。Chen 等人展示了一台基于等离子体增强红外光谱的双波段完全吸收器，其中十字形不对称天线有金纳米颗粒材料制成，立在一层较厚的金属膜上，以氟化镁(MgF_2)隔离层隔开[129]。研究人员通过中红外反射光谱，证明了两个吸收波段的强吸收带增强：C-H 键在 2 850 cm^{-1}(3.5 μm)处，C-O 键在 1 700 cm^{-1}(5.9 μm)处。研究表明，尽管这两个条带在波长上分离得很好，但它们都表现出了很大的场强增量。

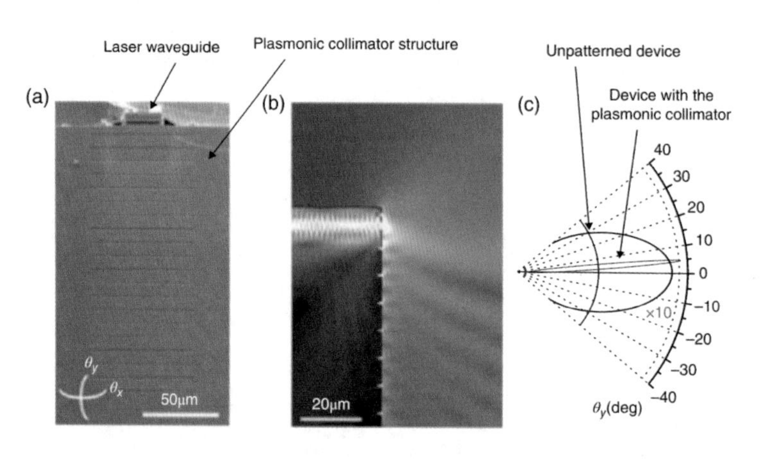

图 7.10 (a)λ=9.9 μm QCL 与(金材质)集成一维等离子体准直器的 SEM 图像。(b)模拟 QCL 的电场分布。(c)在有等离子体准直器和没有等离子体准直器设备的垂直方向上测量远场强度分布。来源：经 Wiley 许可，转载自参考文献 127 图 2。

7.5 红外对抗

红外对抗(IRCM)系统通过侦测正在接近的热追踪导弹威胁，并利用定向激光能量使之失效，从而保护飞机免受热追踪导弹的攻击。在适当的中红外范围内，激光强度应高于保护目标的强度(通常是喷气发动机的黑体辐射)。当 IRCM 系统产生的中红外辐射被导弹导引头捕捉到时，它会覆盖飞机发出的信号，从而使导弹对目标产生混淆。然后，导弹偏离目标，迅速解除锁定。红外线探测器典型视野为 1°~2°，所以一旦导引头锁定解除，其很少会重新锁定同一目标。通常，使用(BAE System 公司生产的)3~5 μm 的高功率(平均功率 10 W)宽带脉冲周期 ZGP-OPO 系统或(Daylight Solutions 公司、Pranalytica 公司生产的)波长 4~5 μm 的高功率(平均功率 10 W)QCL 系统(通过组合少数 QCL 的输出获得高功率光束)。诺斯罗普·格鲁曼公司(Northrop Grumman)在多波段 IRCM 激光系统中使用了类似的(OPO 和 QCL)技术。

7.6 极端非线性光学和阿秒科学

当高能少周期激光脉冲与原子气体（He、Ne、Ar 等）相互作用时，峰值强度>10^{14} W/cm^2，可以产生达到极紫外甚至X射线光谱范围的高（奇数）次光谐波。随谐波次数的减少，微扰非线性光学预测谐波功率降低，在这种情况下，高次谐波产生（HHG）不能再用微扰非线性光学来解释。相反，这一过程是由电子隧穿开始的，并由通过高能量电子与其相关离子的重新碰撞完成。经过三十年来对气体中高次谐波产生的研究，研究人员发现了几条使用桌面飞秒激光器产生相位匹配相干X射线束的实际途径[130-131]。目前，可以产生波长跨越整个光谱（从紫外到超过1.6 keV）的高亮超连续谱，谐波次数高达>5 001，理论上来说，能够产生短至2.5阿秒的脉冲。这开辟了两大类应用：①创建相干X射线的桌面源，可用于医学和纳米技术的超分辨率成像；②在基础科学中，高次谐波的阿秒级脉冲继续时间可以用于捕捉自然界中最快的事件，例如分子轨道成像。

根据微观单原子截止规则，HHG光子发射的最高能量为

$$h\nu_{\text{X-ray}} = I_p + 3.17U_p \qquad (7.1)$$

式中：I_p是气体原子的电离势能；U_p是自由电子的有质动力能（由振荡激光场驱动的电子的平均能量），与驱动激光强度和波长的平方成正比。与波长二次方相关，则结果的变幅更大，也就是说，驱动激光的波长越长，截止光子的能量越大，从而产生更多高能X射线。这一预测结果，得到了不同实验室多次实验的验证[131]。

图7.11显示了在相位匹配条件下，实验HHG发射光谱与驱动激光波长（0.8、1.3、2和3.9 μm）的函数关系。可以看到，驱动激光波长越长，X射线截止光子能量越大。Popmintchev等人使用脉冲持续时间为80 fs，能量为10 mJ、重复频率为20 Hz、波长λ=3.9 μm的光学参量啁啾脉冲放大系统（OPCPA），在5 cm长、充高压氦气中空波导中，当光束聚焦直径到达200 μm时，产生了相位匹配的HHG，光谱延伸超过1.6 keV（λ<7.7Å）。经过适当压缩，宽带X射线超连续介质可以支持脉冲持续时间为2.5阿秒的单周期X射线（见图7.11插图）[131]。

Weisshaupt等人证明了铜靶材和OCPCA产生的飞秒中红外脉冲激光（波长为3.9 μm、能量为15 mJ）相互作用，可以产生硬X射线光子（包括能量K_α≈8.0 keV和K_β≈8.9 keV的铜（Cu）特征X射线谱线和延伸至约100 keV的宽韧致辐射分量）[132]。在这种情况下，铜的内层发生电离，随后外壳层电子通过辐射跃迁填充内壳层电子留下的位置，从而产生X射线。X射线光子的通量约为使用800 nm脉冲时的25倍。由于驱动激光器波长增长，电子加速效率提高，电子在光场中加速的动能更高，造成了X射线通量的增强。这使得高能量、长波（>3 μm）、具有低周期脉冲持续时间和高重复频率的激光器，成为符合

在原子气体中产生相干高次谐波 X 射线和孤立阿秒脉冲迫切需求的驱动源（参见第 2 章关于固态激光器的最新发展）。

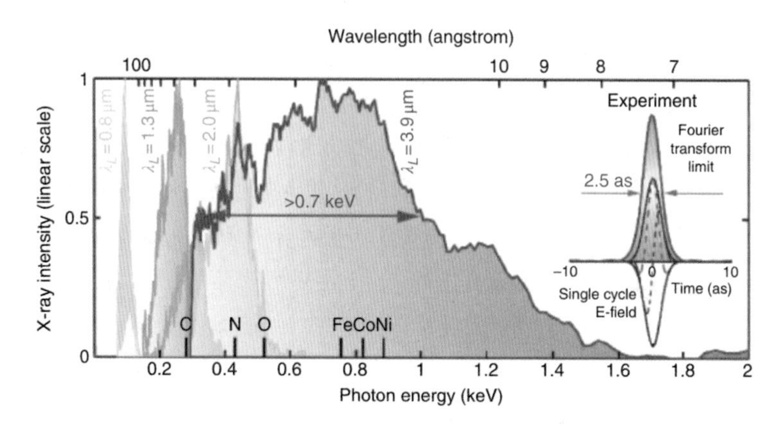

图 7.11 在相位匹配条件下，不同驱动激光波长 0.8 μm、1.3 μm、2 μm 和 3.9 μm 下发射的实验 HHG 光谱。可以看到，驱动激光波长越长，X 射线截止光子能量越大。插图表明波长 λ=3.9 μm 的驱动激光所产生的相干超连续谱的带宽，可以支持持续时间为 2.5 阿秒（傅里叶变换极限）的单周期脉冲 X 射线。该图还在底部标出了几种材料（Fe、Co、Ni 等）的内壳吸收边。来源：经美国科学促进会（AAAS）许可，转载自参考文献 131 图 1（B）。

具有强电磁场的 HHG 已在块状晶体材料中得到了证实。Chin 及其合作者观察到在 ZnTe、ZnS、ZnSe 和 GaAs 等块状半导体中，由波长 λ=3.5~3.9 μm 的强中红外脉冲（10^9~10^{11} W/cm^2）产生的极端非线性光学现象[133]。这些现象包括伴随着中红外谐波光谱的显著展宽，在半导体带隙边缘以下产生多个中红外谐波（如 ZnSe 的谐波高达 7 次），认为开始是由自相位调制（SPM）主导，后由高强度下的交叉相位调制（XPM）主导。

Ghimire 等人在强驱动宽带隙（3.2 eV）半导体 ZnO 中采用峰值强度 5×10^{12} W/cm^2、场强 60 MV/cm（对应 0.6 V/Å，与原子场强相当）、波长 3.2~3.7 μm（0.34~0.38 eV）的少周期脉冲激光，产生了非微扰（即无法基于微扰理论的非线性光学框架中描述）HHG[134]。当波长 λ = 130 nm 时，测得了高达 25 阶的谐波（图 7.12），光子能量扩展到 9.5 eV，比带边高 6 eV。他们还发现高能截止的缩放与驱动场呈线性关系；原子的情况则相反，缩放与强度呈线性关系）。根据结晶方向，光谱由奇次谐波组成，或由奇次和偶次谐波共同组成。通过 ZnO 中的强场 HHG 实验，Vampa 等人发现在场强和激光波长相似的情况下，电子与其相关空穴之间的碰撞是高次谐波的主要来源[135]。

此外，在中心波长为 10 μm、重复频率为 30 THz、峰值场强高达 72 MV/cm 的少周期中红外激光激发下，在 220 μm 厚的半导体硒化镓（GaSe）中产生了高次谐波[136]。研究观察到相位稳定瞬态的辐射覆盖了整个太赫兹到可见光谱域（λ=440 nm~3 mm，0.1~675 THz）。研究人员认为HHG的主要机制是相干间带极化和动态布洛赫振荡(Bloch oscillations)共同作用产生了高次谐波(HHG)。0.1~10 THz的辐射来自GaSe中的光学校正,而较短的波长则是通过HHG(高达23阶)在非扰动状态下产生的。

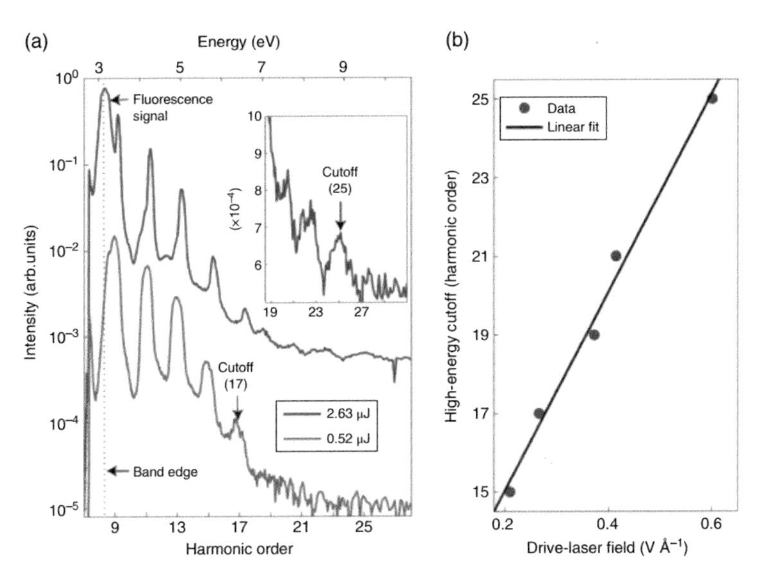

图7.12 (a)在$\lambda = 3.25$ μm驱动脉冲能量分别为0.52和2.63 μJ时,500 μm厚ZnO晶体的高阶谐波谱(脉冲能量为2.63 μJ情况下,峰值强度约为5 TW/cm^2,场强约为0.6 V/Å)。插图显示了在脉冲能量为2.63 μJ情况下,在截止点附近扩展的线性尺度视图。垂直虚线为ZnO带边缘,此处存在剩余的长寿命荧光信号。(b)驱动-激光场与截止光子能量的关系,表明截止光子能量与驱动激光场的缩放呈线性关系。来源:经Springer Nature许可,转载自参考文献134图1。

Langer等人研究了强光场对钨二硒化物(WSe_2)单层的影响。电子-空穴对由近红外脉冲产生,随后由(中心波长为7.5 μm,重复频率为40 THz,脉冲持续时间约3个周期,空气中峰值电场为18 MV/cm)中红外瞬态加速,然后组成电子和空穴的再碰撞。再碰撞的电子和空穴在近红外泵的高阶边带中释放动能。尽管样品厚度较低,但仍观察到高达12阶(λ=340 nm,880 THz)的谐波边带(由中红外激光频率间隔)[137]。

7.7 其他应用

7.7.1 激光尾流场加速器

粒子加速器被广泛应用于各种领域,从高能物理学到医学和生物学。由于结构壁面的材料击穿,传统射频(RF)加速器的加速场被限制在几十兆电子伏/米(MeV/m)。因此,目前高能粒子束的生产需要大规模的加速器和昂贵的基础设施。用紧凑型激光等离子体加速器取代射频加速器为获得超相对论电子能量提供了一种经济实惠的替代方案[138-140]。激光脉冲在等离子体中传播时,会产生一个强劲的纵向加速场,与等离子体密度的平方根成正比。例如,在 10^{18} cm^{-3} 的等离子体密度下,加速场可以达到约 1 GeV/cm。电子被困在这样的尾流中,从一个紧凑的(1~10 cm)加速阶段获得数 GeV 的动能。最近这种高梯度电子加速度的展示,加上对加速光束特性的良好控制,鼓励研究人员考虑高达 TeV 能量的等离子体加速器,可用于下一代 e^- e^+对撞机及更高级别。Pogorelsky 等人比较了基于近红外固态激光器(钛蓝宝石)和基于长波(9~11 μm)中红外激光器的激光等离子体加速器的性能,并指出了为这些应用选择中红外激光器的几个优点[141]。

7.7.2 介电结构中的激光加速

制造实验室规模粒子加速器的一条替代途径是在特殊制造的周期性介电微结构中进行激光加速,该微结构直接耦合电子束和加速光场[142-143]。在光学频率下,介电材料可以承受高场强,大约比金属大两个数量级。加上短脉冲激光可获得的大光场强度,介质激光加速器可支持每米多 GeV 范围内的加速度梯度。Peralta 等人在一个周期结构中实现了粒子加速,该结构由两块熔融硅晶片结合而成,通过标准光刻和反应性离子蚀刻技术进行处理,并由波长为 800 nm 的锁模钛蓝宝石激光器提供动力[142]。研究人员测得的最大加速度梯度约为 190 MeV/m。基于硅的介电结构被认为是未来激光加速器应用中最有前途的,并且已经证明了加速梯度超过 200 MeV/m[144]。在理想情况下,对于硅来说,加速激光器需要具有较低的光子能量,小于硅带隙的一半(0.55 eV),以避免出现有害的线性吸收和双光子吸收。使用 $\lambda>2$ μm 的中红外激光器(例如掺铥固态或掺铥光纤激光系统),可以满足这一需求。

7.7.3 自由空间通信

自由空间通信是连接电信网络中所谓“最后一英里”的重要技术,特别是在城市地区。QCL 与自由空间通信非常契合,原因如下:①具有快速的内部寿命,可允许高达 5~10 GHz 的调制频率;②在大气传输窗口内(大约 5 或 8~10 μm)选择波长;③发射波长几乎不受(如雨和雾)大气条件的影响。

Blaser 等人报道了在相距 350 m 的两座建筑物之间,使用 λ=9.3 μm 的珀尔贴冷却 QCL 和室温下 HgCdTe 探测器,建立了最高传输调制频率为 330 MHz 的自由空间光学数据链,即使在能见度低于 100 m 的大雾天气下,信号也可以成功传输[145]。Martini 等人使用发射波长为 8.1 μm 的 QCL 在 200 m 的自由空间上演示了高速光学链路,激光被封装和加工为高频调制,在频率为 900 MHz~1.45 GHz 的区域内传输复杂的数字数据(包括的多媒体卫星信道数量多达 650 个)[146]。Corrigan 等人在实际天气条件下的纽约大都会地区进行了多波长测试，结果表明，与近红外波长（1.3 μm 和 1.5 μm）相比，在大雾形成过程中，波长 λ=8.1 μm 的中红外 QCL 源提供的光学链路稳定性更强[147]。

7.7.4 有机物加工

高分子薄膜广泛应用于电子、光子学、传感器技术、有机电子和光电子学以及医学等领域。共振红外脉冲激光沉积（RIR-PLD）[148]是一种很有前途的、用于聚合物和有机分子真空相沉积的新方法。作为一种干燥、清洁、环保的有机薄膜生产技术，它避免了与常用的自旋或浸涂方法相关的溶剂引起的许多问题。该方法采用脉冲中红外激光源，将其波长调谐到要烧蚀的有机分子的分子振动带之一。RIR-PLD 已成功应用于各种技术中重要的聚合物的沉积，应用范围包括微电子机械系统（MEMS）、生物和化学传感器到生物兼容的医疗设备涂层，以及生物可降解的缓释药物传递封装。在所有这些实验中，FEL 被用作 RIR-PLD 的光源，通常分别调谐到 3.4 μm 和 2.9 μm 左右（C-H 和 O-H 拉伸振动带）。对于该技术来说，一些关键的激光参数包括：激光脉冲持续时间在 ps 范围内，脉冲能量约为 1 μJ，脉冲重复周期远短于激光加热层的冷却时间（100 μs~1 ms）。一种基于两级脉冲光学参数放大的桌面光源被开发出来，作为 FEL 的替代品，用于聚合物烧蚀[149]。

参考文献

[1] Gordon, I.E., Rothman, L.S., Hill, C., Kochanov, R.V., Tan, Y., Bernath, P.F., Birk, M., Boudon, V., Campargue, A., Chance, K.V., Drouin, B.J., Flaud, J.-M., Gamache, R.R., Hodges, J.T., Jacquemart, D., Perevalov, V.I., Perrin, A., Shine, K.P., Smith, M.-A.H., Tennyson, J., Toon, G.C., Tran, H., Tyuterev, V.G., Barbe, A., Császár, A.G., Devi, V.M., Furtenbacher, T., Harrison, J.J., Hartmann, J.-M., Jolly, A., Johnson, T.J., Karman, T., Kleiner, I., Kyuberis, A.A., Loos, J., Lyulin, O.M., Massie, S.T., Mikhailenko, S.N., Moazzen-Ahmadi, N., Müller, H.S.P., Naumenko, O.V., Nikitin, A.V., Polyansky, O.L., Rey, M., Rotger, M., Sharpe, S.W., Sung, K., Starikova, E., Tashkun, S.A., VanderAuwera, J., Wagner, G., Wilzewski, J., Wcisło, P., Yu, S., and Zak, E.J. (2017). The HITRAN 2016 molecular spectroscopic database. J. Quant. Spectrosc. Radiat. Transf. 203: 3-69.

[2] Tittel, F.K., Richter, D., and Fried, A. (2003). Mid - infrared laser applications in spectroscopy. In: Solid - State Mid - Infrared Laser Sources, Topics in Applied Physics, vol. 89 (eds. I.T. Sorokina and K.L. Vodopyanov). Berlin: Springer.

[3] Blaser, S., Yarekha, D., Hvozdara, L., Bonetti, Y., Muller, A., Giovannini, M., and

Faist, J. (2005). Room temperature, continuous - wave, single - mode quantum - cascade lasers at λ≈5.4 μm. Appl. Phys. Lett. 86: 041109.

[4] Evans, A., Yu, J.S., David, J., Doris, L., Mi, K., Slivken, S., and Razeghi, M. (2004). High - temperature, high - power, continuous - wave operation of buried heterostructure quantum-cascade lasers. Appl. Phys. Lett. 84: 314.

[5] Yu, J.S., Slivken, S., Evans, A., Darvish, S.R., Darvish, R., Nguyen, J., and Razeghi, M. (2006). High - power λ~9.5 μm quantum - cascade lasers operating above room temperature in continuous-wave mode. Appl. Phys. Lett. 88: 091113.

[6] Diehl, L., Bour, D., Corzine, S., Zhu, J., Hofler, G., Loncar, M., Troccoli, M., and Capasso, F. (2006). High temperature continuous wave operation of strain - balanced quantum cascade lasers grown by metal organic vapor-phase epitaxy. Appl. Phys. Lett. 89: 081101.

[7] Maulini, R., Mohan, A., Giovannini, M., Faist, J., and Gini, E. (2006). External cavity quantum - cascade lasers tunable from 8.2 to 10.4 μm using a gain element with a heterogeneous cascade. Appl. Phys. Lett. 88: 201113.

[8] Aellen, T., Blaser, S., Beck, M., Hofstetter, D., Faist, J., and Gini, E. (2003). Continuous - wave distributed - feedback quantum - cascade lasers on a Peltier cooler. Appl. Phys. Lett. 83: 1929.

[9] Bakhirkin, Y., Kosterev, A., Curl, R., Tittel, F., Yarekha, D., Hvozdara, L., Giovannini, M., and Faist, J. (2005). Sub - ppbv nitric oxide concentration measurements using cw thermoelectrically cooled quantum cascade laser - based integrated cavity output spectroscopy. Appl. Phys. B 82: 149.

[10] Wysocki, G., Curl, R.F., Tittel, F.K., Tittel, F.K., Tittel, K., Maulini, R., Bulliard, J.M., and Faist, J. (2005). Widely tunable mode - hop free external cavity quantum cascade laser for high resolution spectroscopic applications. Appl. Phys. B 81: 769.

[11] Kosterev, A., Wysocki, G., Bakhirkin, Y., So, S., Lewicki, R., Fraser, M., Tittel, F., and Curl, R.F. (2008). Application of quantum cascade lasers to trace gas analysis. Appl. Phys. B 90: 165.

[12] Nelson, D.D., Shorter, J.H., McManus, J.B., and Zahniser, M.S. (2002). Sub - part - per - billion detection of nitric oxide in air using a thermoelectrically cooled mid - infrared quantum cascade laser spectrometer. Appl. Phys. B 75: 343.

[13] Curl, R.F., Capasso, F., Gmachl, C., Kosterev, A.A., McManus, B., Lewicki, R., Pusharsky, M., Wysocki, G., and Tittel, F.K. (2010). Quantum cascade lasers in

chemical physics. Chem. Phys. Lett. 487: 1.

[14] Wysocki, G., Lewicki, R., Curl, R.F., Tittel, F.K., Diehl, L., Capasso, F., Troccoli, M., Hofler, G., Bour, D., Corzine, S., Maulini, R., Giovannini, M., and Faist, J. (2008). Widely tunable mode - hop free external cavity quantum cascade lasers for high resolution spectroscopy and chemical sensing. Appl. Phys. B 92: 305.

[15] Chao, X., Jeffries, J.B., and Hanson, R.K. (2012). Wavelength-modulation- spectroscopy for real - time, in situ NO detection in combustion gases with a 5.2 μm quantum - cascade laser. Appl. Phys. B 106: 987.

[16] Zharov, V.P. and Letokhov, V.S. (1986). Laser Optoacoustic Spectroscopy. Springer Series in Optical Sciences, vol. 37. Berlin: Springer.

[17] Kosterev, A.A., Bakhirkin, Y.A., Curl, R.F., and Tittel, F.K. (2002). Quartz - enhanced photoacoustic spectroscopy. Opt. Lett. 27: 1902.

[18] Kosterev, A.A., Tittel, F.K., Serebryakov, D., Malinovsky, A., and Morozov, A. (2005). Applications of quartz tuning forks in spectroscopic gas sensing. Rev. Sci. Instrum. 76: 043105.

[19] Lewicki, R., Wysocki, G., Kosterev, A.A., and Tittel, F.K. (2007). QEPAS based detection of broadband absorbing molecules using a widely tunable, cw quantum cascade laser at 8.4 μm. Opt. Express 15: 7357.

[20] Patimisco, P., Scamarcio, G., Tittel, F.K., and Spagnolo, V. (2014). Quartz - enhanced photoacoustic spectroscopy: a review. Sensors 14: 6165.

[21] Dong, L., Spagnolo, V., Lewicki, R., and Tittel, F.K. (2011). Ppb - level detection of nitric oxide using an external cavity quantum cascade laser based QEPAS sensor. Opt. Express 19: 24037.

[22] Scherer, J.J., Paul, J.B., O'Keefe, A., and Saykally, R.J. (1997). Cavity ringdown laser absorption spectroscopy: history, development, and application to pulsed molecular beams. Chem. Rev. 97: 25.

[23] Romanini, D., Kachanov, A.A., Sadeghi, N., and Stoeckel, F. (1997). CW cavity ring down spectroscopy. Chem. Phys. Lett. 264: 316.

[24] Kosterev, A.A., Malinovsky, A.L., Tittel, F.K., Gmachl, C., Capasso, F., Sivco, D.L., Baillargeon, J.N., Hutchinson, A.L., and Cho, A.Y. (2001). Cavity ringdown spectroscopic detection of nitric oxide with a continuous - wave quantum - cascade laser. Appl. Opt. 40: 5522.

[25] Galli, I., Bartalini, S., Ballerini, R., Barucci, M., Cancio, P., De Pas, M., Giusfre-

di, G., Mazzotti, D., Akikusa, N., and De Natale, P. (2016). Spectroscopic detection of radiocarbon dioxide at parts-per-quadrillion sensitivity. Optica 3: 385.

[26] Horstjann, M., Bakhirkin, Y.A., Kosterev, A.A., Curl, R.F., Tittel, F.K., Wong, C.M., Hill, C.J., and Yang, R.Q. (2004). Formaldehyde sensor using interband cascade laser based quartz-enhanced photoacoustic spectroscopy. Appl. Phys. B 79: 799.

[27] Wysocki, G., Bakhirkin, Y., So, S., Tittel, F.K., Hill, C.J., Yang, R.Q., and Fraser, M.P. (2007). Dual interband cascade laser based trace - gas sensor for environmental monitoring. Appl. Opt. 46: 8202.

[28] Lundqvist, S., Kluczynski, P., Weih, R., von Edlinger, M., Nähle, L., Fischer, M., Bauer, A., Höfling, S., and Koeth, J. (2012). Sensing of formaldehyde using a distributed feedback interband cascade laser emitting around 3493 nm. Appl. Opt. 51: 6009.

[29] Richter, D., Fried, A., Wert, B.P., Walega, J.G., and Tittel, F.K. (2002). Development of a tunable mid - IR difference frequency laser source for highly sensitive airborne trace gas detection. Appl. Phys. B 75: 281.

[30] Chen, W., Cousin, J., Poullet, E., Burie, J., Boucher, D., Gao, X., Sigrist, M.W., and Tittel, F.K. (2007). Continuous - wave mid - infrared laser sources based on difference frequency generation. C R Phys. 8: 1129.

[31] Richter, D., Fried, A., and Weibring, P. (2009). Difference frequency generation laser based spectrometers. Laser Photon. Rev. 3: 343.

[32] van Herpen, M.M.J.W., Bisson, S.E., and Harren, F.J.M. (2003). Continuous - wave operation of a single - frequency optical parametric oscillator at 4-5 μm based on periodically poled LiNbO3. Opt. Lett. 28: 2497.

[33] Henderson, A. and Stafford, R. (2006). Low threshold, singly - resonant CW OPO pumped by an all-fiber pump source. Opt. Express 14: 767.

[34] Ngai, A.K.Y., Persijn, S.T., von Basum, G., and Harren, F.J.M. (2006). Automatically tunable continuous-wave optical parametric oscillator for high-resolution spectroscopy and sensitive trace-gas detection. Appl. Phys. B 85: 173.

[35] von Basum, G., Halmer, D., Hering, P., Mürtz, M., Schiller, S., Müller, F., Popp, A., and Kühnemann, F. (2004). Parts per trillion sensitivity for ethane in air with an optical parametric oscillator cavity leak-out spectrometer. Opt. Lett. 29: 797.

[36] Todd, M.W., Provencal, R.A., Owano, T.G., Paldus, B.A., Kachanov, A., Vodopyanov, K.L., Hunter, M., Coy, S.L., Steinfeld, J.I., and Arnold, J.T. (2002). Application of mid - infrared cavity - ringdown spectroscopy to trace explosives vapor de-

tection using a broadly tunable (6-8 μm) optical parametric oscillator. Appl. Phys. B 75: 367.

[37] Schliesser, A., Picque, N., and Hansch, T.W. (2012). Mid - infrared frequency combs. Nat. Photonics 6: 440.

[38] Diddams, S.A., Hollberg, L., and Mbele, V. (2007). Molecular fingerprinting with the resolved modes of a femtosecond laser frequency comb. Nature 445: 627.

[39] Nugent - Glandorf, L., Neely, T., Adler, F., Fleisher, A.J., Cossel, K.C., Bjork, B., Dinneen, T., Ye, J., and Diddams, S.A. (2012). Mid - infrared virtually imaged phased array spectrometer for rapid and broadband trace gas detection. Opt. Lett. 37: 3285.

[40] Fleisher, A.J., Bjork, B.J., Bui, T.Q., Cossel, K.C., Okumura, M., and Ye, J. (2015). Mid - infrared time - resolved frequency comb spectroscopy of transient free radicals. J. Phys. Chem. Lett. 5: 2241.

[41] Adler, F., Maslowski, P., Foltynowicz, A., Cossel, K.C., Briles, T.C., Hartl, I., and Ye, J. (2010). Mid - infrared Fourier transform spectroscopy with a broadband frequency comb. Opt. Express 18: 21861.

[42] Foltynowicz, A., Maslowski, P., Ban, T., Adler, F., Cossel, K.C., Briles, T.C., and Ye, J. (2011). Optical frequency comb spectroscopy. Faraday Discuss. 150: 23.

[43] Haakestad, M.W., Lamour, T.P., Leindecker, N., Marandi, A., and Vodopyanov, K.L. (2013). Intracavity trace molecular detection with a broadband mid - IR frequency comb source. J. Opt. Soc. Am. B 30: 631.

[44] Meek, S.A., Poisson, A., Guelachvili, G., Hänsch, T.W., and Picqué, N. (2014). Fourier transform spectroscopy around 3 μm with a broad difference frequency comb. Appl. Phys. B 114 (4): 573.

[45] Khodabakhsh, A., Ramaiah - Badarla, V., Rutkowski, L., Johansson, A.C., Lee, K.F., Jiang, J., Mohr, C., Fermann, M.E., and Foltynowicz, A. (2016). Fourier transform and Vernier spectroscopy using an optical frequency comb at 3-5.4 μm. Opt. Lett. 41: 2541.

[46] Maslowski, P., Lee, K.F., Johansson, A.C., Khodabakhsh, A., Kowzan, G., Rutkowski, L., Mills, A.A., Mohr, C., Jiang, J., Fermann, M.E., and Foltynowicz, A. (2016). Surpassing the path - limited resolution of Fourier - transform spectrometry with frequency combs. Phys. Rev. A 93: 021802(R).

[47] Foltynowicz, A., Maslowski, P., Fleisher, A.J., Bjork, B.J., and Ye, J. (2013). Cavity - enhanced optical frequency comb spectroscopy in the mid - infrared application to

trace detection of hydrogen peroxide. Appl. Phys. B 110: 163.

[48] Keilmann, F., Gohle, C., and Holzwarth, R. (2004). Time-domain mid-infrared frequency-comb spectrometer. Opt. Lett. 29: 1542.

[49] Schliesser, A., Brehm, M., Keilmann, F., and van der Weide, D.W. (2005). Frequency-comb infrared spectrometer for rapid, remote chemical sensing. Opt. Express 13: 9029.

[50] Coddington, I., Newbury, N., and Swann, W. (2016). Dual-comb spectroscopy. Optica 3: 414.

[51] Changala, P.B., Weichman, M.L., Lee, K.F., Fermann, M.E., and Ye, J. (2019). Rovibrational quantum state resolution of the C60 fullerene. Science 363: 49.

[52] Coddington, I., Swann, W.C., and Newbury, N.R. (2008). Coherent multiheterodyne spectroscopy using stabilized optical frequency combs. Phys. Rev. Lett. 100: 013902.

[53] Coddington, I., Swann, W.C., and Newbury, N.R. (2010). Time-domain spectroscopy of molecular free-induction decay in the infrared. Opt. Lett. 35: 1395-1397.

[54] Zolot, A.M., Giorgetta, F.R., Baumann, E., Nicholson, J.W., Swann, W.C., Coddington, I., and Newbury, N.R. (2012). Direct-comb molecular spectroscopy with accurate, resolved comb teeth over 43 THz. Opt. Lett. 37: 638.

[55] Bernhardt, B., Sorokin, E., Jacquet, P., Thon, R., Becker, T., Sorokina, I.T., Picqué, N., and Hänsch, T.W. (2010). Mid-infrared dual-comb spectroscopy with 2.4 μm Cr^{2+}:ZnSe femtosecond lasers. Appl. Phys. B 100: 3.

[56] Zhang, Z., Gardiner, T., and Reid, D.T. (2013). Mid-infrared dual-comb spectroscopy with an optical parametric oscillator. Opt. Lett. 38: 3148.

[57] Cruz, F.C., Maser, D.L., Johnson, T., Ycas, G., Klose, A., Giorgetta, F.R., Coddington, I., and Diddams, S.A. (2015). Mid-infrared optical frequency combs based on difference frequency generation for molecular spectroscopy. Opt. Express 23: 26814.

[58] Jin, Y.W., Cristescu, S.M., Harren, F.J.M., and Mandon, J. (2015). Femtosecond optical parametric oscillators toward real-time dual-comb spectroscopy. Appl. Phys. B 119: 65.

[59] Zhu, F., Bicer, A., Askar, R., Bounds, J., Kolomenskii, A., Kelessides, V., Amani, M., and Schuessler, H. (2015). Mid-infrared dual frequency comb spectroscopy based on fiber lasers for the detection of methane in ambient air. Laser Phys. Lett. 12: 095701.

[60] Kara, O., Zhang, Z., Gardiner, T., and Reid, D.T. (2017). Dual-comb mid-infrared spectroscopy with free-running oscillators and absolute optical calibration from a radio-

frequency reference. Opt. Express 25: 16072.

[61] Kara, O., Maidment, L., Gardiner, T., Schunemann, P.G., and Reid, D.T. (2017). Dual-comb spectroscopy in the spectral fingerprint region using OPGaP optical parametric oscillators. Opt. Express 25: 32713.

[62] Baumann, E., Giorgetta, F.R., Swann, W.C., Zolot, A.M., Coddington, I., and Newbury, N.R. (2011). Spectroscopy of the methane v_3 band with an accurate midinfrared coherent dual-comb spectrometer. Phys. Rev. A 84: 062513.

[63] Villares, G., Hugi, A., Blaser, S., and Faist, J. (2014). Dual-comb spectroscopy based on quantum-cascade-laser frequency combs. Nat. Commun. 5: 5192.

[64] Maser, D.L., Ycas, G., Depetri, W.I., Cruz, F.C., and Diddams, S.A. (2017). Coherent frequency combs for spectroscopy across the 3-5 μm region. Appl. Phys. B 123: 142.

[65] Muraviev, A., Smolski, V.O., Loparo, Z., and Vodopyanov, K.L. (2018). Massively parallel sensing of trace molecules and their isotopologues with broadband subharmonic mid-infrared frequency combs. Nat. Photonics 12: 209.

[66] Vainio, M. and Halonen, L. (2016). Mid-infrared optical parametric oscillators and frequency combs for molecular spectroscopy. Phys. Chem. Chem. Phys. 18: 4266.

[67] Cossel, K.C., Waxman, E.M., Finneran, I.A., Blake, G.A., Ye, J., and Newbury, N.R. (2017). Gas-phase broadband spectroscopy using active sources: progress, status, and applications. J. Opt. Soc. Am. B 34: 104.

[68] Stothard, D.J.M., Dunn, M.H., and Rae, C.F. (2004). Hyperspectral imaging of gases with a continuous-wave pump-enhanced optical parametric oscillator. Opt. Express 12: 947.

[69] Dam, J.S., Tidemand-Lichtenberg, P., and Pedersen, C. (2012). Room-temperature mid-infrared single-photon spectral imaging. Nat. Photoics 6: 788.

[70] National Institute of Health Report: Health Devices 24(3), 92-122 (1995). https://www.ncbi.nlm.nih.gov/pubmed/7782226? report=abstract, accessed 21 September 2017.

[71] Fried, N.M. and Murray, K.E. (2005). High-power thulium fiber laser ablation of urinary tissues at 1.94 μm. J. Endourol. 19: 25.

[72] Walsh, J.T. Jr., Flotte, T.J., and Deutsch, T.F. (1989). Er:YAG laser ablation of tissue: effect of pulse duration and tissue type on thermal damage. Lasers Surg. Med. 9: 314.

[73] Vogel, A. and Venugopalan, V. (2003). Mechanisms of pulsed laser ablation of biological tissues. Chem. Rev. 103: 577.

[74] Kaufmann, R. and Hibst, R. (1996). Pulsed erbium: YAG laser ablation in cutaneous

surgery. Lasers Surg. Med. 19: 324.

[75] Franjic, K., Cowan, M.L., Kraemer, D., and Miller, R.J.D. (2009). Laser selective cutting of biological tissues by impulsive heat deposition through ultrafast vibrational excitations. Opt. Express 17: 22937.

[76] Pierce, M.C., Jackson, S.D., Dickinson, M.R., King, T.A., and Sloan, P. (2000). Laser - tissue interaction with a continuous wave 3 - μm fibre laser: preliminary studies with soft tissue. Lasers Surg. Med. 26: 491.

[77] Venugopalan, V., Nishioka, N.S., and Mikic, B.B. (1996). Thermodynamic response of soft biological tissues to pulsed infrared-laser irradiation. Biophys. J. 71: 3530.

[78] Edwards, G., Logan, R., Copeland, M., Reinisch, L., Davidson, J., Johnson, B., Maciunas, R., Mendenhall, M., Ossoff, R., Tribble, J., Werkhaven, J., and O'Day, D. (1994). Tissue ablation by a free - electron laser tuned to the amide II band. Nature 371: 416.

[79] Peavy, G.M., Reinisch, L., Payne, J.T., and Venugopalan, V. (1999). Comparison of cortical bone ablations by using infrared laser wavelengths 2.9 to 9.2 μm. Lasers Surg. Med. 26: 421.

[80] Edwards, G.S. (2009). Mechanisms for soft - tissue ablation and the development of alternative medical lasers based on investigations with mid - infrared free - electron lasers. Laser Photon. Rev. 3: 545.

[81] Mackanos, M.A., Simanovskii, D.M., Contag, C.H., Kozub, J.A., and Jansen, E.D. (2012). Comparing an optical parametric oscillator (OPO) as a viable alternative for mid-infrared tissue ablation with a free electron laser (FEL). Lasers Med. Sci. 27: 1213.

[82] Edwards, G.S., Pearlstein, R.D., Copeland, M.L., Hutson, M.S., Latone, K., Spiro, A., and Pasmanik, G. (2007). 6450 nm wavelength tissue ablation using a nanosecond laser based on difference frequency mixing and stimulated Raman scattering. Opt. Lett. 32: 1426.

[83] Kozub, J., Ivanov, B., Jayasinghe, A., Prasad, R., Shen, J., Klosner, M., Heller, D., Mendenhall, M., Piston, D.W., Joos, K., and Hutson, M.S. (2011). Raman - shifted alexandrite laser for soft tissue ablation in the 6 - to 7 - μm wavelength range. Biomed. Opt. Express 2: 1275.

[84] Phillips, M. (1992). Breath tests in medicine. Sci. Am. 267: 74.

[85] Miekisch, W., Schubert, J.K., and Noeldge - Schomburg, G.F.E. (2004). Diagnostic potential of breath analysis - focus on volatile organic compounds. Clin. Chim. Acta 347:

25.

[86] Risby, T.H. and Solga, S.F. (2006). Current status of clinical breath analysis. Appl. Phys. B 85: 421.

[87] Wang, C. and Sahay, P. (2009). Breath analysis using laser spectroscopic techniques: breath biomarkers, spectral fingerprints, and detection limits. Sensors 9: 8230.

[88] Schwarz, K., Pizzini, A., Arendacká, B., Zerlauth, K., Filipiak, W., Schmid, A., Dzien, A., Neuner, S., Lechleitner, M., Scholl-Bürgi, S., Miekisch, W., Schubert, J., Unterkofler, K., Witkovský, V., Gastl, G., and Amann, A. (2009). Breath acetone—aspects of normal physiology related to age and gender as determined in a PTR - MS study. J. Breath Res. 3: 027003.

[89] Shorter, J.H., Nelson, D.D., McManus, J.B., Zahniser, M.S., Sama, S., and Milton, D.K. (2011). Clinical study of multiple breath biomarkers of asthma and COPD (NO, CO_2, CO and N_2O by infrared laser spectroscopy). J. Breath Res. 5: 037108.

[90] Cikach, F.S. Jr. and Dweik, R.A. (2012). Cardiovascular biomarkers in exhaled breath. Prog. Cardiovasc. Dis. 55: 34.

[91] de Lacy Costello, B.P.J., Ledochowski, M., and Ratcliffe, N.M. (2013). The importance of methane breath testing: a review. J. Breath Res. 7: 024001.

[92] Mochalski, P., King, J., Klieber, M., Unterkofler, K., Hinterhuber, H., Baumann, M., and Amann, A. (2013). Blood and breath levels of selected volatile organic compounds in healthy volunteers. Analyst 138: 2134.

[93] Kim, S., Young, C., Vidakovic, B., Gabram-Mendola, S.G.A., Bayer, C.W., and Mizaikoff, B. (2010). Potential and challenges for mid - infrared sensors in breath diagnostics. IEEE Sensors J. 10: 145.

[94] Dahnke, H., Kleine, D., Hering, P., and Mürtz, M. (2001). Real - time monitoring of ethane in human breath using mid - infrared cavity leak - out spectroscopy. Appl. Phys. B 72: 971.

[95] von Basum, G., Dahnke, H., Halmer, D., Hering, P., and Mürtz, M. (2003). Online recording of ethane traces in human breath via infrared laser spectroscopy. J. Appl. Physiol. 95: 2583.

[96] Halmer, D., Thelen, S., Hering, P., and Mürtz, M. (2006). Online monitoring of ethane traces in exhaled breath with a difference frequency generation spectrometer. Appl. Phys. B. 85: 437.

[97] Skeldon, K.D., McMillan, L.C., Wyse, C.A., Monk, S.D., Gibson, G., Patterson,

C., France, T., Longbottom, C., and Padgett, M.J. (2006). Application of laser spectroscopy for measurement of exhaled ethane in patients with lung cancer. Respir. Med. 100: 300.

[98] McCurdy, M.R., Bakhirkin, Y., Wysocki, G., Lewicki, R., and Tittel, F.K. (2007). Recent advances of laser spectroscopy - based techniques for applications in breath analysis. J. Breath Res. 1: 014001.

[99] Risby, T.H. and Tittel, F.K. (2010). Current status of midinfrared quantum and interband cascade lasers for clinical breath analysis. Opt. Eng. 49: 111123.

[100] Parameswaran, K.R., Rosen, D.I., Allen, M.G., Ganz, A.M., and Risby, T.H. (2009). Off - axis integrated cavity output spectroscopy with a mid - infrared interband cascade laser for real-time breath ethane measurements. Appl. Opt. 48: B73.

[101] McCurdy, M., Bakhirkin, Y.A., and Tittel, F.K. (2006). Quantum cascade laser - based integrated cavity output spectroscopy of exhaled nitric oxide. Appl. Phys. B 85: 445.

[102] Bakhirkin, Y.A., Kosterev, A.A., Curl, R.F., Tittel, F.K., Yarekha, D.A., Hvozdara, L., Giovannini, M., and Faist, J. (2006). Sub - ppbv nitric oxide concentration measurements using CW room - temperature quantum cascade laser based integrated cavity spectroscopy. Appl. Phys. B 82: 149.

[103] McCurdy, M.R., Bakhirkin, Y., Wysocki, G., and Tittel, F.K. (2007). Performance of an exhaled nitric oxide and carbon dioxide sensor using quantum cascade laser based integrated cavity output spectroscopy. J. Biomed. Opt. 12: 34034.

[104] Moeskops, B.W., Cristescu, S.M., and Harren, F.J. (2006). Sub - part - per - billion monitoring of nitric oxide by use of wavelength modulation spectroscopy in combination with a thermoelectrically cooled, continuous - wave quantum cascade laser. Opt. Lett. 31: 823.

[105] Halmer, D., von Basum, G., Horstjann, M., Hering, P., and Muertz, M. (2005). Time resolved simultaneous detection of ^{14}NO and ^{15}NO via mid - IR cavity leak - out spectroscopy. Isot. Environ. Health Stud. 41: 303.

[106] Manne, J., Sukhorukov, O., Jager, W., and Tulip, J. (2006). Pulsed quantum cascade laser-based cavity ring-down spectroscopy for ammonia detection in breath. Appl. Opt. 45: 9230.

[107] Moeskops, B., Naus, H., Cristescu, S., and Harren, F. (2006). Quantum cascade laser - based carbon monoxide detection on a second time scale from human breath. Appl.

Phys. B 82: 649.

[108] Roller, C., Kosterev, A.A., Tittel, F.K., Uehara, K., Gmachl, C., and Sivco, D.L. (2003). Carbonyl sulfide detection with a thermoelectrically cooled mid - infrared quantum cascade laser. Opt. Lett. 28: 2052.

[109] Shorter, J.H., Nelson, D.D., McManus, J.B., Zahniser, M.S., and Milton, D.K. (2010). Multicomponent breath analysis with infrared absorption using room - temperature quantum cascade lasers. IEEE Sensors J. 10: 76.

[110] Thorpe, M.J., Balslev - Clausen, D., Kirchner, M.S., and Ye, J. (2008). Cavity enhanced optical frequency comb spectroscopy: application to human breath analysis. Opt. Express 16: 2387.

[111] Khodabakhsh, A., Rutkowski, L., Morville, J., and Foltynowicz, A. (2017). Mid - infrared continuous - filtering Vernier spectroscopy using a doubly resonant optical parametric oscillator. Appl. Phys. B 123: 120.

[112] Jin, Y.W., Cristescu, S.M., Harren, F.J.M., and Mandon, J. (2014). Two - crystal mid - infrared optical parametric oscillator for absorption and dispersion dual - comb spectroscopy. Opt. Lett. 39: 3270.

[113] Timmers, H., Kowligy, A., Lind, A., Cruz, F.C., Nader, N., Silfies, M., Ycas, G., Allison, T.K., Schunemann, P.G., Papp, S.B., and Diddams, S.A. (2018). Molecular fingerprinting with bright, broadband infrared frequency combs. Optica 5: 727.

[114] Ycas, G., Giorgetta, F.R., Baumann, E., Coddington, I., Herman, D., Diddams, S.A., and Newbury, N.R. (2018). High - coherence mid - infrared dual - comb spectroscopy spanning 2.6 to 5.2 μm. Nat. Photonics 12: 202.

[115] Henderson, B., Khodabakhsh, A., Metsälä, M., Ventrillard, I., Schmidt, F.M., Romanini, D., Ritchie, G.A.D., Hekkert, S.t.L., Briot, R., Risby, T., Marczin, N., Harren, F.J.M., and Cristescu, S.M. (2018). Laser spectroscopy for breath analysis: towards clinical implementation. Appl. Phys. B 124(161).

[116] Knoll, B. and Keilmann, F. (1999). Near - field probing of vibrational absorption for chemical microscopy. Nature 399: 134.

[117] Keilmann, F. and Hillenbrand, R. (2004). Near - field microscopy by elastic light scattering from a tip. Philos. Trans. R. Soc. Lon. A 362: 787.

[118] Taubner, T., Hillenbrand, R., and Keilmann, F. (2004). Nanoscale polymer recognition by spectral signature in scattering infrared near - field microscopy. Appl. Phys. Lett. 85: 22.

[119] Taubner, T., Keilmann, F., and Hillenbrand, R. (2005). Nanoscale - resolved subsurface imaging by scattering-type near-field optical microscopy. Opt. Express 13: 8893.

[120] Dazzi, A., Prazeres, R., Glotin, F., and Ortega, J.M. (2005). Local infrared microspectroscopy with subwavelength spatial resolution with an atomic force microscope tip used as a photothermal sensor. Opt. Lett. 30: 2388.

[121] Dazzi, A., Prazeres, R., Glotin, F., and Ortega, J.M. (2007). Analysis of nano - chemical mapping performed by an AFM - based (AFMIR) acousto - optic technique. Ultramicroscopy 107: 1194.

[122] Dazzi, A., Prazeres, R., Glotin, F., Ortega, J.-M., Alsawaftah, M., and De Frutos, M. (2008). Chemical mapping of the distribution of viruses into infected bacteria with a photothermal method. Ultramicroscopy 108: 635.

[123] Dazzi, A., Prater, C.B., Hu, Q., Chase, D.B., Rabolt, J.F., and Marcott, C. (2012). AFM-IR: combining atomic force microscopy and infrared spectroscopy for nanoscale chemical characterization. Appl. Spectrosc. 66: 1365.

[124] Prater, C., Kjoller, K., Cook, D., Shetty, R., Meyers, G., Reinhardt, C., Felts, J., King, W., Vodopyanov, K.L., and Dazzi, A. (2010). Nanoscale infrared spectroscopy of materials by atomic force microscopy. Microsc. Anal. 24: 5.

[125] Lu, F. and Belkin, M.A. (2011). Infrared absorption nano - spectroscopy using sample photoexpansion induced by tunable quantum cascade lasers. Opt. Express 19: 19942.

[126] Stanley, R. (2012). Plasmonics in the mid-infrared. Nat. Photonics 6: 409-411.

[127] Yu, N., Wang, Q., and Capasso, F. (2012). Beam engineering of quantum cascade lasers. Laser Photon. Rev. 6: 1.

[128] Adato, R., Yanik, A.A., and Altug, H. (2011). On chip plasmonic monopole nano - antennas and circuits. Nano Lett. 11: 5219.

[129] Chen, K., Adato, R., and Altug, H. (2012). Dual - band perfect absorber for multispectral plasmon-enhanced infrared spectroscopy. ACS Nano 6: 7998.

[130] Popmintchev, T., Chen, M. - C., Arpin, P., Murnane, M.M., and Kapteyn, H.C. (2010). The attosecond nonlinear optics of bright coherent X-ray generation. Nat. Photonics 4: 822.

[131] Popmintchev, T., Chen, M. - C., Popmintchev, D., Arpin, P., Brown, S., Ališauskas, S., Andriukaitis, G., Balčiunas, T., Mücke, O.D., Pugzlys, A., Baltuška, A., Shim, B., Schrauth, S.E., Gaeta, A., Hernández-García, C., Plaja, L., Becker, A., Jaron-Becker, A., Murnane, M.M., and Kapteyn, H.C. (2012). Bright coherent ultra-

high harmonics in the keV X - ray regime from mid - infrared femtosecond lasers. Science 336: 1287.

[132] Weisshaupt, J., Juvé, V., Holtz, M., Ku, S., Woerner, M., Elsaesser, T., Ališauskas, S., Pugžlys, A., and Baltuška, A. (2014). High-brightness table-top hard X-ray source driven by sub-100-femtosecond mid-infrared pulses. Nat. Photonics 8: 927.

[133] Chin, A.H., Calderón, O.G., and Kono, J. (2001). Extreme midinfrared nonlinear optics in semiconductors. Phys. Rev. Lett. 86: 3292.

[134] Ghimire, S., DiChiara, A.D., Sistrunk, E., Agostini, P., DiMauro, L.F., and Reis, D.A. (2011). Observation of high - order harmonic generation in a bulk crystal. Nat. Phys. 7: 138.

[135] Vampa, G., Hammond, T.J., Thiré, N., Schmidt, B.E., Légaré, F., McDonald, C.R., Brabec, T., and Corkum, P.B. (2015). Linking high harmonics from gases and solids. Nature 522: 462.

[136] Schubert, O., Hohenleutner, M., Langer, F., Urbanek, B., Lange, C., Huttner, U., Golde, D., Meier, T., Kira, M., Koch, S.W., and Huber, R. (2014). Sub - cycle control of terahertz high - harmonic generation by dynamical Bloch oscillations. Nat. Photonics 8: 119.

[137] Langer, F., Schmid, C.P., Schlauderer, S., Gmitra, M., Fabian, J., Nagler, P., Schüller, C., Korn, T., Hawkins, P.G., Steiner, J.T., Huttner, U., Koch, S.W., Kira, M., and Huber, R. (2018). Lightwave valleytronics in a monolayer of tungsten diselenide. Nature 557: 76.

[138] Tajima, T. and Dawson, J.M. (1979). Laser electron accelerator. Phys. Rev. Lett. 43: 267.

[139] Mangles, S.P.D., Murphy, C.D., Najmudin, Z., Thomas, A.G.R., Collier, J.L., Dangor, A.E., Divall, E.J., Foster, P.S., Gallacher, J.G., Hooker, C.J., Jaroszynski, D.A., Langley, A.J., Mori, W.B., Norreys, P.A., Tsung, F.S., Viskup, R., Walton, B.R., and Krushelnick, K. (2004). Monoenergetic beams of relativistic electrons from intense laser-plasma interactions. Nature 431: 535.

[140] Faure, J., Glinec, Y., Pukhov, A., Kiselev, S., Gordienko, S., Lefebvre, E., Rousseau, J.-P., Burgy, F., and Malka, V. (2004). A laser-plasma accelerator producing monoenergetic electron beams. Nature 431: 541.

[141] Pogorelsky, I.V., Polyanskiy, M.N., and Kimura, W.D. (2016). Mid - infrared lasers for energy frontier plasma accelerators. Phys. Rev. Accel. Beams 19: 091001.

[142] Peralta, E.A., Soong, K., England, R.J., Colby, E.R., Wu, Z., Montazeri, B., McGuinness, C., McNeur, J., Leedle, K.J., Walz, D., Sozer, E.B., Cowan, B., Schwartz, B., Travish, G., and Byer, R.L. (2013). Demonstration of electron acceleration in a laser-driven dielectric microstructure. Nature 503: 91.

[143] Breuer, J. and Hommelhoff, P. (2013). Laser-based acceleration of nonrelativistic electrons at a dielectric structure. Phys. Rev. Lett. 111: 134803.

[144] Leedle, K.J., Pease, R.F., Byer, R.L., and Harris, J.S. (2015). Laser acceleration and deflection of 96.3 keV electrons with a silicon dielectric structure. Optica 2: 158.

[145] Blaser, S., Hofstetter, D., Beck, M., and Faist, J. (2001). Free-space optical data link using Peltier-cooled quantum cascade laser. IEEE Electron. Lett. 37: 778.

[146] Martini, R., Bethea, C., Capasso, F., Gmachl, C., Paiella, R., Whittaker, E.A., Hwang, H.Y., Sivco, D.L., Baillargeon, J.N., and Cho, A.Y. (2002). Free-space optical transmission of multimedia satellite data streams using mid-infrared quantum cascade lasers. IEEE Electron. Lett. 38: 181.

[147] Corrigan, P., Martini, R., Whittaker, E.A., and Bethea, C. (2009). Quantum cascade lasers and the Kruse model in free space optical communication. Opt. Express 17: 4355.

[148] Bubb, D.M., Horwitz, J.S., McGill, R.A., Chrisey, D.B., Papantonakis, M.R., Haglund, R.F., Jr., and Toftmann, B. (2001). Resonant infrared pulsed-laser deposition of a sorbent chemoselective polymer. Appl. Phys. Lett. 79: 2847.

[149] Kolev, V.Z., Duering, M.W., Luther-Davies, B., and Rode, A.V. (2006). Compact high-power optical source for resonant infrared pulsed laser ablation and deposition of polymer materials. Opt. Express 14: 12302.